分子生物学講義中継 part 1

教科書だけじゃ足りない
絶対必要な生物学的背景から
最新の分子生物学まで
楽しく学べる名物講義

講師 井出利憲 広島大学大学院医歯薬学総合研究科長 教授

http://www.yodosha.co.jp/

羊土社
yodosha

本書の書評から

この教科書を読む学生さんへ

丹羽 太貫（京都大学放射線生物研究センター 教授）

　教科書はもちろん知識を得るための手段です。でも教科書から得る知識は、人により読み方により、さまざまです。**分子生物学の知識**は、この本を丹念に読めば得られます。ただ、**それ以外の学ぶべきものもここから得られます**ので、これについて少し紹介します。

　すべての人の行為は、**縦糸と横糸といえる関係**で綴られています。個々の行為を横糸とすれば、その数々をつないで人生を送るそれぞれの人の想いは縦糸です。勉強や研究でも同様です。**横糸の知識の量と質**は大切ですが、これを綴る想いの縦糸は負けず劣らず大切です。この教科書は、ともすれば**横糸ばかりになり勝ちの分子生物学の知識を強力な縦糸で綴って見せている**といえるでしょう。そしてこの縦糸が面白いのです。それは井出先生の**まるごとの生き物に対する強い興味と深い洞察**なのです。だからこの本では「なぜ」がやたらと多い。東京のご出身と聞きますが、井出先生はあのメガロポリスにあってもご幼少のみぎりには蝉やトンボを追っかけていたに違いない。縦糸になる生き物まるごとへの興味が強いからこそ、膨大で多様な知識を網羅してこの教科書を一人でまとめられました。昨今の分子生物学の教科書のすべてが複数の著者で書かれていることからすると、ほんと、信じられないですよね。

　井出先生の生き物まるごとに対する興味の背後には、人間に対する興味が見え隠れします。だから**随所にヨタ話**があります。それにしてもよくもこれを掲載したものだと思わせるきわどいのもありますよね。でもこれらのすべてに井出先生の**人間に対する興味と洞察**が見えるので、まあ少々の品の悪さは仕方ありません。というわけで、井出先生の縦糸は人間まるごとの縦糸でもあります。

　今日の分子生物学につながる生物学にはもちろん長い歴史があります。言わずもがなですが、生19世紀にずいぶんと新しい展開があり、20世紀後半になって加速度的に発展しました。この急速な展開には、**要素還元主義的手法が大いに力**があり、これは今も同じです。でも**この手法の限界も議論されています**。例を挙げましょう。演算機能では人間の何億倍・何兆倍の能力のあり要素還元主義の権化であるスーパーコンピューターをもってしてもチェスの天才カスパロフに完勝することができません。コンピューターの限界はそれを生み出したわれわれの思考の限界でありますが、**生身の人間は時としてこの限界を突破します。まるごとの生き物は突破だらけです**。19世紀から20世紀前半の生物学は、学問が成熟していなかったこともあり、まるごとの生物学で、しかもほかの学問領域とも密接に関係を持っておりました。さらに生物学は自然科学を超えて、文学や芸術そして宗教とも関係がありました。情動と知性の間でどうしようもない存在としての人間を考える上で、**生命科学は技術以上のものを与えてくれます**。そして今は人間を考えることがこれまで以上に大切な時代になっております。というわけで、井出先生の教科書に見え隠れする**人間への洞察**、そして「**ものの見方**」についても十分心して読んでほしい。

　この教科書で面白く語られているいろいろなお話のいささか**チャランポランさ**の背後には、繊細な心使いがこめられてある点も知って下さい。教科書は本来知識を得るためなので、知識を体系化して効率よい伝達を図ります。教科書ではありませんが、大学院生などの研究の現場に近い者を対象にする科学の総説では、解明されている点が強調して書かれてあることが多いようです。体系化や解明された点の強調があると、読む方はすべてわかってしまっているような気になりかねず、これは**困った落とし穴**となります。井出先生は**この危険性を十分に心得ておられ**、整理された知識に加えて現段階でまだわかっていない点についても繰り返し言及しておられます。この本にある「**なぜ**」は井出先生のものでもありますが、**同時に皆さんのものでもあります**。

　以上、教科書でも小説でもそれを学び読むという行為は、読者と著者とのキャッチボールであると言えます。個々の知識を楽しむだけではなく、それを書いた著者の意図を読み個性の軌跡をたどることも誠に興味深いものです。

　それでは良いキャッチボールを楽しんで下さい。

講義の前置き・・・
生物学的分子生物学を学ぼう

これから講義を始めますが、ちょっと前置きをします。

講義は生物学的分子生物学

分子生物学は、生物学分野のなかにあって、理学部などにおける基礎分野のみならず、工学部や農学部における応用生物学や、医学・歯学・薬学などの広範囲の生物分野で、現在の花形とも言える地位を占めています。かってはほとんど現象論であった生物学が、遺伝学や生化学の進歩で具体的なモノを対象として物語れるようになり、その延長線上に分子生物学の発展があるわけですね。遺伝子の働きによるモノを対象として生物を理解しようとする新しい分野と言えます。

分子生物学を担っている若い研究者に対して、エッペンドルフチップやプラスミドを通して実感しているものが生物であるような錯覚があるのではないか、あるいは、トレフの 1 ml チューブの中身だけは知っているが『生身の生き物を知らない』と言った批判があります。もちろん、研究の最先端にあっては、その時点でそのことに集中するのは当然ですし、生身の生き物を知らなくても『とりあえず分子生物学はできる』のは確かです。ただ、生物の世界がいかに『広く』いかに『おもしろく』いかに『感動的』な『すばらしい』ものであるかは、研究者だけでなく、この分野を学ぶヒトすべてに知っていてもらいたい背景であると私は思っています。講義の中で、ぜひ皆さんに伝えたいことはそのことです。生物は、『35億年もの歴史の産物』であり、その結果としていかに『多彩な花を開かせている』のかを意識していただきたいのです。そんな感覚を背景としてもちながら、真核生物の分子生物学について学んでいただきたいと思っています。講義の名前は分子生物学ですが、講義内容としては、『生物学的分子生物学』としたのは、そう言う理由からです。ちょっと変な名前だけどねえ。

講義の前提

講義の前提として、核酸の化学や物理化学的性質、バクテリアを中心に展開したセントラルドグマや遺伝子の複製・転写・翻訳、それから、バクテリアやバクテリオファージによる分子遺伝学などの基本は、すでに他の講義でやっているものとします。これにかかわる実験技術の進歩についてもすでにある程度は習っている。必要に応じて多少の復習はしますが、基本的にはそう言う前提でお話します。バクテリア以外の大部分の生物が真核生物ですが、ここでは真核生物全部ではなく主に哺乳類、中でもヒトを中心に考えたいし、分子生物学のなかでも遺伝子を中心にしたところを担当します。

講義の目標

専門学校的とか予備校的な教育という言い方がある。覚えなければいけないことだけを厳選して、いかに短期間に効率よく覚えさせるかに特化した

講義である、という言われ方をする。極論すれば、なぜそれが正解であるかを理解しなくてもいい、これが正解であるということを覚えるだけよい。実際には、予備校でも、本質的ないい講義をしているケースが随分あるんで、そう言う表現でくくるのは非常に失礼なんだけどね。実は、医学・歯学・薬学分野では、必要最小限の教育コアカリキュラムを全国共通に定めようという流れがあるんです。限られた時間の中で、医師、歯科医師、薬剤師を効率的に養成すべきであるという要請があるからね。他の分野でもそうかもしれない。それはそれで必要な流れなんでしょうが、ややもすれば、国家試験を見据えて実用に即した、いわゆる専門学校的・予備校的教育に流れる恐れがあります。現状では、大学でそれすら満足に教えていないのではないかという批判さえあるわけで、今後そういう方向の教育に傾斜せざるをえないかもしれない。ただ、現在でも大学の教育が『知の継承』、『知の創造』を担うことにあるとすれば——もはや期待されていないと言う手厳しい意見もあるが——コアの知識を与えるだけで済むはずはない。そのために、講義内容の背景や行間を埋めるものを話しておきたいという願いが、私にはあります。遺言を書いとくってことだな、と口の悪い友人に言われました。そこまでは考えてないけど。

　私は、これまで『教養的な分子生物学』をやってきたつもりですし、今後も可能な範囲でそうするつもりです。教養とはなにかについては、折に触れて出てくると思いますが、『教養的な』という意味は、『レベルの低い』という意味を含んではいません。むしろレベルが高いんです。『事実』を教えることはもとよりですが、『事実を評価』し『事実の意味』するところを教えたいし『事実の背景』から理解してもらいたい。そこがねらいで、むしろ高級なんですよ。そんな訳で、この本を『教養的分子生物学』にしようかと思いましたが、入門的な、通り一遍の、レベルの低い、底の浅い、という意味に受け取ら

れるかもしれないので、やめました。しばしばこのような意味で用いられるのは、いわゆる大学の教養課程のありかたにも問題があると私は思っており、それについて言いたいことは多々ありますが、今は深入りしません。ただ、この分野の専門的な最新文献を読みこなせるだけの背景知識を得るには、学部教育の講義や実習に加えて、現在たくさん出ている日本語の総説雑誌や単行本を勉強しつつ、研究室での専門的な勉強と経験が必要でしょう。そう言う意味では、学部の講義は所詮入門的ではあるんですが、『**ものの見方の基本**』は、**後々まで通用する普遍的なもののはず**です。できれば、それを伝えられるような講義をしたい。それが、講義する側の目標です。

講義の特徴

　分子生物学の具体的な成果・知識をあまり細かく教えるつもりはないんです。講義なんだから、ある程度はそれも教えますが、**教科書や参考書をみればわかることはそれをみてくれればいい**。本をみればわかることだけやるなら、講義は要らないもんね。普通の教科書や参考書では、成果・知識を書くだけで手一杯のことが多いんで、生物の世界がいかに奥深く感動的なものであるかまでは、なかなか書ききれない。私は、そういう**教科書・参考書の『背景・行間を埋めたい』**んです。十分に、とは言えないのは残念ですが、時間も足りなきゃ、正直なところ、力も足りないやね。でもね、こんなにもおもしろい背景があるのかってことがわかれば、少なくともそう思ったヒトには、具体的な成果を知識として勉強しようとする意欲は、放っといても湧くのではないかと期待したい。

　とは言え、講義ではどうしてもわかったことを中心に教える。それだけでも教えきれないくらいたくさんある。そのうえ、今までわかっていなかったことがどんどんわかってきて、怒濤のように

押し寄せている。流れについて行くのさえ精一杯で、近いうちに生き物のことは全部わかってしまうような気になるかもしれない。でもそれは違うんです。新しい実験技術・研究方法・考え方ができると、それまでわからなかった多くのことが一気にわかるようになるのは、その通りです。でも、それによってわかることには限りがあるんです。その時点では、全然別の未知の面があることには気づかないし、意識する必要もないんだけどね。ただ、どこまで行っても生物のことは99％わからないといつも思うんですよ。そう言うものだと思う。『わかったことは何か』だけでなく、その先に『解明されるべきことは何か』、できればそれも伝えたい。

　講義中にときどき脱線します。短時間にできるだけ多くの知識を詰め込むことを講義の目的とするなら、これは明らかに無駄です。この講義の目的は違うことはさっき言った通りです。話し手のひとりよがりもあるかも知れませんし、脱線の価値を認めてくれるかどうかは聞き手によるんで、ただの無駄と思われても文句は言えませんが、私としてはただの息抜きだけではなく、それなりの『意味ある脱線』と考えています。楽しんでもらえるといいのですが。

講義の枠組み

　なお、私が担当する講義一年間の全体構成は以下の通りですが、ここでは前期分の5までを取り上げました。後半はまた別の機会にいたします。

Part1

1) 動物の世界
2) DNA・染色体・核の特徴
3) 複製・転写・翻訳
4) 発現調節
5) 有性生殖と遺伝子の解析

Part2

6) 増殖調節
7) 再生、幹細胞
8) 発生・分化
9) 癌
10) 老化

● 本書について ●

　本講義は、広島大学医学部総合薬学科の3年生に対して行われている実際の講義に手を加えて補充したものです。

　高校で生物を選択しない学生が多いなかで、知識や関心のギャップを埋め、かつ先端の分子生物学を理解するための講義は、教官の側からも学生の側からも大きな関心事といえます。内容は薬学に特化しているわけではなく、医学部、理学部、工学部、農学部等の学生向けとして少しもおかしくありません。

　すでに分子生物学をマスターしたはずの大学院生が、先端だけ知っていて意外に生物学の基礎を知らないという声もあります。そういう大学院生向けにも十分価値あるものと思います。

　全体を8日分としてまとめてありますが、実際には1回90分で15回の講義に相当します。

あの「実験医学」の大好評連載が強力にパワーアップして単行本化！

分子生物学 part 1 講義中継

目次

生物学的分子生物学を学ぼう

1日目　系統分類から見た生物の世界　　14

Ⅰ．生物の分類とは　　14
1．身近なところから分ける　　14
  a．遠いところは小さく見える… 14　b．しだいに遠くが正しく見えるようになる… 15
2．分類の考え方　　15
  a．人為分類… 15　b．自然分類・系統分類… 15　進化と言う言葉はよくない… 15
  c．何に注目したらよいかは難しい… 16　d．ではどうする… 16　e．発生過程の重要性… 16
3．分類上の決まりごと　　17
  a．分類上の項目… 17　b．一番小さい単位は種… 17

Ⅱ．大きな分類項目から追っていこう —原核生物と真核生物　　18
1．原核生物　　18
  a．バクテリア… 18　b．マイコプラズマ… 19　c．藍藻… 19
2．真核生物　　19
3．真核生物の4つの界　　20
  a．植物界… 20　b．菌界… 21　酵母はヒトのモデルになる… 21　c．動物界… 22

Ⅲ．原生生物と多細胞化　　22
1．原生生物とは　　24
  a．原生生物は意外に複雑… 24　b．現生の原生動物は動植物の先祖ではなく兄妹である… 24
2．多細胞化のはじまり　　25
  a．多細胞化と生殖細胞の分化… 25　b．はじめは単なる細胞の集合… 25　c．個体形成の前段階… 26
  d．もう少しで個体になる… 27　e．多細胞化への道… 28　進化の上で画期的な出来事の起源は古い… 28

Ⅳ．多細胞生物のはじまり　　28
1．海綿動物　　28
  a．胞胚から嚢胚へ群体から個体へ… 28　b．海綿動物… 29
2．多細胞個体の成立に必要な新しい機能と遺伝子の獲得　　29
  a．細胞どうしを認識する機能… 29　b．体軸を決める機能… 30　c．形づくり遺伝子の機能… 30
  d．細胞分化の機能… 30　e．個体としての調節系… 30　f．細胞周基質あるいは結合組織… 31
  g．ハウスキーピング遺伝子とラクシャリー遺伝子… 32
3．原始的三胚葉からなる動物のはじまり　　32
  腔腸動物… 32

ここまでのまとめ ……………………………………………………………………… 33
　　　　　やっと動物らしい動物にたどりついた… 33

Ⅴ．ようやく身近な動物の世界へ　　　　　　　　　　　　　　　　　　　33
　1．前口動物と後口動物 ………………………………………………………………… 33
　　　a. 前口・後口とは何か… 33　b. 三胚葉というもの… 34
　2．前口動物のなかま …………………………………………………………………… 35
　　　a. 扁形動物… 35　b. ヒモ形動物、線形動物、輪形動物、触手動物… 36　センチュウは分子生物学の花形スター… 37　c. 環形動物門… 37　d. 軟体動物門… 38　e. 節足動物門… 38　f. クモ綱… 39
　　　g. 甲殻綱… 39　h. 昆虫綱… 39　ショウジョウバエは今も昔も花形スター … 40
　3．後口動物のなかま …………………………………………………………………… 41
　　　a. 毛顎動物門… 41　b. 棘皮動物門… 41　c. 半索動物門… 42　d. 有鬚動物門… 42
　　　e. 原索動物門… 42　f. 脊椎動物門… 42
　4．他にもたくさんの門がある ………………………………………………………… 43
　　　a. 少数種からなる門、中間の生物… 43　b. 生き残れた動物、生き残れなかった動物… 43
　　　ヒトの位置の感じかた… 44　日本は多神教社会… 44　生物学は多神教の世界… 45
　　　分子生物学は一神教？… 45　優れた分子生物学的研究は生物学的分子生物学的研究である… 46

2日目　DNAの系統から見た生物の世界　　　　　　　　　　　　　47

　　　　　a. 化石でわかること… 47　b. ほとんどの化石は系統がわからない… 47

Ⅰ．地質時代区分のいろは　　　　　　　　　　　　　　　　　　　　　47
　　　　　a. 地質時代の区分としての代… 47　b. 生物の歴史は大絶滅の歴史である… 48
　　　　　c. それぞれの動物グループは1匹から出発したのか… 48
　1．より細かい時代区分である紀 ……………………………………………………… 49
　　　a. 新生代… 49　b. 中生代… 51　c. 古生代… 51
　2．ほとんどの『門』が出そろったカンブリア紀 …………………………………… 53
　　　a. カンブリア紀の大爆発… 53　b. 門が出そろうまでに30億年かかっている… 54
　　　ここまでのまとめ …………………………………………………………………… 54

Ⅱ．いよいよ，遺伝子からみた生物系統の世界へ　　　　　　　　　　　55
　1．生物界に共通の性質から系統を探る ……………………………………………… 55
　　　a. 遺伝子から見た生物の系統樹… 55　b. 原核生物世界の驚くべき広さ… 56
　　　背景がなければひっくり返らない… 56　c. 古細菌… 57
　2．ミトコンドリア，葉緑体の起源と共生 …………………………………………… 57
　　　a. ミトコンドリアの起源… 57　b. 共生と進化… 58　c. 葉緑体の起源… 59　d. 植物と動物の違い… 59
　　　e. 菌類はなぜ動物にならなかったか… 60　必要だからといって新しい機能が生まれるわけではない… 60
　　　強者は弱者を駆逐するとは限らない… 60　f. 核の起源… 60　g. 遺伝子の水平伝播… 61

Ⅲ．原核生物と真核生物の生存戦略　　　　　　　　　　　　　　　　　61
　1．生存戦略の違いとは ………………………………………………………………… 61
　　　a. 原核生物の生存戦略… 62　b. 真核生物の生存戦略… 62　比べる対象によって見えるものが違う… 62
　　　c. 共通性と多様性と… 62　d. 生存戦略と選択… 63
　2．新しい機能の獲得 …………………………………………………………………… 63
　　　a. 遺伝子でどう理解するか… 64　b. 遺伝子のやりくり… 64　c. 背骨の歴史と進化の連続性… 65
　　　d. 機能を獲得しても発揮するとは限らない… 65　e. 精巧だけど間抜けなところもある… 67
　　　定向進化… 67　平行進化… 68

Ⅳ．いろいろな系統の遺伝子解析　　　　　　　　　　　　　　　　　68
　1．DNAによるヒトの系統 ……………………………………………………………… 68
　　　a. 雄のミトコンドリアは伝わらない… 69　b. 植物のミトコンドリアの伝わり方は違う… 70
　　　c. もっと最近のヒトの流れ… 70

2．もっとさまざまな系統が遺伝子解析でわかる ········ 72
a．多細胞化と動植物の分離…72　b．動物の系統と進化の連続性…73　c．神経伝達にかかわる遺伝子の先祖が単細胞生物にもあった…74　d．変異速度の遺伝子による違い…74　e．変化しにくい遺伝子とは…74

3．系統樹の見方 ········ 75
a．系統樹の確からしさ…75　b．最新の系統樹…75　c．分類の系統樹と進化の系統樹…76

4．地球誕生から前カンブリア紀まで ········ 77
a．化学進化…77　b．細胞の誕生…77　c．真核生物の誕生…78

V．生物とは何か　78
a．ウイルス…78　b．ウイルスとバクテリアはハッキリ違うのか…79　c．大腸菌より遺伝子の少ない真核生物もいる…79　d．レトロウイルス…79　e．ウイルスもどきがたくさんある…80　f．ウイロイド…80　g．プリオン…80　h．セントラルドグマ…82　i．地球型でない生命の可能性 －生物とは何か…82　j．科学は認識である…83

3日目　DNAと核の基本的な構造と意味　84

I．真核生物DNAのサイズと量　84

1．DNAについておさらいしよう ········ 84
a．遺伝子はDNAである…84　b．真核生物のDNAは直鎖状である…84　c．真核生物DNAは直鎖状だがねじれがある…84　d．トポイソメラーゼというもの…85　e．ヒト細胞のDNA…85

2．DNAのサイズと量 ········ 86
a．真核生物のDNAは量が多い…86　b．DNAの本当のサイズ…86　c．DNAはどこまで増やせるのか…87　d．増殖しない細胞ならDNAをうんと増やせる…87

3．DNA量の意味 ········ 87
a．DNAは多いほど高等か…87　b．急にDNAが増えたものがある…88　c．哺乳類のDNA含量は非常に一定である…88　d．DNA量は重複によって増える…89　e．DNA量は倍数化でどっと増える…89　f．HOX遺伝子の場合…90

4．遺伝子の数とタンパク質の種類 ········ 91
a．真核生物のDNA量は多いが遺伝子数は少ない…91　b．遺伝子は少なすぎるか…91　c．少ない遺伝子から多くの種類のタンパク質をつくる…91　d．原核生物も少ないDNAから多くの種類のタンパク質をつくる…92

II．真核生物にはどんなDNAがあるか　92

1．イントロンと発現調節領域 ········ 92
a．構造遺伝子はエクソンとイントロンから成り非常に大きい…92
b．発現調節領域も非常に大きい…93　c．イントロンの意義…93

2．反復配列 ········ 94
a．反復配列がある…94　b．ユニーク配列と遺伝子ファミリー…95　c．中度反復配列…95　d．高度反復配列…96　e．転移因子（トランスポゾン）…96　f．高度反復配列の意義…97　生物のどうしてを問う…97　g．反復配列を見る…98

3．役割のわからないDNA ········ 98
がらくたはなぜたくさんあるのか…99

4．DNAの3要素 ········ 101
a．複製開始点…101　b．セントロメア…101　c．テロメア…101　d．YACベクター…102

III．核の特徴　102

1．核 ········ 102
a．体細胞は2倍体…103　b．核膜…103　c．核膜孔…103　d．核膜孔通過は非常に選択性がある…104

2．クロマチン ········ 104
a．ヘテロクロマチン…105　b．核小体はヘテロクロマチンであるが転写活性は旺盛である…105　c．X染色体の1本はヘテロクロマチンになる…105　ダウン症候群の場合…106　d．大きな癌組織もはじめは1つの細胞…106　e．随意ヘテロクロマチン…106

IV．細胞周期と染色体　107

a．細胞周期とクロマチン周期… 107 b．染色体、核型… 107 c．相同染色体、染色体、染色分体… 109 d．染色体の識別、バンド法… 109 e．FISH法… 109 f．クロマチンの基本構造… 110 g．ヒストンとヌクレオソーム… 110 h．クロマチン糸… 111 i．核骨格… 111 j．核骨格上でのDNA複製… 112

4日目　複製転写翻訳のメカニズム　114

複製、転写、翻訳… 114

Ⅰ．複製　114

DNA複製の特徴… 114

1．原核生物と共通のところ　114

a．DNA複製機構のアウトライン… 114 b．DNA合成酵素がある… 115 c．合成の方向… 115 d．鋳型を必要とする… 115 e．半保存的複製を調べる… 116 f．テイラーの実験… 116 g．プライマーを必要とする… 117 h．不連続複製である… 117 i．複製開始点がある… 117 j．複製終結点もある… 118 k．実際の複製過程は複雑である… 118 l．複製の正確さ… 119

2．原核生物と違うところ　120

a．ヌクレオソームを形成している… 120 b．複製開始点がたくさんある… 120 c．HumermannとRiggsの実験… 120 d．その結果は… 121 e．レプリコン開始には時間差がある… 122 f．発生初期の卵割ではいっせいに複製開始する… 122 g．遺伝子の発現状態と複製の時期は関係があるらしい… 122

3．複製の調節　123

a．Endoreduplicationの禁止… 123 b．複製開始のライセンス… 123 c．複製開始の調節の意味… 124 d．細胞周期調節のカギを握るG1チェックポイント機構… 125 e．G1チェックポイントは遺伝子維持、細胞維持、個体維持に重要… 125 f．チェックポイントは他にもある… 126 g．直鎖DNAであるための問題… 127 h．ヒト体細胞にはテロメラーゼがない… 127

Ⅱ．転写　128

RNAの役割と種類… 128

1．RNAの合成系　129

a．RNA合成酵素… 129 b．RNA合成の鋳型と合成の範囲… 130 c．転写の開始、進行と終結… 130 d．プロモーター領域と転写開始… 131

2．RNAのプロセシング　131

a．合成後のプロセシング… 131 b．キャップ形成… 132 c．ポリA付加… 133 d．遺伝情報は分断されて存在する… 133 e．スプライシングの機構… 133 f．ウイルス遺伝子のスプライシング… 135 g．異なるスプライシングで1遺伝子から複数種類のタンパク質をつくる… 135 h．1遺伝子から複数タンパク質をつくる他のしくみ… 136 i．mRNAの構造と遺伝子の構造… 137 j．細胞質への輸送と輸送タンパク質… 137

Ⅲ．翻訳　138

a．遺伝子の暗号… 138 b．アミノアシルtRNAの合成… 138

1．タンパク質合成系　139

a．タンパク質合成開始複合体の形成… 139 b．延長反応と終止反応… 140 c．ポリソームの正体… 141 d．シャペロンの役割… 141 e．翻訳の調節… 142 f．mRNA合成とタンパク質合成は必ずしもカップルしない… 143 g．mRNAの分解… 144

2．翻訳後のタンパク質の運命　144

a．小胞体とは… 144 b．オルガネラ局在シグナル… 145 c．翻訳後のタンパク質の切断… 146 d．ゴルジ体でのタンパク質糖鎖の付加… 147 e．アミノ酸側鎖の修飾… 147 f．タンパク質の分解… 148

5日目　生き物を制御する遺伝子発現調節　150

1．遺伝子発現の調節　150

a．遺伝子さえあれば何でもできる、はずはない… 150 b．遺伝子発現の調節… 150

2．発現を調節される遺伝子はどんなものがある？　151

a．遺伝子の発現… 151 b．真核多細胞生物の遺伝子にはどんなものがあるか… 151 c．ハウスキーピング遺伝子… 151 d．原核生物の遺伝子発現調節… 152 e．動物は基本的にモノシストロニックmRNA… 153

　　　　f．多細胞動物のハウスキーピング遺伝子… 153　g．多細胞動物であるための遺伝子… 153
　　　　h．多細胞動物をつくる発生遺伝子… 154

　3．DNA構造の変化による調節 ……………………………………………………………… 155
　　　　a．DNAを捨てたり増やしたりする調節… 155　b．繊毛虫類 −必要な遺伝子だけ増やして使う… 156
　　　　c．ウマの回虫 −要らない遺伝子を捨てる… 156　この方法は合理的ではないのだろうか… 156
　　　　d．カエルの卵母細胞 − 一時的に必要な遺伝子を増やす… 157　e．リンパ球−膨大な数の遺伝子をつくり出す… 157　f．ふたたび二匹目のドジョウは いなかった… 158

　4．クロマチン構造による調節 …………………………………………………………… 158
　　　　a．クロマチン構造と遺伝子発現調節… 158　b．遺伝子のメチル化… 158　c．ヘモグロビン遺伝子… 159
　　　　アザC… 159　d．Lyonization… 159　e．ゲノムインプリンティング… 160
　　　　メチル化されたヘテロクロマチン遺伝子は安定なのか… 160　f．体細胞の初期化… 160　g．クローン動物から探る初期化と脱メチル化… 161　h．植物細胞は違う… 161　わかっていないことは多い… 162
　　　　i．どうメチル化するか… 162　j．位置効果… 162　k．抑制を決めているのはクロマチンの局所状態だけではないかもしれない… 163　l．ヌクレオソーム構造と転写調節… 163

　5．調節タンパク質による調節 …………………………………………………………… 163
　　　　a．シスエレメントとトランスエレメント… 163　b．プロモーター… 164　c．エンハンサー… 165　d．転写調節因子… 165　e．転写が活性化される時ヌクレオソーム構造が緩む… 166　f．アセチル化だけではない… 166　g．核マトリックスと転写調節… 167　h．転写調節タンパク質はどうやって特定塩基配列を見つけるのか… 167　i．転写因子はどのように塩基配列を認識できるのか… 167　j．遺伝子発現のシグナル伝達… 168

　6．転写後調節 ……………………………………………………………………………… 169

　7．転写調節の実験系 ……………………………………………………………………… 169
　　　　a．レポーターアッセイ… 169　b．レポーター… 169　c．上流領域をレポーターにつなげる… 170
　　　　d．細胞に導入して発現を見る… 170　e．結果をどう見る… 171　f．フットプリントアッセイ… 171
　　　　g．ゲルシフトアッセイ… 172

6日目　多様性を支える有性生殖　　　　　　　　　　　　　　　　　　173

　1．哺乳類の有性生殖 ……………………………………………………………………… 173
　　　　a．生殖細胞と体細胞は初期に分かれる… 173　b．生殖細胞が運命づけられる過程での分化全能性とDNAメチル化の変化… 174　c．減数分裂で4つの配偶子をつくる… 174　d．染色体対合… 175　e．染色体対合とテロメアの役割… 175　f．哺乳類細胞ではよくわかっていない… 176　g．母と父の遺伝子は似ているが同じではない… 176　h．ひとりのヒトのもつ生殖細胞には、1千万近い染色体の組合せがある… 176　i．染色体交叉によってもっとたくさんの組合せができる… 177　j．相同組換えというもの… 178　k．非相同組換えは起きないのか… 178　多様な遺伝子の組合せは有効に働いているか… 179　体細胞に減数分裂を起こせるか… 179

　2．哺乳類以外の生殖 ……………………………………………………………………… 180
　　　　a．生物の生活環と世代交代… 180　b．植物の増え方の方が動物より複雑… 180　c．世代交代は植物の特徴… 180　d．バクテリアの生殖… 181　e．カビの類の生殖… 181　f．キノコの類の生殖… 182　g．変形菌の類の生殖… 182　h．藻類の生殖… 183　i．蘚苔類の生殖… 184　j．羊歯類の生殖… 184　k．裸子植物綱の生殖… 185　l．被子植物綱の生殖… 186　m．生活環についての動物と植物の大きな違い… 186　n．生殖細胞のでき方についての植物と動物の大きな違い… 187　o．植物の栄養生殖… 187

　3．動物の無性生殖 ………………………………………………………………………… 188
　　　　a．動物の単相世代は生殖細胞だけ… 188　b．栄養生殖… 188　c．幹細胞というもの… 189
　　　　d．単為生殖… 189　e．哺乳類では単為生殖は不可能… 189　f．幼生生殖… 190

　4．2倍体、核相交代 そして有性生殖の意味 ………………………………………… 190
　　　　a．2倍体の意味… 190　b．核相交代の意味… 191　c．世代交代の意味… 191　d．有性生殖の意味… 191
　　　　e．遺伝子のまぜ合わせを有効にするために… 192

　5．あらためて性というもの ……………………………………………………………… 192
　　　　a．性の決定… 192　b．性の転換… 193　c．雌雄同体も珍しくない… 193　d．性は2種類か… 194
　　　　e．性行動を支配する遺伝子… 194　当たり前に見える現象を解析する… 195
　　　　f．ヒトの場合はどうなんだろう… 195　g．どこがおもしろいか… 195

7日目　表現型から遺伝子を解析する　197

  a．ヒトの一生を支配する遺伝子… 197　b．病気も遺伝子の影響を受ける… 197

I．遺伝学のいろは　198

1．遺伝子の解析　198
  a．メンデルは偉い… 198　b．その後の進展… 199　c．遺伝子の物質的本体が DNA であることがわかるまで… 199　d．DNA 構造の発表… 200　よい仕事とはなにか… 200

2．遺伝子の地図といろいろな解析法　200
  a．大腸菌の接合で遺伝子地図をつくる… 200　b．大腸菌の形質導入で遺伝子地図をつくる… 201　c．相補性テスト… 201　d．遺伝解析だけでどれほど細かいことまで突き止められるか… 202　e．ショウジョウバエの遺伝子地図… 202　f．野生型と変異型… 203　g．遺伝病… 203　h．遺伝子多型… 204　i．優性、劣性、遺伝子型、表現型… 204　j．変異優性もまれにはある… 204　変異体を集めるのは大変なことである… 205　k．連鎖解析… 205　l．遺伝子地図の作成… 205　m．交叉の頻度を測る… 206　n．染色体との対応… 206

II．体細胞遺伝学　207

1．細胞の培養ができる　207
  a．増殖には増殖因子が必要… 208　b．細胞の接する環境… 208　c．線維芽細胞がよく用いられる… 208

2．変異株を取ることができる　209
  a．変異株の選択とクローニング… 209　選択方法の重要性… 210　b．条件変異株… 210

3．細胞融合法　211
  a．相補性テストによる遺伝子の解析… 211　b．細胞融合によって表現型の子孫への伝達を調べる… 211　c．細胞融合の方法… 211　d．融合した細胞をどうやって選択するか… 212　e．細胞融合で遺伝子が乗っている染色体を決める… 212　f．癌細胞はしばしば劣性である… 213　g．細胞老化は優性である… 213　h．有限分裂寿命は優性である… 214　i．モノクローナル抗体… 214

4．DNA 導入による遺伝子解析　215
  a．真核生物への DNA 導入はトランスフェクションという… 215　b．トランスフェクションの方法… 215　c．導入された DNA の運命… 216

5．遺伝子導入細胞の選択・クローニング　216
  a．薬剤耐性遺伝子の導入による選択… 216　b．薬剤耐性遺伝子を一緒にトランスフェクトする… 217　c．薬剤耐性遺伝子をつないでトランスフェクトする… 217　d．必ず選択できる方法… 217

6．遺伝子をクローニングする　217
  a．トランスフェクションによる遺伝子のクローニング… 217　b．ゲノムライブラリー… 218　癌遺伝子 ras のクローニング… 218　c．cDNA ライブラリー… 218　d．cDNA による遺伝子クローニング… 219

7．ヒトの遺伝子地図：マッピング　220
  a．ヒトの遺伝子地図づくりは容易でない… 220　b．遺伝病遺伝子の染色体への位置づけ… 220　うまくいくとは限らない… 222　c．DNA の導入によるクローニングはできるか… 222　d．染色体上の位置を狭められるか… 222　e．うまくいけばクローニングまでいける… 222

III．ゲノムプロジェクト　223

  a．ヒトゲノム計画 とは… 223　b．ゲノム上の目印づくり… 223　c．目印としての遺伝子多型… 223　d．目印のゲノム上の位置の推定… 224　e．YAC ライブラリーの整列化… 224

1．塩基配列の決定　224
  a．塩基配列を決める方法… 224　b．Dideoxy 法… 225　c．ウイルスゲノムの全塩基配列… 226　d．ゲノム塩基配列の決定の考え方… 226　e．ショットガン法… 226　f．配列決定の自動化… 226　g．ヒトゲノムの配列決定完成… 227

2．ゲノムプロジェクトがもたらすもの　227
  a．生物分野で初めての国際大型プロジェクト… 227　b．それで何がわかったか… 227

3．医学への応用　229
  a．SNP… 229　b．成人病にかかわる遺伝子多型… 229　c．オーダーメイド医療… 230　d．SNP の検出… 230　e．純系動物の利点と問題点… 230

8日目　遺伝子から個体の表現型を解析する　232

Ⅰ．遺伝子がわかれば表現型が理解できるか　232
　　a．遺伝子の働きを調べるとはどういうことか…232　b．アミノ酸の合成経路…232
　　c．生化学的解析と遺伝学的手法…233　d．遺伝子機能と表現型の関係が単純なとき…233
　　e．遺伝子がわかったとしても表現型までつなげるのは一般には大変…233　f．遺伝子産物がマルチファンクションである場合…234　g．機能は1つだが複数の場面で働く場合…235　h．ハウスキーピング遺伝子の変異でも特定機能の変異のように見える…236　i．遺伝子産物の機能は1つでも全身で異なる影響を与える…236
　　j．細胞のどこを揺さぶっても至るところに影響が現れる…236

Ⅱ．細胞から個体表現型へ　237
　　細胞でわかる機能と個体でないとわからない機能…237
1．遺伝子がいくらでも手にはいる時代になった　238
　　a．おもしろそうな遺伝子をどう選ぶか…238　b．おもしろいことがわかっている遺伝子をホモロジーでとる…238　c．おもしろそうなcDNAを新しく見つける…238
2．逆遺伝学とは　240
　　遺伝子機能の壊しかたのおさらい…240
3．ノックアウト動物　240
　　a．キメラ動物の作製 – 胚工学…241　b．胚性癌細胞と胚性幹細胞…242　c．胚性癌細胞によるキメラマウス…242　d．ノックアウトマウスの作製…243　e．相同組換え頻度が高い真核細胞もある…243　f．致死になる場合でも解析できる…243　g．ノックアウトマウスにしても表現型が変わらないこともある…244
　　h．他の遺伝子群バックグラウンドの影響…244　i．脳機能も調べられる…245　j．科学と商売と…245
4．トランスジェニック動物　245
　　a．さまざまな工夫と応用…246　b．応用盛んなトランスジェニック生物…246　組換え作物の安全性…247

Ⅲ．網羅的なアプローチ　247
　　a．ポストゲノム…247　b．トランスクリプトーム…248　c．プロテオーム…249　d．インターラクトーム…249
　　e．メタボローム…250　f．遺伝子の機能を知るということ…250　g．生命とは何かを知るということ…250

おまけの問題集 – 自分で調べて考えてみよう！　252

Index　256

コラム

ワは日本の古い呼称 … 18
群体というもの … 26
驚異的な能力 … 31
自然への感動こそ科学の出発 … 32
組織というもの … 34
器官というもの … 34
過度の清潔志向は問題かも … 37
系統分類学の今 … 46
現在は生物史上稀に見る
　大絶滅の時代かも … 49
共生、個体、生物、生命とは何か … 58
真核生物的生き方 … 66
バクテリアだってエライ … 66
研究者はバクテリアか … 66
真核でも原核でもないのは … 66
おもしろがっていい … 67
日本人はイブの子孫じゃない？ … 69

イブに行き着いてはまずい？ … 70
日本人、日本語、日本文化 … 71
日本のことを知ろう … 71
危機への教育 … 81
薬学分野では … 81
古細菌と真核生物は近縁 … 83
事実と事実の意味 … 99
背景の有無で受け取り方が違う … 100
遺伝子・ゲノム・染色体とは？−その1 … 113
平衡密度勾配遠心法とは … 116
ヌクレアーゼ … 119
アポトーシスとは … 126
こういう問題を試験に出した … 128
遺伝子のヌクレオチド番号のつけ方 … 132
珍しいヌクレオチド結合 … 132
真核生物mRNAの精製 … 133
RNAワールド … 135
シャペロンとは … 142
タンパク質の糖類は、種類も大きさも
　さまざまである … 147

遺伝子・ゲノム・染色体とは？−その2 … 149
脳は酸欠状態で3分しか
　もたないのはなぜか … 152
遺伝子発現調節の結果起きる
　新生児黄疸 … 155
おばあさんとおじいさんの遺伝子を
　平等に受け継いではいない … 177
想像してみて … 184
細胞内に細胞をつくる … 185
種子植物の繁栄と地球温暖化の危機 … 192
初めてのsex … 196
遺伝病は状況によっては野生型でありうる
　 … 203
PCR … 219
やすり一本でエッフェル塔を盗む心意気
　 … 228
遺伝子・ゲノム・染色体とは？−その3 … 231
ビタミンの方が身近な例だね … 234
遺伝子機能の解析だけでも大変 … 237

分子生物学講義中継 part 1

教科書だけじゃ足りない
絶対必要な生物学的背景から
最新の分子生物学まで
楽しく学べる名物講義

1日目 系統分類から見た生物の世界

2日目 DNAの系統から見た生物の世界

3日目 DNAと核の基本的な構造と意味

4日目 複製転写翻訳のメカニズム

5日目 生き物を制御する遺伝子発現調節

6日目 多様性を支える有性生殖

7日目 表現型から遺伝子を解析する

8日目 遺伝子から個体の表現型を解析する

問題集

今日の講義は...
1日目　系統分類から見た生物の世界

　今日は一回目と言うことで、生物界全体を見渡しながら、**真核生物とは何かと言うことから、ヒトの生物学的な位置**を考えてみようと思います。原核生物から、真核生物、多細胞真核生物の誕生の上にヒトも誕生したのです。そういう視点を、具体的な分子生物学の成果を学ぶ背景として持っていてもらいたいと思います。講義は、高校で生物をマトモに習ってきたヒトがほとんどいないと言う前提で話をします。それが実態だからね。高校生物で習ったヒトにとっては、分類、進化といったあたりのことです。このあたりの一応の概略は知っておいてもらいたい。

1. 生物の分類とは？

1　身近なところから分ける

α　遠いところは小さく見える

　さて、生物がどう分類されていたかと考えると、ヒトはたいてい別格であった（図1-1）。ヒト以外では、イヌとかケモノがまず身近なところにいて、そこいらへんまでがまあマトモな生き物であった。今だって、動物と言えばケモノのことだというのが一般的な認識だと思います。トリも温かい血が流れているけれどもケモノとはちがう。それ以外はヘビだのカエルだのサカナだの、チョウチョやミミズなんかもひとまとめにして、ムシと同類に考えていた時代があった。今で言えば、『哺乳類』と『その他』、あるいは『温血動物』と『その他』ということになる。すでにアリストテレスは、海綿は動物である、と言っていたそうですが、普通の多くのヒトにとっては、生き物という認識さえなかったかもしれない。以前、『ムシ』という正式な分類項目があると思っていた大学院生に出会って、びっくりしたことがあります。ムシという分類はない。

　今でも脊椎動物と無脊椎動物に分けたりする。『脊椎動物』と『その他』ということなんだね。この場合には、わからないからと言うより、目的があってこのように分けるのではありますが、自分に近いところは詳しく見えるけど、『**遠いところはよくわからないから、とりあえず小さくまとめてしまう**』のはよくあることです。『その他のもの』とまとめてしまう。日本人とその他（外国人）という分け方も似てるね。仙台で学会があって、それから青森まで行ったことがあるんだけど、仙台から青森があんなに遠いとは思っていなかった。自分から遠いところで、小さく見ていたわけです。『**いつでも誰でも、そういう過ちをおかしがちである**』って事です。時間軸についてもそうです。最近の十年は実感的にもよくわかるけど、百年、千年と言われると、正確に認識できない。子供が小さい頃、私が小さいときの話をしたら『チラ（ティラノザウルスのこと）がいたころ？』と聞かれましたが、そう言うことだね。子供にとっては20年前も2億年前も大昔というだけで実感的な違いがない。われわれだって、2万年前と20万年前の実感的違いなんてない。

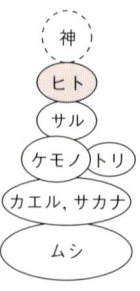

図1-1　ヒトの位置

b しだいに遠くが正しく見えるようになる

生物の分類もそうで、自分の身の回りの生物以外は、ひとまとめにムシと云う認識の時代があったということだね。それが段々に認識が変わってきた。ムシの世界も意外に広いという認識は、『哺乳類の占める位置、脊椎動物の占める位置がどんどん小さくなる過程』でもあった。植物も生物の仲間であると言うはっきりした認識、それからずっと時代的には後のことですが、顕微鏡でしか見えないような生き物がいると言う発見があり、動物、植物、顕微鏡的な生物といった分け方が出てきたのは、大きな進歩です。生物と認識する世界が広がったわけです。『遠くがどれだけ大きいか』の認識ができるようになってきたってことだね。講義を通じて皆さんにもそれを味わってもらおうと思います。まずは、どんな生き物がいるかということからです。

2 分類の考え方

a 人為分類

生物の分類とは何だろう。漁師さんにとっては食べられる魚と食べられない魚、毒のある魚とない魚という分類はきわめて重要だよね、高い魚と安い魚という分類も知っておかなければならない。生活かかってるからね。こういうのを『人為分類』と言う。ヒトの都合で分類するわけだ。人の役に立つ生き物と害をなす生き物、とかね。海に住む生き物、陸に住む生き物、空を飛ぶ生き物と言うような分類も人為分類と言っていいでしょう。干潟の生き物、森の生き物、砂漠の生き物、と言った図鑑もあるように、そういうまとめかたもあります。それはそれで意味がある分け方ではあるんです。

b 自然分類・系統分類

そのような人為分類は間違いではないのですか？

別に間違いじゃない。視点が違うだけのことです。生物学的分類とは視点が違う。じゃ、生物学的な分類ってなんだ。これは通常『系統分類』あるいは『自然分類』と言います。生物の進化の系統にそった分類です。ヒトとチンパンジーとはごく最近分かれた。ヒトとネズミ、正確には、将来ヒトを含む種を生み出すことになるであろう生き物と、ネズミを含む種を生み出すことになるであろう生き物が分かれたのは、もっとずっと前だ。『最近分かれたものほど分類上お互いに近い関係と考える』という原則は納得できるだろう。そう言う原則によって分類するのが系統分類です。

ただ、それを知るためには、進化の系統を知る必要がある。タイムマシンでもなければ進化のプロセスを実際に見ることはできない。で、まず似た性質をもったものを集めるわけです。『最近分かれたもの程お互いに似ている』はずだからね。ヒトとサルをまとめて『霊長類』とする。毛があって温血で、卵でなく赤ちゃんを生んでお乳で育てるのは『哺乳類』としてまとめる。背骨があるという性質はもっとひろくて、哺乳類や鳥類、爬虫類、両生類、魚類が含まれる『脊椎動物』とする（図1-2）。

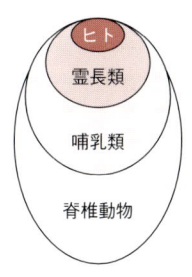

図1-2 脊椎動物の分類

……… 進化と言う言葉はよくない

進化と言う言葉はよくないと思うんです。逆の言葉として退化と言う言葉があります。下等な生き物から高等な生き物へ進化した、という言い方もする。進化と言う言葉には『よくなる方向に進むと』という価値観が入っている。下等、高等という言葉にも明らかに価値観が入っている。生き物がしだいによくなっているのか、しだいに高等になっているのか、そんなことはわからないんです。『変化』あるいは『多様化』が実体にあっている。ヒトのほうがバクテリアより複雑だ、とは言えますが、複雑イコール高等というのも勝手すぎる。具体的な内容については、おいおいお話します。進化と言う言葉をやむなく使うけれども、よい方に進むと言う内容を含んではいないんで、『変化』に近い内容で使っていることは覚えておいて下さい。あるいは、高等動物、下等動物と言う言葉もやむなく使いますが、『いわゆる』ということでしかない。

c 何に注目したらよいかは難しい

似た性質をもったものを集めて分類するのは妥当な考え方なんですが、『分類上重要な性質としてどの性質に注目するか』は、『とても重要』で、しかし『誤る恐れがある』ことなんです。何に注目するかはヒトが選ぶんだから、下手に選ぶと人為分類になってしまう。よく言われることですが、トリもコウモリも空を飛ぶから同類、と言うのは人為分類である。じゃ、自然分類では、どういう根拠でどのように違うと考えるか、答えられるかい。トリは卵を生むけれども、コウモリは赤ちゃんを生んでお乳で育てるから哺乳類だ、と言う程度で納得できるかね。簡単に納得しなくていいんだよ。そう簡単なものじゃないんです。

卵ではなく子どもを生むという性質は、哺乳類のめざましい特徴です。でも、タツノオトシゴ（これは硬骨魚類）は卵ではなく赤ちゃんを生む。軟骨魚類のサメもそうだね。オタマジャクシを生むカエルもいる。でもこれは卵胎生といって卵が母親の体内で孵化しているので、胎盤を通じて栄養をもらって胎児が育つ哺乳類とは違うと考える。**哺乳類の体のしくみとしての特徴は、お乳で育てるという特徴より、胎盤があるってことの方が重要そうだね**。でも、オーストラリアにいるカモノハシは、生まれた子供を哺乳するんで哺乳類に分類するけれども、トカゲと同じで卵を生み胎盤はない。水かきのある足や、くちばしもあって、トリとも似てる。なんだかよくわからないだろう。

カンガルーのお母さんはお腹の袋で赤ちゃんに母乳を与えて育てるので哺乳類ですが、カエルの仲間には、背中のくぼみにオタマジャクシをいれて、お乳のようなものを分泌して育てるのがいるんだそうです。だっこおんぶの違いはあっても、目的もやり方もよく似ている。乳房の形を維持したいために、自分のお乳ではなくミルクで子育てする母親がいるって話を聞いたことがありますが、それに比べりゃ、このカエルのほうがずっと立派な哺乳類です。カモノハシは卵を生む哺乳類だけど、このカエルを哺乳類とは言わない。なぜだろう。ますますわからなくなってきた。

ヒトやモルモットはビタミンCを体内で合成できないが、マウスやラットは合成できる。だからマウスやラットにとっては必須栄養素ではないんだね。でもこれをもって、ヒトとモルモットの関係がヒトとネズミより近いと考えるわけではない。サカナもヘビもウロコがあるけれども、サカナのウロコは真皮にできた骨、ヘビのウロコは表皮（ま、爪みたいなもんだ）で、発生学的にはぜんぜん違うらしい。ニワトリの脚にあるウロコは爬虫類と同じらしい。アルマジロやセンザンコウは哺乳類だけど全身ウロコでおおわれているから、ケモノの仲間とは思えない。似た性質を持ったものを集めると言っても、なかなか複雑なものである。

d ではどうする

妥当な系統分類のためには、現在生きている生物についての解剖学、生理学、生化学、発生学、場合によっては生態学を含めて、さらに実際の進化の過程の足跡である古生物学を含めて、『いろいろな面から比較する』ことが必要で、『それぞれから得られる結論が合致する』ことが必要です。これからお話する分類は、そのような背景のもとで分類されているものと一応考えてください。ただ、『それぞれから得られる結論が合致する』とは限らないので、意見の一致が見られないところがいろいろあることも紹介せざるをえません。

だいたい、1つ2つの証拠から論理を打ち立てるのは一般に危険なんです。もちろん、すべての情報が完全に1つの結論に導かれれば問題ありませんが、そんなことはあまりない。情報とその解釈には常に不完全さを伴っている。得られた情報の評価と取捨選択が常に必要です。恣意的な取捨選択をすると結論を誤る。そういう難しさは、どんな分野の研究を進める過程でも常につきまとうことです。しばしば出合う事ですが、実験結果を基にその背景にあるしくみを作業仮説として考えるときもまさに同様です。CIAやペンタゴンだって、膨大な情報を基にしながら、しょっちゅう間違いを犯している。生物学の分野でも時々あることですし、考古学や歴史なんかでもすごい仮説が出されることがあります。一見非常におもしろいんだけれどもしばしばプロに無視されるのは、それに反するたくさんの証拠を無視していることが多いからだね。

e 発生過程の重要性

さて、哺乳類のもつ特徴は、背骨があるという特徴より新しい、と考える。これは、生物の間で『共通性

のある性質ほど古い時代に確立した性質である』という原理に従っているんです。宇宙開びゃくからの素粒子のできかたの話で全く同じ原理を見てずいぶん驚いたけれども、驚く方がおかしい。で、系統的に近いところはまあわかりやすいんだけど、できあがった体を比べるだけでは、ヒトとタコとミミズがどのくらい近縁なのか離れているのか、ちょっと見当がつかない。相当離れているとは思うけど。**離れているところでは、できあがった体で比べるだけではなく、『発生過程を見る』ことが有力なんです。**発生と言うのは、簡単に言えば、受精卵から赤ちゃんになるまでの過程です。『**個体発生は系統発生を繰り返す**』というのはヘッケルの有名な言葉です。大雑把に言えば、卵のなか（哺乳類では母親のお腹の中だけど）で進行する個体発生は、進化の系統をなぞっている、と言うものだ。

どこまでこれが進化の実際とあっているかは細部では問題があるけれども、ヒトの胎児でも、初めは形もサカナに似ていて鰓みたいなものがあったりして、やがてカエルやトカゲみたいになって、生まれる頃にはサルみたいになる。けど、それだけじゃないんだね。もっと深いんです。これは段々にお話します。

3 分類上の決まりごと

a 分類上の項目

表1-1 身近な生きものの分類の例

	界	門	綱	目	科	属	種
ヒト	動物界	脊椎動物門	哺乳綱	霊長目	ヒト科	ヒト属	ヒト
ヤマザクラ	植物界	種子植物門	双子葉綱	バラ目	バラ科	サクラ属	ヤマザクラ

まずは分類上の単位を整理しておきます。**分類は、『界』、『門』、『綱（コウ）』、『目（モク）』、『科』、『属』、『種』と言う順番に細かくなります**（表1-1）。門と綱の間に亜門、綱と目の間に亜綱等を設けたり、目の上下に上目、下目を設けたりすることもあります。どこまでを一括にまとめるかは単純ではないのですが、何ごとでもグループ分けとはそう言うものでしょう。ヒトの場合、本を見るともっと細かく書いてある。動物界、脊椎動物門、四肢動物上綱、哺乳綱（要するにケモノの仲間だね）、獣亜綱（カモノハシの仲間の単孔類が除かれる）、真獣下綱（カンガルーの仲間の有袋類

が除かれる）、霊長目（サルの仲間が属する）、真猿亜目（キツネザルの仲間が除かれる）、ヒト上科（ヒトやチンパンジーを含む類人猿）、ヒト科（猿人、原人、旧人、新人が含まれる）、ヒト属（原人、旧人、新人が含まれる）、ヒト（新人のみ）。まあでも、ここまで覚えなくてよいでしょう。この分類では、ヒト科には、現生種としてはヒトだけしか含まれていません。1科、1属、1種だね。類人猿全体をヒト科として、ヒト亜科にヒトとチンパンジーを含め、両者を別の属とする分類もある。動物界と脊椎動物の間に、三胚葉から成る動物であること、後口動物であること、真体腔をもつことなどの分類上の特徴を入れることもあります。このあたりの特徴は後で説明します。

b 1番小さい単位は種

種というのは、それどうしの間でちゃんとした子孫がつくれる単位とされています。イヌとネコの間には子供はできない。ライオンとトラの間では子供をつくれるそうですが、子供は次の子孫をつくれないから種が違うんです。違う人種の間では互いにちゃんと子孫をつくれますから、ヒトとして同一の種なんです。もちろん、全部の生物について、互いに子孫ができるかどうか確かめられたわけではありません。考え方として、ということですね。

それぞれの生物は、属と種の名前を記す『二名法』によってラテン語の『学名』をつけます。ヒトは『*Homo sapiens Linné*』と表しますが、*Homo* は属名、*sapiens* が種名です。最後は命名者の名前です。近代的な分類学の創始者であるリンネだね。学名はイタリック体で表します。新種を発見したら、自分の名前が残る。植物学者の牧野 富太郎さんが命名した日本の植物はたくさんあります。*Makino* だね。ネアンデルタール人は、*Homo neanderthalensis* としてヒトとは別の種としますが、*Homo sapiens neanderthalensis* としてヒトに属させる考えもある。同一種の中の少し変わったもの、亜種とか変種として考えることもあるわけだ。種の定義に照らし合わせて、現代人との間で子孫をつくれるか、と突っ込まれると証拠を示せないけど。なお、**動物学の分野では個体を数えるのに1匹と言わずに1頭と言います**。ゾウリムシ1頭、チョウチョ1頭とかね。チョウチョもウシも同等に扱うってことだね。日本語

の名前は『和名』と言いますが、それは『ヒト』です。和名はカタカナで表記します。日本名あるいは日本語名とは言いません。

11. 大きな分類項目から追っていこう―原核生物と真核生物

生物全体を原核生物と真核生物に大きく分ける（図1-3）。

真核生物
原核生物

図1-3 生物界を2つに大別する

1 原核生物

高校で生物を習ってなくても想像できるでしょうが、通常、バクテリアが一番下等なものとして位置づけられます。生き物全体の中では『その他』という感じで

ワは日本の古い呼称

余談ですが、和名、和歌、和食、和菓子、和服、和裁、和室、和英辞典、和文英訳など日本のことをワと呼ぶのは、倭の時代から連綿とつながってるんだね。倭人です。中国の歴史書の記載では紀元前から見られますから、結構長い歴史です。高校で習った和漢朗詠集は、倭漢朗詠集なんだね。多分、今でも使っている呼称と言う意味では、世界で一番歴史が古いかもね。威張るほどのことじゃないけど、ちょっとすごいなあと思います。日本と言う対外的な名前は天武天皇の時代ころからで、そう古くはない。倭も和も日本も、やまと言葉としてはヤマトと読んでいたらしい。倭姫とか大和とか日本武尊とかね。読めるかい。邪馬台がどう読まれたかは問題なんだけど。自分の事をワと称する我が先祖たちが住んでいたんで、ワと自称するヒトの国、倭国ですねって事になったんじゃないかと思います。これは半分冗談です。半分は信じてる。志賀島で見つかった『漢倭奴国王』という金印は、倭の奴の国と読むのはおかしいんで、倭奴国であるべきでして、互いにワ（私）ナ（あなた）と呼び合う我が先祖たちが住むワナ国と呼ばれたからじゃなかろうか。これは冗談。

付け足しみたいに隅に押しやられています。これは『原核生物』と言います。ヒトなどの細胞と比べた時、細胞膜で囲まれた細胞からできているという共通性はありますが、大きさが非常に小さい。細胞膜をもつという性質は、現存のすべての生物がもつ共通の性質ですから、生物の起源と同じくらいに『古い時代に確立した性質である』と考えられます。大腸菌の場合は長径が約$2\mu m$、短径が約$1\mu m$の円筒形で、光学顕微鏡でようやく見える程度です。通常の動植物細胞は、小さいものでも数十μmの大きさがあります。小さいだけでなく、原核生物は細胞内の構造が単純である。原核生物と言う名前は、原核生物には核がないことに由来します。正確には、膜構造で囲まれた細胞内小器官としての核がない、ということです。遺伝子であるDNAは細胞質のなかに浮かんでいるわけですが、細胞質全体に広がっているわけではなく、まとまって存在します。通常の動植物細胞にみられるミトコンドリアや小胞体などの細胞内小器官もありません。ただ、鞭毛や繊毛をもって運動するものもあります。小さいだけでなく、非常に簡単な細胞構造をしているので、下等あるいは原始的なものと考えられているわけです。まあ、発生過程との類推では、受精卵といえども核のある細胞ですから、核のない細胞はそれ以前、もっと簡単な生き物とも言えるわけです。原核生物には『バクテリア』と『藍藻』が含まれます。細かく分ければもっとたくさんに分類できる。

a バクテリア

分子生物学によく出てくる大腸菌以外にもたくさんのバクテリアがいます。言うまでもないと思いますが、大腸菌はもともとヒトの大腸を住処としている。海水浴場などの汚染状況を表すのに大腸菌数が使われるのはそのためだね。実験室で使っているのは別に汚いわけではありません。枯草菌も分子生物学の実験に使われました。多くのバクテリアは細胞膜の外側に細胞壁を持っていて、このために、植物に分類されていたことがあります。たくさんの種類がありますが、**今ならDNAが似ているか違うかで区別できる**として、ちょっと前までは、よほどの特徴がないと同じバクテリアなのか違うバクテリアなのか区別するだけでも一苦労だった。コレラやチフスあるいはスピロヘータのように

病気を起こすとか、放線菌のように抗生物質を生産してヒトの役にたつなどの『特徴がないとまともには調べない』ことが多いので、知られていないバクテリアがどのくらいいるか、見当がつかないのが現状です。記載されているのは精々1％以下だろうと言われます。調べられていない種類がものすごくたくさんあるだろうということだね。

b マイコプラズマ

バクテリアのなかで、マイコプラズマは小さいだけでなく『単独で生きて行かれる最も簡単な生物である』と考えられます。マイコプラズマは細胞壁がありません。細胞膜はもちろんあるよ。ミクロン以下の孔のあいた膜を通して滅菌する濾過滅菌では、変形して通り抜けてしまうことがあるので、濾過性病原体としてウイルスと一緒にされたこともありますが、違うんです。多くはヒトを含めた動物や植物に寄生して病気を起こします。いろいろな栄養素を自分でつくることができないけれども、寄生すれば栄養をもらえるからね。栄養豊富な培地でなら培養できるものもあります。簡単と行っても、500〜1,000個くらいの遺伝子を持っています。1人立ちして生きるに必要な最低の遺伝子の数はこのくらいということでしょう。大きなウイルスでは数百もの遺伝子をもつものがあるので、遺伝子の数から見ると、ウイルスと通常のバクテリアとの中間的なものと言えます。ただ、**ウイルスはいくら栄養豊富な培地でも単独では増えることができず、生きた細胞に感染し、生きた細胞の機能を使わない限り増えられません。これがウイルスとバクテリア（マイコプラズマを含めて）の決定的な違いです。**1人立ちして増えるためには、どのような種類と数の遺伝子がなければならないと考えるか、というのは宿題にいいねえ。ぜひ考えてみてください。ちなみに、**大腸菌の遺伝子は約4,000個**あります。

c 藍藻

藍藻というのは、そのへんの池などにも生えている細い糸のような藻です。『シアノバクテリア』とも言います。細胞がつながって糸のように見える。単細胞のものもあります。無性的に分裂して増えます。葉緑体を持っていて、光合成します。ユレモ、ネンジュモ、スイゼンジノリなどが代表的なものです。スイゼンジノリは食用になる。バクテリアのようにヒトに病気を起こす種類があるわけでもなく、実にひっそり生き延びているように見える。

でも藍藻の先祖は、光合成によって地上の自由酸素を作り、地球環境をすっかり変化させたんです。いま、われわれが酸素呼吸して生きていられるのも、鉄が錆びるのも、もとはと言えば藍藻が作った酸素のおかげである。水分子を分解して遊離の酸素を作ったんです。考えてみればすごい反応です。水を分解しろと言われたら電気分解くらいしか思いつかない。で、**すべての緑色植物の起源にもなった。**緑色植物が繁茂しなければ、それを食べる動物も生きられない。生き物の大功労者なのです。細胞壁があって、緑色で光合成もするし、藻のように見えるので、植物に分類したこともあるのですが、原核生物なんです。名前も紛らわしい。皆さんが目にするほとんどの藻類や海藻は、藍藻の仲間ではありません。

2 真核生物

バクテリアと藍藻以外の生物は『真核生物』です。ふつう、生物と言うと、真核生物だけがイメージされることが多い。普通にみられる動物や植物は言うまでもなく、単細胞生物の原生動物や酵母、カビやキノコやコケも含めて、要するにほとんどが真核生物です。原核生物との違いは、顕微鏡で細胞を見て『核がある』かどうかという簡単な区別が出発点なんですが、核内のDNAはタンパク質と強固な複合体を作ってクロマチンを形成しているとか、細胞質には多くの種類の細胞内小器官があるとか、調べれば調べるほど、両者の間には実に大きな違いがある。後の講義でも詳しく出てきますから、今は詳しいことは略します。もちろん、共通性はたくさんあるんだよ。基本は細胞である、遺伝子はDNAである、細胞膜がある、代謝経路やタンパク質合成系も基本的には同じ、その他その他。

真核生物は、単純には『動物界』と『植物界』の2つに分けます。この場合、単細胞真核生物の中でも動物的なものは『動物界』に、植物的なものは『植物界』

に入れます。単細胞真核生物を『原生生物』として別のグループにする考え方もあります。さらに、植物のなかからカビやキノコの類を『菌界』として別のグループとする考え方もあります。ここでは、『原核生物』を含めて5つに分ける考え方で説明します（図1-4）。

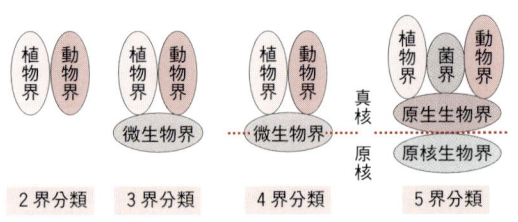

図1-4　生物界を5つの界に分ける

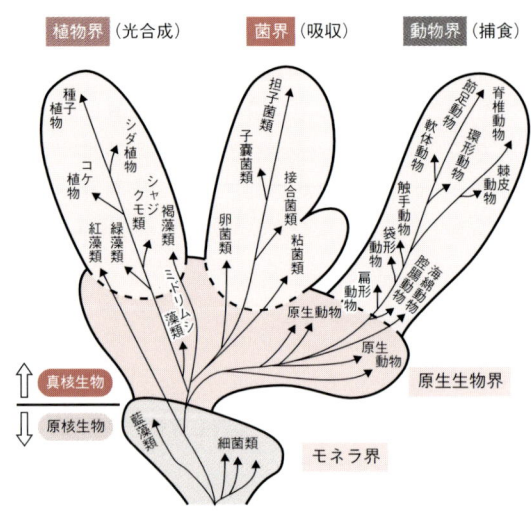

図1-5　ホイッタカーによる生物の分類

「原核生物」は『界』ですが「真核生物」という分類は『界』ではないのですか？

『真核生物界』として、『植物亜界』、『動物亜界』とでもする方が形としては良いかもね。そういう示し方をしている本もあります。これが唯一の分類と言うわけではなく、大きなグループわけについても、考え方によって違いがあります。これから示すのは、わけ方の1つの例、と言う他はない。

3 真核生物の4つの界

ごく大雑把に真核生物の分類についての考え方を紹介しておきます（図1-5）。

『原生生物界』のグループには、細胞が集合した群体を作るものもありますが、**基本的には単細胞生物**です。実にさまざまな性質を持った生物が含まれており、多細胞生物でないものを『その他』として集めたように見えます。動物的なものも植物的なものも含まれます。単細胞である以外には共通性に乏しい。

『動物界』は、1つの大きなグループとします。動物グループを1つとすることには、まあ問題というか異論は少ない。基本的に**従属栄養**で、他の生き物を食べて栄養にしている。動物の身体のでき方、生殖のしかた等、基本的なしくみについて非常に共通性が高い。単細胞原生生物には、1本あるいは2本のむち形鞭毛、羽形鞭毛、片羽方鞭毛などいろいろな鞭毛を持つものが見られますが、そのなかで、むち形鞭毛を一本持つものからすべての動物が出現した、と言う考えもあります。そう単純じゃないよ、と言う考えもありますが。

『植物界』は光合成をする**独立栄養**が基本。簡単な物質を吸収して、体に必要なあらゆるものを自分で合成する。さまざまな藻類や、コケ、シダ、樹木から花の咲く草花まで、目にとまるほとんどの植物を含みます。独立栄養が基本ではありますが、クロロフィルを持っているくせに昆虫や小鳥までつかまえて栄養を吸収するウツボカズラのようなとんでもない食虫植物もありますし、クロロフィルを全く失って寄生によって栄養を吸収する真っ白なギンリョウソウなんて植物もあります。これは後から獲得した性質と考えられます。

『菌界』はカビやキノコなど、光合成をしない**従属栄養**の植物ですが、動物と違ってほかの生き物を捕らえるのではなく、有機物を吸収して栄養にしている。大腸菌とか、コレラ菌とか、放線菌とかは、菌と名前がつくけれども、これは原核生物だから真核生物の菌界とは違うんだね。放線菌なんてカビみたいに見えるけどね、間違えちゃいけない。

大雑把な特徴はそう言ったところです。

α 植物界

動物界については後でじっくりやるとして、植物と菌界についてはここでしか触れないので、ざっと見渡

しておきましょう。

　緑色植物の系統は、葉緑体に『クロロフィルaとb』を含み、精子は、『むち形鞭毛』を『本体の前方』にもつという共通の特徴があります。緑色植物は、**緑藻植物門**（クロレラ、アオミドロ、アオサ、アオノリ）、**車軸藻植物門**（シャジクモ、フラスモ）、**蘚苔植物門**（スギゴケ、ゼニゴケ）、**羊歯植物門**（スギナ、ワラビ、ゼンマイなど）、**種子植物門の裸子植物綱**（イチョウ、ソテツ、マツ、スギ）、**被子植物綱**（サクラ、トマト、アサガオ、キク、イネ、タケ）等を含みます。精子の鞭毛は、イチョウ、ソテツまでで、それより後では失われていて、精細胞となります。イチョウの精子は平瀬作五郎が、ソテツの精子は池野 成一郎がそれぞれ小石川植物園で世界で初めて発見したもので、羊歯植物と裸子植物の間の系統関係を明らかにした重要な発見です、ということは高校で習う。緑色植物を1つのグループと考え、大体こんな順番に進化してきたのだろうということについては、大きな異論はないと思います。それを支持する多くの根拠があるからです。名前だけをズラズラ並べてもしょうがないんで、それぞれの特徴、このような門に分ける理由、系統関係などを言わなければ意味がないんですが、時間の関係で省略します。

　これ以外に、**紅藻植物門**（アサクサノリ、テングサ、フノリ）、**橙藻植物門**（ツノモ、ムシモ）、**黄藻植物門**（ミズオ、ヒカリモ、ケイソウ）、**褐藻植物門**（ワカメ、コンブ）などの藻類があり、クロロフィルaを含んでいてC3光合成をすると言う点で、緑色植物との共通性があります。ということで、緑色植物とあわせて植物界とするのが普通です。ただ、これらの藻類の中でのお互いの系統関係をたどるのは難しい。**それぞれが、かなり独特**と言うところがあるからです。後で言いますが、遺伝子レベルでの比較から詳細な系統がわかるようになると思います。

b　菌界

　菌類は、クロロフィルももたず、他の生物が作った有機物を利用します。**変形菌植物門**（ムラサキホコリカビ、タマホコリカビ）、**卵菌植物門**（ミズカビ）、**接合菌植物門**（クモノスカビ）、**子嚢菌植物門**（アカパンカビ、コウボ、コウジカビ、セミタケ）、**担子菌植物門**（マツタケ、シイタケ、サルノコシカケ）などがあります。多くは、『接合』と言う生殖をする共通的な特徴がありますが、これは菌類だけの特徴というわけではありません。それぞれの菌類にはそれぞれ独自の特徴があり、これら全部を菌類としてまとめるのは、『その他』としてまとめたような感じで、ちょっと人為分類的な印象をまぬがれません。進化のうえでの互いの系統関係は不明確と思います。特に、変形菌類（粘菌類）は実に変わった生活環を持っていて、他のどのグループとも共通性に乏しいように思います。いっそのこと、小さいけれども別の界にしてはどうかと言う考えもある程なんですね。これは実におもしろいんですが、詳しいことは省略し、後で有性生殖のところで少し紹介します。明治の頃、南方熊楠と言う偉大な研究者がいて、Natureという有名な学術専門誌に変形菌についてたくさんの報告をしてるということです。変形菌の専門家というわけではなく、いろいろな方面の研究をしたヒトなんです。

　いずれにせよ、菌類は、至る所に有機物があるという状況があって、初めて広く展開できた生物でしょう。地味な生き物には見えますが、ビール・お酒・漬け物・味噌・醤油・かつお節等の醸造・醗酵、あるいは冬虫夏草やサルノコシカケが薬になる、シイタケやマツタケ等のキノコが食料になるなど、ずいぶんヒトとのつながりが深い。ヒトにも寄生しているのがたくさんいます。水虫だけじゃない。免疫抑制剤や抗生物質の多用のために体内に増え出すと、ほとんど打つ手がない。

　それだけでなく、分子生物学の分野でも役立っているんです。**1遺伝子1タンパク質**という考えのもとは、アカパンカビを利用したビードルの遺伝学の実験から（これでノーベル賞をもらった）だし、変形菌類は形態形成にかかわる遺伝子の研究に使われました。

……… 酵母はヒトのモデルになる

　最近は、真核生物に共通な性質を解析する分子生物学的研究に、酵母が非常によく使われます。子嚢菌植物門だね。ビールやパンをつくる時に使われる単細胞の菌です。これが、**真核生物のモデル生物**と言うことなんです。生物全体に共通的な遺伝学的機構や生化学的機構を解析するのに大腸菌が使われて、遺伝子の分子生物学が大展開したように、真核生物に特徴的でしかも共通な機構を調べるには、真核

生物の中で研究材料として使いやすい適切なものを選択することが、研究の推進に有利です。**分裂酵母**（*Schzosaccharomyces pombe*）と**出芽酵母**（*Saccharomyces cereviciae*）の両方が、それぞれの特徴を生かして利用されます。*Saccharomyces*は日本語では最甘露夫人と書きます。嘘だよ、冗談です。忘れて下さい。でも、学生って忘れていいことはすぐに覚えるんだよね。

培養が簡単で、増殖が早く、たくさんの個体を扱えることは、遺伝学的な解析にはうってつけです。遺伝的解析にはさらに、染色体の数が少ない、1倍体と2倍体の両方の生活をすることができる、相同組換えが起きやすい等の優れた性質があります。これらの性質は哺乳類細胞にはない大きな特徴で、研究に非常に有利な点です。この性質を駆使することで、酵母ワールドとでも言うべき研究分野を形成している。後で触れますが、**人工染色体を作って導入するなどの手法が使えることも特徴**です。

分裂酵母の遺伝子はヒトとの相同性が高いことから、酵母でクローニングされた遺伝子をもとにヒトの遺伝子をクローニングしたり、遺伝子の発現機構を調べたりにも使われます。細胞周期の研究、細胞内シグナル伝達経路の研究、細胞外からの刺激への応答性などにも使われます。これらの現象を支えるしくみや、しくみを支える遺伝子の観点からもヒト細胞との共通性があるので、真核生物のモデルとして非常に有用なんです。遺伝子の中には、酵母から取れた遺伝子をヒト細胞に導入すると同じように働いたり、逆に、ヒトからとった遺伝子を酵母に入れると同じように働いたりすることさえあるんです。取り替えが効くってことは、実によく似ているってことですよね。もちろん、大量培養してタンパク質などの成分を分離精製し、生化学的な解析を進めることにも利用できます。多細胞生物としてのヒトの特徴、例えば循環系とか神経系とか、を調べるためのモデルにはなりにくいことは当然です。ただね、循環系でも神経系でも、細胞レベルの反応を調べることになると、意外にも似た遺伝子がかかわっていたり、反応系が類似していたりする。

C 動物界

さて、動物の分類はこういうのじゃなかったかな（表1-2）。

お互いの系統がわかるように描いたものを『**系統樹**』と言います。系統が木のように表されているわけだね。枝の先に現在の生物がいる。これは分類を表す図だけれども、こういう順番に進化してきたのではないかな、と言うことでもある。系統樹は、発生学上の性質をかなり重視しています。ここに書いてある枝は、分類学上は門をあらわします。

動物は大きく2つの系統になっているね（図1-6）。幹が別れる前に、1番下には原生生物がある。**原生生物の中の動物的なものを、原生動物と言うこともあります**。多くは単細胞だね。そのすぐ上に海綿動物がある。これらがどうして系統の下の方に位置するかって言うと、基本的なからだのつくりをみると、原生生物は基本的には単細胞ですが、海綿は多細胞で外胚葉と内胚葉という2つの細胞群からなる。まず、このあたりから説明していきます。

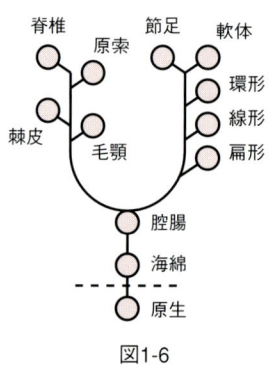

図1-6

III. 原生生物と多細胞化

ヒトの発生でも『胞胚』や『卵割腔』という言葉が出てくるし、先程『個体発生は系統発生を繰り返す』と伺いましたが、原生生物も対応するのでしょうか？

そうだね。発生との対応でいえば、原生生物は受精卵から胞胚あたりまでに相当します。発生の過程を見ると、受精卵からしだいに体ができ上がってゆく過程で、細胞は1個が2個、2個が4個、4個が8個と分裂していく。この時期は、分裂から分裂までの間に細胞が大きくならないから、細胞1つ1つはどんどん小さくなる。こういう分裂のしかたを『**卵割**』と云います（図1-7）。卵割が5回くらい進んだものを『**桑実胚**』と言います。形が桑の実みたいだから、と言っても今どき桑の実を見たことあるヒトは少ないだろうけどね

表1-2　動物の分類表

胚葉性	体腔・口		門	特徴	綱	特徴	代表例
単細胞性			原生動物	単細胞・細胞器官．おもに分裂	鞭毛虫類	鞭毛	ヤコウチュウ・エリベンモウチュウ・トリパノゾーマ
					根足虫類	擬足	アメーバ・タイヨウチュウ・ホウサンチュウ
					繊毛虫類	繊毛・細胞器官発達・接合	ゾウリムシ・ラッパムシ・ツリガネムシ
					胞子虫類	胞子形成・受精・寄生性	マラリア病原虫
二胚葉性	側生動物		海綿動物	内外2層と間充織．骨片			カイロウドウケツ・ホッスガイ
	有腔腸動物		腔腸動物	放射相称・のう胚期・散在神経系	刺胞類 ヒドロ虫類		ヒドラ
					ハチクラゲ類		ミズクラゲ
					サンゴ虫類	ポリプのみ	サンゴ・イソギンチャク
					有櫛類 クシクラゲ類	二放射相称・粘着細胞	ウリクラゲ
原中胚葉細胞幹	先体腔類	原体腔類	扁形動物	消化管は盲管．原腎管・雌雄同体	渦虫類	体表に繊毛・自由生活	プラナリア
					吸虫類	変態・寄生性	カンテツ・ジストマ
					条虫類	片節・変態・寄生性	サナダムシ
		袋形動物	輪形動物	繊毛管・原腎管．トロコフォアに似る			ミズワムシ
			線形動物	直接発生・寄生性			回虫・十二指腸虫・ハリガネムシ
	真体腔動物		環形動物	同規体節・閉鎖血管系・腎管・はしご状神経系・トロコフォア	貧毛類	剛毛・雌雄同体・直接発生	ミミズ
					多毛類	剛毛・側脚・えら	ゴカイ
					ヒル類	吸盤・直接発生	チスイビル
					ユムシ類	雌雄異形	ユムシ・ボネリア
			軟体動物	外とう・開放血管系・腎管・貝がら・トロコフォア・カメラ眼	多板類	8枚の貝がら・原始的	ヒザラガイ
					斧足類	二枚貝	ハマグリ
					掘足類	つの状の貝がら	ツノガイ
					腹足類	巻貝・目・触角・歯舌	アワビ・マイマイ・ウミウシ
					頭足類	目・直接発生	タコ・イカ・オウムガイ
			節足動物	異規体節・外骨格・開放血管系．腎管またはマルピーギ管．はしご状神経系	甲殻類	えら・ノープリウス・複眼	ミジンコ・フジツボ・エビ・カニ
					クモ形類	気管(書肺)・直接発生	クモ・ダニ・サソリ・カブトガニ
					倍脚類	気管・直接発生	ヤスデ
					唇脚類	気管・直接発生	ムカデ・ゲジ
					昆虫類	気管・変態・複眼	シミ・バッタ・ハエ
原腸体腔幹	後口動物		棘皮動物	成体は放射相称．皮下に骨片．水管系・管足・変態	ウミユリ類	固着または浮遊・直接発生	ウミシダ
					ヒトデ類	ビピンナリア	アカヒトデ
					クモヒトデ類	オフィオプルテウス	テヅルモヅル
					ウニ類	エキノプルテウス	ムラサキウニ
					ナマコ類	アウリクラリア・左右対称	ナマコ
		脊索動物	原索動物	脊索・えら穴	擬索類		ギボシムシ
					尾索類	オタマジャクシ型幼生	ホヤ
					頭索類	脊索と神経管発達	ナメクジウオ
			脊椎動物	脊索・脊椎・閉鎖血管系・赤血球・脳・脊髄・カメラ眼	無羊膜類 円口類	脊索残存・あごなし	ヤツメウナギ
					軟骨魚類	うろこ・ひれ・軟骨	サメ・エイ
					硬骨魚類	うろこ・有対ひれ	フナ・マグロ・ハイギョ
					両生類	変態	イモリ・サンショウウオ・カエル
					羊膜類 爬虫類	角質のうろこ	トカゲ・ヘビ・カメ・ワニ
					鳥類	羽毛・恒温	ダチョウ・ニワトリ
					哺乳類	毛・恒温・胎生	カモノハシ・カンガルー・モグラ

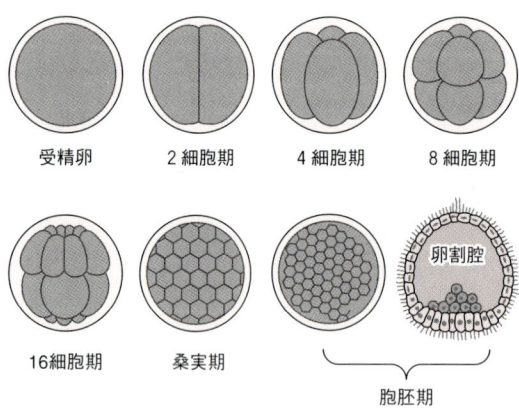

図1-7 ウニの初期発生

え。初めはただの細胞の集合だったのが、やがて細胞が表面だけにある中空のゴムボールみたいになる。これを『胞胚』といいます。小さな袋です。内部の空間が『卵割腔』です。

1 原生生物とは

a 原生生物は意外に複雑

原生生物の大部分は単細胞です。アメーバ、ゾウリムシ、ラッパムシ、ツリガネムシ、夜光虫、太陽虫などのほか、病気を起こすトリパノゾーマ、マラリア病原虫などがあります（図1-8）。これらは原生動物でもあります。葉緑体をもつミドリムシやクラミドモナスも原生生物ですが、光合成するので緑藻植物として扱うこともある。いずれにしても単細胞だから、言ってみれば発生上は受精卵に相当する。

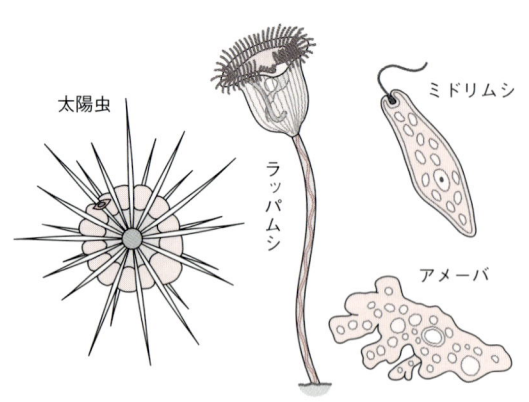

図1-8 いろいろな原生生物

原生生物は、『真核生物の中では最も簡単な生き物である』という扱われ方をしますが、現在の原生生物は、単細胞とは言いながら、細胞内には、『多細胞生物に類似した構造と機能』をもっているように見えます。例えばゾウリムシ（図1-9）やラッパムシをみると、細胞内小器官として、消化器官、排泄器官、運動器官、感覚器官などを持っていて、まさに、1つの細胞でありながら1つの個体という感じがします。ゾウリムシの仲間が他の原生動物にかぶりついて食べているところなんかは、結構恐いものがある。まさに肉食動物だなあと思う。

しかも、繊毛虫類（綱）では『生殖核（生殖のときにだけ働く核）』と『栄養核（普段の暮らしのために働く核）』の両方をもつ（図1-9）など、多細胞生物がもつ生殖細胞と体細胞との分業を、1つの細胞内でやっているようにさえ見えます。通常は無性生殖的に分裂して増殖しますが、有性生殖もします。ゾウリムシの場合、接合によって有性生殖しますが、大腸菌の接合と違って、生殖核はちゃんと『減数分裂』もするんです。減数分裂を伴う本当の有性生殖が、原生生物では普遍的にみられる。

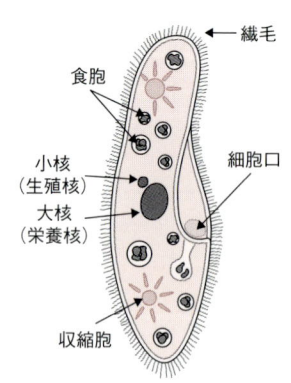

図1-9 ゾウリムシ

b 現生の原生動物は動植物の先祖ではなく兄妹である

原生生物のこのような工夫を見ると、多細胞生物がたどってきたのと同じ工夫の道を、単細胞と言う制限のなかで最大限発揮している、と思わざるを得ません。決して原始的でも単純でもない。ただ、10億年以上も前の真核単細胞生物が現在の原生生物と同じように複雑であったかどうかは疑問です。

原生生物（単細胞真核生物）は、ヒトを含む動物と植物という多細胞真核生物の共通の先祖である、という言い方をする場合があると思いますが、そのことの意味は、簡単な単細胞真核生物が先祖にいて、多細胞

化による複雑化への道を進んだものは多彩な動物や植物を生み出し、単細胞のまま複雑化への道を進んだものは現在の多彩な原生生物を生み出した、ということなんです。単細胞のままであるか、多細胞化への道を選ぶかの違いはあっても、複雑化への道を辿ったことにかわりはない。

　このあたりの事情をちょっと整理します。分類のうえでは、系統関係を概念的に示す意味を含めて、先ほど紹介したような図1-6として描かれます。進化の道筋として、原核生物から単細胞真核生物が生まれ、単細胞真核生物から多細胞真核生物が生まれたことは、妥当な考えとして受け入れられていますから、単細胞真核生物である原生生物は、原核生物よりは上で、多細胞真核生物より下である。これは、進化の道筋を考慮した自然分類上の認識として妥当なものでしょう。

　ただ、進化の過程としてあらわすなら、むしろ、図1-10のように表されます。現在の原生生物（A）と、現在の多細胞生物（B）は現在の時点に存在する。共通の先祖は（C）です。この先祖から、単細胞のままで複雑化への道をたどったのが現在の原生生物（A）で、多細胞として複雑化への道を進んだのが動植物（B）である。（A）と（B）とは同じ先祖をもつ兄弟姉妹です。いいですね。この事はよく理解しておいてください。この10億年前の先祖を、単細胞真核生物であるという理由だけで、現在の原生生物と一緒のものとして分類するのは誤解を招く。これは、ほかの生物についての分類上の表し方と進化の上での表し方とについても同じ事です。

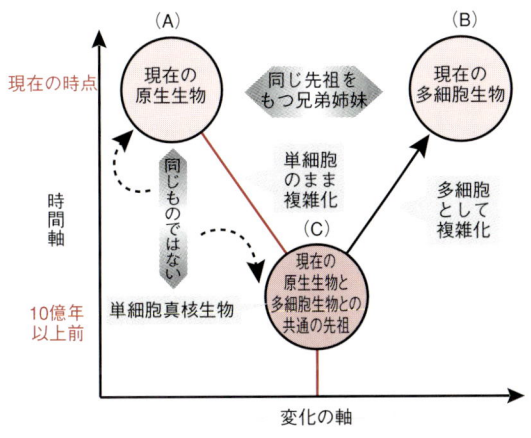

図1-10　原生生物の位置の考え方

2 多細胞化のはじまり

a 多細胞化と生殖細胞の分化

　実は、原生生物の中にも、いくつかの細胞が集まって、多細胞からなる個体みたいなものを作っている種類があります。こういう生き物は、かっての真核単細胞生物が、どのようにして多細胞生物に進化して行ったかを推測するうえで興味あるものが多く、重要な事柄をたくさん含んでいます。見渡す限り目に入る生き物は真核生物である、という現在の状況は、真核生物の多くが『多細胞で個体を形づくる』ようになった結果にほかなりません。

b はじめは単なる細胞の集合

　原生生物のなかに、『クラミドモナス』と言う単細胞生物があります（図1-11）。葉緑体を持っているので植物界の中では緑藻植物に分類されることもあります。2本の鞭毛を持っていて活発に動き回るんで、動物とも植物とも言いがたい。植物と動物に分けること自体がかなり便宜的なものだから、どっちつかずのがいても不思議はありませんし、原生生物と言う独自のグループを設ける意味もあるわけです。大体は無性的に細胞分裂して増殖しますが、時々、クラミドモナスのなかに生殖細胞ができます（図1-14）。鞭毛を持っていて水中に泳ぎ出し、他の生殖細胞と合体します。この場合には、雌雄に相当する生殖細胞は同じ大きさ形で、『同形配偶子』といいます。精子、卵子とは言いません。配偶子の合体は受精と言わずに『配偶子接合』と言います。できた接合子は、本来2つの個体に由来する遺伝子を合わせ持っているわけですね。遺伝子のまぜ合わせが起きているわけです。すぐに減数分裂をして、クラミドモナスになります。単細胞の原生生物は、普段はだいたい無性的に細胞分裂によってどんどん増殖しますが、時々、このような遺伝子のまぜ

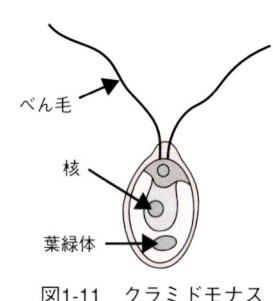

図1-11　クラミドモナス

合わせをします。泳ぎ回る配偶子をつくる有性生殖のはじまりです。

クラミドモナスの仲間に、このような細胞が16〜32個集まって、あたかも1つの個体のように見える、『ゴニウム』や『パンドリナ』という生き物がいます（図1-12）。4〜5回分裂した細胞が集団を作っているわけですね。発生過程でいえば、桑実胚に相当します。それぞれの細胞が、クラミドモナスのように2本の鞭毛を持ってるので、水中を活発に泳ぎます。ユードリナは、ほとんど同じ大きさ形の細胞の集まりで、細胞1つ1つになってもちゃんと生きて行きます。単に集まっているだけ、と言う感じが強い。で、こういうのを個体とは言わずに、『単細胞の群体』と言います。要するに、単なる細胞の群れですね。

C 個体形成の前段階

さて、クラミドモナスが64〜128個集まったような、もう少し大きい『ユードリナ』とか『プレオドリナ』という生き物があります（図1-13）。ただ単に細胞が集まっているだけでなく、原始的ではあるけれども、ちょっとした細胞分化のような変化があらわれて、個体的な感じがやや強くなりますが、まだまだ群体です。細胞は中空のボールの表面にあり、発生の胞胚期に相当します。画期的なことは、一部の細胞が『生殖細胞をつくり出す』ことです。大部分の体細胞と一部の生殖細胞と言う、多細胞からなる『個体の基本的な性質』を持つものが生まれたわけですね（図1-14）。もっとも、クラミドモナスが集まったような群体ですから、全部の細胞が生殖

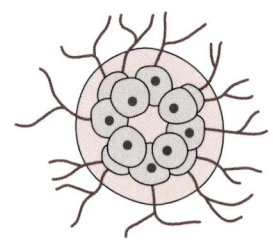
図1-12　パンドリナ

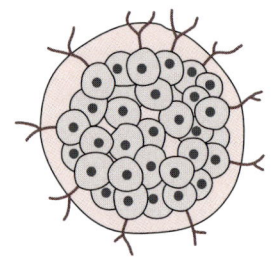
図1-13　ユードリナ

群体というもの

群体って言うのをちょっと説明します。1つ1つでも立派に生きられる、同じ性質をもった個体が集団をつくっているのを、群体といいます。木の枝状やテーブル状になっているサンゴはその例ですね。木のように見える1本、テーブル1面が群体なんです。サンゴの個体1つ1つは小さいものなんです。群体は全体としてつながってるんですが、個体が群れているだけで、『全体を統合するシステムがない』んです。ユードリナは、クラミドモナスのような単細胞の生き物が1カ所で群れているもの、と言うわけです。でも、イワシの群れ、ヒツジの群れって言うのとは違う。どこがどう違うかわかるかい？

もっとも、海水浴客が刺される、カツオノエボシと言うクラゲは、いわゆる電気クラゲですが、1匹のクラゲみたいに見えるのが、実はたくさんの個体の集まりである群体なんだそうです。こうなると個体と群体の区別がよくわからなくなる。見たことありますか。どう見ても1匹のクラゲですよ。空気の入った袋（烏帽子だね）があって浮かんでいる。これが群体とはねえ。しっくりこない。確かに個々の小さな個体の集まりではあるんですが、全体としては、個体のようにまとまった構造と機能を持っているわけです。でも群体。生き物は色々な工夫をして生きているんで、ある概念で整理しようとしても、整理の枠からはみだしてしまうものがいつでもあるって事なんです。生物の工夫の多様性ってことですよ。

さらに言えば、ハチやアリのように、いろいろな役割をもつ個体からなる集団が社会生活している生き物は、1匹ずつではまともには暮らせないわけで、集団全体が統合されてはじめて、全体の生存が成立します。これは、1匹ずつではまともには暮らせないヒトの細胞（うまく培養すればしばらくは飼えるけどね）ではあるが、いろいろな役割を持った細胞の集団全体が統合されて、はじめてヒト個体としての生存が成立しているのとよく似ています。1つの巣のアリやハチの集団全体が、機能的にはゆるやかな1個体みたいなものなんだね。超個体とでも言うか統合された1つのシステムとして生きている。同じ性質のものがただ集まっただけの『群体』というより、個々では生き長らえることができないさまざまな性質を持った単位が集まって、全体として統合された機能をもつ『個体』にずっと近いわけですよ。私にはそう思える。でも、群体とも個体ともいいません。社会と言いますね。言葉の遊びをするつもりはないんで、生き方の工夫が多様であるために、実態と言葉と概念がしっくりあわないんです。それを言いたかった。

細胞になりうるわけで、生殖細胞をつくることを専門とする細胞が分化したわけではない。画期的ではあるけれども、『以前からあることのちょっとしたバリエーション』に過ぎないとも言える。進化ってのは、よく見るとそういう変化が多い。初めはちょっとした変化・改良があって、都合がよければそれを大きく展開する。後から見ると無から有を生じたように見える。進化の過程で真に画期的に見えるものでも、何もないところからつくり出すなどと言うことはまずないと言えます。

もう１つ重要なことは、生殖細胞として、『大きな配偶子（雌性配偶子）』と『小さな配偶子（雄性配偶子）』とができることです。これを『異形配偶子』と言います（図1-14）。しかも、雌性配偶子と雄性配偶子は別の個体（正確には群体なんですが）でつくられるのです。つまり、原始的とは言え、『雌と雄の生殖細胞』と『雄と雌の個体』が区別されるのです。これも画期的と言えば画期的です。雄性配偶子は水中を泳いで雌性配偶子のところへ行って、配偶子接合が起きます。精子と卵子の関係に近い。でもまだ受精とは呼びません。

d もう少しで個体になる

これが『ボルボックス』の仲間になると、細胞の数が1,000〜10,000個くらいに増えます。中空のボールのような形で、発生過程と対応させれば、胞胚期に相当します。それぞれの細胞が原形質の細い糸で互いに連絡しあうようになり、一層、お互いの細胞が協調しあって生きる個体としての性質が強くなります。でも、大部分の細胞は形も大きさも同じで、単に同じような細胞が集まっているだけのように見えますから、教科書的にはこれも群体です。

生殖に関しては、プレオドリナに比べてさらに一歩進んでいます。それは、雌性配偶子は大きくて、鞭毛もなく、運動性がないことです。こういう雌性配偶子を『卵』、タマゴではなくランと言います。『卵の誕生』です。雄性配偶子は小さくて水中に飛び出して泳ぎ回りますが、卵に対して『精子』と呼びます。精子と卵の合体を『受精』と言います（図1-14）。『受精の誕生』です。受精卵は親の中で細胞分裂して、子供のボルボックスになります。いくつも子供ボルボックスをお腹（と言っていいのかなあ）に抱えた母親ボルボッ

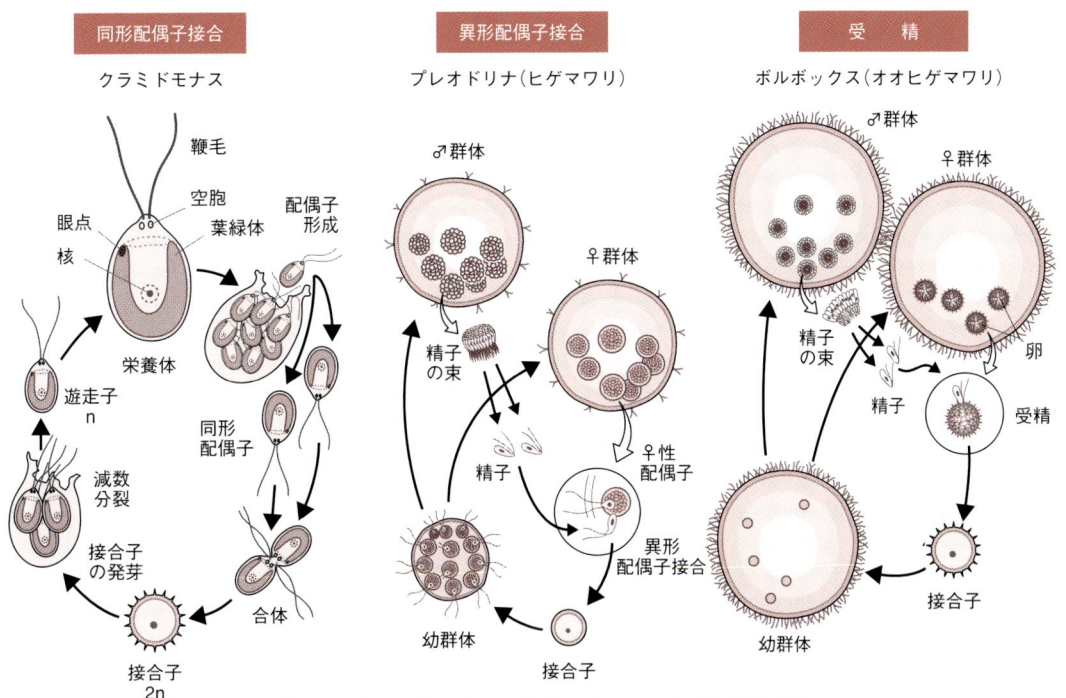

図1-14　クラミドモナスからボルボックスまでの有性生殖

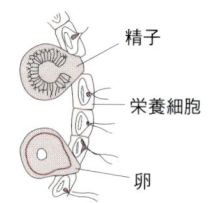

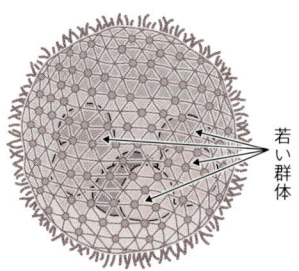

図1-15　ボルボックス

クスが見られます（図1-15）。生殖の基本は、ここまでくると高等植物や高等動物とほとんど変わるところがありません。

これで『体細胞の間で分化』が起きれば、群体ではなく多細胞個体の誕生と言うことになります。『体細胞』と言うのは、多細胞の個体の中で生殖細胞以外の細胞です。ま、簡単には、体をつくる細胞です。有性生殖の成立は、個体の成立よりずっと古い時点で成立した事なんです。

e　多細胞化への道

注意してもらいたいのは、ここでお話したことは、現在生きているクラミドモナス、プレオドリナ、ボルボックスと言った原生生物（同時に緑藻植物でもある）を眺めながら、多細胞への進化の過程はこうであったかもしれない、とつなげて考えてみただけなんです。10億年以上前に起こったであろう単細胞から多細胞への変化が、まさにこのようなプロセスで起こったのかどうかはわかりません。けれども、いかにもありそうなことに思えるし、これらの生物によく似た化石も見つかっているんです。『生物は可能なあらゆる試みをする』ように見えますから、多細胞化するプロセスにも、異なる複数の道、試みがあったに違いないと私は思いますが、少なくとも1つは、こんなプロセスがあってもいいだろうと思います。でも、これらは何億年経っても真の多細胞生物にはなりえない、単なる多細胞生物への成りそこないかもしれません。真の多細胞生物にはなれない根本的な問題を抱えている生き物かも知れない。そうなら、今までの話はブチ壊しになるけれども、一見もっともらしいからといって、簡単に信じて良い訳じゃないんです。

######## 進化の上で画期的な出来事の起源は古い

あらためて驚くことですが、こうしてみると、真核生物の『進化のうえで重要で画期的な出来事』は、『原生生物の段階でかなりでき上がっている』んですね。地上への進出とか、背骨ができた、四肢ができたって事も重要ではありますが、ここでお話したほどの基本的で画期的な出来事というのはまずない。ただ、『ヒトの脳の働き』はすごい成果だと思いますので、進化のうえでの『新たな画期的な出来事』なのかもしれません。今後どれだけ大きく展開するかは想像できませんが、なにか、今までとは次元の違う変化であるような気がする。どうなんだろうね。身近なことは大きく見えるだけの錯覚かもしれないけれど。

Ⅳ. 多細胞生物のはじまり

1　海綿動物

a　胞胚から嚢胚へ群体から個体へ

さて、ここからは真核生物の動物界の話に入ります。

多細胞のはじまり、あるいは個体の始まりをやりましょう。『原生動物』に対して、それ以外の動物のグループを『後生動物』と総称します。多細胞動物の誕生だね。細胞の群体ではなく、多細胞動物の個体の誕生です。

ボルボックスは、発生の過程で言えば胞胚レベルですが、ウニ発生がもう少し進むと、一部が貫入して2層の細胞層からなる袋ができる（図1-16）。これを『嚢

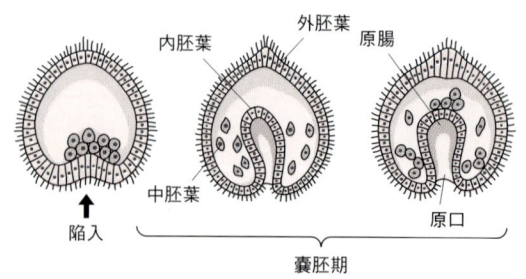

図1-16　ウニの初期発生

胚』あるいは『原腸胚』といいます。外側の細胞層は『外胚葉』に、内側に折れこんだ細胞は『内胚葉』になります。内胚葉と外胚葉の細胞は別の機能を分担する。『体細胞分化』のはじまりです。内胚葉は原始的な腸だから『原腸』だね。貫入したところを『原口』といいます。原始的だけど口だね。この段階では口しかないけれども、反対側に突き抜ければ口から消化管を通って肛門までつながるわけで、すべての動物の基本的な構造になるわけだね。ヒトだって同じです。ヒトはドーナッツと同じである。

ニハイチュウといって二胚葉しかない独立の門がありますが、少数の寄生虫しか知られていないのでここでは省略します。

b 海綿動物

カイメン（英語ではスポンジ）は見たことあるだろうね。磯に行けば大抵どこでも見られます。知らないと見のがしてしまうかもしれないけどね。海綿動物は、基本的には外胚葉と内胚葉の2つの層しかありません。実際には、内胚葉と外胚葉の間に若干の間充織の細胞があります。で、分類上は原生動物のすぐ上に位置します。最初の多細胞生物として、多細胞動物の門の中では一番下にある。原口は口ではなく、周囲から吸い込んだ水を出すところとして働いています（図1-17）。スポンジは体中が孔だらけなのが特徴だよね。食物摂取は、体中にあいている孔の途中にある、襟細胞という特殊な細胞が担当します（図1-17）。原始的な間充織には、骨片やコラーゲン線維があって、一定のしっかりした体を形づくります。いずれにせよ、多細胞生物として、分化した何種類もの細胞からなる統合されたシステムですから、群体ではなく個体なんです。『個

体の誕生』だね。有性生殖もしますが、通常は無性生殖的に個体を増やして、群体をなすことが多い。細胞の集まりとして個体をつくり、個体が集まった群体を作っているんです。あまり役に立たない生き物に見えますが、最近は、研究レベルでも医療レベルでも役に立つ生理活性物質がいろいろ見つかってきていて、生理活性物質の宝庫として注目されています。どうしてそんなものを含んでいるのか、カイメンにとって必要なのかは、多くの場合不明です。

2 多細胞個体の成立に必要な新しい機能と遺伝子の獲得

『多細胞化』は真核生物の進化の歴史の中でも非常に画期的な出来事です。真核生物が多様性を発揮して大きく展開できるようになった原因の1つは、『遺伝子の混ぜ合わせ、組合せ』の画期的な多様化ですが、どういう新しい遺伝子の出現が多細胞化を可能にしたのかは大事なことです。

a 細胞どうしを認識する機能

ある形を持った個体を形成するためには、『細胞どうしが互いに相手を認識する』ことが必要である。それによって、隣に正しい相手（細胞）がいるかどうかを確認しあうことが、形つくりの1つの基本です。これも高校で習ったでしょうが、橙色をしたダイダイイソカイメンと黒色をしたクロイソカイメンの2種類のカイメンからそれぞれ細胞をバラバラにし、ゆっくり旋回しながら培養すると、細胞が集まって集塊をつくるようになる。この時、2種類のカイメンに由来する細胞は混じりあうことなく、それぞれで集塊をつくる。細胞1つ1つになっても、『細胞を互いに認識する能力』があるのです。これは、『形をつくるうえでの基本的な能力』のはじまりです。イモリやカエルの発生過程の細胞をバラバラにして、同様の実験をすると、さらに、内胚葉由来の細胞はそれだけで内側に集まり、その外側を外胚葉由来の細胞が被うように集まります。各細胞の細胞表面に『相手細胞を認識して接着する特定のタンパク質』が発現しているからです。そう言う能力を担う遺伝子を獲得しているわけですね。動物界で代表的なものは京都大学の竹市雅俊さんが発見したカドヘリ

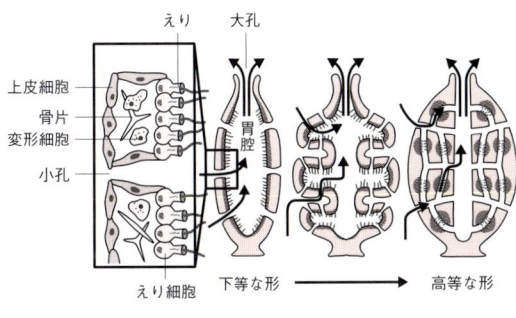

図1-17　海綿動物

ンという一群のタンパク質グループで、この機構はヒトに至るまで基本的に共通で多細胞動物として古くから獲得していた性質です。

b 体軸を決める機能

次に、個体としての『形態形成（形づくり）』には、初期の段階で『頭尾を決める軸』、『背腹を決める軸』、『左右を決める軸』等を決めるしくみが必要です。これは、球形のボルボックスには必要ないことでした。ま、カイメンでは、背腹や左右を決める軸は必要はないかも知れませんが、それでも頭尾の軸はあります。

このしくみは、発生過程で初期の段階から働き始め、原口の貫入の時期あたりから明瞭になります。詳しいことはここでは言いませんが、特定の、複数の遺伝子の働きが必要であろうことは想像できますね。多細胞個体を形づくる基本的なしくみが、すでにカイメンでも獲得され、働いているものと考えられます。これも、すべての多細胞動物門で基本的に共通に働くしくみ、共通に働く古い遺伝子と考えられます。もちろん、もっと複雑な動物では、このあとでもっとたくさんの形づくりの遺伝子が一定の順序で働くことによって、複雑な体をつくりあげます。

c 形づくり遺伝子の機能

多細胞生物の『体の形づくり』で中心的な役割をはたしている遺伝子群に『Hox遺伝子群』があります。これは、ほとんどすべての多細胞動物の形づくりの基本となる、『体節をつくり、各体節で次に何をつくるか』に働く遺伝子です。ミミズやムカデやエビや昆虫では、成体になっても体節構造がよくわかりますが、ヒトではあまり顕著には見えません。しかし、発生過程ではヒトでも大変に重要なものです。頭をつくる、胸をつくる、お腹をつくると言った大雑把な構造から、もっと細部にわたる臓器などの体内の構造まで、体節ができることを通じて形成されていきます。この遺伝子群についての研究は、センチュウや昆虫（ショウジョウバエ）でまず明らかにされ、それが、マウスやヒトでも基本的に保存され、同様な働きを持っていることが明らかになりました。つまり、『ヒトとショウジョウバエの体づくりは同じ遺伝子の働き』によって行われるんです。この遺伝子群に変異が起きると、触覚のかわりに肢が生えたり、胸が2つ重複したショウジョウバエができたりします。不思議なことに『頭をつくる遺伝子から尾をつくる遺伝子までがDNA上に順序よく並んで』います。

発生過程の遺伝子の具体的な働きについてはここでは省略しますが、重要なことは『体節を決める遺伝子は前口動物にも後口動物にも共通である』ことです。つまり、前口動物と後口動物とが別れる以前の段階で、多細胞生物の体づくり遺伝子群がすでに確立していたと考えられます。多細胞の動物はきわめて多様性に富むように見えますが、こういった共通のしくみは進化の過程の古い時代にすでにできていて、あるいは、そう言う遺伝子群をすでに獲得していて、後は、比較的微細な調整によって現在見るような多様な動物の体ができあがる、と言うことなのです。すべての動物が、このような共通のしくみで支配されているわけですから、分類上1つの動物界としてまとめることはきわめて妥当なことと思います。植物の形づくりには全然別のシステムが働いているらしい。

d 細胞分化の機能

もう1つは、『体細胞の分化』です。外胚葉、内胚葉の分化が出発ですが、特殊な襟細胞を含めて、カイメンにはいくつかの顕著な細胞の分化がみられます。体細胞間に分化がみられると言うことは、分化にかかわる遺伝子があると言うことです。ボルボックスでも体細胞と生殖細胞という違いは生じたので、そういう分化をさせる遺伝子は持っているはずですが、体細胞の種類に分化が見られないから、個体ではなくて群体だったんだね。ヒトの場合、腸の細胞と表皮の細胞は、完全に同じ遺伝子セットを持っていると考えられるにもかかわらず、異なった形と働きを持っています。腸では腸に特有の遺伝子が発現し、これは表皮の細胞では発現しません。表皮では表皮に特有の遺伝子が発現し、腸に特有の遺伝子は発現しません。全部の遺伝子セットを持っているのに、働いている遺伝子が違うわけです。これによって、分化した形態と機能を表すわけです。

e 個体としての調節系

多細胞からなる個体が単なる細胞の群体でなく、統

制のとれた個体として機能するためには、個体全体を統合する調節システムが必要です。よく知られたシステムとしては、神経系やホルモンによる調節があります。ホルモンと言うのは血中を運ばれる生理活性物質ですが、もっと広く、増殖因子やサイトカインとかオータコイドと総称される生理活性物質もあって、いずれも個体として調和のとれた機能に必要な物質です。高等動物では免疫系もありますね。それぞれの系を支える機構の背景には、各機能を担当する細胞の分化した機能が必要であり、細胞どうしの認識機構が働いていると言うことですが、それらが統合的に働く調節系は、単細胞生物にはなかったものです。

細胞間基質あるいは結合組織

最後に、と言っても順番は関係ありませんが、多細胞個体の誕生に必要な性質として、細胞間基質あるいは結合組織の存在があります。**多細胞動物が個体として成立するためには、細胞どうしの接着に加えて、細胞間を充填して、ある程度の丈夫さを持った体をつくりあげる細胞間物質（extracellular matrix）が必要**です。海綿でも、内胚葉と外胚葉の間に、間充織という原始的なものがあります。将来ちゃんとした組織を形成する場合は中胚葉と言います。ヒトでは、中胚葉から皮下組織や骨や軟骨のように体を形づくる結合組織ができます。結合組織は体中のあらゆる場所にあります。結合組織には、細胞が分泌した細胞間物質がたくさんあり、**主成分はコラーゲンとういう丈夫な線維性のタンパク質です**。植物界にも菌界にもない。細胞間基質は、丈夫さを保つだけでなく、細胞の機能にも大きな役割を果たしています。コラーゲンのほかにも、**フィブロネクチンとかラミニンなど多くの細胞間タンパク質**がありますが、細胞膜表面にはこれらのタンパク質と結合する受容体タンパク質があって、細胞との間で情報のやり取りをして、細胞機能が維持されています。細胞間基質タンパク質の仲間も、カイメンからヒトまで共通に存在する歴史の古い遺伝子です。

Column 驚異的な能力

普段は出芽して無性生殖で増えるサンゴが、ある夜いっせいに放卵する映像をテレビで見たヒトもいるでしょう。時を同じく放出された精子と受精し、海の中を運ばれる。サンゴ礁を地道につくるって事だけでもかなりの驚きだけど、同時に、子孫を遠くまで広げて新たなサンゴ礁をつくる工夫も持っているわけだね。それにしても、1年のうちのある一夜に限って、いっせいに放卵するって言うのはすごいよねえ。どうやってその時を知るんだろう。『生物は体内時計（生物時計）をもっている』んだね。1日の変化、潮の満ち干、大潮小潮、1年の変化を知るのはサンゴだけではありません。むしろ、非常に多くの動物や植物がやっていることです。何百万匹ものカニがある日いっせいに陸から海へおりてきて産卵するとか、フグがある夜いっせいに海岸に集まって産卵するとか、テレビで見たヒトもいるでしょう。『時間を読みとることは古い時代に獲得した能力』なんだね。

ヒトでさえ、暗黒の中に置かれても『概日リズム（サーカディアンリズム）』があるんです。外国へ行ったときに時差に悩むのもそのためなんだね。メラトニンと言う脳下垂体ホルモンが、時差をもどす薬として使われています。リズムを司る機構は、それにかかわる遺伝子の働きに支えられているんで、ショウジョウバエではじめて概日リズムの遺伝子（per）がクローニングされ、大分経ってからですが、ヒトでもとれました。最近、ショウジョウバエの脳で概日リズムに伴って発現が上下する遺伝子が160個もあると言う報告がありました。それらがどのように体内の概日リズムを司っているのかの研究が進行しています。こういうことを話し出すと、もう1時間くらいしゃべりたくなるんだけど、各論やってると先へ進めないから、名残惜しけどここでは省略します。

でもね、それぞれの生物がどんなに工夫して生きているかって事は、是非知っていてもらいたいんだね。驚きと感激がいっぱい詰まってる。磁石を持っている生物がいる、赤外線探知装置を持っている動物がいる、超音波レーダーをもっている動物がいる、なんて話を知っているだろう。イルカがどうやって造波抵抗なしに高速遊泳するか、クジラがどうやって3,000mもの深海、301気圧だよ、を行き来できるか、なんて話も聞いたことあるかい。電子顕微鏡で観察したり、生化学や分子生物学的な解析が進めば進む程、どんな細部にいたるまで、驚くべき工夫を重ねているとしか思えないんです。すごいもんだねえ。『生き物は想像を越えている』んです。

9 ハウスキーピング遺伝子とラクシャリー遺伝子

細胞の生存や増殖に働く遺伝子は原核生物にも真核生物にも共通に発現していて、『ハウスキーピング遺伝子（house keeping gene）』と呼ばれます。それに対して、ここに述べたさまざまな機能に必要な遺伝子は『ラクシャリー（ぜいたくな）遺伝子（luxury gene）』と呼ばれます。分化した細胞からなり立つ多細胞個体は、ぜいたく遺伝子の獲得が必要なんです。分化して特殊な機能を果たしているようにみえる『体細胞は全遺伝子のセットを持っている』であろうことは、『体細胞からのクローン動物』である『ドリー』の成功で、ほぼ確かなものになったと言ってよいでしょう。

3 原始的三胚葉からなる動物のはじまり

腔腸動物

大分時間をとってしまいましたが、海綿動物のうえに腔腸動物があります（図1-18）。これは『外胚葉』と『内胚葉』の間に『間充織』という3番目の細胞群がはっきりとあらわれます。原始的な『中胚葉』のはじまりです。クラゲ、サンゴ、ヒドラ、イソギンチャク、クシクラゲ等が代表的なものです。この仲間はみんな他の動物を刺す刺胞という細胞を持っているので、刺胞動物ということもあります。クラゲが刺すのは刺胞のためだね。クシクラゲは別の門にすることもあります。一見したところ、互いにずいぶん異なった生き物に見えますが、体のつくりは非常に共通です。口と肛門は一緒で、この点だけをみれば海綿動物と同じなんですが、体細胞の分化がずっと進んでいます。クラゲにだって胃もあれば神経や筋肉もあるんだね。光を感じる眼もある。クラゲは波間をただよっているわけではなく、笠を閉じたり開いたりして泳ぐんです。泳ぐには、神経の働きで統一のとれた筋の収縮がなければならない。海底を歩くイソギンチャクもいるそうです。どうやってエサをとって、それを消化するか、なんて見事なもんだ。意志を持っているようにさえ見えます。海綿はほとんど運動らしい運動をしないけれども、腔腸動物は個体として統合された運動をする。ですから海綿より上等なんです。動物らしい動物の最初の誕生とも言える。水族館に行って見ると、こういう生き物は実に美しいよねえ。なんでアナタはこんなにきれいなのって感じです。人間の女性には、照れくさくって

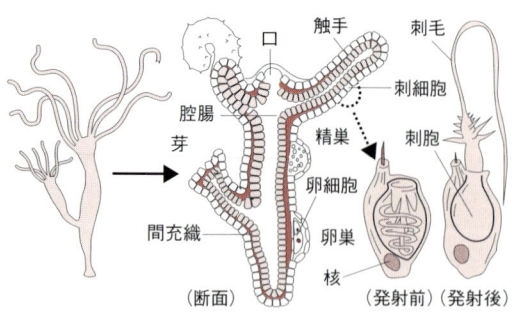

図1-18　腔腸動物（ヒドラ）

Column　自然への感動こそ科学の出発

科学のおもしろさは『不思議に思うこと』、『美しい、すばらしいと思うこと』、『自然の姿に感動すること』が出発である、そのためには『自然を実体験すること』が大切であると言われます。今は情報が多くて、実体験させずに体験したような気にさせるのはよくない、とも言われる。はじめから答えや説明を与えてしまってはいけない、とも言われます。自分で発見させろ、と言うことですね。それはその通りかもしれない。ただ、個人が実体験できる範囲はきわめて限られていますから、本や映像で疑似体験することも、自然を知る出発点の1つとして決して悪いとは思えません。当たり前のことと見過ごしてしまうような、何でもないことの背景には凄いしくみが隠されていることなど、解説されることなしに自分で発見することは、多くのヒトにとってはほとんど不可能です。何も知らなくても感動することはあるけれども、多くを知ることによって、知らなければ見過ごしてしまうことに気づく感受性を高め、見えないものを見る洞察力や想像力がより豊かになり、その結果、自然のすばらしさにより深く感動できることが多いのです。知識を与えられることも解説を聞くことも、自然を実体験する際のアンテナをより鋭敏にして、もっと知りたいと思う心を培うものであると私は思います。

絶対に言えないセリフだけどね。下等・高等と美しさとは無関係だ。海に潜って見てみたいねえ。こういう生き物でも、ポリプが順に上から離れてクラゲになる無性的な増え方とか、『世代交代』とか、生きるうえでのとてもおもしろい工夫をしています。

ここまでのまとめ

やっと動物らしい動物にたどりついた

　これからようやく動物らしい動物の話になるんですが、ここまでずいぶん長くかかったね。実際の進化の道のりでも、ここいらあたりまでが長いんです。原始的で下等にしか見えない動物ばかり紹介してきましたが、要するに、**動物としての基本的に重要な性質、その性質を支える遺伝子は、ここまでの段階でほとんどできてしまった、と言うことです。後は、その基本を少しずつ変更するだけで、多様な動物群が生まれている。**多細胞動物の世界は、意外に小さくまとっているとも言えるんです。それでも、これから紹介する程度には、広い世界なんですがね。

V. ようやく身近な動物の世界へ

1　前口動物と後口動物

a　前口・後口とは何か

　さて、動物の系統樹では、海綿動物と腔腸動物の上で、大きな幹が二本に分かれています（図1-6）。どちらの幹の動物も、口から肛門まで消化管がつながっていて、身体がドーナッツになっていると言う共通性があります。後から退化したのもいるけどね。一本の幹は、上の方にヒトを含む脊椎動物がいます。もう一方の上には、昆虫等がいます。この2系統は前口（ゼンコウ）と後口（コウコウ）という大きな分け方なんです。脊椎動物を含む幹は、『後口動物』です。この幹に属する動物は、発生の過程で原口が肛門になります。口は後からできるわけで『新口動物』とも言います。昆虫の属する幹は『前口動物』あるいは『旧口動物』と言って、原口が口になります。つまり、系統分類学上の

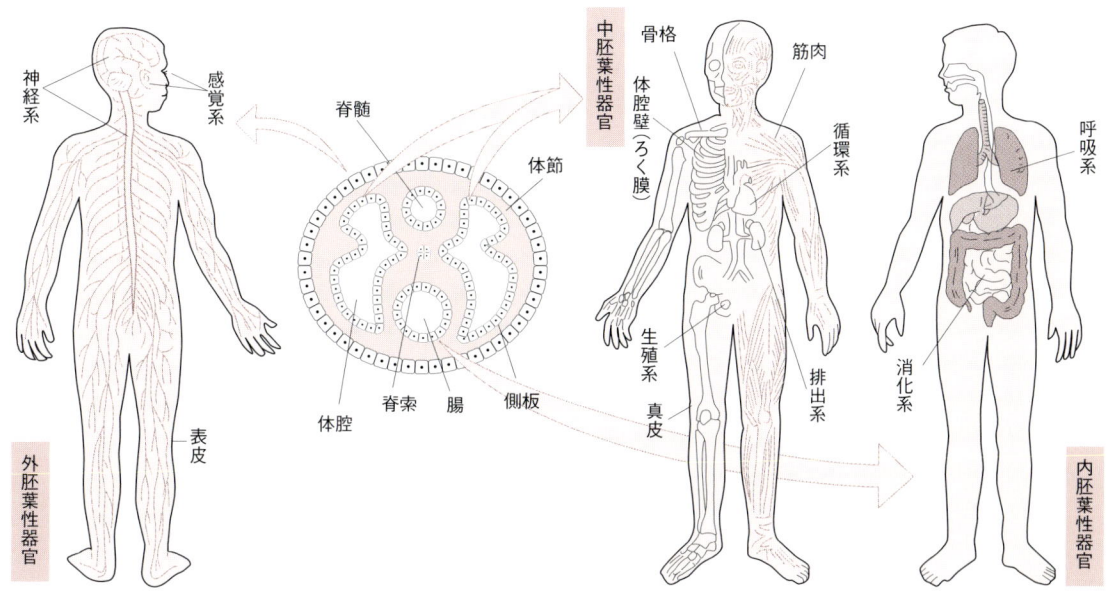

図1-19　外・中・内胚葉からできる器官（ヒト）

大きな2つの幹は、発生過程の共通性をもとにわけられていることになります。

b 三胚葉というもの

さて、腔腸動物より上の動物は、ヒトを含めて全部、**内胚葉、中胚葉、外胚葉**の『**三胚葉**』からなります。これからいろいろな組織や器官ができる（**図1-19**）。

発生の過程で原腸胚がもう少し進むと、外胚葉から神経管の貫入を特徴とする『**神経胚**』になります。外胚葉は体表面を覆う組織になるのは当然ですが、やがて内側へ貫入したところが神経管をつくります。神経管からは、脳や脊髄等、神経組織を生じます。神経細胞が外胚葉由来であることはちょっと意外かもしれないね。

内胚葉からは、口から肛門までの消化管の他、消化管から出っ張りができて、肝臓、膵臓、脾臓や肺などのいわゆる内臓ができます。ヒトの胸やお腹の中には、内胚葉由来の臓器が一杯あるわけだね。

中胚葉と言うのは、内胚葉と外胚葉の間に生まれる細胞群です。主には、骨や軟骨、皮下組織等の結合組織や全身の骨格筋のほか、心臓、血管や血球などにもなる。胸や腹のいわゆる内臓が入っている空間を**体腔**

Column

組織というもの

組織と言う言葉がしばしば出てきましたが、常識的なことだけ復習しておきます。組織と言うのは、身体の中で、構造的にも機能的にも共通したものをまとめて整理した細胞の集団です。上皮組織、結合組織、筋肉組織、神経組織があります。体中の細胞集団を、たった4つに分けると言うのはずいぶん乱暴な話だと思うけれど、もともと実用的な分類なんです。発生学上の3胚葉とは別の視点による分類なんだね。

例えば、表面を被うという共通の機能をもつ細胞集団が上皮組織です。上皮組織の細胞は、どの上皮でも同様ですが、一方の側は基底膜と言う細胞外基質に接着していて、他方は自由な空間に面していて、隣どうしの細胞は特殊な接着構造で細胞膜どうしがしっかり結合している、という共通の構造を持っている。構造だけでなく、物質輸送等の機能にも方向性があるのが特徴です。細胞に極性があると言います。腸の上皮は栄養素を吸収し消化液を分泌する。腎尿細管上皮は水・アミノ酸・糖・イオンなどをどんどん再吸収する。体表をおおう表皮は重層扁平上皮と言う構造を持っていて、外界とのバリアーとして身体を病御します。表皮が失われれば、体内水分がどんどん失われるし、感染防御が難しくなる。毛や爪もそうだね。汗腺も乳腺も上皮で分泌上皮と言います。体の表面にある上皮はいずれも発生的には外胚葉由来だったね。腸の内面は、たった1層の細胞からなる単層柱状上皮がおおっていて、バリアーとしてのみならず、消化液の分泌や栄養素の消化吸収の主役として働く。肝臓の実質細胞も上皮組織の細胞なんだね。膵臓で消化液を合成分泌する細胞も上皮です。肺の内部で空気と接する面はやはり上皮に被われている。これら消化管由来の上皮は発生的にはみんな内胚葉由来です。腹壁の表面や内臓の表面も上皮組織がおおっている。肝臓のような臓器の一番表面をおおっているのも上皮だ。血管の内側も、血管内皮細胞と言う1層の細胞がおおっている。これらの上皮の由来は中胚葉です。

結合組織はほとんどは中胚葉からできます。皮下組織や骨や軟骨のように体を形づくる組織です。結合組織は体中のあらゆる場所にあり、多くの内臓などの内部や表面にもあります。結合組織には、細胞が分泌した細胞間物質がたくさんあり、主成分はコラーゲンという丈夫な線維性のタンパク質です。腱と言うのは、ほとんど純粋なコラーゲン線維の束で非常に丈夫です。ウシやブタの皮下組織をなめしたものは、鞄や靴などの革製品になるわけで、丈夫なのは実感できるね。あと2つ、筋肉組織、神経組織については説明いらないね。

器官というもの

肝臓、腎臓、胃とか脳とか言うのは器官です。特定の機能を持ち特定のまとまりをもっている。体腔内にある器官は、臓器と言うこともあります。まとめて内臓ともいう。1つの器官はいろいろな種類の細胞から構成されています。肝実質細胞は上皮組織の細胞ですが、肝臓と言う器官は、ほかに血管や胆管もあれば結合組織もあって、それぞれ別の種類の細胞から構成されています。脳だってそうだね。神経細胞だけでできているわけじゃない。たくさんのグリア細胞もあれば血管もあり、脳室の表面は上皮がおおっている。結合組織もある。1カ所にまとまっていないけれども、皮膚や血管も器官なんだね。皮膚には表皮と真皮がありますが、真皮は結合組織です。血管や神経も通っている。筋肉は、筋細胞が集まった筋組織からなる器官だね。もちろん、器官としては結合組織もあれば神経も血管も入っている。ある機能を担当する器官の集まりを器官系と言います。消化系、循環系、運動系、神経系、生殖系などですね。

といいますが、体腔壁や内臓をつりささえている腸間膜も中胚葉由来です。体腔は、中胚葉からなる細胞の集まりの中にできた大きな空間です。詳細は略しますが、中胚葉がどのようにできるか（図1-20）、原体腔をもつか、真の体腔をもつか（ヒトはこれです）と言うわけかたは、動物を系統分類する際の1つの重要な項目になります（図1-21）。

2 前口動物のなかま

a 扁形動物

　ちょっとだけ各門についても触れておきましょう。前口動物の一番下は**扁形動物**で、再生の実験によく使われるプラナリアや、寄生虫のジストマやサナダムシがいます。ダイエットにサナダムシの卵を飲むなんて言う話があるようだけど、あまりやりたくはないねえ。消化管や神経系がありますが、非常に簡単な構造です。**循環系や呼吸系がない**ので、酸素の供給は外からの拡散に頼らざるを得ず、外からの距離を短くするには平べったくならざるをえないと、ものの本に書いてあった。どのくらいの厚みまでなら拡散でいけるかと言う計算と、実際の厚みはぴったり合うんだそうです。真田紐は平べったい紐なんですが、こういうムシの名前に使われるのは気の毒だね。プラナリアは高校でも再生力の旺盛な動物として教科書で見たり、実際に実験に使ったヒトもいるかも知れませんね（図1-22）。ちょん切った頭の部分からは胴やシッポが再生する、シ

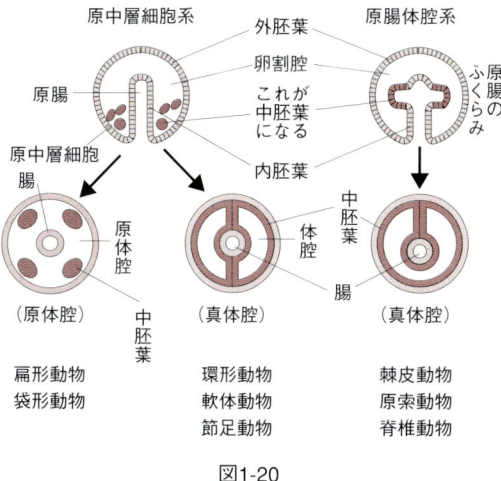

図1-20

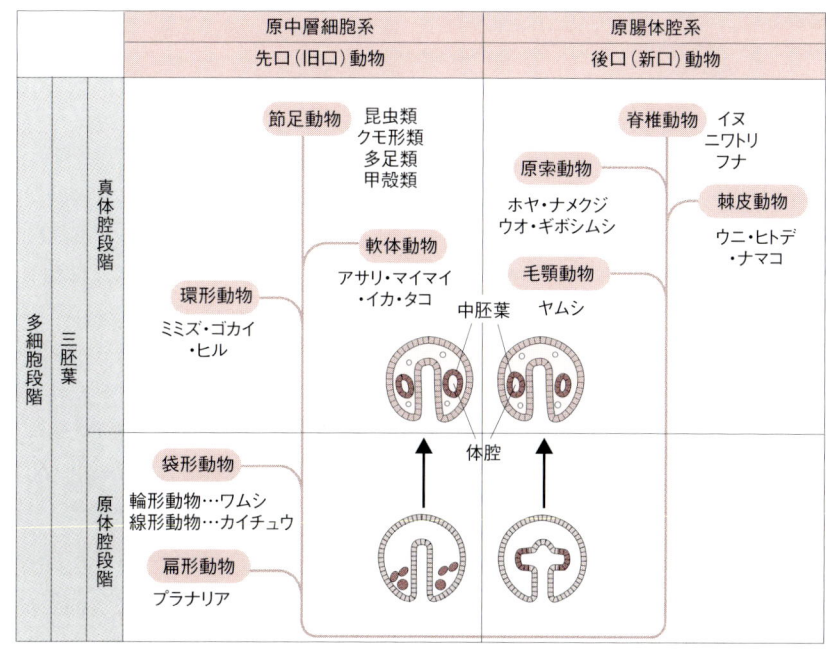

図1-21　系統樹と体腔

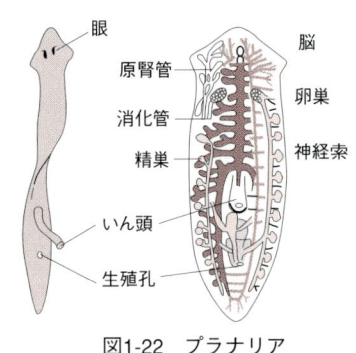

図1-22　プラナリア

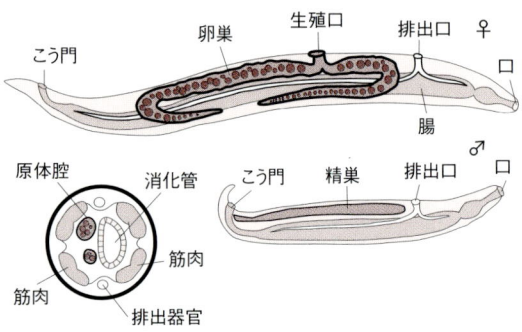

図1-23　カイチュウ

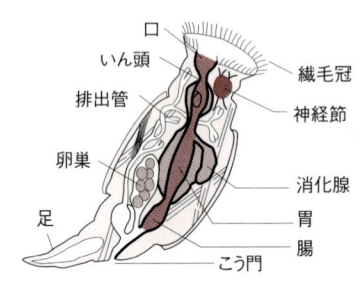

図1-24　ワムシ

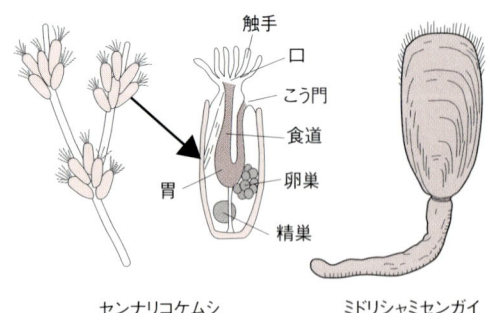

図1-25　触手動物

ッポの部分からは胴や頭が再生するなど、余程小さく切らない限りはちゃんと再生する。すごいことです。**再生や幹細胞と言った現代の花形的テーマの材料として、プラナリアは再び脚光を浴びつつあります**。右へ行くとエサがある、左だと電気ショックと言うT字路を使うと、プラナリアだって学習するんだってね。覚えるのに何百回もかかるらしいけど。私は家で同じところに何回も頭をぶつけるんで、『学習能力はプラナリア以下ね』ってかみさんにバカにされてます。学習したプラナリアの脳からRNAを取って、学んでいないプラナリアに入れると学習が早くなるという実験から、記憶のRNA説が生まれましたが、どうも実験の間違いだったらしい。思い込みがあったんですかねえ。

b　ヒモ形動物、線形動物、輪形動物、触手動物

　ヒモ形動物は、ヒモムシというあまりお目にかかることのない動物の小さな門ですが、循環系も持っている。循環系ができると身体の厚みを気にしなくてよくなります。ヒモムシが海で泳いでいるのはなかなか気持ちが悪い。**線形動物**には、カイチュウ、ギョウチュウなどヒトの寄生虫や、マツノザイセンチュウなどがあります（図1-23）。イヌ、ネコの寄生虫として有名なフィラリアもそうだね。身体の断面がほぼ円形なんで円形動物とも言います。かなりちゃんとした消化器官や神経系がある。輪走筋や縦走筋があって、ちゃんと運動する。**輪形動物門**はワムシという小さな生き物で種類も少ない（図1-24）。輪形に繊毛が生えていて、それで泳ぐ。顕微鏡で見ると原生動物と間違えるくらいだね。でも多細胞動物です。**触手動物門**は、コケムシやシャミセンガイなど生きた化石とも言うべき動物群です（図1-25）。ほとんど見たヒトはいないだろうねえ。このあたりは、普段あまりお目にかからない動物群です。ただ、ここまで述べた動物群は真の体腔をもたず偽体腔なんですが、触手動物は真体腔をもつんです。そう言う意味では目立たない動物だけれど、意外に高等なんです。この点だけは脊椎動物と似ているんだからね。

········ センチュウは分子生物学の花形スター

カイチュウやギョウチュウなどの仲間の1つであるセンチュウ（線虫：*Caenorhabditis elegans*）は、発生過程を分子生物学的に遺伝子レベルで解析する材料として、時代の花形スターになっています（図1-26）。何も知らずに *elegans* という名前だけ見た時は、何か非常にエレガントなムシかと思っていました。成虫は、体長せいぜい1.2mmくらいの白い糸のようなムシです。シャーレの中でニョゴニョゴ動いているのは結構気持ちが悪い。でも、研究者にとっては可愛くてたまらないものでしょう。**成虫でもたった959個の体細胞からなり、これらが受精卵からどのようにできてくるかの見事な系図ができ上がっています**。全細胞の系図だね。発生の途中で正確に特定の細胞が消滅することが必要であり、計画的な細胞死、アポトーシスにかかわる遺伝子も線虫で最初に発見されました。それをもとに、ヒトでも類似の遺伝子が見つけられている。たくさんの変異株が分離され、それらの形質を支配する遺伝子の解析が進んでいます。すでに全ゲノム配列も決められています。ヒトを含めた多細胞動物の1つのモデルとして、研究室でよく利用されています。線虫がヒトのモデルになるのか？ と思うかも知れませんが、多細胞動物として共通の機能、共通に働く遺伝子がたくさんあるからです。

C 環形動物門

環形動物はミミズやゴカイ、ヒルなどを含みます（図1-27）。体全体が明瞭な体節からできています。南米には1mをこえるミミズがいるんだってね。畑 正憲さんが焼いて食べていた。何でもやるヒトだねえ。千石先生だってやりそうだ。普通のミミズだってなかなか立派なもので、複雑な内部構造を持っていて、神経系や感覚器官、消化器官や排泄器官もある。排泄器官は、原腎管といって各節にある。節ごとに不要なものを排泄しているんだね。全身を統一する器官があって個体として機能しながら、各節が独立的な機能ももっているというありかたはおもしろい工夫だなと思います。環形動物は、なんと**閉鎖血管系**を持っています。血液が血管の中だけを流れる閉鎖血管系は、環形動物と脊椎動物とだけが持っている高級なしくみなんです。系統の上では懸け離れた動物門が、どうしてよく似たしくみを持つんだろうと不思議に思います。必然性があるんだろうか。遺伝子レベルでの共通性があるんだろうか。ダーウインはミミズの本も書いている。ミミズの黒焼きは昔から薬になっているし、有機農業では土質改良のために積極的にミミズを飼うよね。ミミズは結構ヒトの役にたっている。ヒルだって忘れちゃい

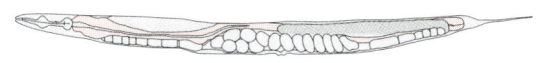

図1-26　センチュウ

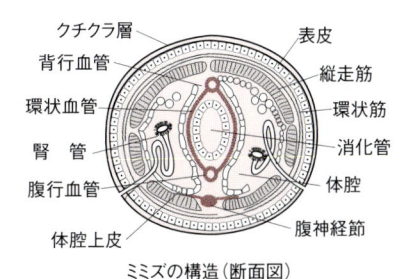

ゴカイ　　ケヤリ　　チスイビル（前吸盤／後吸盤）

ミミズの構造（断面図）
クチクラ層／表皮／背行血管／縦走筋／環状血管／環状筋／腎管／消化管／腹行血管／体腔／体腔上皮／腹神経節

図1-27　環形動物

Column　過度の清潔志向は問題かも

アトピーなんかが増えるのは、寄生虫を駆除し過ぎたせいだという説があります。カイチュウやギョウチュウなどの寄生虫を初めとして、昔からともに暮らしていたものを駆除し過ぎない方がよい、という意見には賛成できるような気がする。もちろん、先進国で死亡率が下がって寿命が伸びた大きな理由は、衛生環境がよくなったからなのは明らかなんですが、ものには限度がある。清潔すぎる新しい環境には、免疫機能を含めてヒトの体はすぐに適応できないかもしれないんだね。抗菌製品がないと不安になるほどの清潔志向は、心理面でも問題だ。

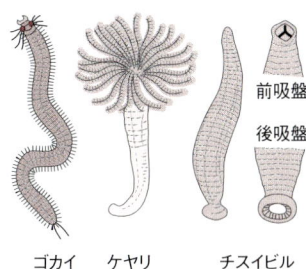

けない、なかなかのものです。山の中でどうやって血を吸う相手を待ち構えてそれに取り付くか、なんていう作戦は見事なものがある。

d 軟体動物門

軟体動物は、アサリ、ハマグリなど二枚貝（**斧足類**）や、サザエ、カタツムリなどの巻貝やナメクジ、アメフラシ、ウミウシの類（**腹足類**）のほか、イカ、タコ（**頭足類**）の綱をふくみます。この仲間は、ヘモシアニンという酸素を運搬するタンパク質を持っているね。ヘモグロビンと違って鉄ではなく銅を含む。タコはとても頭のよい動物であるってことは、テレビなんかでも見たことあるだろうね。ビンのふたを開けたり、卵の世話をしたり、なかなか高等な感じがします。水を噴いて進むのも珍しい運動方法です。レッドオクトーバーという潜水艦もそういう推進装置を持っていた。イカ・タコの真似だね。イカの求愛行動とかも不思議と言うか驚きだねえ。中生代に栄えたアンモナイトや古生代に栄えたオウムガイも頭足類の仲間です。古生代からの生き残りのオウムガイは水族館でよく見ますが、水の中をゆっくり上下する姿は優雅なものだ。浮力を調節してるんだってね。英語ではノーチラスです。海底２万マイルに出てくる潜水艦の名前だね。すぐ余計なことを言う。巻貝がどうやって殻をつくるか、右巻き左巻きはどう決まるか、おもしろいねえ。アサリやシジミなど二枚貝なんて、食料として以外には、注目することは特にないと思うかもしれないけど、貝のちょうつがい部分は非常に丈夫でかつ柔軟です。引っ張ったくらいじゃ取れない。言われてりゃみりゃそうだね。調べてみると随分特殊なタンパク質からできているらしい。どんなに『平凡に見える生き物でも、驚くほどの工夫の３つ４つは持ってる』ってことを言いたいんだよ。そう言うところに目をつける研究者がいるってことが、これまた嬉しいことだね。環形動物と軟体動物はずいぶん違いますが、発生的にはいずれもトロコフォア幼生と言う時期を通るので、系統的に関係があるんです。意外なもんだねえ。

e 節足動物門

節足動物は、全動物種の80％をしめる進化の大成功者です。どうしてこんなに大々的に展開することができたんですかねえ。すごいものです。大展開できたのは、繁殖の工夫と身体の大きさと生態の３つがポイントでしょうね。遺伝子レベルでも大展開の理由が説明できるのか、私は知りません。昆虫、ムカデ、ヤスデ、クモ、甲殻類など５つの綱からなります（図1-28）。一見ずいぶん違うものが同じグループに分類されるのは、体の基本的なつくりのほか、発生過程を重視しているからです。体の外側にキチン質の堅い殻を持っていて、これを**外骨格**と言います。クモなんかは軟らかいように見えますがね。で、脚だけでなく、からだも節に分かれている。

ムカデやヤスデは知ってますね。両者はよく似ていますが、いずれも体が節でできていることがよくわかります。ムカデやゲジは１つの節から脚が左右一本ずつ生えている（**唇脚綱**）のに対し、ヤスデ類は二本ずつ

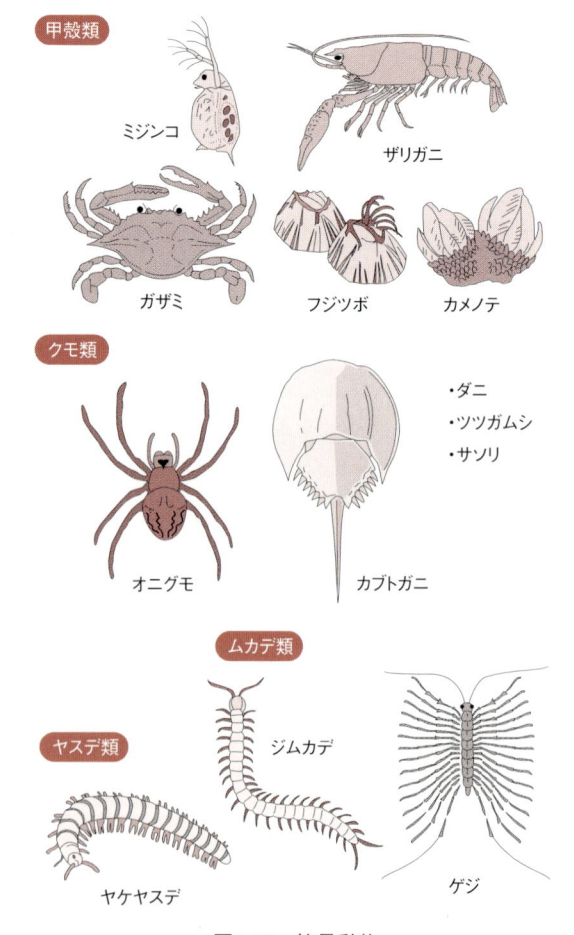

甲殻類
ミジンコ　ザリガニ
ガザミ　フジツボ　カメノテ

クモ類
オニグモ　カブトガニ
・ダニ
・ツツガムシ
・サソリ

ムカデ類
ジムカデ　ゲジ

ヤスデ類
ヤケヤスデ

図1-28　節足動物

生えています（倍脚綱）。どっちにしてもたくさん脚がある。教室旅行で海岸へ行って久しぶりにフナムシの群れを見ました。これも仲間だね。同じような節が並んでいるように見えますが、頭部と腹部の節があります。もちろん内部の構造に違いがありますが、外から見てわかるのは、頭部からは脚が生えていなくて触覚が生えていることだね。脚と触覚は発生的には近い仲間なんです。

f クモ綱

クモ類の中にはクモのほか、ちょっと意外なところで、ダニ、ツツガムシ、サソリ、三葉虫の子孫と言われるカブトガニもはいります。綱に分けることもある。クモの呼吸器は肺書といって特殊な構造を持っています。頭胸部と腹部からなる。脚は頭胸部から出ている。腹部からは出ない。クモ類の脚は4対で、昆虫の場合は3対が胸部から出ている。

もちろん、クモがお尻から糸を出して巣をつくることはよく知ってるね。クモの糸は本当に丈夫なものらしい。これで虫取りのネットを作ってトンボをとったりしました。どうやって巣をはるか、どうして自分は糸に絡み付かないのか、縦糸と横糸はどう違うか、獲物がかかったことをどう知るか何てことは、小学校でも理科の実験でやったでしょう。巣をつくるだけでなく、お尻から出した糸で風にのって空を飛ぶクモも居るってんだからすごいもんだねえ。カブトガニなんて、三葉虫の生き残りで日本では天然記念物だし、珍しいだけの生き物と思うかも知れませんが、アメリカにはたくさんいて、その血液は、**レムルステスト**といって薬品とか手術器具等に発熱物質が混入していないかどうかの検定に使われる。意外にヒトの役にたってるんです。恙虫（ツツガムシ）は昔から日本人と共存していたんで、恙虫病と言う一種の風土病があったくらいなんです。聖徳太子が中国の皇帝に出したって言う『日出づるところの天子・・・つつがなきや』のつつがなしは、ツツガムシに苦しめられない、ってことで、いまで言えば『お元気ですか』に相当するって話だけど、ほんとかね。『ウサギ追いしかの山』って歌う唱歌、『ふるさと』にも『つつがなしやともがき』と言う一節があるのは知ってるね。脱線が多いね。余計なことを言うのは、いろいろな生き物に関して何らかの印象を持ってもらいたいと言う希望があるからなんです。ダニは今ではアレルギーの原因として有名かもね。ダニだって一時間しゃべれって言われればしゃべるくらいの話はありますが、省略。

g 甲殻綱

甲殻類はエビ、カニの仲間です。海水にも淡水にも住んでいて、体の構造はよく似ている。酸素運搬にヘモシアニンをもっている。エビの大きな脚は頭胸部から出ていますが、腹部（食べる部分）にも各節から小さい脚が生えているのはよく知ってるね。全体から脚が出ているところはゲジやムカデと似ています。カニの腹部は平べったく腹側に折れ曲がってフンドシと通称する部分になっています。で、卵を持った時にはフンドシの両側に溢れ出るんでこれをカニキンという。雌なのにね。ま、どうでもいいけど。意外なことにフジツボやカメノテなど貝のように見えるものも甲殻類です。親の姿は全然違うけれども、発生過程はエビ、カニとよく似ているんです。カメノテを見たことあるかい。スペインに行ったら売っていた。あまり旨くはなかったけど、ヒトは何でも食料にするねえ。でもフジツボは食ったことがない。ミジンコも甲殻類です。プランクトンだね。ウミホタルなんてのもそうだね。小さくても大人です。

h 昆虫綱

昆虫は節足動物門の中の80％の種を含む大きな綱です。どうしてこんなに大々的に展開することができたんですかねえ。この場合にも、**繁殖の工夫と身体の大きさと生態の3つがポイント**であるように思います。トンボ、アリ、バッタ、チョウチョ、ガ、カブトムシ、ゴキブリなど、最近は随分減ったとは言うものの、身近にもたくさんいるはずです（図1-29）。無変態の原始的な昆虫（古本などにつくシミなんてのがいる）や、**不完全変態**（バッタの類）のもいますが、ほとんどは**変態**というすごいことをやってのける。**卵から幼虫、蛹、成虫へ体をすっかりつくり替える**んです。変態のしくみにかかわる遺伝子や分子生物学的な解析はずいぶん進んでいます。幼虫の段階から、成虫になった時の器官をつくる予定の細胞集団が、体のあちこちに原基として温存されているんだね。蛹の時期に原基の細

胞が増殖し分化して、成虫の器官をつくるわけです。もちろん、幼虫の器官をどんどん消化しながらね。新しい器官は消化しちゃ困る。すごい選別システムです。このプロセスは、プログラムに従った遺伝子の発現が支配しているわけです。生きているままで体をすっかりスクラップアンドビルトするわけですから、これは本当にすごいことです。こうすることが生きるうえで有利なんですかねえ。

　ガは蛹の段階で繭をつくる。エイリアンも繭をつくってた。ミノムシはミノガの幼虫だね。カイコガが糸を紡ぐこと1つでも、現在のハイテク技術が追い付かない程に精巧なものです。1本の繊維の断面は多層で、表面の方は非結晶性ですが中心部は結晶化したフィブロインというタンパク質からなる1,000mくらいの連続した糸で、これが2本合わさって紡ぎ出される。あわせるのはセリシンというタンパク質だね。丈夫さと柔軟性を兼ね備えた、合目的的で繊細な構造をもっているんです。すごいねえ。それで繭ができる。お湯につけるとセリシンが溶けてフィブロインの生糸になる。生糸は弥生時代からあったようですが、開国後の日本の貿易経済の支えだった。女工哀史に支えられて。でも搾取の面からだけ見るのは一方的だと思います。それなりの福祉もあり、農村の支えでもあった。辛い仕事や暮らしではあったけれども、いまのサラリーマンだって辛そうだ。仕事がなければもっと大変だしねえ。学校の先生だって結構辛いんだけど。

　昆虫は頭、胸、腹の3部分からなり、3対の脚と2対の羽は胸から生えている。昔、娘が小学校のテストで、頭、お腹、と書いてしまったので3番目に苦労して、お尻と書いてバツをもらってた。あきらめずに考えたのはエライ。バラしたら怒られるけど。現在の動物界の中で、飛翔するグループ（綱）は鳥と昆虫だけだね。ま、哺乳類（綱）の一部だけどコウモリは飛ぶ。これは大きな特徴だ。昆虫の飛翔筋は非常に効率よくできているんです。心臓はあるけれども開放血管系だから、体があまり大きくなると血の巡りが悪くなるのではないかと思うんですが、古生代には50cmもあるトンボがいたんだね。閉鎖血管系を持っていたのかなあ。知りません。腹部にある気門から気管を体中にはりめぐらして、酸素供給・炭酸ガス排出をやっている。まさに腹式呼吸だね。これは冗談。それぞれの昆虫が生きる工夫のすごさの一端は、ファーブルの昆虫記にもあるとおりです。テレビでもよく放映されていますね。できれば、生身のムシをじっくり観察してもらいたいところですが、無理だろうねえ。

図1-29　昆虫

ショウジョウバエは今も昔も花形スター

キイロショウジョウバエ（*Drosophila melanogaster*）は、ちょっと生ゴミの始末をさぼってると増えるんで、嫌なものだと思うかも知れませんが、よく見ると赤い眼をしたかわいいやつです（図1-30）。これを見たこ

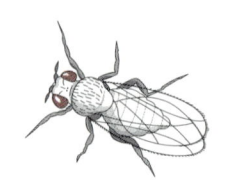

図1-30　ショウジョウバエ

とのないヒトは、よほどきれいな環境にいたんだね。そんなヒトがいるとは思ってませんよ、見ても気づかないだけです。これは**遺伝学の研究における花形スター**でした。ショウジョウバエの遺伝子地図ですね。モルガンはこの研究でノーベル賞をもらいました。最近は、**発生過程を司る遺伝子の研究で、再び大スターとして脚光を浴びています**。ショウジョウバエで発見された発生を司る遺伝子が、ヒトにも共通にあることがわかったのは大変な驚きでした。生物時計の遺伝子のクローニングもショウジョウバエで初めてなされました。全ゲノムの塩基配列もほぼ決定されています。大腸菌が全生物のモデルとして、酵母が真核細胞のモデルとして、センチュウが多細胞真核生物のモデルとして、研究の花形材料になったわけですが、より複雑な生物として、ショウジョウバエが昔も今も花形スターなんです。動物の系統樹は、センチュウやショウジョウバエの属する前口動物と、ヒトの属する後口動物に大きく分けられますが、現在のところでは、基本的なしくみはたいして違わないのだという印象が強い。前口と後口とが別れる前に、基本的なしくみが用意されていたということだね。昆虫にはあるがヒトにはない、ヒトにはあるが昆虫にはない、と言う機能があることは当然なのですが、基本的な機構には共通性が高く、共通する機構についてはヒトのモデルになるわけです。

3 後口動物のなかま

さて、ようやく**後口動物**です。ヒトを含む後口動物は門が少ない。門が少ないだけでなく、お互いの系統関係があまり明瞭でないように思います。これはなぜかと言うと、お互いの関係をつなげているような、中間的な性質を持った生き物が絶滅してしまって現在では存在しないことが、系統をわかりにくくしているのではないかと私は密かに想像しています。中間に相当する門が、現存生物では失われているんじゃないかと思います。

そう思っていたところ、2001年暮れのNatureという雑誌に、ちょっとおもしろい論文が載っていました。中国の昆明市周辺に澄江というところがあるんですが、ここでは、カンブリア紀の初期にあたる時代の、よく保存された化石が見つかります。化石についてまとまった話は次の時間にやりますが、ここで見つかった化石が、どうも棘皮動物と原索動物のちょうど中間に当たる新しい門の動物ではないかというのです。脊椎動物の祖先の可能性がある動物と言ってもよいでしょう。名前は覚えなくていいんですが、**ウェツリコリア(Vetulicolia)門**という門を新設しようということです。この門に属する現生の生物はいない。今後、こういう化石がたくさん見つかれば、後口動物の系統がもっと明らかになることと思います。

a 毛顎動物門

これは後口動物ではあるんですが、小さな門でヤムシと言う小さな水生生物が代表です。普段目にする動物ではないね。系統の位置もよくわからない。

b 棘皮動物門

棘皮動物は、ヒトデ、ナマコ、ウニなど一見ずいぶん違った生き物を含みますが、発生過程は非常に共通性があります（図1-31）。生きた化石といわれるウミユリやウミシダもこの仲間です。名前から想像できるように、海の植物みたいに見えるね。腔腸動物から上の動物は、ほとんどすべてが左右対称ですが、そのなかにあって、ヒトデやウニは例外的な放射対称な生き物です。これは珍しいね。形だけから見れば、腔腸動物であるクラゲやイソギンチャクの仲間の後継者に見える。形づくりについて遺伝子レベルでの共通性、連続性があるのかどうか、あっても良さそうですが私は知りません。ヒトデやウニが歩いているところ見たことがあるかい。水管という特殊な循環器官でもあり運

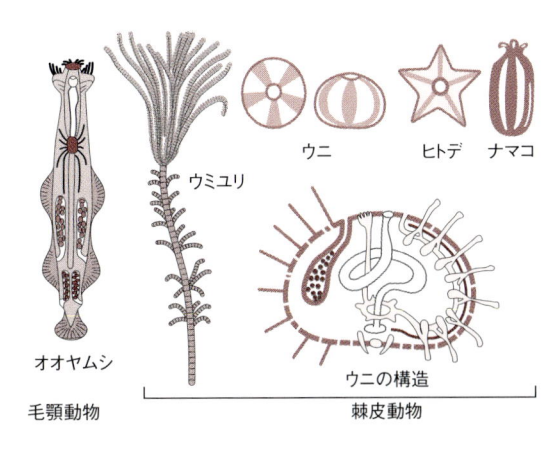

図1-31　毛顎動物と棘皮動物

動器官でもあるものを生み出している。不思議な器官です。ゆっくりした動きだけど見てると飽きない。沖縄やオーストラリアの珊瑚礁で、オニヒトデがサンゴを食い荒らす、とか、東京湾でヒトデが大発生して貝が全滅しそうだなんて話があった。大食いなんだね。東京湾の漁師さんが網でつかまえて、包丁で刻んで海へ捨てたら、かえって大繁殖してしまった、と新聞にのっていた。ヒトデは再生力が旺盛なんだよ。ナマコとウミウシはちょっと似ているように見えるかも知れませんが、前者は棘皮動物、後者は軟体動物で、全然違うんです。ウニの卵は食べるだけでなく、発生の実験によく使われました。KCl溶液の上にウニを置いておくと排卵すると高校の教科書に書いてあった。海でウニを捕まえて食べる時、口の部分が堅いものでできているのに気がつくかな。これはアリストテレスのちょうちんと言うんだね。ま、先を急ごう。

c 半索動物門

ギボシムシをふくむ小さな門です（図1-32）。脊索に似たものをもつので原索動物と関係ありそうで原索動物の仲間に入れることがあり、しかし系統上は棘皮動物にも近いらしくて棘皮動物に近い1つの枝として描くこともある。どちらとも言いがたいので、独立の門にしてしまおう。どうもそういうことらしい。実際の形は足のないゴカイかミミズのようにも見える、非常に地味で目立たないムシではあるけれども、**背骨の起源が、かろうじてこのあたりまではたどれそう**だと言う意味では、われわれ脊椎動物のはるか遠い先祖、現状でたどれる限りの一番遠い先祖として貴重なムシなんだね。

キボシムシ

図1-32　半索動物

d 有鬚動物門

ほとんど見たこともない、目立たない動物を含むごく小さな門です。少数の種しか知られておらず、和名もない。これも目立たないけれども、棘皮動物とも原索動物とも系統的に関係がありそうな、部分的な共通性を持っている。

e 原索動物門

原索動物は、脊椎の前身である**脊索**を持っているので、脊椎動物の先祖と考えられます。脊椎動物でも、発生途上で脊椎ができる前には脊索ができます。軟骨でできた背骨のような組織です。親の姿かたちを見る限り原索動物の先祖が棘皮動物とは考えにくく、この系統の先祖は謎なんですが、発生過程における類似性や、両者の性質を兼ね備えたような化石が見つかっていることなどから、棘皮動物との類縁性があるものと考えられます。ナメクジウオ、ホヤ等を含みます（**図1-33**）。少なくとも一時期には脊索をもつと言う共通性はありますが、オトナになった時にはお互いにずいぶん違った生き物に見えます。ナメクジウオは瀬戸内海で天然記念物になっているね。体のつくりも複雑でなく、プラナリアのほうが立派に見える。ホヤが海に生えている姿は、とても動物とは思えない。体の内部は違いますが、外から見たところは大形の海綿と違わないようにさえ思える。ホヤも幼生の時代にはナメクジウオのように泳いでいますが、後に岩に付着して移動しなくなります。ホヤを食べたヒトはいるかな。仙台で食べました。珍味です。海草みたいな味がする。ホヤは海水中からバナジウムを非常に濃縮するんだそうだね。ま、原索動物は、どれを見てもわれわれに一番近い仲間とは信じがたい。かなり下等な生き物にしか見えません。

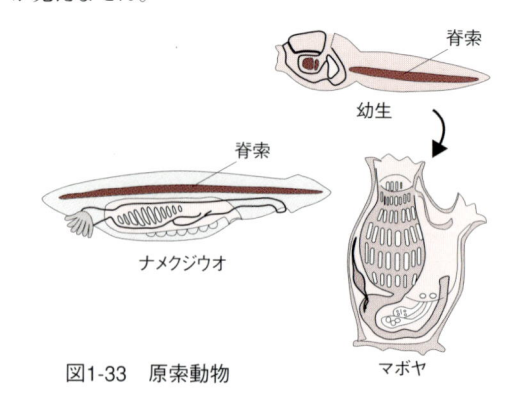

脊索

幼生

脊索

ナメクジウオ

マボヤ

図1-33　原索動物

f 脊椎動物門

で、最後が**脊椎動物**です。背骨を含めて内骨格をもつのが特徴だね。骨があるので化石として残りやすい。**無顎類**（ヤツメウナギ）、**軟骨魚類**（サメ、エイ）、**硬**

骨魚類（普通のサカナ）、両生類（カエル、イモリ）、爬虫類（トカゲ、ヤモリ、ヘビ、カメ、ワニ）、鳥類、哺乳類などの綱を含みます。細かく分ければ綱はもっと多い。それぞれの特徴は言わなくてもいいよね。ちゃんとわかってるか心配ではあるが、省略する。進化についても、顎がどのようにできたかなんてことから、ひれや四肢がどうできたか、陸上に上がる工夫の数々などのほか、各論的には、歯、舌、内耳の進化や系統とか、実に詳しく調べられています。ま、身近なものは詳しく調べるからね。

4 他にもたくさんの門がある

a 少数種からなる門、中間の生物

ここに挙げたのは、代表的な門だけです。実はこれ以外に、少数の種類の生き物しか含まない多くの門があります。これらは皆、生きる工夫をしてきたさまざまな実例なんです。クマムシなんていう、それだけで門を作っているような変な生き物がいろいろいる。標本しか見たことはないんだけど緩歩類あるいは緩歩動物門といいます。非常にゆっくりしか動かない動物であるというわかりやすい名前だ。ただじーっとしてるだけに見える。なんでこんなのが何億年も生き長らえてこられたのかって不思議なくらい、おとなしくひそやかに生きているものらしい。そんな小さなグループが結構たくさんある。

既存の門や綱の中間とか、どちらに属させてよいかわからない生き物がいます。オーストラリアにいる『カモノハシ』は、それなりの理由があって哺乳類に分類しますが、アヒルのようなくちばしがあって、卵を生む。排泄孔も1つで、トリや爬虫類と同じです。とは言え、鳥類や哺乳類の共通の先祖が持っていた性質を残したままで現在まで生き延びている、と言うわけではないらしい。なぜなら、哺乳類と鳥類とでは、先祖の爬虫類が共通ではなく、誕生の時期も何千万年を超える違いがあるんです。哺乳類は三畳紀、鳥類はジュラ紀だからねえ。だったら、どうしてこのように両方の性質を持ってる動物がいるんだろうか。不思議だねえ。変だよ。

哺乳類と鳥類の祖先は一卵性双生児だったのではないかと空想したことがあります。動物の中で温血なのは哺乳類と鳥類だけです。脊椎動物の心臓から出る大動脈は、魚類も両生類も爬虫類も左右対称に2本ある。ところが、哺乳類では左側の一本だけしかなく、鳥類では右側の一本だけしかない。だからきっと片割れどうしなんだ。でも全然違うんだね。

東南アジアには、環形動物と節足動物の両方の性質をもつ、『カギムシ』という動物がいます（図1-34）。これも実に不思議な生き物ですねえ。両方の門に別れるもとになった何億年も前の姿のままでいままで生き延びてきたのだろうか。カンブリア紀という5億年以上も前の時代から、そっくり同じ形をした化石が見つかっている。どちらにも属させようがないので、鉤脚動物門と言う独立の門をつくっている。写真で見るとイモムシみたいな格好をしてますが、残念ながら本物を見たことはありません。いずれ生きているところを見に行きたいと思っています。見たからどうってことはないんだけど、見たい。半索動物のギボシムシもそうだったね。棘皮動物と原索動物の性質を少しずつ持っている。進化・系統・分類を考えるとき、どこに属させてよいかわからない生き物、複数の系統の性質を兼ね備えている生き物は進化の生き証人とも言えるものと考えられています。ここでは小さな独立門の大部分は系統を考えるうえで重要なもの以外は省略しましたが、ほんの少しの種類しか属するものがいなくても、生物の進化を知るうえで注目に値するんです。系統の不明な小さな独立門は、進化の上では袋小路に入ってしまったようなものかも知れませんが、生き物の多様性への工夫の現れと言う意味では、やはり注目に値すると思います。

図1-34　カギムシ

b 生き残れた動物、生き残れなかった動物

動物門のくわしい特徴については、ここでは省略します。これまでだけでもかなり疲れたもんね。高校の生物でも、それぞれについて、排泄器、循環器、神経系、真体腔があるかないか、その他特徴的な構造や性

質が細かく紹介されています。これらは、系統的な関係を推定する根拠としても重要です。まあ、とりあえずこれだけの話しでも、動物の世界はずいぶん広いんだ、と言う事がわかってもらえるね。昔は、ムシとひとまとめにされていたものが、広い世界を作っているわけです。生物の各論は本当にそれぞれがおもしろいんです。それぞれが進化の過程で限りない試みをし、工夫をし、それなりに成功しているものが、現在まで生き残っているのです。絶滅によって今日まで伝わらなかった試み、その時点では成功していた試みがどれほどであったのか、想像を絶すると思います。

　ヒトだけが進化の成功者なのでは決してない。ヒトの位置あるいは哺乳類の世界が『生物界の中で相対的に小さくなっている』ことを認識してもらいたい。『現在生き残っているもの』は、ヒトとは違う生き方の工夫をしていて『皆それなりの成功者』なんです。地味であろうと派手であろうと、絶滅しなかったんだからね。進化の過程では、生き残れなかったもの、絶滅したものが実にたくさんいるんです。大部分の生物が絶滅した大絶滅を何度も経験しているんです。現在の生物は、その危機をかろうじて生き延びることができた、きわめてわずかの生物の子孫たちなんですね。

ヒトの位置の感じかた

　生き物全体の中でヒトはどういう位置にあるかは、昔から関心を持たれていました。どう言う観点からヒトを見るかによって判断は違うわけですし、その歴史や哲学をやるつもりもありません。ただ、大雑把に一般的な感覚として言えば、ヒトは特別でそれ以外の生き物は違うという感覚と、ヒトもほかの生き物も同じように生き物であるという感覚の違いはあった。我らの神を信じない者はヒトとみなさない、なんて乱暴なことも歴史上はあったようだけどね。今でもあるのかなあ。

　日本人には、ヒトも他の生き物も生き物として同類に見る感覚があるような気がする。工場のロボットにまで仲間意識をもって愛称で呼んだりする。生き物を含めた自然の全部に神が宿るっていう神道的な感覚と、命あるものの命をいただかないとヒトは生きていけない罪深いものという仏教的（日本化した仏教というべきでしょうが）感覚の両方を日本人は持っている。両方と言うより、もともと

1つの感覚なんだね。平安時代の俗謡に『神も昔はヒトぞかし』なんて文句があって、神とヒトの間にも絶対的な違いがない。西欧というかキリスト教の文化圏では、神は絶対で、ヒトは特別で、それ以外の生き物は違うという感覚が強いんじゃないですかねえ。

　学問と無関係な脱線をしたつもりではありません。こういう背景が案外『学問する側にも』、『学問の結果を受け取る側にも』影響を与えていると思うからです。学問だって全体的な文化の一部なんだから、科学的な事実は1つであっても、どう言う意識で学問を展開していくか、どう言う態度で事実を受け入れるかは、1つではないんです。ひとりひとり違うとも言えるわけですが、少なくとも、西洋流の考え方や感覚だけが正しいわけではないと思うんです。自然科学の論理展開は西洋哲学のものである、それが唯一正しいという類の論調を見かけますが、そうかなあと思います。ノーベル賞の野依さんも、『伊勢神宮の簡素な佇まいのようなものが日本独自の文化であり、日本の文化的背景を映した研究をし、その成果を世界に発信したい』と言っている。受賞者の言葉だからと言ってむやみに有難がる必要はないけどね。

日本は多神教社会

　ヒトと他の生き物とを同類に感じるってことの背景でもあるんでしょうか、日本じゃ神だけでも八百万（ヤオヨロズ）もいるってんだから、いいよねえ。仏もそうでしょう。神も仏もたくさんいるんです。正しいことも言い分も八百万あるって感覚ですよ。これは特徴である。もう1つのよいところは、日本の神は世界を作ったのではなく、作ったのは日本だけなんです。実に控えめだねえ。他の国は他の国の神が作ったわけだ。その意味でも多神教であるってことです。大部分の日本人にとって、キリストだろうがモハメッドだろうが入ってきて、マルクスや毛沢東でもいいけど、正しいと称する神の1人や2人増えても、大平洋に小便だと言う感覚があるんじゃないかね。この表現は高校の数学の先生の受け売りです。式を展開していって∞＋1なんて結果になると、これは大平洋に小便で∞と同じと見る。もともと八百万もいるんだから、そこに1人や2人の神が増えたって大勢に影響ないし、所詮は外人のお客さんだと思っているって面もあるね。それはいいんだけど、外に対しては無防備な感覚だから、自分なりに

かなり自覚してないとヤバそうな気はする。そこは問題なんだけどね。

　脱線しつつあることを自覚しながら話してますが、西洋に限らず宗教に限らないんですが、一神教的感覚で1つだけが正しいという押し付けは、やっかいなことが多いんです。正義の押し付けだね。自分がありがたがるのは勝手ですが、押し付けないでくれよ、と思います。でも、一神教の本質は他の神を認めないってところにあるんだから、押し付けるどころか、認めなきゃ抹殺されることさえある。歴史的なだけじゃなく、今でもそうなんだねえ。アメリカ一神教対タリバン一神教、双方が正義の戦さだもんね。

········ **生物学は多神教の世界**

　何でこんなこと言うかってえとね、**生物学やってるヒトは多神教が多いんじゃなかろうか**、と言う話が仲間内でよく出るんですよ。生き物のなかでヒトだけがエライとか一番エライと思っている生物学者はほとんど居ないんじゃないかなあ。**それぞれの生き物が独自の工夫をこらして、それぞれが立派な生き物**なんです。みんな違って、みんないい、ってことだね。それぞれが、驚く程の進化の歴史と驚異に溢れた工夫の上に成り立っているんです。**どの生き物でも、それぞれ1冊の本になる程のドラマを持っている**。神は1つじゃない。研究対象としてどれを選んだ研究者も、自分のやってる生き物はそれなりにエライと思ってるに違いないんです。調べれば調べる程、エライと思えてくるんです。で、のめり込むんですね。生物屋には、ものの見方が多神教的なヒトが多い。

　もう1つは、こっちの方が重要なんですが、**研究の進め方が多神教的**なんです。生物はいろいろな見方ができるからね。それぞれの見方に意味があり、価値がある。そういう見方に慣れている。実験の結果で得られた1つの事実について、それが生物を理解するうえでどんな意味があるかという**ストーリー**が描けないと、意味ある事実、価値ある事実としては認められない。その事実によって生物の行動なり現象なりについて物語が描ける必要があるんです。こういう事実がわかったと言うだけでは、ふーん、それがどうした、ってことになる。でもストーリーは1つとは限らない。**1つの現象に対する理解の仕方は1つではなく、視点によっていろいろな角度から生物を理解できる**んです。多神教にならざるをえないんですね。もちろん、どんな見方をしても、『今まで何だかわからない不思議な現象だと思われていたことが新たな事実によって理解できるようになる』、『生き物を新たな視点から理解できるようになる』、『新しいコンセプトが与えられるようになる』、そう言う実験事実や考え方には大きな意味があり、価値が高いんだけどね。

········ **分子生物学は一神教？**

　乱暴な言い方ですが、化学なんかでは、事実は事実、それ以上でも以下でもないってところがあるような気がする。事実そのものにすでに価値がある。事実を価値とする一神教である。もちろん、学問全体に与えるインパクトの大きさによって、価値の大きさには違いがあるが。生物学では事実の生物学的意味、生物が生物として存在することへの役割がいつも問題になるんですが、化学ではどういう意味があるかってことをあまり言わない。そういう問いかけをあまりしないし、必要がない。**分子生物学もしばしば一神教的に近いんじゃないかと思うんです。分子という共通性の高い一神教を通じて、複雑な世界を見ていくって考え方である**と思う。生物の共通な機構を分子と言う眼で調べる。扱う材料は個々の生き物であるかもしれないけれども、生命が共通にもつ分子を知ることで、生命とは何かを理解しようとする。遺伝学から分子遺伝学へ、材料がエンドウマメから、アカパンカビ、大腸菌へと行ったのも、遺伝のしくみは生物に共通の原理、共通の原理なら扱いやすい簡単な生き物でやろうってことだったと思います。共通の分子機構から生命を理解するとき、事実は1つ、正しいことは1つ、真理は1つ。脳の働きも分子の面から調べて行こう。もちろん、それはそれでいいんです。生き物を理解するうえでの有力な行き方だ。強力な行き方の1つであることを疑わない。

　生物学やってるヒトは多神教だと思うんで、この講義では、一神教分子生物学を範囲としていながら、多神教生物学のおもしろさを一生懸命に説いている、そう言う印象があります。私のスタンスが、生物学のおもしろさをバックグランドに持った分子生物を勉強してほしいと願っている、と言うことなんですね。多神教のヒトは一神教を多くの神の1つと見て、自分の道は違うとしてもそれはそれでいいんじゃないか、と思ってしまう。一神教バリバリの方は多神教の方を、自分は違うけどそれはそれでいいんじゃ

ない、とは言ってくれないような気がする。求めるものは1つ。それが一神教らしさなんだけどね。

######### 優れた分子生物学的研究は生物学的分子生物学的研究である

ま、極端なことを言うと、生き物は見ているだけでも感動的なところがあるんで、生き物の好きなヒトは現象論だけで感動でき、得られる結果はしばしばファジーで意味づけは基本的に多神教的で、その分野として未知の大切なことはまだまだたくさんある。分子の好きなヒトは、分子を追いかけることで感動でき、得られる結果は確定的で意味づけが基本的に一神教的で、その分野で未知の大切なことはまだまだ山ほどある。研究者として、それぞれ自分が関心ある分野に特化し、自分なりのやり方で進めてかまわないと思うんです。ただ実際には、分子生物学ですばらしい研究をしている人たちは、生物学の背景や認識をしっかりもっていて、分子レベルでの成果が、生物を理解するうえでのどのようなストーリーの中に位置づけられるかを意識した、あるいはあえて主張しないまでもそれを実現する仕事を出している場合が多いと私は思います。すばらしい仕事はみんなそうであるように私には思えます。だから、そういうひとたちにとっては、分子生物学は生物学であることは多分当たり前なのであって、生物学的分子生物学なしどと改めて言うまでもないことなんですね。それが言いたかった。講義を聞いている皆さんの大部分は研究者になるわけではないけれども、生き物のありかたの全体像みたいなものを理解しておいてもらいたいと思うんです。

今日のまとめ

動物の世界がひろいことをまず知ってもらいたいと思いました。次に、個々の生物の工夫もあるけれども、動物の世界が、進化の早い時期に確立したと思われる共通的なしくみで貫かれていることを理解してもらいたいと思いました。酵母やセンチュウやショウジョウバエをヒトのモデルとして使えるのは、共通の機構を持っているからです。生き物のおもしろさは、共通性ではなく、個々の生き物が驚異的な工夫をして生きているという各論にあると個人的には思っておりますし、言い出せば語り尽くせないのですが、それはほとんど省略しました。授業として教えるべき生化学や分子生物学の基礎としては、基本的には共通性に注目するべきだろうと思うからね。次は、生物の系統を考えるうえで欠かせない化石からの考え方と、全生物に共通する性質である遺伝子の構造から見た全生物の系統について話します。

Column 系統分類学の今

原生生物は1門どころか1界にすら収まらない

生物全体を5界に分類することを紹介しておきながら、ヒトから遠い原生生物界については、その中の動物的なものだけを動物界の中の原生動物門として扱いました（表1-2、23ページ）。原生生物を1門とするのは、中学・高校レベルの古典的扱いではありますが、動物界を主に紹介したかったので、その中で原生生物にもちょっと触れる程度にした次第です。生物全体を5界に分けるとき、原生生物界は少なくとも7門に分類します。でも、これさえもう古いかも知れないんです。最近では、原生生物界は1界どころか、4界、5界あるいはそれ以上の界に分類すべきとの考えが出ています。原生生物はそれほどバラエティーに富んだ生物群で、大規模な分類再編につながる研究が現在進行中です。

系統分類学は最もホットな分野になっている

分類の見直しは原生生物界にとどまりません。2日目に紹介しますが、生き物の遺伝子解析が現在急速に進んで、系統関係が不明だった生き物についても、生物界での位置づけが明確になってきました。今までよく知られていた生き物についても遺伝子を比較することによって、分類段階の全体にわたって、互いの位置関係やグループ分けを見直さざるをえない事態なっています。

系統分類学は、新種の生物が見つかった時だけ思い出してもらえる『博物学』、はっきり言えば『カビの生えた前世紀の学問』であると思っているかも知れませんが、この分野は現在大変な激動期にあり、非常にホットで沸き立っています。生物界全体が、系統分類と系統進化の大きな再編成を迫られ、予想もしなかった新たな全体像に展開しつつあるのです。

今日の講義は...
2日目 DNAの系統から見た生物の世界

生物の系統を知ろうとすれば、進化の系統を知る必要がある。進化や系統を調べるって言うとまず化石を思い浮かべるでしょ。それは正しい。化石は進化系統を探る重要な証拠です。

a 化石でわかること

系統樹は、化石からもおおむね支持されています。ただ、化石からわかるのは、主に堅い骨や殻を持った生き物の場合です。例えば、脊椎動物の中での両生類や爬虫類、哺乳類の進化についてはかなりの証拠になります。恐竜の骨が見つからなかったら、こんなすごいものが過去に生きていたことは、誰にも想像できなかった。鳥類については、今まで見つかっている化石が少ないのではありますが、羽毛がなければ完全に爬虫類そのものという、爬虫類から分かれるあたりの化石が最近たくさん見つかってきています。脊椎動物は骨があるので化石として残りやすいことはわかります。無脊椎動物の場合、堅い殻のある生き物はもちろん残りやすいのですが、外形しかわからない。内部の構造がわからないと系統を推測しがたい。全身がやわらかい生き物は化石になりにくく、完全なものが残るのはなおさら難しい。でも、クラゲの化石、それも断片ではなく完全なものさえ見つかっているんですね。死して名を残すラッキーなクラゲだね。でもこんなのが残るのは、余程の僥倖としか思えません。

b ほとんどの化石は系統がわからない

現在生きている生物と関係づけられる化石は系統を推定できます。しかし、現在の生物と関係づけられない試みをした生き物は、よほど前後関係のわかる化石が見つからない限り、系統のどこに位置するか、想像することさえ困難です。しかも、化石が完全なかたちで見つかることはほとんどなく、断片的に見つかるものをつなぎ合わせるのですから、現在生きている生物に類似のものがないときは、断片をどうつなぎ合わせるべきかさえわからない。無脊椎動物にそう言う傾向が強い。従来とは異なる正しいつなぎ合わせ方がわかって、アノマロカリスという奇妙な生き物のモデルが復元されたことをテレビで見たヒトもいるでしょう。だいたい、新たな工夫や試みをしたけれども現在まで生き残れなかった生き物のほうが、現在まで生き残ったものよりずっと多くの種類があるんです。

実際、無脊椎動物のものと思われる化石の断片は膨大な量が見つかっているのですが、大部分は日の目を見ることなく倉庫に保管されています。全体像の再現ができなければ、分類もしようがない。さらに、発掘されることなく巨大な山脈の下に埋もれている化石が大部分なんです。ヒマラヤもアルプスもロッキーもアンデスもみんな堆積岩ですが、掘り尽くすことは不可能です。いつの日か、得られる化石全部を系統的に並べることができるほど、化石を十分に集められるときが来るんだろうか。あるいは、この原理をもって並べればよいのだ、という系統の原理を発見することができるのだろうか。こういう原理を発見できたら、本当にすごいよ。

1. 地質時代区分のいろは

a 地質時代の区分としての代

で、常識として知っておいてもらいたい程度のこと

を紹介しておきます。生き物の歴史を扱うとき、地球上に最初の堆積岩ができてから歴史時代までを『地質時代』と言います。化石は堆積岩に埋まっているわけだ。歴史時代というのは文字の記録が残っている時代なんで、ごく最近のことだね。新しい方から、『新生代』、『中生代』、『古生代』、『前カンブリア時代』に分けます（図2-1）。前カンブリア時代というのは、35億年以上も前から5億7,500万年前までの長い時代ですが、『その他』と言える扱いをうけています。時間は長いけれどもこれ以上細分するには、区分けできる生物化石の特徴がない、というより、あまり化石が見つかっていない時代なんですね。古生代は無脊椎動物や魚類、両生類が大展開し、シダの大木が栄えた時代、中生代は恐竜（爬虫類）が大展開した時代、新生代は哺乳類と花の咲く植物（被子植物）が大展開した時代といわれますが、これは、身近な脊椎動物で代表させているだけの事で、ほかのたくさんの生物の栄枯盛衰があるわけです。

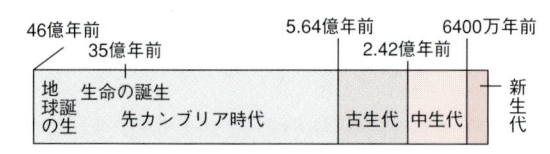

図2-1 地質時代の区分

b 生物の歴史は大絶滅の歴史である

それぞれの時代の間は、生物の90％以上が絶滅する『大絶滅』を経験しています。境目の前後では生物の様子（種類）ががらりと変わってしまう。それが時代を分ける理由です。生物の個体数が減るのはもちろんですが、門や綱や目といった単位で消失してしまう。絶滅は、大陸の移動による地殻変動や、それによる気象変化のため、あるいは、中生代の終わりは巨大隕石がメキシコ湾に落ちたことによる全地球的な低温化があったなんて話も聞いたことがあるでしょ。いろいろな証拠が集まっています。古生代と中生代の間では、生物の96％が死滅したと言われるペルム期大絶滅がありました。たった4％の生物しか生き残れなかった。地質時代はたびたび大絶滅を経験していますが、生き物すべてが全滅することはなかったことは確かです。一度完全に全滅して、もう一度新たにやり直したわけ

ではありません。

進化の系統樹を見ると、順調に生物の種類が増えていって、時代とともに色々な工夫をした生物が豊富になるかのような印象をもつかも知れませんが、これは系統樹の描き方が悪いと思います。全体としてはそうなんですが、実際には、何回も大絶滅を経験しているわけですから、ほとんどが死に絶えて、生き延びたごく一部から展開した生物が次の時代に繁栄する、という繰り返しとして描かれるべきなのです（図2-2）。その時点で絶滅した生物は、生き残っていたら、現在みられるものとは随分異なる生物群に展開したかも知れません。90％以上も絶滅する経験を何度もしているわけだから、絶滅した生物のほうが遥かに多いのだ、ということは心にとめておいてもらいたい。絶滅した生物、特に古生代に生きた生物の中には、系統樹のどこに位置づけるかが不明確のものが多いために、描く際に省略あるいは軽視されてしまうことが多いんです。どこの置いたらよいかわからないものは図の中に示せないからねえ。だから仕方がないのではありますが、そういうことなんだ、ということを念頭において図を見ないといけないんです。

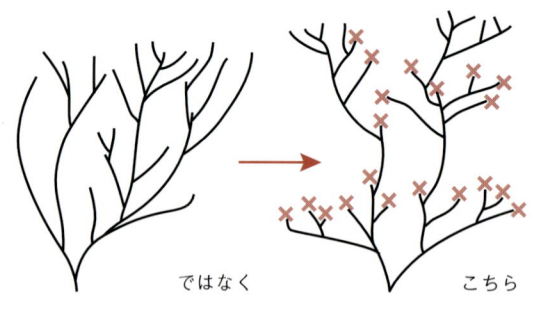

図2-2 進化の歴史は絶滅の歴史

c それぞれの動物グループは1匹から出発したのか

生物の歴史は大絶滅の歴史であったこと、門や綱や目などのグループを構成する動物群が基本的に他のグループとは異なる性質をもつものとしてまとめられること、新しい生物は遺伝子の変化によって生まれるのであろうことなどを考え合わせると、意外ともいえる推論が導かれます。ある科・目・綱・門などのグループを形つくる生物の祖先は、1匹あるいはきわめて少

数の個体から出発したのではないか、ということです。わかるかな？

> 種の最後の1匹から再び増えた可能性もあるということですか？

いや、そうじゃないんです。哺乳類が爬虫類から分かれた時、もちろん、今の爬虫類とも今の哺乳類ともずいぶん違っていたはずではありますが、将来、哺乳類のグループを構成するであろう遺伝子の特徴の少なくとも1つを持った動物が生まれたことが出発だったのかもしれない。それはもとの爬虫類と大きく違うわけではなく、もとの集団の中にいて混ざりあったまま子孫を増やし、複数の遺伝子の変化を蓄積する。特有の遺伝的特徴を蓄積した個体は、しだいにもとの集団とは異なってきて、やがて別のグループと認識できるようになる。ただ、地質学的には短い時間であっても、個々の生き物にとっては、何十代、何百世代よりはるかに長い時間のかかることだろうと思います。

このプロセスを想像すると、正常細胞の集団から癌細胞ができてくる過程が彷彿とするんです。最初はたった1つの遺伝子に変異を持った、たった1つの細胞が生まれる。それは日常的にかなりの頻度で起きていることです。変異のために増殖が少し有利かも知れませんが、この段階では他の正常細胞とほとんど区別がつかない。不都合な変異を起こしたものは淘汰される。体には、おかしな細胞を排除する防衛機能があるからね。生き残れた細胞の中に遺伝子の変異がもう1つ起きると、もう少し正常とは異なる細胞に変化する。そう言う繰り返しによって、やがてどこかの時点から正常細胞ではなく、癌細胞と区別できるようになる。この過程を単純化すれば、正常細胞から癌細胞への変化をすすめる原因は遺伝子の変化の蓄積であり、正常細胞に比べてその環境で排除されず死に絶えることもなく増殖できることが選択圧として働いている。大きな癌組織でも、『出発は1匹の変異細胞であった』と考えてよい証拠があるんです。癌の場合には、変異を加速するような遺伝子変化が途中で起きることが多いのですが、進化における新たな動物グループの展開と基本的には似ているように思うんです。

1 より細かい時代区分である紀

さて、それでは現在に近いところから段々さかのぼって見てみましょう。

a 新生代

『代』はもう少し細かく『紀』に分けられます（表2-1）。各紀の間にもかなりの絶滅がありました。新生代は、新しい方から『第四紀』と『第三紀』とに分けられます。第三紀の顕著なことは、哺乳類の大展開と、種子植物、中でも被子植物の大展開です。現在は第四紀です。第四紀はほんの170万年くらい前からで、ごく最近のことです。ここはヒトと被子植物のなかでも草花の繁栄が特徴です。キレイな花の咲く植物だね。第三紀は6,500万年前からなので、第三紀と第四紀はとんでもなく長さが違う区切り方をしてる。第四紀はこれからどれだけ続くかわからないけれども、現在のところは、地質時代の中では非常に短い時間でしかない。

アウストラロピテクスという猿人の誕生は500万年くらい前で、『第三紀』の終末に近いところです（図2-3）。チンパンジーなどの類人猿との分岐ですね。アフリカ東部がヒトの発祥の地と考えられる。ヒトの誕生は、アフリカの大地溝帯ができはじめて、その東部が

Column: 現在は生物史上稀に見る大絶滅の時代かも

現在進行している種の絶滅速度は、古生代末期の最大の大絶滅をも上回る、地球史上最大の速度かもしれないとのものと危惧する研究者がいます。地質時代の流れとしてみれば一瞬のうちに90％の生き物が絶滅したときでも、われわれの感覚からすれば長い時間かかっているんですね。今の生物の絶滅速度はそれを上回っている。原因は、地殻変動でも隕石衝突でもなく、ヒトなんです。例えば熱帯雨林を伐採することで、すごい勢いで多くの生き物を絶滅に追いやっているらしい。正直なところ、本当かなあ、という思いはありますが、本当ならどうすりゃいいんだ。成りゆきに任せるってのも1つの選択ではありますが、生態系の破壊っていうのは先が恐ろしいんだよ。回り回って、どこでとんでもない返り討ちにあうかわからない。地球規模でヒトの生存が脅かされる可能性があるんです。

乾燥地帯になり、住むところが森からサバンナに変わってしまったことと大いに関係があるらしい。詳細は略しますが、これが直立歩行を促し、それが自由な手を使った道具の使用、脳の増大等の変化を加速したものと考えられます。やがてアフリカからヨーロッパやアジアに展開した。第四紀に入って150万年くらい前には**ペキン原人**などの原人が生まれた。原人はもう火を使っていたと言われます。石器も見つかってるね。次いで、30万年くらい前に**ネアンデルタール人**などの旧人が現れた。ネアンデルタール人にはいろいろな意味で文化があったと言われる。埋葬とかね。**クロマニヨン人**などの新人が10万年くらい前に出現します。われわれは新人です。新人もアフリカで生まれて、世界に広がったと考えられます。ベーリング海峡をわたってアメリカ大陸へわたったのは、2万年くらい前、

表2-1

地質時代		絶対年代（億年）	動物界		植物界	
新生代	第四紀	0.02	哺乳類時代	人類の繁栄	被子植物時代	草花の繁栄
	第三紀	0.64		哺乳類の繁栄		被子植物の繁栄
中生代	白亜紀	1.40	爬虫類時代	大型爬虫類（恐竜）とアンモナイトの繁栄と絶滅	裸子植物時代	被子植物の出現
	ジュラ紀	2.08		大型爬虫類（恐竜）の繁栄鳥類（始祖鳥）の出現		針葉樹の繁栄
	三畳紀	2.42		爬虫類の発達哺乳類の出現		ソテツ類の出現
古生代	二畳紀（ペルム紀）	2.84	両生類時代	三葉虫とフズリナ（紡錘虫）の絶滅	シダ植物時代	
	石炭紀	3.60		両生類の繁栄、フズリナの繁栄、爬虫類の出現		木生シダ類が大森林形成裸子植物の出現
	デボン紀	4.09	魚類時代	両生類の出現魚類の繁栄		陸上植物の出現
	シルル紀	4.36		サンゴ、ウミユリの繁栄		
	オルドビス紀	5.00	無脊椎動物時代	魚類の出現三葉虫の繁栄	藻類時代	藻類の繁栄
	カンブリア紀	5.64		三葉虫の出現		緑藻類の出現ラン藻類の出現
先カンブリア時代		46		原生動物、海綿動物、腔腸動物などが出現		細菌類の出現

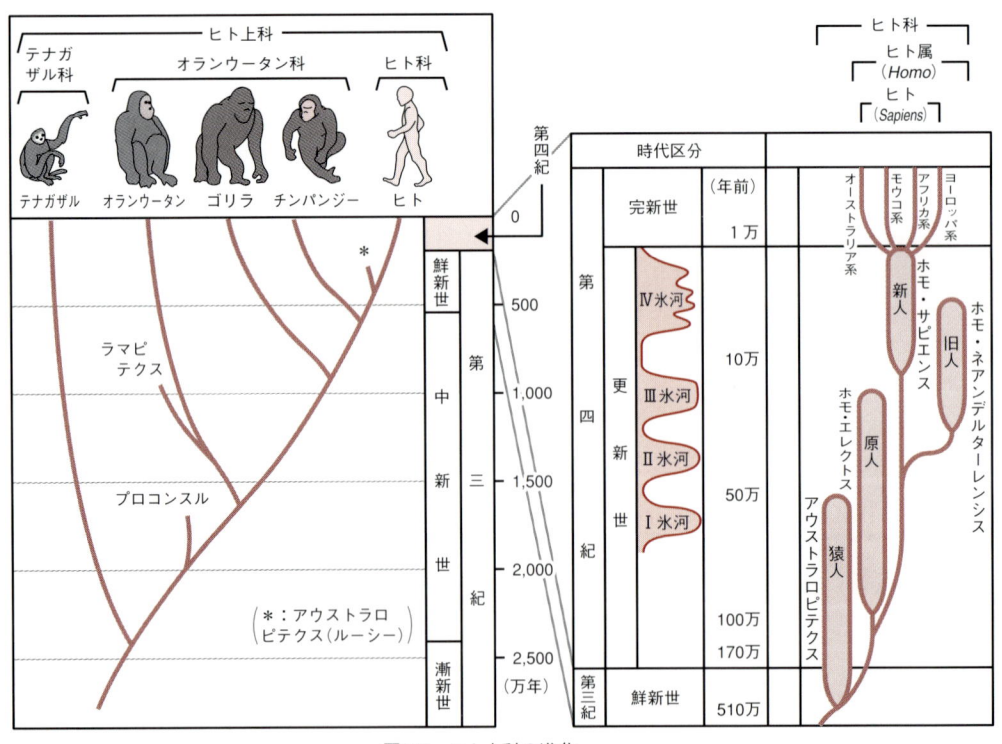

図2-3 ヒト上科の進化

縄文土器は1万3,000年くらい前のが見つかっている。猿人、原人、旧人などは新人の直接の先祖ではなく、枝わかれして絶滅した別のグループと考えられる。で、いわゆる新人類の出現は10年くらい前からかな。冗談ですよ。でも、いつの日か現人類に置き換わるような変異を貯えつつある新人類のミュータントが現在の人類の中に混在している可能性は、実際にありうることではあるんです。オイオイ、隣どうしで顔を見合わせたってわからないよ。

b 中生代

で、中生代は、新しい方から『白亜紀』、『ジュラ紀』、『三畳紀』。白亜紀とジュラ紀は恐竜の全盛時代です。白亜紀の終わりには恐竜は全滅した。現在生き残っているワニの仲間は、爬虫類の中でも非常に古い時代の特徴を持っているらしい。これはおもしろいことだね。新たに生まれて大展開した生き物は、新たな環境に適合しているからこそ大展開し繁殖したけれども、その環境にあまりにも適応し過ぎているために、環境が変わるとあっけなく絶滅する。絶滅を逃れるのは、その環境にあまりぴったり合っていなくて細々と暮らしていた、ちょっと旧式の生き物だったりするんです。

> 今、環境に適応しているのは哺乳類で、今後の絶滅を免れる可能性があるのは、昔栄えた爬虫類なのでしょうか？

そういう意味ではなく、絶滅を免れるには、旧式である必要はないんで、その環境だけでしか生きられない程には適応しすぎていないことが大切なんだね。

恐竜は実に多くの種類に展開し、生物史上最大の陸上生物を生んだ。空にも海にも仲間が展開した（図2-4）。魚のようになってしまったイクシオザウルスとか、空を飛ぶプテラノドンとかね。ジュラ紀の公園がジュラシックパーク。ただ、それぞれの時代に栄えた恐竜はかなり種類が違う。**ジュラ紀の恐竜と白亜紀の恐竜はかなり違う**んです。1億年くらいのずれがあるんだからねぇ。映画なんかでは一緒に出てくることがあるけれども、それはおかしいんです。現在の動物界では恒温動物（温血動物）は鳥類と哺乳類だけですが、恐竜の一部には温血のものがいたのではないかという説が有力になっています。鳥類が爬虫類から別れたのも

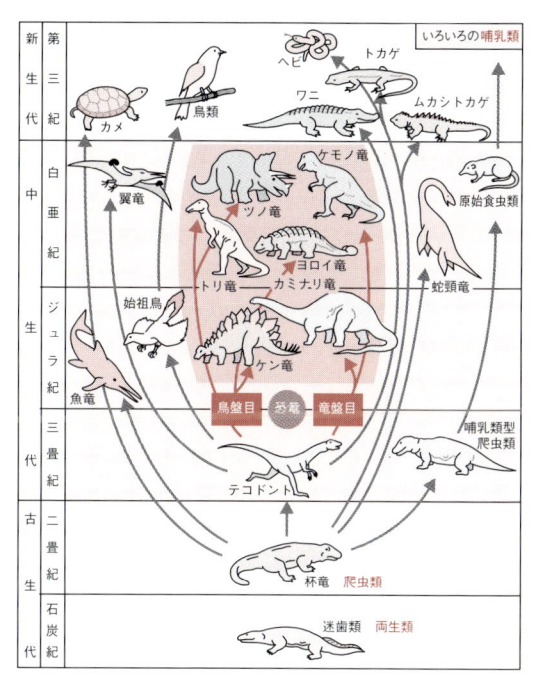

図2-4 爬虫類の放散

ジュラ紀です。海には1mをこえるアンモナイトという巻き貝のような大型の頭足類がいた。ジュラ紀には、**被子植物のはじまりの姿が見られる**。大繁栄するのは新生代第四紀だけれども、被子という形のはじまりは意外に早いことがわかるね。

三畳紀は恐竜のはじまりです。哺乳類の誕生した時でもある。哺乳類は意外に早い時期に分かれている。骨格が哺乳類の特徴を持っていると判断されているんで、はじめから温血だったのか、毛が生えていたのか、胎性だったのか、それはわかりません。そう言った、現在の哺乳類がもっている特徴は、一度にできたものではないかもしれないんです。哺乳類の先祖は、その後の長い中生代の間、脚光を浴びることなく密かに生き長らえていたんだね。生き延びていたからこそ、爬虫類が絶滅した新生代に大展開できた。でも、ひっそり生きているうちに絶えてしまった生き物も、たくさんいるんです。

c 古生代

古生代は、新しい方から『二畳紀』、『石炭紀』、『デボン紀』、『シルル紀』、『オルドビス紀』、『カンブリア紀』です。二畳紀はペルム紀と言いますが、その終わ

りがペルム大絶滅です。古生代は、実にたくさんの脊椎動物とそれ以上の種類の無脊椎動物が大いに栄えた時代なんですが、それがペルム大絶滅で、96％も絶滅したと言う。ペルム紀は爬虫類が誕生した時代でもある。乾燥した陸地でも生活できる動物の本格的な上陸のはじまりです。ただ、爬虫類として完成したものは、親の体も卵も乾燥に耐えるようになったけれども、初めからそうであったかどうかは問題だね。初めは水陸両生だった可能性が高い。

石炭紀は、石炭のもとになったシダの大木が大森林になっていた時代（図2-5）。鱗木とか封印木とかの大木が、現在では世界中の良質の石炭になっている。当時は世界中に生い茂っていたわけです。木生のシダは今では熱帯地方にわずかに残っているだけです。高温多湿の時代だったんだね。種子をつくる裸子植物の始まりと思える化石もすでにこの頃にみられる。こういう環境の中で、本格的な動物の上陸の時代をひかえて、水陸両方で生活する両生類が大いに栄えた時代でもあった。

デボン紀には両生類の先祖が陸へあがりはじめていた（図2-6）。淡水、つまり陸の水をめざした魚から両生類が生まれたという考えがあります。確かに、今生きている両生類は淡水に住むものが多いね。淡水では、生体機能に必須のカルシウム保持が難しいので、体内に備蓄しておくためのリン酸カルシウム沈殿をつくり、これが硬骨として発達したと言う。それがやがて骨格として陸上歩行にも都合よく展開した。海岸から上陸をめざす試みが成功しなかったのは、海から直接だと、カルシウム備蓄とそ

の結果としての硬骨の準備ができなかったからである。むしろ、排泄を含めた体液の調節についても、淡水にまず順応してからの上陸のほうが都合がよかった。このストーリーにはそれなりの根拠があります。実際にそうだったかはわからないけど。

デボン紀の陸上にはすでにシダが栄えていた。シダ種子植物と言って、シダ植物と種子植物との中間の性質をもつ植物も栄えていた。今は滅びてほとんど残っていませんが、種子植物の先祖と考えられます。

デボン紀の一番の特徴は何と言っても魚類の大繁栄です（図2-6）。魚の多くは、今栄えている硬骨魚類じゃなくて、軟骨魚類だった。体の外側を鎧兜で身を固めている魚がたくさんいて甲冑魚と言いますが、正式には板皮類といいます。ディニクチスなんていう1 m

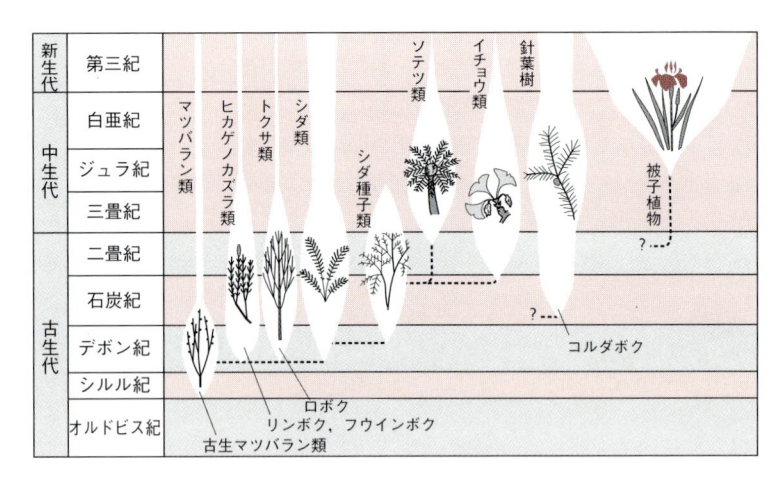

図2-5　植物の出現と盛衰

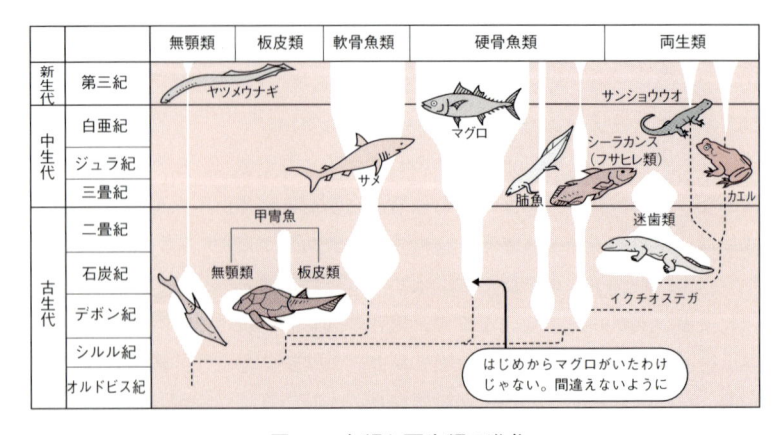

図2-6　魚類と両生類の進化

をこえるようなどう猛な肉食魚もいた。大部分は絶滅してしまったけれども、魚類にも多くの試みがありました。今生きている軟骨魚類の代表はサメやエイです。シーラカンスの仲間が現れたのもこの時代だね。化石とそっくりの生きたシーラカンスがアフリカ東のコモロ諸島近海で発見されたときは、大ニュースになりました。インドネシアの周辺でも生息しているというニュースもあったね。浮き袋が肺の役割をすることと、胸びれや腹びれに骨格や筋肉があることが大きな特徴だね。普通の魚のひれには骨はない。ひれの筋は骨のように硬いけれども、あれは骨格ではないんです。

シルル紀からカンブリア紀は無脊椎動物の時代。シルル紀にはもう立派な陸上植物があらわれている（図2-5）。シダ類のはじめです。シダ植物と種子植物の茎には維管束という組織があって、維管束がある植物は大きく上へ伸びることができるんだね。コケ類にはないので、背が低くて地を這うようにしか生えられない。カンブリア紀中期の頃のバージェス頁岩（ケツガン）というのがカナダで発掘されて、非常の保存のよい無脊椎物の化石がたくさん見つかった。頁岩というのは本の頁のように薄くはがれる、粘土が固まった堆積岩です。スレート瓦のスレートもそうだね。この時代の化石としては、保存の良さでは画期的なものでした（図2-7）。現在では、世界中のあちこちにあるこの時期の堆積岩から、実にたくさんの化石が見つかっています。ただ、変わった生き物が本当に多くて、どうい

う系統に属させてよいかわからないものが多いのです。こういう生き物の子孫は、その後に急速に姿をかえてしまったか、絶滅したかのどちらかです。後の時代には仲間が見つからない。アノマロカリスもその１つ。他にも変わったのがたくさんいるんですが、名前だけ言ってもしょうがないから詳しくは言いません。海綿とか、クラゲ、サンゴ、ウミシダ、オーム貝、直角貝、それから三葉虫など、現在生きている生き物と似たものもたくさんいた。前回、中国からカンブリア紀初期の頃の、棘皮動物と原索動物の中間に当たる新しい門と思われる化石が見つかったことを紹介したね。これ以前の堆積岩からは、ほとんど化石が見つからなかったので、カンブリア紀は化石が発見される最も古い時代と考えられてきました。

2 ほとんどの『門』が出そろったカンブリア紀

a カンブリア紀の大爆発

で、このくらいの一応の常識を持ったうえでのことなんだけど、強調したいことは、古生代の一番最初の『カンブリア紀には現在の動物のほとんどの門が出そろった』ことです（図2-8）。脊椎動物では無顎類がすでに出現します。顎のない魚、今生きているものではヤツメウナギの仲間だね。顎がないから口をあけると円形なんです。だから円口類とも言う。単純明解だね。この仲間でも、頭甲類と言って硬い兜をかぶった立派な魚がいた。普通のウナギは硬骨魚類だよ。顎があります。

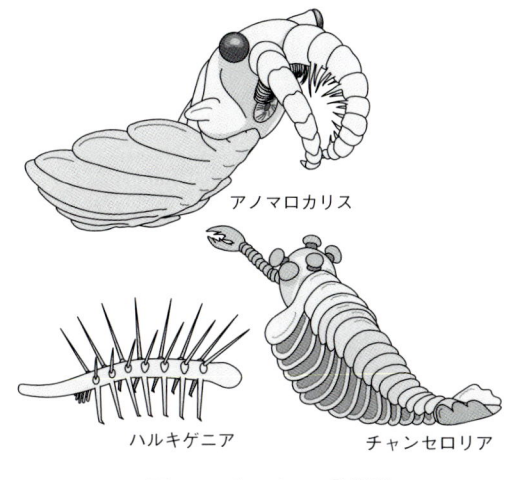

図2-7　バージェス動物群

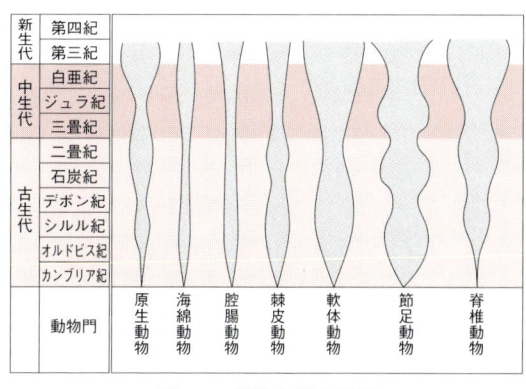

図2-8　動物各門の繁栄

それ以前の前カンブリア時代は、化石の数も種類も極端に少ない。オーストラリアから『エディアカラ動物群』という前カンブリア時代末期の化石群が発掘され、腔腸動物、環形動物、扁形動物などに似た、軟らかい体をもつ生き物の化石がかなり見つかり、大きな注目を集めました（図2-9）。単細胞生物から多様な多細胞動物への進化の時代の終りのほうの時代だね。その後、他の地域でも随分見つかってきているんですが、いずれも非常に扁平で、とても奇妙というか奇抜なものも多いんですね。まだまだ発見される量が足りないと思うので、これからまだ新たな化石が見つかる可能性があります。多分、この時期の終わりも大絶滅があったらしい。

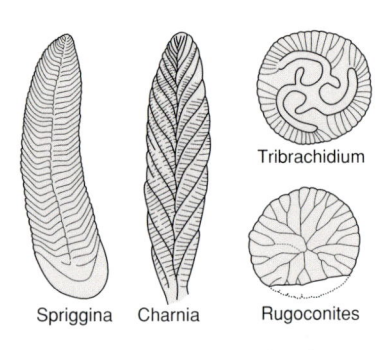

図2-9 エディアカラ動物群

で、カンブリア紀になると、一気に化石の種類も数も爆発的に増えるうえに、今の生き物と関係ありそうな全部の門が出現する。これを『カンブリア紀の大爆発』と言います。カンブリア紀を境に、生物の進化が爆発的に進んだ、というわけです。その後は、各門の中での変化でしかないように思える。植物の一部もカンブリア紀にはすでに地上へ進出していたと考えられます。

どうしてこの時期に、どのような必然があって進化の爆発が起きたのかだろうか。この時代は、広い海の中で競争せずに自由に展開できる場所がたくさんあったので、強いものも弱いものも生き残って展開できた、という考えがあります。それだけの理由なら、前カンブリア紀に起きてもよかったことのように私には思われます。やはり、大爆発までには、それなりの準備の期間が必要だったんだと思います。具体的にどういう準備だったってところが問題で、遺伝子の解析からわ

かりつつあることについて、後で触れます。もう1つ言えば、カンブリア紀以後どうして新しい門が出現しないんですかねえ。6億年では時間が足りないとは思えない。生存競争が激しすぎて新たな試みをする余裕がないのか。可能性ある試みはカンブリア紀で全部なされてしまったという意見には賛成できない。

b 門が出そろうまでに30億年かかっている

さて、カンブリア紀にはほとんどの門が出そろっていた。大雑把には、バクテリアのような簡単な生き物から真核細胞が誕生して、それから多細胞の動物や植物が生まれた、と考えられているけれど、カンブリア紀以前の化石がたいした参考にならない。ちなみに、一番古い化石は、バクテリアのものと思われる35億年くらい前のものです（図2-10）から、35億年前から6億年前までの、ほぼ30億年の空白があります。

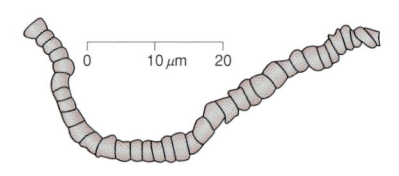

図2-10 35億年前のシアノバクテリア

> ということは、バクテリアから動物や植物などの『門』ができるまでの一番渾沌としたところは、ずっとわからないのですか？

そうだね、化石からは追いかけることができない。とすると、系統進化の証拠をどこに求めたらいいんだろう。

ここまでのまとめ

生物の世界はずいぶん広い。『似たものは最近分かれたから系統が近い』、『個体発生は系統発生を繰り返す』という基本原理で系統分類した。ただ、それだけではわからないところが多すぎる。化石も生物全体の系統進化の証拠になるが、どのように各門が進化してきたかを知るためには、ほとんど役に立たないことがわかった。もっと、生物全体の系統を見きわめるような方

法が欲しい。と、言うことで、次はそれに対する1つの答えと、それによってわかった驚くべきことを紹介します。

ところで、東京へ行く機会があったら、上野の国立科学博物館へも行ってみて下さい。小学校の頃、わくわくしながら毎週のように通った時期がありました。今の入場料は大人420円です。安いよねえ。それにしても、欧米のそれに比べるとじつに貧弱です。模型ではなく、できるだけ本物の迫力に触れさせるべきなんです。博物館的っていうと、要らなくなった古いがらくたを集めたところという意味で使われることがあるんですが、全然違うんですよ。もっとお金をかけて、本物の迫力で子供達の胸をわくわくさせるべきです。大人の胸もわくわくさせるべきです。ディズニーランドやUSJだけがわくわくするところじゃない。展示にも活動にも工夫し努力してはいるけれども、基本的な投資不足があまりにも明白です。残念に思います。

11. いよいよ，遺伝子からみた生物系統の世界へ

1 生物界に共通の性質から系統を探る

さて、分類上の各門の系統がどのように分かれてきたか、化石からではわからないことをお話ししました。推定する方法はあるのだろうか。

前に、『生物の間で共通性のある性質ほど古い時代に確立した性質である』という原理を言いました。いきなり飛躍するようだけど、全生物に共通する性質の1つは、『遺伝子としてDNAを持っている』ということです。ウイルスの中には例外があってRNAを遺伝子にもつものもあるけれども、バクテリアからヒトまで、遺伝子は例外なくDNAである。従ってこれは『生物が誕生して以来の最も古い性質の1つ』であると考えてよい。ただ、進化の歴史上DNAだけが遺伝子であった、ということじゃないよ。かってはそれ以外のものが主役であるケースもあったかもしれないけれど、今まで生き残っている生物は『DNAを遺伝子として持った先祖の生き残り』だということだね。

よく言われることですが、生物が含むアミノ酸は全部L型であるとか、糖は全部D型であるとか、普通に化学合成すればL型もD型も同等にできるのに、生物界には片方しかないのは実に不思議で、どうしてそうなのかはまだ説明がついていないけれども、共通性の高い性質であることは確かですね。細胞が脂質の二重膜からなる細胞膜に被われていることも共通の性質です。生物の誕生と同じに古い。ただ、これらは共通すぎて、生物の系統を調べるには使えそうもない。

遺伝子であるDNAは化学組成的には共通すぎて、生物間での違いがほとんどありませんが、塩基配列にはかなりの違いがある。各遺伝子の塩基配列は進化の過程で変化するが、ヒトとサルは最近分かれたからよく似ている。ヒトとマウスではもっと以前に分かれたから大分違う。ヒトと魚はもっと違う。調べが進んでくると、生物間における遺伝子構造の違いの程度は、『これまでに認められていた系統樹と大筋で一致する』ことがわかってきました。これはお互いの系統を推定するのに使えそうだ。できるだけ、広い範囲の生物が共通に持っている遺伝子で比べれば、広範囲の系統関係がわかるのではないか。

α 遺伝子から見た生物の系統樹

で、いきなり結論なんだけど、図2-11を見てください。『遺伝子による系統樹』です。今日の授業はこれを見るだけでもいいんだ。これは遺伝子の中でも、リボソームRNAという遺伝子を比べてできた図です。リボソームRNAはバクテリアからヒトまで、すべての生物が持っている共通の働きをする遺伝子の1つです。だから広範囲の生物どうしを比べるのに都合がよい。この遺伝子の塩基配列を比べて、違いが大きい程、遠い昔に分かれた、と考えるわけです。生物どうしの間で、枝の分かれ目まで戻って長さを比べると、遠い近いの関係が比較できます。近い遠いの関係が一目でわかります。

真核生物について見ると、おおまかには、これまでお話してきた動物や植物の系統と一致しています。さまざまな遺伝子についてこのような図を書いてみると、遺伝子によって系統図が常に一致するわけではありませんが、データを集積するにつれ、妥当な系統関

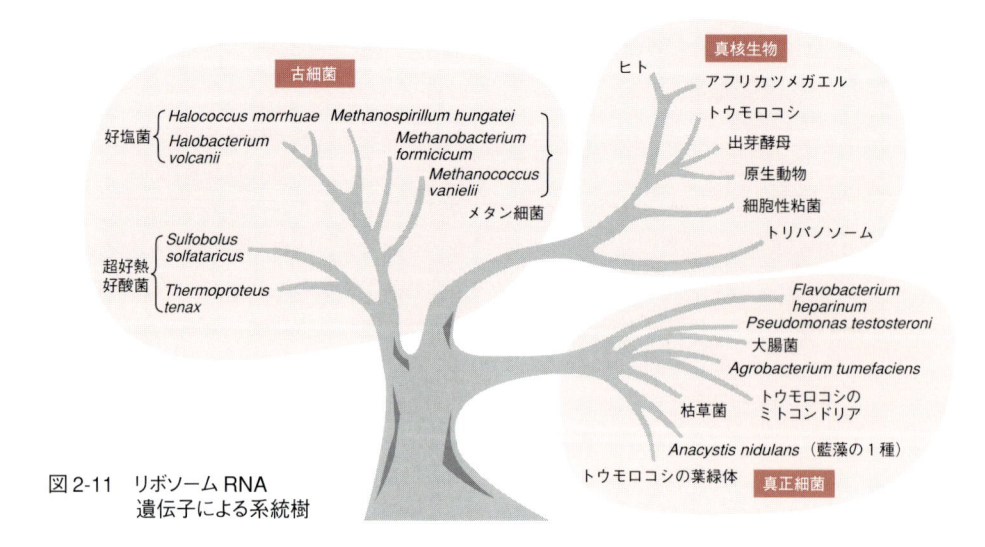

```
                                              真核生物
                    古細菌                  ヒト
                                              アフリカツメガエル
       好塩菌 ┌ Halococcus morrhuae  Methanospirillum hungatei
            │ Halobacterium         Methanobacterium         トウモロコシ
            └ volcanii              formicicum
                                    Methanococcus            出芽酵母
                                    vanielii
                                          メタン細菌          原生動物

                                                             細胞性粘菌

       超好熱 ┌ Sulfobolus                                    トリパノソーム
       好酸菌 │ solfataricus
            │ Thermoproteus
            └ tenax
                                                    Flavobacterium
                                                    heparinum
                                                    Pseudomonas testosteroni
                                                大腸菌
                                                    Agrobacterium tumefaciens
                                             枯草菌    トウモロコシの
                                                     ミトコンドリア
                                             Anacystis nidulans（藍藻の1種）
          図2-11  リボソームRNA          トウモロコシの葉緑体      真正細菌
                 遺伝子による系統樹
```

係が示せるようになるはずです。今まで放ったらかしにしてきた植物についても、カビやキノコ、藻類、コケ、シダ、そして花の咲く植物の数々まで、互いの関係がわかるはずです。

b 原核生物世界の驚くべき広さ

さて、この図を見ると、いくつかの驚くべきことがわかります。第1に驚くことは、**生物の世界全体が、『真核生物』と『真正細菌』と『古細菌』という『3つの群』に分けられる**ことです。これは今までになかった斬新な分け方だね。真正細菌と古細菌はいずれも原核生物です。現在の普通の分類表の中でも、分類の中心はだいたい真核生物なので、バクテリアは、『その他』って言う感じですみっこに押しやられていましたね。でも、ここでは堂々と、しかも2つのグループとして存在を主張していることがわかります。他に気づくかな？

> 真核生物の大きさがすごく小さくなっています

真核生物全部合わせて3分の1でしかない。真核生物のほうが肩身が狭い。ヒトとネズミはほとんど違わないんです。哺乳類だって見えないくらい小さな領域でしかない、脊椎動物まで広げたって小さい。講義の最初のあたりで、ヒトとタコとミミズは分類上で相当離れているだろう、って話をしたと思いますが、それは実感だよね。常識的な実感です。けれども、この**図2-11**で見れば動物全部だって生物という枠の全体の中では小さいやね。そう思うでしょ。自分の身の回りの生物以外は、ひとまとめにムシと云う認識の時代から、ここまで来たっていうことだね。『**自分から遠いところが想像以上に大きい世界**』だったってことだよ。こういうとらえ方ができるんだ。それがわかった。これが第1の驚き。常識がひっくり返るよね。

……… 背景がなければひっくり返らない

常識がひっくり返るとは言っても、背景として、原核生物はほんの小さな世界で真核生物の世界は広いものなんだという常識があってはじめて、この図を見た時に常識がひっくり返るわけだね。そういう**常識が初めからなければ、何も驚くことはない**。『あーそう、そうなの』と思うだけだね。この授業を聞いている皆さんは多少はひっくり返るかも知れませんが、これからの小学生は、いきなりこの図から始まるかもしれない。それが時代というものでしょう。

背景や蓄積がなければ驚きや感動は生まれない。あるいは、感動したとしても質が全然違う。もちろん、一般的に言えば、感性だけでも美しいものを見た時は感動するだろうし、逆に、経験や背景の蓄積があるほど大抵のことには驚かなくなるとも言えますがね。しかし、学問的な驚きや感動は、感性だけでなく、歴史的背景とそれによって成り立つ概念の構築という常識があってこそ、それを超える事実、それまでの常識をひっくり返すコンセプトに対する大きな感動が生まれるんです。発見の意義を評価できるんです。**勉強するってことは、自分のものの見方がひっくり**

返る、そう言う驚きを何度も経験するってことでもあるんです。常識がひっくり返るような発見を自分でしてみたい、というのが研究者の夢であり、醍醐味だろうね。もちろん、全然知らなかったことを知るという感動もありますが、それは初心者としての楽しみだね。それはそれで大いなる楽しみですが。

c 古細菌

ところで、**古細菌**というのは、ものすごく塩濃度の高いところとか、酸性やアルカリ性のつよい温泉とか、100℃を越える熱水とか、すごい圧力の深海とか、普通の生き物が生きていけないところに住むバクテリアとして見つかってきたものなんです。**好塩菌、好酸菌、好熱菌**なんて呼ばれている。こういうのを『**極限生物**』ともいう。極限状態が好きな生物だね。不思議な生物だよねえ。どうして生きていけるんだろう。どうしてタンパク質も核酸も変性しないのかねえ。驚異だよ。おもしろいねえ。PCR という実験技術（いまや高校の参考書にも載ってる）を学ぶと思うけど、ここで使う酵素は、高温で失活せずに働く必要があるんで、好熱菌から取ってくるんだね。利用価値がある。将来もっといろいろな利用ができると思う。でも、遺伝子操作で極限人間をつくろう、なんて考えるなよ。サイボーグになりそうだけどね。

古細菌という名前は、地球の古い環境、特に、**酸素がなかった環境で生きられる菌（嫌気性細菌）**で、これが一番古い時代に生まれて、それから、**酸素を利用して生きる真正細菌（好気性細菌）**ができて、それから真核生物が生まれた、というのが1つの考え方なんだけど、そう単純じゃないんだね。古細菌にはイントロンがあるなど、真正細菌より真核生物に近い性質があるんだよ。古細菌と真正細菌のどっちが先に生まれたかは、何を比べるかで変わってくる。でも現状のところは、『**古細菌が先で真正細菌が後**』、『**真核生物はさらにその後**』と理解してもらってよいと思う。具体的な証拠を示さずに結論だけ言うのはよくないんだけどね。現在の古細菌は、初めからこういう極限状態が好きだったのを踏襲しているだけなのか、今やこういう場所しか住む場所がなくなったので止むを得ず住んで居るのか、それはよくわかりません。

2 ミトコンドリア，葉緑体の起源と共生

a ミトコンドリアの起源

> 真正細菌のところに、ある『ミトコンドリア』と『葉緑体』は、真核生物の細胞質にある『細胞内小器官』の名前であって、生物の名前ではないと思うのですが？

ミトコンドリアは、TCA サイクル、脂肪代謝、エネルギー産生などを担当する小器官であることは生化学で習うよね。好気的酸化による ATP 生産の工場だ。鼻から吸った酸素の大部分は、赤血球中のヘモグロビンに結合して体中に運ばれ、結局はミトコンドリアで消費される。これは二重の膜構造になっていて、内側の膜の組成はバクテリアに近く、外側（細胞質に接する側）の膜は真核生物に似ている。例えば、カルジオリピンというグリセロリン脂質（説明はしないけどわかるね）は、原核生物にはあって真核生物にはない、と言われていますが、ミトコンドリア内膜にはかなりの量が含まれている。ミトコンドリア内には、遺伝子である DNA があり、独自の RNA 合成もタンパク質合成装置もある。これらの装置もバクテリアに似ている。リボソーム RNA の遺伝子もあるわけだね。ミトコンドリアは分裂して増える。このようにミトコンドリアは、**細胞質に共生していた好気性細菌のなごりだと考えてよい証拠がたくさんある**（図2-12）。これが、真正細菌のグループとよく似ていることが図2-11からわかるだろう。

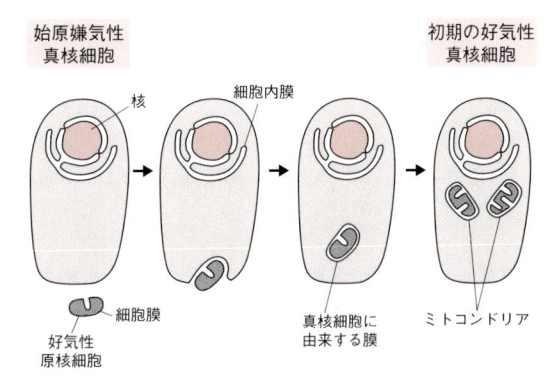

図2-12

b 共生と進化

ミトコンドリアの起源は細胞質に共生していた好気性細菌だけれども、やがてたくさんの遺伝子を失って、今では単独で暮らすことができなくなった。今では生き物とは言えなくなった。細菌として生きていた時には栄養素をつくり出す遺伝子が必要だったけれども、栄養素を細胞質からもらえるようになったから、そのような遺伝子は本当に失われている。これはわかりやすい。細胞の方は、実に効率的にミトコンドリアが

Column: 共生、個体、生物、生命とは何か

シロアリと鞭毛虫

ミトコンドリアは共生体であるってことの続きで、系統の話からはちょっと脇へずれるんですが、共生について考えておきたいことがあります。シロアリは家の木材を食べる害虫ですが、もともとは家ではなく、自然の中で倒れた木などを食べていた。シロアリの腸の中には、セルロースを消化する鞭毛虫類が共生している。これを駆除するとシロアリは生きていけません。鞭毛虫にとっても、シロアリの腸から出てしまったら、もう自然の中で簡単には生きて行けないかもしれない。『シロアリは、この鞭毛虫なしでもシロアリ』なんだろうか、それとも、『鞭毛虫こみでシロアリ』と言うべきなんだろうか。どう思う？

サンゴと褐藻

それぞれの生存にとってお互いが必須であるような共生の例というのは、生物界には実にたくさんあるんです。サンゴのなかには、光合成をする褐藻を細胞内に共生させているものがあって、褐藻を失うと栄養不足でサンゴが死んでしまう、という話をしたね。褐藻なしでサンゴの生はない。シロアリの鞭毛虫は腸管内にいるんで体外みたいなものですが、褐藻は細胞質のなかに共生しているんだよ。この場合はどう思いますか。『褐藻こみでサンゴ』ですかね。まあしかし、普通は共生体こみで種とは言わないとは思うので、シロアリはシロアリ、サンゴはサンゴ、鞭毛虫は鞭毛虫とすべきなんでしょうが、それでいいのだろうか？

地衣類は共生体を種とする

地衣類という植物があります。地衣類の成分研究で有名な朝比奈泰彦さんは蕾軒と号していたそうですが、これは地衣類をLichenというところからとったそうです。かっこいいねえ。ATPをやっているヒトは艶之進（アデノシン）というのはどうだろう。ちょっとレトロっぽいけど。話がすぐ脱線するね。地衣類は一見、キノコの類、あるいはコケの類のように見えるものが多い。イワタケのように食用にするものもあり、山に行くとサルオガセがぶら下がっていたりする。身近にもずいぶん生えています。ところがこれは、藻類と菌類の共生したものなんです。それぞれの藻類と菌類の素性もわかっている。しかし、分類学上は『共生体を種として扱っている』んです。種としての名前もちゃんとついている。分析すれば共生体ではあるが、それが生きているあり方を見れば、1つの種として、あるいは1つの個体として扱うのが妥当なんだね。

シロアリやサンゴの場合、鞭毛虫や褐藻は小さく寄生的で対等合併ではないけれども、地衣類では共生が対等合併の感じであるところに違いはある。でも地衣類の場合だけ、共生体を種として扱う妥当性はよくわからない。種とは何か、個とは何か、釈然としないものがある。分類学者も扱いに困っているのが本音でしょう。動物界、植物界、菌界と並立させて、地衣界を独立させている分類もあるくらいです。どこにも入れられないから別扱いにしようってことです。

共存共栄は

共生ではありませんが、共存共栄の例もあります。例えば、特定の昆虫と特定の植物の生存が、相互に非常に強く依存している場合がある。ある植物の受粉がある昆虫によってのみ行われるとすれば、その植物はその昆虫なしには繁殖することができない。その昆虫はその花の蜜によってのみ生きている。そんなケースがよくあります。それぞれ単独では生き延びられない。この昆虫あるいは植物は、それぞれ単独で生物あるいは生命と言えるのだろうか。共存共栄ではなく、一方が他方に依存している場合はどうだろうか。あるチョウチョの幼虫は、ある植物の葉だけしか食べないとすれば、そのチョウチョはその植物なしには生存できない。その植物こみでチョウチョは初めてチョウチョでありうる。こういう例もいくらでもある。

ガイアは生命体？

もっと広く言えば、一定の環境あるいは生態系が、ある生物の生存を支えているのはよくあることで、むしろそれが普通というべきかもしれない。飛躍すれば、地球全体が、生物が相互に支えあって、あるバランスを持った1つの生命体であるとも言えるし、実際そう主張しているヒトも居るんです。ガイア思想とでも言うんですかね。言葉の遊びをするつもりはないんですが、生命とは何か、生物とは何かを考えるとき、こういう事実、こういう考えもあることを紹介したかったまでです。ここでは、種とは、個とは、という定義は、まあどうでもいいことにしよう。定義はその筋の専門家に任せる。

ATPを作ってくれるおかげで、それを利用してさまざまな細胞機能を発揮することができるようになった。細胞内にはATP分解で遊離されるエネルギーを利用する反応は多いからねえ。細胞膜での物質輸送もそうだし、ほとんどの高分子合成反応もそうだし、分解反応にだってATPが要る場合がある。

不思議なことに、ミトコンドリアを構成するタンパク質の遺伝子のかなりが、実は細胞の核に移動していると考えられるんです。実際、核内の遺伝子に指令されてつくられたタンパク質が、ミトコンドリアへ入って行く。初めから核内の遺伝子であったものを、ミトコンドリアがやりくりして利用している、ということではないらしい。ミトコンドリアの遺伝子、当初は好気性細菌の遺伝子だね、それがどうやって核の遺伝子に移ったかは、謎なんです。

大部分の真核生物にミトコンドリアがあるということは、『真核生物が生まれた時にはもう共生していた』と言える程に古い共生なんです。この図2-11は、共生の証拠の1つである。このくらい古いと、真核生物がまずできてそれに好気性細菌が共生したのではなく、ミトコンドリアが共生したから真核生物が生まれたのかもしれないという、逆の因果関係を考えたくなるけど、それはわからない。

進化というのは、一般には親から子、子から孫へと少しずつ遺伝子が変化することである、と考えてよいことだけれども、『共生も進化の重要な要因』であったことがわかるね。

c 葉緑体の起源

葉緑体も同様で、光合成の能力を身につけた藍藻のなかまが真核生物の細胞質に共生して、そこからすべての緑色植物が生まれたと考えられています。緑色植物が、光合成によって炭酸ガスを吸収して酸素を吐き出すのは、葉緑体の働きなんですね。動物で葉緑体をもつものはないから、『真核生物が動物と植物とに分かれた後で、植物になる先祖に共生を始めた』って事なんだろう。すごいことがわかるもんだねえ。

今からでもこういう共生をさせられれば、『食料問題の解決』になるかもね。光合成をする緑のウシとかブタとか。緑のヒトはちょっとやだけど、なに、慣れればどうってことはない。サンゴ(これは腔腸動物だったよ)のなかには、光合成をする褐藻類を細胞質に共生させているのがいるんだってね。太陽光が十分にあたる浅い海にいる。褐藻類が死ぬと、栄養がたりなくなってサンゴも死ぬ。そう言う動物もいるわけだから、緑のウシだって荒唐無稽なことじゃない。哺乳類に必要な栄養源を全部光合成で補給するのは無理でしょうが、エサを減らしてウシやブタを飼育することはできるかもしれないね。成功させるのは相当に大変だろうし、ヒトに応用してよいかどうかはもちろん別の問題です。

d 植物と動物の違い

植物の先祖となる生き物に藍藻が共生して葉緑体になった、と単純に言ったけれども、真実は逆で、『藍藻と共生を始めた真核生物が緑色植物になった』と言うべきかもしれない。『動物と植物の1つの基本的な違い』は、『独立栄養』と『従属栄養』ということなんです。前にも言ったんですが、覚えてるかな。従属栄養というのは、栄養源として他の生き物を食べる。他の生物の存在に従属しているわけです。これは動物の基本です。他の生き物を捕らえるためには、運動器官と神経や感覚器の発達が有利です。もちろん消化器官もいる。動くものだから動物なんだね。動くものである『動物としての特徴は従属栄養であることが推進した』と言えるだろう。

これに対して植物は、自分で必要な栄養素をつくり出す。原則として他の生き物の存在に依存せず、独立して栄養を確保できる。その能力の源は葉緑体による光合成です。緑色じゃないけれども褐藻類とか紅藻類とかも、クロロフィルを使っている。藍藻と共生したおかげで独立栄養が確保でき、動き回らずにその場に生えていればよくなった。動くことはエネルギー的にもものすごく負担の多いことなんです。そんな無理をしなくても生きられるなら、動かない道を選ぶのが当然でしょう。そう言う意味では、『藍藻との共生が植物を作った』と言うほうが正しいのだと思います。植物になることが予定されている生き物に藍藻が共生したのではなく、藍藻が共生した生き物が植物へ向かう道を進むことになった。そう考えられます。

e 菌類はなぜ動物にならなかったか

> カビやキノコは従属栄養なのに、どうして動物のような特徴に進化しなかったのでしょうか？

それはよいツッコミだね。私はこう理解していますって言うところを言うと、他の生物を捕らえて食べるタイプの従属栄養ではなく、ほとんど地球上のどこにでも存在する有機物、要するに生物の死骸や排泄物です、を吸収するタイプの従属栄養なんで、たくさんの胞子をまき散らして一部の胞子がそこへ飛んで行くだけで生き延びる目的を果たせるから、自ら動き回る必要がなかった、という説明でどうですかね。だから、動物のようないろいろな器官を発達させなかった。発達させる必要がなかった。

必要だからといって新しい機能が生まれるわけではない

間違っては困るんですが、動物には必要があったから、欲しかったから進化の過程で運動器官が生まれた、キノコには必要がなかったから生まれなかった、と短絡してはいけませんよ。結果的にはそう見えるんですが、必要があれば、欲しければ、都合よく何でもできてくるというわけじゃありません。欲しいからその機能が生まれたのではなく、『無方向の変異と環境による選択』の結果であり、その過程では『有利なものは生き残りやすい』ということの積み重ねなんだと思います。そう理解するのが現状では正しい、事実に即していると私は思います。

強者は弱者を駆逐するとは限らない

ただ、常に有利なものだけが生き残る、生存競争の強者だけが生き残る、と言うのは言い過ぎなんだね。むしろそれは誤りです。適者生存、自然淘汰などという言葉も誤解を招く。有利なら繁栄はするだろうが、どんな生き物も、不都合がなければ淘汰されることはない、と言うべきです。強いものが他の弱い生物を駆逐してしまうとは限らない。駆逐することもあるけどね。環境と折り合いがつけられれば どんな生物も生き残れるわけですし、実際、どう見ても弱者としか思えないたくさんの生物が、地球上には立派に生きているんです。競合する相手をもたなかった弱い生き物もたくさんいる。『棲み分け』もその１つですね。たくさんの生物が、お互いに積極的あるいは消極的に関係を持ちながら、つかず離れずそれぞれの生き方で共存しているのが、むしろ普通のあり方なんです。川や海や、サバンナやジャングルでもそうなんです。脊椎動物に一番近い親戚である原索動物なんて、どれをみてもアグレッシブなやつはいないよね。ひっそり生きている感じがする。多分、他の動物の餌にもならない。美味しくないってことは、生き残りのために重要な性質です。こういう生き物が結構たくさんいるんです。

弱肉強食の関係にある野生動物を見ても、強い方だけが生き残って、餌になるほうが全滅するわけではありません。餌がなくなってしまったら強者だって困るわけだから、全体としてあるバランスを保っている。ただ、南米にたくさんいた有袋類（カンガルーの仲間だね）は、陸続きになったときに北から入ってきた肉食哺乳類のために絶滅したと言われているし、現在オーストラリアでは、ヒトが持ち込んだ肉食哺乳類のために有袋類が全滅しかかっている。そういうことはもちろんあるんだけどね。日本でも、海外からヒトが持ち込んだブラックバスが在来の小魚を駆逐しつつあるって話です。植物でも同様です。重要なことではあるんですが、話がどんどんそれるから、ここまでにしておこう。

f 核の起源

真核生物の細胞内小器官は、一重の膜で被われているものが多い。小胞体、ゴルジ体、リソソーム、ミクロボディその他です。しかし、二重の膜で被われているものもあって、ミトコンドリアや葉緑体がそうです。内側の膜はもとの共生体（バクテリア）のもの、外側の膜は細胞膜が陥入したものである。ところが、核も二重の膜で被われています。とすれば、核の起源は、細胞質だけからできた無核の細胞みたいな袋に、遺伝子DNAをもった別の細胞が共生したのだろうか。そうではなく、細胞膜が陥入して遺伝子を包み込んだという考え方もあります（図2-13）。核の起源は明らかではありませんが、遺伝子を収納する専門のコンパート

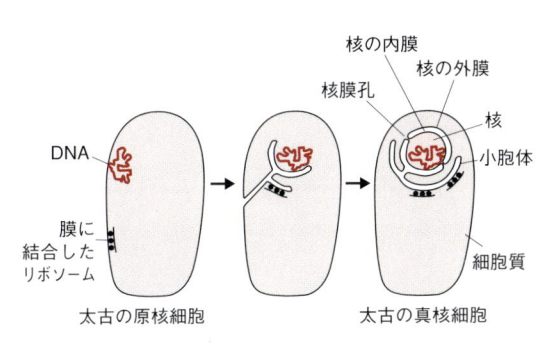

図2-13 核の起源の考え方の1つ

メントをつくることによって、細胞はたくさんのDNAを保持できるようになった。**核を持つ細胞の誕生は、大量のラクシャリー遺伝子を持つことを可能にして、将来の大展開を約束する画期的な出来事だった。**

9 遺伝子の水平伝播

進化に関して、親から子、子から孫へと少しずつ遺伝子が変化するだけではないもう1つの可能性として、**個体と個体の間を遺伝子が運ばれることがあります。**ウイルスだね。バクテリアの分子生物学のところで、大腸菌の間をウイルス（バクテリアのウイルスをバクテリオファージと言いました）が遺伝子を運ぶことによって、大腸菌の形質が変わってしまう現象を学んだと思います。形質導入と言います。実は、哺乳類でもそう言うことはあって、後でやりますが、癌ウイルスは癌遺伝子を運搬し、癌遺伝子を細胞に組込ませることで、正常細胞を癌細胞に変換します。逆に、**ウイルスが増える時に、細胞の遺伝子をウイルスに取り込むこともあるのです。**これによって体細胞が変化しても、変化した性質は子孫には伝わりませんが、**生殖細胞に感染して遺伝子を導入すれば、子孫の形質が変化する可能性があります。**これを『遺伝子の水平伝播』と言います。両方の生物に感染できるウイルスがいないといけないけどね。可能性としては、遺伝子の水平伝播も進化の過程でバリエーションを生む要因です。**かけ離れた生物の間で、非常によく似た遺伝子が見つかる時は、水平伝播の可能性が疑われます。**ヒトゲノムの塩基配列の大部分が決まって、その可能性を示唆する遺伝子の例がたくさん見つかっています。ヒトと大腸菌のあいだで共通の遺伝子が存在するのに、中間のショウジョウバエやセンチュウでは類似遺伝子が見つからないという例が200例以上もある。ただ、実際に水平伝播があったのかどうかは、まだ決着がついていません。

III. 原核生物と真核生物の生存戦略

1 生存戦略の違いとは

さて、遺伝子から見た系統樹についてもう1つ意外なことがある。

> 原核生物と真核生物それぞれの中での遺伝子の違いに比べて、真核生物のすがた・形・働きの違いがすごく大きいように思えるのですが？

これは大きな問題です。真核生物は、ものすごく違う工夫をもった生き物が含まれているように見える。見渡す限り目にはいる生物は大体みんな真核生物で、すがた・形も生きる世界も行動も、ものすごくバリエーションに富んでいる。多様である。ヒトとタコとミミズは相当に違うものであるという実感がある。しかし、遺伝子で見れば、真核生物の間での遺伝子の違いのほうが、古細菌や真正細菌それぞれの間での違いに比べて、大きいというわけじゃない。しかし、バクテリアは30億年たってもバクテリアだ。バクテリアどうし、すがた・形にたいした違いがあるようには見えない。ま、地球上の全個体数をくらべれば、原核生物のほうが圧倒的に多いんだけどね。数ではかなわない。

遺伝子から見れば、図2-11からわかるように、遺伝子レベルの比較では『ヒトとトウモロコシの方が、枯草菌と大腸菌より近い』んだよ。簡単に区別のつかないようなバクテリアどうしに比べて、自分とトウモロコシの方がお互いに近い生き物だって思ったことがあるかい。ちょっと信じられないだろ。真核生物は遺伝子レベルではお互いにたいした違いがないのに、どうして生物としてのバリエーションに富んだ大きな変化を遂げているのだろうか。これは、バクテリア（原核生物）と真核生物の間での、『進化における戦略の大きな違い』があったと考えざるをえない。それは何か

って言うことは、追々この講義の中で話すことにします。それを考えてゆくことが、これからの講義を貫く1つの筋と言ってもよい。

ⓐ 原核生物の生存戦略

要約的に言ってしまえば、原核生物は、遺伝子をできるだけ切り詰めて『余分なDNAを持たない』ようにし、『できるだけ簡単な細胞』にして、そのかわりに、『できる限り個体をたくさん増やす』ことを、進化の過程での生存戦略にした。『古細菌が持っていたイントロンを真正細菌が放棄』したのもその1つだろう。こんなものは邪魔だってわけだね。イントロンとは何かは後から説明します。個体としての豊かな生き方ではなく、種全体としての生存をはかっている、とも言えるかもしれない。余分なDNAをもたない簡単なと言っても、バクテリアはそれなりにさまざまな環境変化にも耐えて、あるいは適応して子孫を残すために、驚くほど精巧な工夫をしているんだけどね。

ⓑ 真核生物の生存戦略

それに対して真核生物は、『今は役に立たない余分なDNAをたくさん持てる』ようになって、『新しい機能を持った遺伝子を将来生み出せる』ようにして、『多様性に富んだ個体をつくり出す』ことを、生存戦略として選んだと言えます。これに加えて『体細胞の2倍体化による、変わり者遺伝子の温存』、『有性生殖における遺伝子の組合せの多様化』、『減数分裂時の遺伝子組換による多様化』が、生物の多様性を生み出す積極的な要因になりました。ここでは言葉だけの紹介にとどめて、後でまたやります。おかげで、『細胞としての増殖は遅くならざるをえない』けれども、新しい機能を持った遺伝子を生み出し保持することによって、各細胞が『分化した機能』をもつ『細胞としての多様性』を生み出し『個体としての多様性』、『種としての多様性』を生み出し、ついには知能をもつ生命が生まれた。このような『多様性こそが真核生物の真骨頂』なんです。『ヒトを誕生させた原動力』である。それを生み出したのは、まずは、『余分な遺伝子を細胞内に保持する能力』です。そう考えられる。このあたりは、講義全体を貫くものとして、後の講義にも度々出てくるはずです。

……… 比べる対象によって 見えるものが違う

このような特徴を見るとき、バクテリアにも共通するリボソームRNA遺伝子を比べただけでは、生物の多様性を語るには限度があることは明らかです。

生存に必要な共通の遺伝子（ハウスキーピング遺伝子）で比べれば、原核生物が広く展開しているのに大して、真核生物は小さな範囲におさまった図になる。原核生物には35億年の歴史があり、この期間の遺伝子の変化は、15〜20億年の歴史しかない真核生物に比べて多様であるのは当然である。歴史が長いだけその間の変化も大きいはずだからね。ハウスキーピング遺伝子から見た系統樹（図2-11）はこれである。

これに対して、いかに多様なラクシャリー遺伝子を獲得し、どれほど自由に生きる工夫をしているかで比べれば、真核生物が大きな範囲に展開した図になるはずです。原核生物はラクシャリー遺伝子がほとんどない一群として小さくまとめられてしまう。通常の生物分類系統樹の印象、あるいはわれわれの持っている常識的な感覚はこれに近い。これが1つの重要な結論だと思います。いずれにせよ、『何を比べるかで見えるものが違う』ということですね。どちらが正しい、ということではない。視点が違うんです。『どちらも正しい』んです。当たり前といえば当たり前のことなんですが、重要なことだね。

このように見ると、前に、原生生物のところでも似たようなことを言ったように、バクテリアは真核生物より先に生まれたという意味で、しばしば系統樹の下の方に描くのはそれなりに意味があるけれども、下等・高等というよりは、『現在の原核生物と真核生物は別の戦略を持って進化してきた生き物である』あるいは『現在の原核生物と真核生物は兄妹である』という見方が妥当でしょう。

ⓒ 共通性と多様性と

ずいぶん異なった生き物のように見えても、生物は遺伝子レベルでの共通のしくみに貫かれている。これは進化の上では非常に古い時代に成立したものである。他方、ここではあまり強調しませんでしたけれども、個々の生き物はそれぞれに工夫をこらしていて生きている。それぞれが特殊で独特である。当然のことです

が、生物を共通性で括ることもできるし、違いを強調することもできるわけですね。

前に動物の系統分類をやった時に、原生動物から多細胞動物のはじめである海綿動物や腔腸動物あたりまでをかなり詳しくやり、その後の大部分の動物門の各論については非常にはしょって紹介しました。ほとんどの多細胞動物の身体つくりの基本的な遺伝子は、各門に別れる前にできてしまっていたらしいこと、言い換えれば、動物はいかにも多彩であるように見えるけれども、そう言う共通性で括れば、みんな同じであることを紹介しました。

もう一度このあたりを整理しておきます。**すべての細胞には細胞膜があることなど細胞の基本構造、遺伝子はDNAであることなどは、原核・真核を問わず共通**である。細胞が生存を維持し、増殖するための基本的な遺伝子である**ハウスキーピング遺伝子群**も、原核・真核生物を問わず、共通性が高い。真核生物の中でも、多細胞動物として必要な細胞間の認識や形つくりにかかわるような基本的な遺伝子は、きわめて初期の段階から成立している共通性の高いものである。発生過程のように共通性の高いプロセスには、共通性の高い保存された遺伝子が働いていることが、ますます明らかになりつつあります。共通性で括ればそういうことになる。

他方、動物は系統分類のところで簡単に触れたように、実に多彩な展開をしていることは明らかです。これは、新たに獲得した多くの種類のラクシャリー遺伝子をもち、それを組合せることによって展開することができたものと考えられます。動物の各門、各綱、各目などがそれぞれ独自の遺伝子を獲得し、あるいは新たな組合せによって新たな機能を生み出して、それぞれのグループを構成する多様な動物を生み出している。もう少し詳しく見れば、門・綱・目など、それぞれの動物グループごとに、その特徴を支配する遺伝子があるはずである。発生過程のように、基本的には共通性の高いプロセスの中にも、動物門によって異なる新たな工夫が含まれていることは当然です。各論を強調すれば、ヒトとサルというきわめて近縁種のあいだでの遺伝子レベルの違いを見出そうとする研究も始まっています。これは、ヒトであることの特徴を遺伝子レベルで明らかにしたいという、ヒトに焦点を絞った特別な目的があるわけですが、もっと一般的に言っても、

動物の多彩な生き方、動物の多様性を支える遺伝子群を解析し理解することは、生物とは何かを理解するうえでもう１つの重要な側面なのです。

生存戦略と選択

原核生物と真核生物は異なる生存戦略を選んだという表現をしましたが、積極的な意志があって自ら選んだはずはないよね。たびたび言うけれども、生物に、どういう子孫をつくろうという意志があるわけではない。四肢を持ちたいと思ったサカナがいたからカエルが生まれたわけではく、空を飛びたいトカゲがいたから鳥が生まれたわけでもない。

個人の運命は個人の意志で変えられるかもしれないが、進化の過程の運命はそうではない。実際に起きていることは、**生物がみずから選択したのではなく、『環境が選択した』**わけです。進化の歴史上、どれほどの多様性の試みがあったかはわからないけれど、『**膨大な多様性と選択の歴史**』だったろうと思います。無駄ではあっても多くの多様性を試みたものは、環境によって選択される（生き残れる）チャンスも多かったということでしょう。

品種改良して、同じ遺伝子構成を持った個体を増やすことは、農業や畜産ではよく行われますが、多様性がないだけに、環境が変わると全滅の危機に瀕します。クローン植物も同様だね。状況が変化した時には、一部でも生き残って復活するチャンスに乏しい。天候等の自然環境という意味だけではなく、病気や寄生虫等の襲撃を含めての環境変化への対応です。自然界のなかにあっては、『**多様性こそが種としての生存の重要なポイント**』だと思います。

2 新しい機能の獲得

今生きている生物を見ると、例えば海から陸へ上がる、ということを考えるだけでも、体が乾かないような構造の工夫、皮膚呼吸を使わなくてすむ工夫、運動器官の工夫、代謝の変化に関する生化学的な工夫、卵の殻をつくる工夫、胚の排泄物の処理の工夫など、ちょっと思いつくだけでも、非常にたくさんの変化が同時に起きなければ、海から陸へは上がれない。詳しく調べれば調べる程、陸の生物は陸で生きる工夫を細部

> 魚の祖先が陸に上がったとき、一度にそれらすべてが変化したとは思えないのですが、どういうことでしょう？

そのとおりだね。遺伝子がひとつふたつ変わって、機能が少し変わったくらいでは、とても陸へは上がれない。**多様性と選択では進化はできない、ように見える**。これは、ファーブルの昆虫記にはよく出てくる。昆虫は、非常に複雑な一連の行動を間違いなく実行する。プログラムされた行動に見える。一連の行動の中で、ほんの一部が欠けるだけでも生存できなくなる。逆に、その行動の一部だけを獲得しても、ちっとも生存に有利ではない。獲得するなら一連の行動全部を一度に獲得しなければ、生存に役立たない。徐々に変化して、少し変化したものが生存に有利であった、というプロセスの積み重ねでは進化できない。だから生物は神が作ったとは私は全然思っていませんが、これに対して全部を説明することはまだできません。

a 遺伝子でどう理解するか

ただね、発生を支配する遺伝子群のたった1つの変化が、思いもかけぬ広範囲の表現型に1度に大きな変化を与える、ということがわかってきた。特に、発生過程で多くの遺伝子の発現を変化させ、多くの機能を変化させるマスター遺伝子の変異は、多くの場合に致死的影響をもたらしますが、致死に至らない場合でも非常に大きな変化を個体にもたらします。発生を専門に支配する遺伝子だけではなく、ごくありふれた遺伝子が変化した時でさえ、思いもかけぬ広範囲の表現型が変化することさえある。ある遺伝子機能の獲得によって、1度にかなりの変化を遂げることがあることがわかったことは、将来的にはファーブルさんの疑問への1つの答えになるかも知れません。実際、たった1つのフェロモン受容体遺伝子の変化で、女王が1匹であるか複数匹であるかというハチ社会のあり方が変化してしまったという最近の報告があります。

もう1つのことは、それまでの蓄えと言ったらいいのかな、役に立っていないけれども貯えてきた遺伝子を利用して、変化した状況をやりくりして生きる柔軟性が、真核生物にはあることです。今までの環境にいる限りは、特に役にたつこともなく害にもならない遺伝子をかなり貯えているわけだから、それが新しい環境では新しい機能として役立って、新しい機能を持った生き物として生きられる。ある少数の遺伝子が変化することで、それまで役に立っていなかった遺伝子が役割を果たすようになり、それらを含めた遺伝子群全体として新しい機能を発揮するようになる。よく似た遺伝子であっても、別の生物では別の役割を果たしていることもある。そういった、遺伝子の変化や、やりくりがあるに違いない。

b 遺伝子のやりくり

これは単に想像で可能性だけを言っているわけではありません。原索動物であるホヤの脊索をつくるBrachyuryという遺伝子があります。この遺伝子からできるタンパク質は、脊索を実際につくるのに働いている遺伝子群の転写を促進する因子です。ところが似たような遺伝子がウニにもある。ウニは棘皮動物で、脊索はありません。ところが、ウニの遺伝子をホヤに導入すると、そこで脊索をつくるのです。つまり、脊索をつくらない棘皮動物のウニが、将来、脊索動物のホヤで脊索をつくるための遺伝子をすでに用意しているように見える。ように見えるけれども、脊索をつくるためにあらかじめ用意しているはずはないんです。ウニでは他の役割をしているか、特に役割を持っていないかのどちらかです。もちろん、脊索をつくるには、この遺伝子1つではなく、この遺伝子が指令して働く遺伝子群を含めた仕事であることはわかるね。他にもそう言う例があります。このような意味で、動物界の門が出そろったカンブリア紀には、脊椎動物を含めて、後の展開に必要な遺伝子がほとんど用意されてしまっていた、とも言えそうなんです。

もっている遺伝子の機能を組合せて、新しい環境では——生き物が暮らす環境だけでなく、どういう遺伝子群をもつかという遺伝子環境の両方の意味を含みますが——その環境に合わせた新しい機能として発揮するとき、結果だけ見れば、そのような環境で生きるためにあらかじめ用意されていたように見える。そのような変化の積み重ねがありうると思います。陸へ上がる動物も、初めから完全に陸生になったわけではない。遺伝子の機能をやりくりしながら、獲得した性質に応じて、時々水へ戻ったり、卵は水中で生んだり、徐々に

段階を踏んで変化してきたはずです。現在のでき上がった姿だけを見れば、確かに驚異的にその環境に適応しているものであっても、そこに至るプロセスの理解ができるようになってきた、と私は思います。

進化の過程で新しい生き物が生まれる時、長い時間をかけて徐々に変化するのではなく、比較的短時間の間に（地質学的時間としては短いということですが）急に誕生するように見えることがしばしばあります。中間の性質を持った化石が見つからない。このような場合、1つあるいは少数の遺伝子の変化によって表現系が大きく変わりうるだけでなく、遺伝子の組換えや増幅によって遺伝子構成が短期間に大きく変化することも、このような変化の背景にあることが考えられます。

c 背骨の歴史と進化の連続性

ヒトを含めた脊椎動物の特徴の1つは、脊椎すなわち背骨があることだ。哺乳類のヒトから、爬虫類、両生類、魚類とたどって、無顎類のヤツメウナギまで背骨の存在をたどることができる。これがカンブリア紀までさかのぼることは前に言った通りです。脊椎の先祖をさらにたどるとその前身は脊索で、脊索動物のナメクジウオまでたどれる。脊索そのものではないがよく似た構造があることで、半索動物のギボシムシまで、かろうじてたどることができた。ここまでは解剖学や発生学という、目で見て分かる対象として追いかけられた。でもこれ以上は遡れない。もう限界だ。しかし、遺伝子の構造と機能を調べることで、背骨を生み出す可能性のある遺伝子の存在を、脊椎も脊索もない棘皮動物のウニまでたどることができた。ヒトの背骨の先祖をたどって、ウニの先祖との共通性まで行き着くことができた、と考えられるね。現在のホヤと現在のウニの遺伝子に共通性があるってことは、共通の先祖が持っていた性質に違いない。棘皮動物と原索動物の中間に位置する化石群が見つかり、独立の新しい門としてよいのではないかという話を前回しましたね。これは、共通の先祖からウニとホヤとに変化してきたことを示す痕跡です。いろいろと証拠が挙がりつつあるわけです。ナメクジウオの仲間もウニの仲間もカンブリア紀の化石から見つかるわけだから、実際の共通先祖はカンブリア紀以前の存在に違いない。**背骨の歴史の痕跡をたずねて、前カンブリア時代の無脊椎動物までたどれ**るってことはちょっと興奮するねえ（図2-14）。進化の連続性を感じるだろう。機能までは保存されていなくても、塩基配列が部分的にでも保存された遺伝子としてなら、クラゲまでたどれることができるんだろうか。もっと先祖の単細胞生物まで辿れるんだろうか。

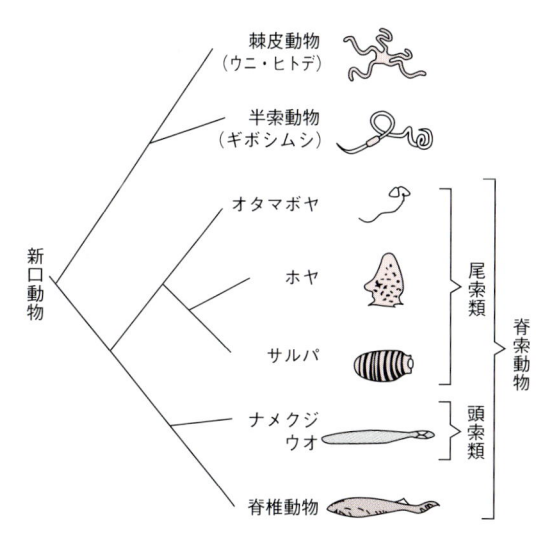

図2-14 脊索動物の起源と進化を示す模式図

d 機能を獲得しても発揮するとは限らない

新しい機能を獲得すれば、喜び勇んでそれを使うかと言えば、そうとも言えないんだね。小学校や中学のころの雑誌に、『珍しい生物』なんて言う冊子がおまけについていた。世界で一番大きな花、ラフレッシアとかね。そう言う中に、アホロートルという両生類があった。今なら、アホなロートルって言うと、どの教授のことだろうって思ってしまう。オヤジギャグの典型だけど。通常は、幼い姿のまま、例えば外鰓を持ったままで、一生の間、水中で暮らすんです。それで子孫も残す。カエルのくせに、オタマジャクシの姿のままで成熟し生殖もするようなものだね。ところが、水中環境が悪くなると、陸上生活するようになるというのです。大急ぎでカエルに変態するわけだね。親になれば陸上生活するという両生類としての立派な能力を持ちながら、水中で暮らせるものなら一生幼形のままで一生を過ごす。水中で楽に暮らせるんなら無理することはないや、という生き方に見えるね。**環境にあわせ**

Column

真核生物的生き方

　真核生物が、すぐには役にたたない余分なDNAをたくさん持てるようになったおかげで、驚く程の能力を持てるようになった、人間だって誕生することができたということは、すばらしい認識だと思うんだよ。数学なんて人生の役にたたないから学びたくない、なんていうやつには、『お前は一生バクテリアでいるのか』って言いたいよね。英語や国語だけじゃなくて、数学も理科も地理も歴史も文学も音楽も、中学や高校あるいは大学の教養課程で学ぶ程度の範囲のものは、すぐには役にたたない余分なDNAを溜め込むようなものなんだよね。『いろいろな経験を積む』、『その間に目の覚めるような経験をする』、『常識をひっくり返されるような経験をする』、その積み上げが教養をつくる。『世界が多様・多彩である』ことを知り、『歴史的背景の多様性』を知り、『多様な価値観・視点がある』ことを知って、『自己を相対化できる』ことであり、そのうえで、『妥当な判断、妥当な感覚』が生まれるんです。そう言う蓄積が、『洞察力や想像力』を生む。『多面的に対象を理解できる』ようになる。『他人の心をおしはかれる』ことにもなる。授業の最初に、『教養的な分子生物学』をやりますって言ったのは、そう言う背景もあってのことなんです。少なくとも、試験に出そうなことだけを覚えるってこととは違う。教養ってえのは、そうありたいと思う『感性を磨くこと』でもある。知識だけじゃないんです。『生き方の問題』なんですよ。どう生きるのかってことです。豊かに生きる可能性を持った『真核生物として生きよう』じゃありませんか。ま、かたいこと言わなくても、出発点は、おもしろいことがたくさんあることでいいんだけどね。

バクテリアだってエライ

　人生目標が決まっていて、余計なことは一切やらない、バクテリア的ひとすじってヒトも、それはエライと思います。バクテリアと真核生物は生き方が違っても兄弟なんです。どっちもエライ。いわゆる『一芸に秀でたひと』にはそう言う例が多いよね。むしろ、これは誰にでもできる生き方ではないんです。人間国宝みたいなヒトだけじゃなくて、職人さんとか町工場のおやじさんとか含めて、名人みたいなヒトってたくさんいるじゃないですか。1つことに打ち込む、そのことについては妥協を許さない頑固一徹って生き方は尊敬に値する。どうしたって並みの人間は、まあこのくらいでいいかと妥協したり、脇目をふってしまうところがあるからねえ。

研究者はバクテリアか

　研究者にはこういうバクテリアタイプがたくさんいそうだね。まあ、世間の見る眼もそうでしょう。多分、こういう研究者にも2種類あって、1つは、本当にそれだけに関心があって、それがおもしろくてたまらない、他のことなんかに構っていられないタイプ。能力が伴っていて天才的才能を発揮できるなら、幸せだと思います。小平邦彦さんが『ボクは算数しかできなかった』という本を書いてますが、そこまで言えればかっこいい。青色発光ダイオードを開発した中村修二さんが、電話にも出ない会議にも出ないで研究に没頭したと言ってます。ただ、こういうヒトが研究に没頭できる環境が与えられるかどうかは、重要な問題です。日本の大学では一般に難しいんです。日本の大学では、組織を動かすためのさまざまな仕事をやってくれるスタッフが非常に少ないんで、そういうことに関して素人の教官が、みんなでやりくりして分担せざるをえない。組織運営だけじゃないんだよ。学生が引きこもりになったり交通事故を起こすと、それに付きっきりで振り回されたりする。研究どころじゃなくなる。ここがアメリカと違う気がするけど、教授になると会議や書類づくりばかりの毎日になる。本務は教育と研究であるという建て前なんだけれども、実際にはほとんどできなくなる。それだけが問題じゃないけれど、そう言う組織のあり方を変えないと天才は居る場所がない。天才を生かすことができない。世の中は天才のためにあるわけじゃない、という考え方もありますが。

　もう1つは、この仕事を自らの使命と考えて、自らを律して、脇目を振らずに打ち込むタイプ。これはこれで立派だと思います。つき合うのはちょっと辛そうだけど、エライ。でも、国内に限らず、知った顔をあれこれ思い浮かべてみると、意外にも、おもしろい事、楽しいこといっぱいあるよ、ってヒトが案外多いんだなあ。いろいろなことに関心があって、それぞれ一家言もっていたりする。たまたま私にそういう知り合いが多いだけかも知れませんけど。よく言えば知的好奇心が旺盛なんだし、自分でそう言っているヒトも居ますが、そう言っていいのか実はよくわからない。一芸の才を発揮していれば言ってもいいだろうけど。

真核でも原核でもないのは

　ただ、目標も定まらなくって、余計なことをするのもやだって言うのは、困ったもんだと思うんだよ。大学へ入った後で、私は何をしたいんでしょう、どうしたらいいでしょう、と言われたって、勝手にしろ、としか言い様がないやね。かわいそうだとは思うけど、自分で何とかする他はないんです。そのうえに寄生的生活してるんだったら、バクテリアでもなくて、ウイルスってところかなあ。結構したたかなところも似てたりして。いや、君たちのこと言ってるんじゃないよ。なかには居るかなあ。受験教育のせいだなんて責任転嫁したってしょうがないやね。自分の問題なんだから。

た柔軟な暮らし方をしている。身体は大人になっても親に寄生しているパラサイトシングルは、アホロートル的に柔軟な生き方を採用しているのである、かな。

冗談はさておき、逆に言えば、**一定の環境で生きているときの生き方が、その生き物の能力のすべてとは限らないんだね。環境を替えてやると初めて見えるような、秘めた能力が大きいかもしれないんです。**筑波の科学博覧会で、これはもう君たちから見れば昔の話なんだねえ、トマトを水耕栽培したら大木のようになって、1万個ものトマトをつけたのを見た時にもそう思ったね。普段は見えないかもしれないが、ヒトにだって未知の能力が隠されているかもしれないんです。

精巧だけど間抜けなところもある

現在生きている生き物を見ると、一方では、形態も機能も行動も現在の環境によく適応していることに驚くことが多いのではありますが、他方では、どうせならもっとうまくやればいいのにと思われることも少なくありません。

遺伝子におけるどのような変化や多様化も、その時点で持っている遺伝子をもとにしなければならないわけですから、やみくもにどのような変化も新たな機能の獲得も許されるわけではないのは当然です。長い時間の後では無から有を生じたかのようにように見える変化でも、変化の時点を見れば、前からあったもののちょっとの改良にすぎないんですね。原野に新しい都市をつくるなら完璧な設計ができるかもしれないけれども、進化というのはすでにある都市が少しずつリストラしながら変貌して行くようなものです。**自然の選択も、最も適したものだけを残すというわけではなく、特に不都合でない限りは生き延びることを許している。**従って、どの生き物にも、驚くほどに精妙にできていると感心する面と、単なる昔のなごりや、ちょっと間抜けで無駄なやりかたが共存しているのは、当然なんだろうと思います。

定向進化

ただね、単純にランダムな多様化と環境による選択というだけでは説明がつかないこともたくさんあるんです。何もかもわかって説明がついているわけではない。

例えば、定向進化ということです。ある方向へ向かって生き物の表現型が一方的に変化する、ように見える。ウマ

Column おもしろがっていい

えっ、そうだったのかあ、と自分の全然知らない広い世界があることを知る楽しみや、自分の持っていた常識がひっくり返る驚きは、誰にでもあるでしょう。みんなはまだあまり経験がないけど、実験やってれば、そういう驚きや楽しさは誰もが遭遇することだと思うんです。決まりきった学生実習からだって、多少はそう言う経験をするヒトもいるでしょう。嫌々やっていたら経験できないかもしれないけどね。この講義にもそういう驚きや楽しさがあるといいと思ってるんです。驚きわくわくすることはいっぱいある。大きさを問わなければね。まあ、ヒトによって、わくわくする対象に違いがあるのは当然のことですが、たくさんある方が楽しいじゃないですか。

高校でやったように『山ぎわ少し明かりて、むらさきだちたる雲の細くたなびきたる』だとばかり思っていたけど、『山ぎわ少し明らかりてむらさきだちたる、雲の細くたなびきたる』という解釈もあるんだよ、と知った時はちょっと感動した。情景が変わってしまう。爆弾を抱いて戦車に飛び込むなんて日本軍だけの野蛮な戦法だと思って（思わされて）いたけど、チャーチルの第2次大戦回顧録を読むと、ドイツ軍がイギリスに上陸したら同じ戦法を採用するつもりだったんだとか、五重塔が倒れないのは心柱がしっかり地面に固定されてるからだと思っていたけど、実は心柱は宙づりで全体は柔構造になっているから倒れないんだとか、ほとんど支離滅裂だけど、そんな驚きは山ほどあるよね。その度に感動します。ちょっと旅行したって、思っていたことと違う発見がある。その度に、自分の見方が固定的だった事を思い知らされる。おもしろいねえ、と思う。若い頃に読んだ文学なんて、感性はあったかもしれないけれど、人生経験が未熟で、結局理解できていなかったと後で思い知る。

教養ゼミの1年生に、講談社学術文庫の『パル判決書』を読もうと提案したんだけど、厚みを見ただけで却下された。大学生として、せめてこのくらいは読んどいていいんじゃないかって、今でも思ってるんですが。知れば知る程、こういう見方もあるのだという納得とともに、新たな疑問が湧く。いろいろな事実の集積といろいろな見方を知るなかから、全体の構図がようやく少しずつつかめてくるような気がする。その度に感動するんですね。

がどんどん大きくなったとか、キリンの首が伸びたとか、それがまあ生存に有利であろうという理屈がつく限りは、多様化と選択でも一応の納得ができるんですが、行き過ぎてついに絶滅する結果になることがある。角がどんどん大きくなって、途中までは闘争に有利と言えたかもしれないが、大きくなり過ぎて生存に邪魔になったため、ついに滅びてしまったシカの仲間がいる。これを多様化と選択で単純に説明することはできません。遺伝子が意志を持っていて一方向に向かって変化した、という考えには組みしがたい。

ただ、考えとしてなら、そのような結果を生じるしくみが遺伝子レベルで組込まれる可能性を想像することはできます。正常細胞の遺伝子が癌遺伝子に変異して、細胞がどんどん増えるようになる。細胞を1つの生き物に例えれば、細胞にとって有利な変化だから、適者生存だ。でも、行き過ぎて宿主が死ねば、癌細胞も死ぬ。あるいは癌細胞として変化しすぎて自滅する。そんな変化が個体レベルでも、種のレベルでもありうる。ただ、正しいかどうか簡単には検証しがたい。ヒトの脳は概略的には、猿人、原人、旧人、新人としだいに大きくなってきました。どこまで大きくなるのか、体とのバランスが許す範囲で止まるのか、やがて大きくなりすぎて絶滅するのか、これについても私は知りません。

…… 平行進化

カンガルーの仲間は有袋類と言って、非常に未熟な状態で赤ちゃんを生みます。お腹の袋で赤ちゃんを育てる。大きくなっても潜り込んでいる甘えん坊もいるけど。有袋類には、袋を持たない哺乳類と非常によく似た仲間がそろっているんです。フクロネズミ、フクロオオカミ、フクロカモシカ、フクロコウモリとかね。有袋類に見当たらないのは、サルの仲間、ゾウの仲間、クジラの仲間くらいのものだといわれる。哺乳類が誕生した非常に初期の段階で有袋類とそれ以外の哺乳類が分かれた後、それぞれのグループが独自に展開して行ったと考えられています。それぞれが独自に展開したと思われるのに、どうしてよく似たものが両方のグループに生まれたんだろう。平行進化と名前を付けたところで、何もわかったことにはならない。コウモリとフクロコウモリの両方が、それぞれのグループとして別々に誕生するのは不思議です。偶然というにはでき過ぎている。両者が別れる前の時点で、このような展開をするであろう必然が、あらかじめ遺伝子に組込まれていたのだ

ろうか。そうなら、その方向に変わることが決められている1種の定向進化だね。そんなことがあるのだろうか。有袋類が活躍する時間と場が許せば、やがてフクロクジラやフクロヒトが誕生する可能性があったのだろうか。遺伝子レベルでどう考えたらいいのだろうか。

IV. いろいろな系統の遺伝子解析

1 DNAによるヒトの系統

rRNAによる系統樹では生物の全体像を示したために、細かいところがかえってわかりにくいのですが、遺伝子の塩基配列を比べるという方法を応用することで、もっと近い生物どうしについても系統図を書くことができます。一般に、近い関係の生物を比べるときほど、変化の速度の速い遺伝子で比べるのが妥当です。ミトコンドリアの遺伝子は変化が早い。ミトコンドリアは、酸素を消費する細胞内小器官で、結果として多量の活性酸素が生み出されるため、ミトコンドリアDNAに障害を与える。そのうえ、核に比べて修復酵素系に乏しいので、変化が蓄積しやすいと考えられます。およそ、核DNAの10倍くらい早く変化すると言われます。このため、地質学的な立場から見ればきわめて短い時間の間に展開した、人種の間の系統を推定するのに応用されました（図2-15）。

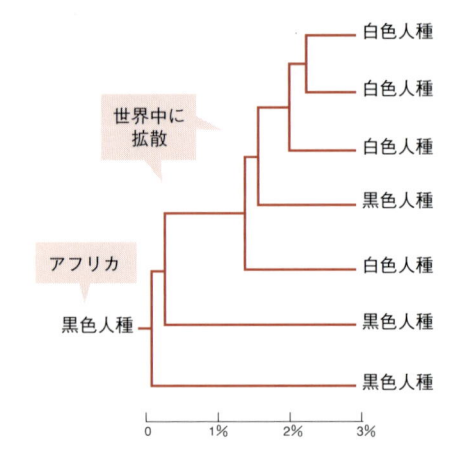

図2-15 ミトコンドリアDNAの塩基配列の分岐

「『アフリカのイブ』ですね？」

この報告についてはいろいろな問題点の指摘もあるのではありますが、現在のヒトはおよそ15万年前の1つの起源に行き着くことになります。もちろんイブは公式の名称じゃないよ。化石から追いかけてもDNAから追いかけても、人類誕生の地はアフリカに行き着くことがわかったわけです。『全然違う2つのやり方が同じ結論を導くとき、その結論の信頼性は高い』と言えます。それでも間違いはあるけどね。ミトコンドリアからわかる系統は女性の系統だから、最初の女性はイブ。天地創造だね。アダムがイブに向かって自己紹介をした、Madam, I'm Adamてのは、人類最初の回文であるという。いや、聖書にはのってないよ。

a 雄のミトコンドリアは伝わらない

ミトコンドリアからわかるのは女性の系統であることの背景は、『精子のミトコンドリアは子孫には伝わらず、卵子を通じてしか子孫に伝わらない』ことによります。精子のミトコンドリアは卵子には入らないか、入ったとしても、消滅させられるのです。これはヒトの場合だけではありません。有性生殖をするほとんどの動物で共通の出来事らしい。哺乳類、脊椎動物だけでなく動物界全体です。これはちょっとすごい共通性です。卵に入ってすぐに消滅する場合だけでなく、発生の初期まで生き残る場合もある様ですが、いずれにせよ雄のミトコンドリアは必ず消滅する。お父さんのミトコンドリアはおばあさんから伝わって、一代限りで終わり。お父さんのミトコンドリアは可哀想なんだね。

核の遺伝子は、両親から半分ずつ伝わり、4人の祖父母からほぼ同等に伝わり、8人の曾祖父母からほぼ同等に伝わり・・・・と言ったことで先祖の数はどんどん増えるんですが、ミトコンドリアのほうは、各世代に兄弟姉妹がいくらたくさんいても、母、母方の祖母、母方の曾祖母と言ったように1人の母性先祖に収斂していく（図2-16）。核の遺伝子と決定的に異なる。ちなみに、Y染色体の系図を追いかけると、1人の父性先祖に行きつく。こちらの解析も進められている。

実は、受精の場合だけではないのです。体細胞を卵子に移植してつくられたクローン動物でも、『ミトコンドリアは卵の細胞質に由来するものだけが生き残る』ことがわかった。体細胞あるいは体細胞の核を移植する際にミトコンドリアが混入しても、移植後に必ず消滅させられるってことだね。これはすでに多くの体細胞クローン動物で確認されています。卵は外来のミトコンドリアを排除する。どういうしくみなのか、なぜそうあらねばならぬのか、実に不思議なことです。

Column 日本人はイブの子孫じゃない？

日本ならイブじゃなくて天照大御神（アマテラスオオミカミ）か伊邪那美命（イザナミノミコト）って言うところかね。えっ、知らない？　嘘だろう。じゃ、木花開耶比命なんてますます知らないな。コノハナサクヤヒメと読みます。キレイな名前でしょ。富士山頂に祭られてるんだよ。全国の浅間神社もそうです。これは神武天皇のひいおばあさんにあたります。天から降りてきたひいおじいさんの瓊瓊杵尊（ニニギノミコト）が、姉妹のうちの美人の方を嫁さんに選んでしまったので、子孫の寿命がみんな有限になってしまったんです。美人じゃない方を選んでくれれば不老不死だったらしい。ひいじいさんは天照大御神のお孫さんですが、面食いだったんだね。

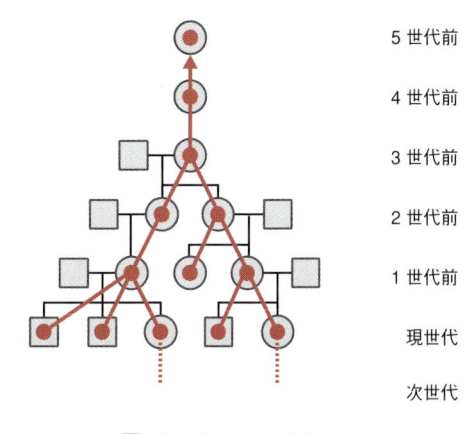

図2-16　ミトコンドリアDNA

Column イブに行き着いてはまずい？

実はシャレではあっても、イブに行き着くのかどうか実はちょっと心配なんです。アダムとイブはカインとアベルを生んだ。アベルはカインに殺された。カインはエノクを生んだ。そのあと、アダムは 130 歳の時にセツを生んだと書いてある。元気なジイサンだねえ。キンさんギンさん顔負けだ。その後さらに男女を生んで 930 歳まで生きたというが、ここまでくると相当怪しい。セツはエノスを生んだ。以下、ノアを経て今の人々に繋がるんでしょうが、いずれにせよ、カインもセツもその妻や妻の母が誰なのかは書いてない。妻の母がイブなら、歴史の最初から兄妹結婚という罪を犯しているわけで、ちょっとマズいんじゃないですかねえ。どこの世界でもだいたいタブーだよ。他に女性が居ないときゃ許すってことですかねえ。全然別系統の女性なら倫理的には OK ですが、アダムの孫のミトコンドリアはそっちから来ているわけで、イブにはたどりつかない。以下の子孫も同様なんです。詮索するつもりはないけれども、そういうことなんだよね。

b 植物のミトコンドリアの伝わり方は違う

ミトコンドリアが母親譲りであることは、動物界では共通であるが、植物界は違うらしい。**植物界では、母親譲りの場合と父親譲りとある**。いずれにせよ、父母のミトコンドリアが子で共存することはない。植物には、もう1つの共生体のなごりである葉緑体（あるいは色素体）があって、これがどちら譲りになるかってことと関係があるらしい。このあたりには、何か隠された深い意味がありそうなんです。

遺伝子の寄生を防ぐ機構の1つである、という考えがある。バクテリアでは、自分の DNA の特定の塩基配列をメチル化し、メチル化されていない DNA を切断する制限酵素を持っていて、ファージのような外来の DNA が入ってくると制限酵素で消化して、変な DNA が寄生するのを防いでいる。遺伝子組換えに大いに利用させてもらっている制限酵素は、本来そう言う役割を持っているんだね。父親由来のミトコンドリアが消滅させられるのは、そう言う古い自己防衛機構のなごりかもしれないという考えがある様ですが、当否については私はわかりません。

ミトコンドリアについては動物界で共通にみられる性質である、ということは、動物細胞が誕生した時からすでにこのようなしくみがあった、ということでしょう。ミトコンドリアの共生は色素体の共生より先に始まったであろうことを考えると、ミトコンドリアが共生を始めた時に母親譲りのあり方がまず確立していて、動物はそのままそれを引き継いでいるけれども、色素体がさらに共生を始めた植物では、その原則が修飾されている、と考えるのが妥当なのかもしれない。いずれの場合も、**外来の遺伝子をそのまま受け入れるわけではない**、という原則は貫かれている。このようなあり方を受け入れない限り、ミトコンドリアをもった真核生物は、誕生することができなかったのかもしれない。ちょっとすごい話だよねえ。選別と排除のしくみがどうなっているのか、そうあらねばならない意味は何なのか、実に不思議です。不思議いっぱい、なんです。

c もっと最近のヒトの流れ

6千から7千年くらい前の縄文人のミトコンドリア DNA の解析から、九州や沖縄あたりの縄文人は東南アジアのヒトとの共通性が高いことが示されました。他方、北の縄文人は北方系の人たちだったらしい。そのころの九州南部の上野原遺跡や青森の三内丸山遺跡から見ても、縄文人は非常に高い分化を持っていたことがわかります。これらの人々が現在の日本人の源流の1つであることは、さまざまな証拠から間違いないことです。縄文人が住んでいたところへ、いわゆる弥生人が入ってきて、その2つの系統が現在の日本人を形成していることは、考古学的な証拠と合わせて DNA 解析からもおおむね支持されています。

日本の米の文化の源流は5千年くらいも遡る弥生時のはるか前で、黄河文明より古くから発達し高い文化を華開かせていた揚子江流域の文明に由来すると考えられます。揚子江（長江）文明についてはほとんど知られていなかったのですが、最近大きな発掘・発見が

Column

日本人、日本語、日本文化

これは本当に脱線ですが、日本人の源流も、日本文化の源流もおもしろいんですよ。近隣の韓国や中国とくらべて、風習や文化の共通性はもちろんあるけれども、独自なものも多い。ほんの一例ですが、言葉がそうです。いきなりですが、Oh my much much care of sort というのが明治時代に書かれた本に載っている。お前待ち待ち蚊帳のそと、と読む言葉の遊びです。You might oh more head today`s at fish というのもある。言うまいと思へど今日の暑さかな。言葉があっても文字がなかった時代に、漢字がこんなやりかたで日本に取り入れられたんです。凄い工夫です。of という字は意味を取り入れて『の』と読むことにした。today`s は『今日の』と読む。そう言うやり方が漢字の訓読みなんだね。あとは音だけを借りた。歌の始まりと言われる古事記の『八雲たつ出雲八重垣・・・』は、夜久毛多津伊豆毛夜弊賀岐・・・・と書かれている。Oh my much much と同じです。漢字の意味は無視して音だけを取っている。やがて仮名を発明して久は『く』になる、津は『つ』になる。万葉集にある『・・・鳶流鴨（せるかも）』なんて、at fish と書いて『暑さかな』と読ませるのとまるで同じだ。おもしろいねえ。

言葉や概念は残したままで、もっと言えば identity を失わずに、文字だけを受け入れた。こういう受け入れ方は凄い工夫だと思います。やまと言葉が駆逐されなかった。もちろん、単語としての漢語が取り込まれる等の変化はあったでしょうが、バイオやワープロという単語が取り込まれたからと言って日本語が英語化するわけではない。

国内が未開でバラバラなところへ、高い文化を持った集団が入ってきて支配された場合、言葉はそれに染まってしまうことが多いんです。有史以前のかなり昔から、半島や大陸との間でヒトの交流は随分あったのに、日本は独自の言葉を維持したと考えざるをえない。言葉は文化の identity です。外国勢力に軍事的・政治的・文化的に蹂躙されなかった国は、世界史の中でも珍しい。文字を輸入した時代にも言葉が失われないだけの基盤、文化的な identity があったんです。

逆に言えば漢字を取り入れる際に、漢字の背景にある文化も概念もあまり取り込んでいない。外国のものを取り入れたように見えても部分的であり、日本化してしまう。仏教も律令制度もそうです。日本は、昔から海外のものをそうやって取り入れている。文明開化の時も同様でしょう。文明の衝突という本の中でも、日本は一国だけで１つの文明圏を形成している特異な国として扱われているけれども、このことの功罪を言うのは簡単ではありません。

日本のことを知ろう

こんな脱線をしたのは、一般教養の１つとして『日本のことをよく知っておこうよ』と言いたいからなんです。例としてはちょっとマニアックだったかもしれないけど、知れば知る程おもしろいでしょ。知るだけじゃなくて、それをもとに自分の判断をもつことが必要なんで、それが外国を理解する基盤にもなるんです。英語が話せる方が国際交流に好都合であるのはその通りですが、『英語は喋れても喋る内容を持ってなければどうしようもない』とよく言われます。英語が喋れるだけじゃ翻訳機械だもんね。翻訳にだって背景知識は必要だけど。日本のことを知らない日本人では、英語が喋れてもかなり恥ずかしい。ガイジンにだってバカにされます。少なくとも尊敬はされないでしょう。日本のことを知れば知るほど奥深い。今まで自分に見えてなかったことを思い知らされる。ひるがえって、海外のそれぞれの国にもそれぞれの奥深さがあることに思いをいたすことができ、奥深さを想像できるようになる。

ちょっと別のことなんですが、開国したばかりの明治時代に、海外から高い評価をうける人がたくさん居たことをどう思いますか。当時の先進国であるヨーロッパに行っても評価されている。日本人が自画自賛してるんじゃなくて、先方の記録にもあることなんです。国際的に通用する教養、倫理、価値観を備え、自分と異なるものを理解する能力をもっていた。いわゆるエライ人たちばかりでない。庶民のなかにもいたんです。男性ばかりでなく女性もです。これはとても重要なことです。

国際化を推進せよというのはよいけれど、英会話の授業を増やせってだけでは勘違いだと思うんです。会話ができることを必要条件の１つと考えることに反対はしませんが、会話の技術だけ覚えりゃ国際化になるとは到底思えない。技術を軽視しているわけではありませんよ。技術を身につけることはとても重要なことです。ただ、ちゃんとした会話ができるってことは、『会話するヒトの中味がある』ってことだし、『相手の中味を理解すること』なんだからね。所詮、『自分が持っている範囲のものでしか相手を理解することはできない』んです。同じことを見たって、ヒトによって見えるものが違うんです。身につけておくべきことはたくさんあるんだよ。

生物学としては脱線でしたが、ぜひ言っておきたいと思っていることの１つでした。

相次いでいます。三星堆で出土した、眼の飛び出した青銅の人物像を見たヒトもいるでしょう。揚子江流域での米の栽培種の起源は、紀元前1万年以上も前に遡ることがわかってきています。中近東の麦と同じくらい古いんです。高度な長江文明が中国の歴史書から消えているのは、これらの歴史書が、長江文明を滅ぼした黄河流域の国によって編纂されたためと考えられます。日本との関係は米だけでなく、日本人の古くからの風習には、と言っても主として弥生時代からのものかも知れませんが、これらの地域との共通性が非常に高いと言われ、日本人の源流の1つと考えられます。最近、鳥取県で見つかった2世紀の弥生遺跡では、人骨だけでなく脳が保存されていた。日本人の中の縄文人系と弥生人系を含めて、**日本人の源流を探る研究もDNAからもっと進むことが期待できます**。おもしろいねえ。わくわくする。

黄河下流の人骨のミトコンドリアDNAの分析から、ヨーロッパ人がたくさん来て移住していたことがわかった。秦の始皇帝に滅ぼされる斉の国のあたりの話です。実は、黄河文明ではもともと粟（アワ）や稗（ヒエ）が栽培されていて、麦が栽培されるようになったのはそう古いことではない。これをもたらしたのは、古いシルクロードを経由した中近東あたりからの移住者によるらしいことは、出土した人骨や土器そのほかの研究からも言われていたのです。それを支持する結果なんですね。ユーラシア大陸では、最初に文字を作って膨大な文書を粘土板に残したシュメール人をはじめとして、中近東あたりの人たちが1番早く麦を栽培して文明を発達させ、西はヨーロッパへと展開し、一部は東へ進んで中国まできたのでしょう。こういうこともDNAの解析でわかるんだよ、ということです。で、意外なことですが、青森、秋田など東北地方では、稀に青い目のヒトが生まれるという話です。最近の混血ではなく、もっとずっと古くからあることなんです。これは、紀元前のシルクロードをたどってきた中近東の末裔の血が入っているためかもしれないんですよ。そういう血が入っているなんて、かっこいいなあ。私はお会いしたことがありませんが、気づいてないだけかもしれない。すごいことですねえ。そう思うでしょ。

2 もっとさまざまな系統が遺伝子解析でわかる

> リボソームやミトコンドリア以外から、系統は調べられないのですか？

ミトコンドリアより変化が遅い遺伝子、しかしリボソームより変化の速い遺伝子で比べることによって、霊長類の間、哺乳類の間、脊椎動物の間、後口動物の間の系統などの細かい解析にも応用が可能です。たくさんの遺伝子について調べると、細部では矛盾する結果になることは少なくありませんが、概略では妥当な像が描けるようになるはずです。いままで系統が不明であった動物や植物でも系統の推定ができるようになるはずですね。前に、カンブリア紀にはほとんどの門が出そろっていたと言いました。化石からはたどることができない単細胞から多細胞への道筋や、多細胞動物が展開する道筋についても、遺伝子を調べることによって、それ以前には不明であったことがずいぶんわかってきました。少しそういう例を話しましょう。

a 多細胞化と動植物の分離

例えば、いくつかの遺伝子を調べることで、単細胞真核生物から多細胞真核生物への道筋は図2-17のように考えられます。動物と植物が別れる前の単細胞の段階で、まずミトコンドリアが共生している。これは真核細胞の出現と同じくらい古い。で、植物になる細胞とそうでない細胞とが最初に別れた。植物になる細胞には、葉緑体のもとになる藍藻が共生したわけだね。はじめは単細胞の段階で別れた。で、単細胞のままでいるミドリムシみたいなのもいるけれども、植物は植物で多細胞化への道を辿った。その後に動物が別れた。動物は動物で多細胞化への道をたどった。今でも単細胞の原生動物もいる。菌類もはじめは単細胞として別れて、現在でも単細胞のままの酵母みたいなのもいるけれども、やがてその中で多細胞化への道を辿った。変形菌などという変わった生き物も、こういう古い時代に枝分かれしたのかも知れない。

ちょっと意外に思うかも知れませんが、単細胞としてグループが分かれて、それぞれが多細胞化した。そう考えてよいらしい。なぜなら、**植物、菌類、動物と**

図2-17

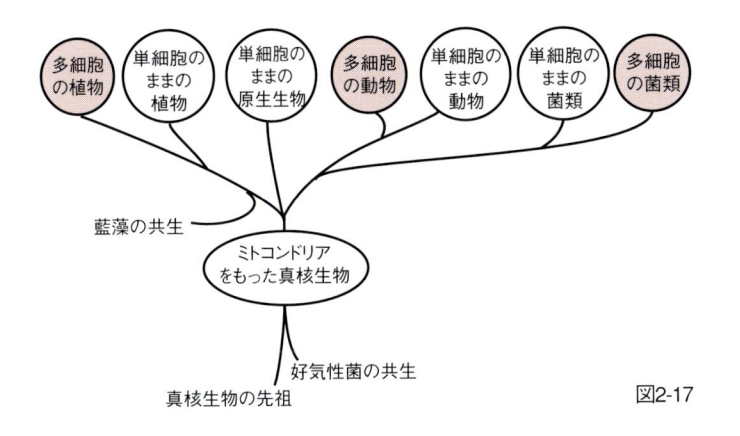

いう多細胞生物は、多細胞生物の大切な性質の1つである細胞接着にかかわる基本的な分子がそれぞれ違うからです。多細胞化がまず起きて、それから3者が別れたのなら、共通であってよいはずだからね。根拠はそれだけじゃなく、他の遺伝子による系統図もこれを支持している。

植物と菌類がはじめから別の道を辿ったことは、私にはちょっと意外でした。菌類は植物としてまずできて、それから二次的に光合成機能を失ったものであろうと勝手に思っていたからです。光合成して自立栄養で生きる植物が繁茂するようになり、その死骸が至る所に存在するようになって、その有機物を吸収することで生きられるならその方が楽だな、ということで光合成をさぼることにしたものが菌類かと思っていました。遺伝子の系統関係からはどうもそうではないらしい。

もう1つのコメントは、生物の分類を話したところで、原生生物という分類は、単細胞であるという特徴で括っただけで、その中には系統の違う非常に多様な生き物を含んでいるように見える、と言いました。動植物が別れる前の単細胞生物、植物への道を選んだ単細胞生物、菌類への道を選んだ単細胞生物、動物への道を選んだ単細胞生物の末裔を、単細胞という性質だけでひとまとめにするのは系統分類としては不適当です。進化の系統から分類するなら、原生生物というまとめかたはよくないらしいことが、ここからも言える。単細胞であるという根拠だけで原生生物とまとめるのは人為分類に近い、と私には思われます。

b 動物の系統と進化の連続性

で、動物の系統ですが、遺伝子の解析から、現在の原生動物の中で襟鞭毛虫類と呼ばれる仲間の先祖から誕生したと考えられます。単細胞のままで今まで生き延びたものは、原生動物の襟鞭毛虫として残っている。多細胞化への道をたどった初期の生物の生き残りが、海綿動物として現在残っている。海綿は、襟鞭毛虫とそっくりの襟細胞を持っているんです。さらに複雑になって三胚葉化したものが、腔腸動物以上の現在のすべての動物になった。そう考えられます。

タンパク質チロシンリン酸化酵素（PTK）という酵素があります。タンパク質中のチロシンというアミノ酸の水酸基にリン酸をつける酵素です。これは動物にしか存在しないと言われている。細胞膜表面には、細胞外からの信号を受け取って、その信号を細胞内へ伝達し細胞反応を引き起こす、シグナル伝達系のたくさんの分子があることは知っているね。最初に信号を受け取るのは受容体というタンパク質ですが、このタンパク質の細胞内部分にPTK活性をもつものがあります。これを受容体型PTKと言います。細胞膜周辺や細胞内には、受容体ではないPTKもあります。それぞれ10を越える遺伝子からなるファミリーです。多細胞生物の個体としての調節に重要な、ホルモンや増殖因子や神経伝達にも働いている酵素ですね。哺乳類や鳥類では、この遺伝子が突然変異を起こして、増殖因子がこないのに増殖因子がきた時と同じようにPTK活性が高くなってしまうと、細胞は自立的増殖の第1歩、つまり癌化への道をたどります。で、多細胞動物の系統を調べるのに、こういう遺伝子の解析は都合がよいだろう。細胞どうしの信号のやり取りによる個体機能の調節は、多細胞動物に必須のものだからね。

PTK遺伝子ファミリーの動物間での類似性を調べてみると、**動物どうしでよく似た、受容体型PTKも非受容体型PTKも海綿動物までちゃんとあった**。高等動物では神経どうしのシグナル伝達や、神経と筋肉のシグナル伝達に働くようなPTKの仲間が、海綿動物にもちゃんとあるんです。海綿は多細胞動物ですが、神経系はありませんから、海綿では別の働きをしているか、あるいは特に役割がないかのどちらかでしょう。よく似た遺伝子の産物が、高等動物では別の重要な機能を

もつ遺伝子に変わっていったということだね。ここでも進化における遺伝子機能のやりくりを見ることができます。

c 神経伝達にかかわる遺伝子の先祖が単細胞生物にもあった

さらに驚くべきことに、PTK遺伝子は単細胞の襟鞭毛虫にもあった。ただ、非受容体型PTKは動物から襟鞭毛虫まで共通のファミリーがあったけれども、受容体型PTKは共通ではなく、それぞれ独自に展開させていた。単細胞の襟鞭毛虫の先祖は、多細胞生物の個体調節機能を担当する受容体型PTKは必要がなかった。非受容体型PTKファミリーがまずできて、その後に多細胞の個体を形成するようになり、受容体型ファミリーを獲得し展開ていった、ということらしい。ま、ちょっと極端に言えば、『神経伝達にかかわる遺伝子の先祖が単細胞生物の時代から用意されていた』ということだね。もちろん、後で神経伝達に使われることを予知して用意していたはずはないんで、後の生き物がやりくりして利用している、ということだね。

PTK遺伝子ファミリーの存在は、襟鞭毛虫を含むすべての動物の共通の祖先が持っていた性質、つまり、これらの生物が別れる以前の単細胞生物の時代に成立した性質である。『ラクシャリー遺伝子の重複による遺伝子ファミリーの形成』が単細胞動物の段階からすでにあったと考えられる。15億くらい前のことであろうと考えられます。化石からは、5億7千万年前のカンブリア紀以前はほとんど白紙の状態だったわけですが、遺伝子の比較から単細胞から多細胞の生物が生まれた時代に何が起きたのかを推定できるようになった。このような『ラクシャリー遺伝子のファミリー』が準備されていることが、『カンブリア紀の大爆発』すなわち『多細胞生物の多様な展開』の準備段階の1つとして重要だったのではないか。これはあくまでPTK遺伝子ファミリーでの結果ですが、他の遺伝子を調べて情報を豊富にすることでより妥当な推定ができるようになると思います。『将来は神経系のシグナル伝達で働くであろう受容体遺伝子のひな形が単細胞の時代から存在していた』ように、背骨をつくる遺伝子だって歴史は古いかもしれないと先程言ったのも、ありうる話なんですね。おもしろいだろう。

d 変異速度の遺伝子による違い

近い関係の生物を比べるときほど変化の速度の速い遺伝子で比べるのが妥当である、と言いました。『遺伝子の変化は遺伝子によって速度が違う』わけだね。考えてみるとちょっと不思議です。遺伝子の変化は、多くの場合、DNAの損傷が原因でしょう。自然界にはDNAに損傷を与える原因が山ほどあり、生物は損傷を修復する遺伝子群を持っていますが、修復しきれない傷は遺伝子の変化（突然変異）として残ります。DNAの複製や組換えも遺伝子変化の原因になり得ます。いずれにせよ、『変化はどの遺伝子のどの部分にもほぼ同じ頻度で起きる』であろうと思われます。

> では、どうして変化の速度に違いが出るのでしょう？

ミトコンドリアと核では、活性酸素の生産量や修復酵素系の違いのために差があることは理解できますが、同じ核内の遺伝子のなかに、変化しやすい遺伝子と、あまり変わらない（保存されている、と言います）遺伝子とがあるのは不思議です。どう考えたらいいのだろうか。

e 変化しにくい遺伝子とは

おそらく、ちょっとした変化でもタンパク質の機能が大きく変わってしまう遺伝子の場合には、変化した遺伝子をもつ生物が生き残れなくなるために、生き残った生物どうしで比べると（それしか比べようがない）、あまり変化しない遺伝子、変化の遅い遺伝子であるという結果になるのだろうと思います。変化しない遺伝子というのは、『変化すると生き残れないような遺伝子』ということなんだろうと思います。言い換えれば、『保存された遺伝子は生存に重要である』わけです。

同様のことは1つの遺伝子のなかでも見られます。いろいろな生き物について同じ遺伝子の塩基配列を調べてみると、離れた種の間でほとんど変わらない塩基配列部分と、かなり変化する部分とがあります。保存された塩基配列部分は、タンパク質に読み取られた時に重要な機能を担う部分であることが多いのです。そこが変化すると、タンパク質としての機能が失われる可能性が高い。『保存された遺伝子部分は機能的に重要

である』と言えます。従って、遺伝子の塩基配列がわかった時、いくつかの種で比べてみて、保存された場所は機能的に重要であると推測するのが普通です。実際、そこへ人工的な変異を導入すると酵素機能を失うとか、それが酵素の活性中心であったとか、他のタンパク質との会合部分であったとか、後から証明されるケースが多いんです。

3 系統樹の見方

a 系統樹の確からしさ

遺伝子を比較することで得られた生物の系統は、結局は、似たものどうしは関係が近い、似たものどうしは進化の過程で最近分かれた、という前提で作ったものです。従って、**何億年かの時間経過とともに、本当にこのように進化し分かれてきたのである、という直接の証拠ではありません**。遺伝子変化の速度が一様であったかなど、問題もあるんです。共通性の高い遺伝子で比べるだけでなく、それぞれの動物グループに特徴的な遺伝子でも比べる。このような遺伝子構造の比較から得られた系統の結果が、解剖学、発生学、生化学、生理学等などによって比べられる比較生物学の結果とも符合し、さらに化石による推定などが一致するとすれば、実際の進化の跡をたどっているものと推定することがしだいに確かなものになる、と考えてよいでしょう。

b 最新の系統樹

実はリボソームRNAから作った系統樹は1986年のものです。ほぼ全ゲノムの塩基配列がわかった生物も多くなり、多くの遺伝子やタンパク質の情報を基にすることによって、より妥当な真核生物の系統樹が描けるはずです。図2-18は最新のデータを基にした系統図です。実線はゲノムの全配列がほぼ決定された生物への枝です。これまでに述べてきたことが、包括的に示されていることがわかるでしょう。**動物は非常に小さな範囲におさまる**（互いの違いが小さい）。**動物と菌類が案外近い**。古い祖先からの距離が遠いほど高等であると考えれば、動物より菌類の方が高等である。菌類のなかで分裂酵母と出芽酵母の違いの方が、ヒトと

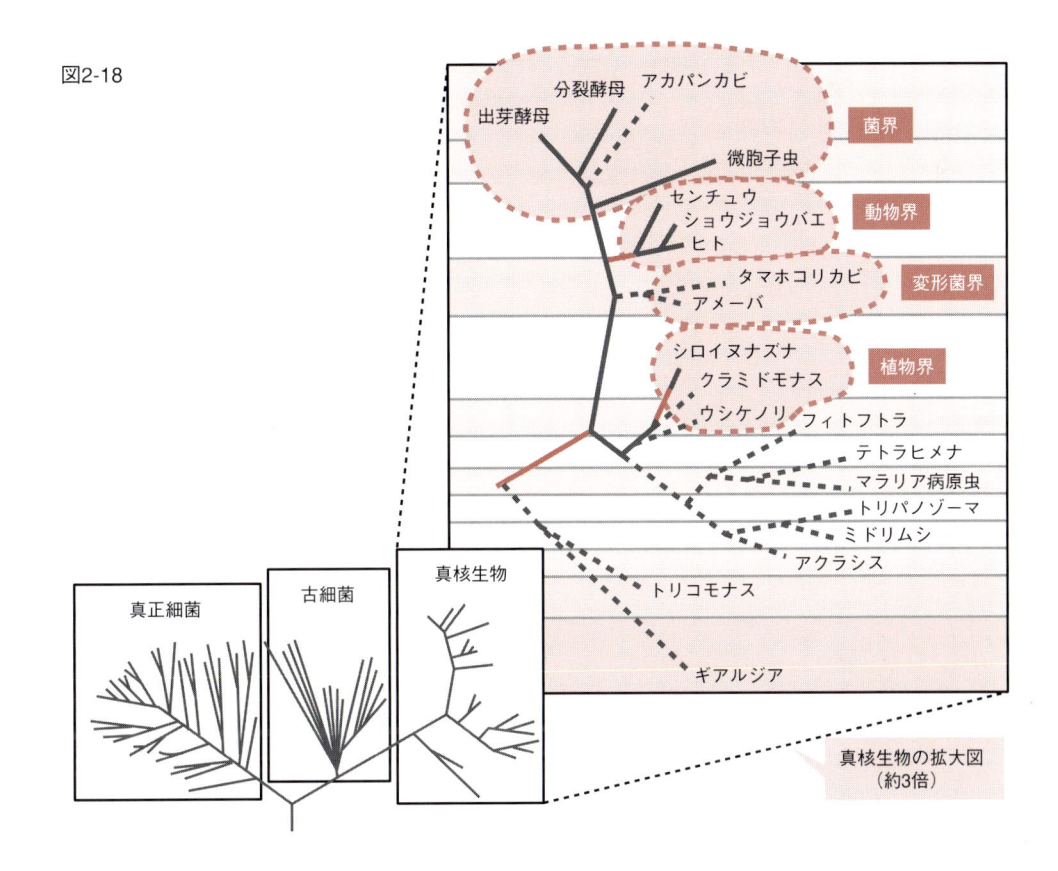

図2-18

真核生物の拡大図
（約3倍）

ショウジョウバエやセンチュウの違いより大きい。遠いところは、思っていたよりもっと大きいわけです。微胞子虫は大腸菌より遺伝子が少ない菌類として、後で言います。変形菌は意外に動物に近く（原生動物のアメーバの仲間はここに入る）、菌界とは遠い。緑色植物は、単細胞のクラミドモナスを含めてひとまとまりで、植物は意外に原生生物に近い。多細胞化は、菌界、動物界、植物界、変形菌界のそれぞれで独自に起きている。原生生物の広がりの大きさは、菌界、動物界、変形菌界をあわせた広がりに匹敵する程大きく広がっている。真生バクテリアや古生菌のなかでの違いは、それぞれ非常に大きいこともわかるね。

C 分類の系統樹と進化の系統樹

ところで、分類のところにもう一度戻りますが、原則として、『分類は現在の時点で切った切り口』（図2-19A）なんです。新生代に生きていたヒトとチンパンジーの共通の祖先は、そのどちらとも違うとしても霊長類の特徴は持っていたに違いありませんが、前カンブリア紀にいた脊椎動物以前の祖先は、脊椎動物としての特徴をもたず、現在のどのような生物の門にもあてはまらない可能性が高い。脊椎動物に一番近いのは原索動物ですが、現在の原索動物が脊椎動物の先祖であるはずはない。現在のヒトの先祖が、現在のサルであるはずはないのと同じことだ。

過去の生物を現在の生物の分類で括るのは無理があるんです。過去の生物まで合わせて分類しようとするなら、むしろ、『進化の系統樹そのものを分類の系統樹』にすべきなんですね。で、現在生きている生物は、現在のところに書く（図2-19B）。過去の生き物は、その時代の系統樹の内部に書く。もちろん、推定でしかないわけですが。いろいろな生物のつながりは、そう言う図の中でこそ理解できるんです。つまり、進化の系統樹の完成が、同時に、過去・現在を含めた地球の歴史上の全生物の分類の図にもなっているはずなんです。『完成には程遠い』のが現状なんだけどね。

念のためにもう1つ付け加えると、地質時代の生き物の栄枯盛衰をあらわすために描かれる図のなかで、**生物各種の幅は、概念的にはその生物の繁栄度を表します**。横軸は個体数で、出土する化石の個体数から推定されます（図2-20A）。それに対して、進化の系統として考えるときは、その生物の示すバリエーションの幅という意味が強い。横軸は個体数ではなくバリエ

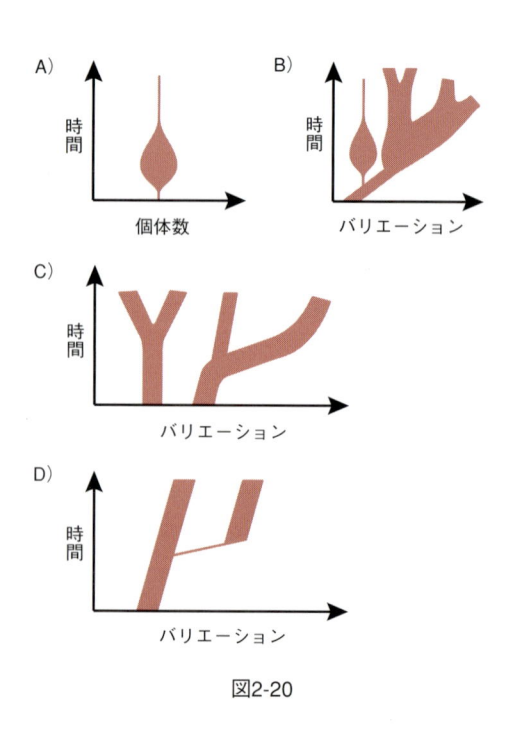

図2-19

図2-20

ーションを表すことになります（図2-20B）。まあ、個体数が多い程バリエーションの幅も広い傾向はありますが、両者がいつも同じ傾向を示すわけではありません。バリエーションの幅が広くなると、やがて同一の種とはいえなくなって、種が分離するかもしれない（図2-20B）。ある種の生物が全体として変化する場合には、しだいに横へずれて行く（図2-20C）。もちろん、突然変異的に新たな種が突然に分かれることもあるでしょう（図2-20D）。原則として、分かれていた枝が合流することはありません。どちらの場合も、幅がゼロになるのは絶滅を意味します。概念的には、そう言う感じで図をながめたらよいと思います。

4 地球誕生から前カンブリア紀まで

a 化学進化

さて、古細菌や真正細菌の系統がわかったところで、『現生生物の系統』以前のできごととして、カンブリア紀以前についてごく簡単に紹介しておきます（図2-21）。地球が生まれたのは約46億年前。小惑星みたいなものが集まってできたと考えられる。隕石の大衝突が停止し地表が冷え始めたのが約38億年前。やがて、水が地表を被うようになった。熱い海の中で、『化学進化』が進行してさまざまな『有機化合物』ができ、かなり早い時期に核酸やタンパク質などの『高分子』も

できた。『熱いスープの時代』と言われてるね。このあたりは、実験的にもある程度は再現されつつあります。ミラーは1957年に古い地球環境（と思われる）条件下で、『アミノ酸』ができたことを報告しました。『核酸』もできる。詳しいことは省略だけど、『RNAワールド』って言葉を聞いたことがあるかな。最初に遺伝物質として働いていたのは、DNAではなくRNAだったらしいんだね。しかも、触媒作用をもつのは現在のようにタンパク質ではなくRNAであったらしい。RNAが主役の『RNAワールド』だね。ちょっと意外です。タンパク質や脂質ができるとそれが集合して『膜』ができた。閉じた膜ができると、外界と隔絶され、内側に有機化合物を濃縮できるようになった。ホックスは熱いスープの環境で『タンパク質』をつくっただけでなく、冷えたスープのなかで、膜でかこまれた『ミクロスフェア』という細胞みたいなものも作ったことを報告した。膜で囲まれた内部空間は外部空間とは異なった環境をつくり出し、細胞のはじまりと言えます。まだまだ証拠としては不十分かも知れませんが、生命の誕生が、神話ではなく確実に科学の言葉で語れるようになってきたとは言えるでしょう。地球全体の歴史から見ると、生命の歴史はずいぶん初期から始まっていることに驚きます。自然は、可能性のあることはすぐに試してみるって気がするね。

b 細胞の誕生

で、『バクテリアらしい最初の化石』が見つかるのは

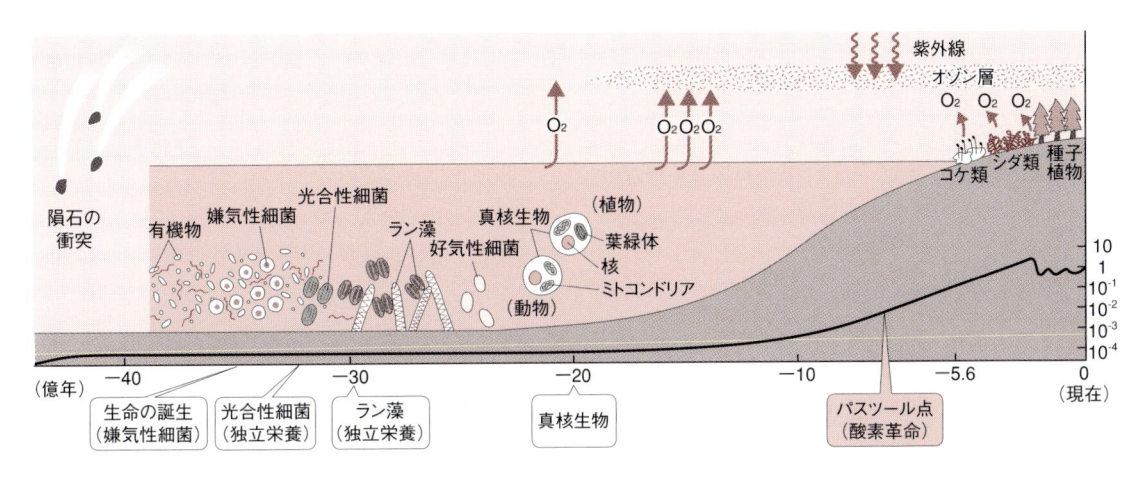

図2-21 生物の進化と地球環境の変遷

35億年くらい前です。地球が生まれてから、わずか10億年です。地表が冷却しはじめてからわずか3億年でしかない。実際に生まれたのはもっと前だろうね。この頃は遊離の酸素がほとんどなかったから、酸素を使わないでエネルギーを得る『嫌気性細菌』と考えられます。古細菌の仲間だね。やがて『光合成細菌』が生まれ、さらに『藍藻』が誕生して、活発に光合成をするようになった。これが30億年から25億年くらい前です。このころの藍藻の1種の化石をストロマトライトといいますが、ほとんど全く同じものが、オーストラリア西海岸の浅い海で現在も生きていて、酸素の泡を出し続けています。まさに生きている化石ですね。他者を駆逐するようなアグレッシブなところは全然ないのに、最も長く生き延びている生き物の1つなんです。光合成細菌は酸素を生み出せませんが、藍藻は酸素を出します。藍藻がつくり出した酸素によって、初めは海中の金属イオンが酸化されて沈澱した。世界中の大きな鉄鉱山は、その頃の鉄イオンが酸化鉄になって沈澱したものだというんだから、すごいもんだね。世界中の鉄鉱山をつくったのは藍藻である。沈澱するのは鉄だけじゃないよ。他の金属もそうです。海中の金属イオンが沈殿してなくなると、遊離酸素が増加して、やがて、酸素を使って代謝する『好気性細菌』が生まれた。およそ25億年くらい前と考えられる。ま、ふつうのバクテリアだね。これはエネルギー効率がよい。

c 真核生物の誕生

やがて『真核生物』が誕生した。最初は単細胞真核生物です。かなり多様な単細胞真核生物と思われる化石が、すでに20億年前のオーストラリアの地層から見つかっている。ミトコンドリアの起源となる共生も始まった。減数分裂を伴う有性生殖も、このあたりに起源をもつと考えられます。やがてこれから『多細胞生物』が生まれた。およそ10億年前です。やがて、という言葉を使うのはごまかしなんですが、どのようにしてそうなったか、しくみについては詳しいことがわからないから、現在のところはしょうがない。遺伝子がこの間にどのように変化してきたか、少しずつわかってきたことの一部はさっきお話した通りです。酸素は空気中にまで放出されるようになり、大気層の上部で『オゾン層』ができ、これが太陽の強烈な紫外線を遮り、好気性の生物が地上に進出する素地をつくった。オゾン層がなくなると、地上の生物は絶滅するかもしれないってことで、フロンを使うなって大さわぎしているわけですね。生物のほとんどは強い紫外線に耐えられない。核酸の塩基は共役二重結合があるために、紫外線を吸収して変化しやすいからだね。核酸を定量するとき、260nmの紫外部吸収を使うだろう。オゾンホールができると皮膚癌が増えると心配されるのは、遺伝子の変化による突然変異の一部が癌化につながるからなんだね。

エディアカラの多細胞生物群が約6億年。5億7,000万年くらい前に古生代がはじまり、『カンブリア紀の大爆発』を迎えるわけです。やがて生き物は海の中だけではなく、地上にも進出するようになった。コケなどの植物の上陸が最初で、動物の上陸はずっと後の事と考えられています。本当に駆け足でしたが、46億年の歴史です。

V. 生物とは何か

a ウイルス

図では生物全体を『真核生物』と『原核生物』に分けていますが『ウイルス』はどうなるのでしょう？

ウイルスにも簡単なものと複雑なものがありますが、1番簡単なものでは、わずか3つの遺伝子からなるDNAあるいはRNAを、1種類のタンパク質が囲んだ粒子に過ぎません。殻をかぶった遺伝子だね。スタンレーが、タバコモザイク病ウイルスを結晶化させたとき、結晶化は純粋な物質（生物ではありえない）の特徴と考えられていたので、驚きを持って迎えられた。結晶化は、有機化合物の不純物からの精製に使うくらいだからね。

原核生物も真核生物も、遺伝子としてDNAをもつことに例外がありませんが、ウイルスでは、DNAあるいはRNA、それも、一本鎖、二本鎖、直鎖状、環状など、さまざまな遺伝子を含むものがいます。たった3つの遺伝子しか持たない簡単なものから、数百の遺伝子を

もつ複雑なものまであります。しばしば実験に使われたSV40という癌ウイルスは、外被タンパク質の遺伝子と、T抗原という癌遺伝子を持っているだけです。

ウイルスの表面タンパク質が、生きた細胞表面の受容体タンパク質に吸着することで、感染が開始します。吸着後に細胞内に入ったDNA（あるいはRNA）から、細胞のもつ機能を使って、DNA（あるいはRNA）を複製し、mRNAを合成し、ウイルスタンパク質を合成し、増殖します。『ウイルスは生きた細胞内でしか増殖しない』わけで、生物の中に含めたり含めなかったりするわけです。いずれもそれなりの理由があるわけで、どちらが正しいということではありません。

b ウイルスとバクテリアはハッキリ違うのか

一番簡単な原核生物はマイコプラズマであることを前に紹介しましたが、独立して生存・増殖するためには、栄養素等は全部環境から吸収することができたとしても、最低の機能として、エネルギー産生機構や、タンパク質合成機構をもつ必要があります。マイコプラズマはこれをもっています。自分のDNAやRNAを複製する酵素の遺伝子をもつウイルスは多いのですが、エネルギー産生やタンパク質合成の機構を持たないために、生きた細胞に感染しないと増えられないわけです。細胞内に寄生して、それに慣れ切っているバクテリアは、いろいろな機能を失ってしまい、外へ出たら単独では増えられないのがたくさんいます。1人立ちするには遺伝子が足りない。レベルの違う話ではありますが、ヒトの寄生虫だって、ヒトの体外へ出たら生きてはいかれないけどね。細胞を構成するタンパク質の遺伝子もなくなっていて、一部は宿主のタンパク質を分けてもらっているなんていうバクテリアもある。それでも、1人立ちに必要な機能を失っているのは寄生による二次的な変化であって、もともとバクテリアはバクテリアである、と考えるのが普通です。

一般には、構造の簡単なものから複雑なものへ進化すると考えると、ウイルスのような簡単な生き物がまず誕生して、それが複雑になってバクテリアのようなものが生まれたと考えられたこともありますが、現在では、ウイルスは細胞が誕生した後で二次的に生まれたものである、と考えるのが妥当であると思います。

c 大腸菌より遺伝子の少ない真核生物もいる

微胞子虫という単細胞真核生物の仲間がいます。いろいろな動物に寄生し、ヒトの細胞内にも寄生します。つい最近、この仲間の1種の全ゲノム塩基配列が決定されました。わずか2.9Mbpの塩基対しかなく、遺伝子はわずか1,997個しかない。大腸菌よりよっぽど少ない。でも、ちゃんと核があるし、11本の染色体があるので、真核生物なんですね。遺伝子を調べてみると、どうも菌類に近いらしい。これが、ヌクレオチドの合成も脂肪酸の合成分解もできず、アミノ酸の合成もほとんどできず、TCA回路すらない。そう言う遺伝子がないんです。ミトコンドリアがないために、一時期は、ミトコンドリアが真核細胞に共生する以前の、本当に古い真核細胞の生き残りではないかという期待がもたれたものです。本当にそうならおもしろいよねえ。残念ながら、ミトコンドリア遺伝子の一部を核遺伝子が持っていることがわかったので、寄生のために二次的に失ったものと結論されました。真核生物でも、寄生生活によって大腸菌の半分くらいの遺伝子で生活できるようになる、ということなんです。

d レトロウイルス

RNAを遺伝子としてもつウイルスの仲間に、**RNA癌ウイルス**の仲間があります。これは、ウイルスの起源を考えるうえでも重要なものなので、ちょっとだけ触れておきます。遺伝子はRNAで、両末端には、**LTR (long terminal repeat)** と言ってプロモーター、エンハンサー機能をもつ繰返し配列があります。細かい説明は後の講義でやりますが、要するにRNA合成酵素が結合する部分です。ウイルスを構成する内部タンパク質の遺伝子、**逆転写酵素（reverse transcriptase）の遺伝子、ウイルスの表面タンパク質の遺伝子**の3つの遺伝子を持ちます。ウイルス粒子のなかに、RNAを鋳型にしてDNAを合成する、逆転写酵素を含んでいるのが普通です。逆転写酵素があるのでレトロ（逆の）ウイルスという。感染後、逆転写酵素によって遺伝子RNAからDNAを合成し、細胞のDNAに組込まれます。後は細胞の機構を使ってRNA合成し、タンパク合成し、細胞表面から殻をかぶって出てくる。殻にはウ

イルス遺伝子からできるタンパク質が含まれますが、大体は細胞膜なんだね。細胞膜をかぶって、細胞表面から出芽するんです。

で、重要なことの1つは、このウイルスが癌細胞に感染し、細胞DNAに組込まれる時に、たまたま細胞の癌遺伝子の近くに組込まれ、癌遺伝子部分を一緒にRNAとして読み取ってしまったとき、癌遺伝子を持った癌ウイルスになることがわかりました。現在、非常にたくさんのRNA癌ウイルスが知られていますが、この癌遺伝子はみんな細胞の癌遺伝子を取り込んだものであると考えられます。

ラウス肉腫ウイルスというニワトリのウイルスは、先ほど言った3つの遺伝子に加えて、srcという癌遺伝子を持っています。ところが、それ以外のほとんどのRNA癌ウイルスは、3つの遺伝子部分のどこかに癌遺伝子を取り込んでしまったために、3つの遺伝子のどれかが壊れてしまい、ウイルスとして増えることができない**不完全ウイルス**なんです。正常な細胞に感染すると細胞を癌化させるけれども、ウイルスとして増えることはできない。癌遺伝子を持たないウイルスと一緒に感染して、必要なタンパク質を供給してもらえば、RNAを増やして殻をかぶって細胞の外へ出られる。つまり、増えられる。助ける方を**ヘルパーウイルス**と言います。ヘルパーウイルスの逆転写酵素を使い、ヘルパーウイルスのタンパク質の殻をかぶって、不完全ウイルスである癌ウイルスが出てくる。

e ウイルスもどきがたくさんある

癌ウイルスは、感染した細胞に癌を起こすという顕著な性質を持っているために研究が進みましたが、病気を起こさなければ、不完全ウイルスなどというものがあることは知られなかったかも知れません。レトロウイルスに限らず、DNAウイルスを感染した時でも、その助けを借りて細胞内にあった核酸が殻をかぶってウイルスとして出てくる例があることがわかっています。持ち出す遺伝子は癌遺伝子とは限らない。殻をかぶって出てくるに至らない**不完全ウイルスやウイルス予備軍とも言えるRNAやDNA**は、細胞のなかに普段から結構あるらしいのです。こういうのを、**内在性ウイルス**ということもあります。ウイルスになる可能性はあっても、これ自身はウイルスとは言えない。ただ

の核酸分子です。ウイルスになれるかどうかは、殻をかぶって外に出られるかどうかだけの違い、と言える。殻タンパク質の遺伝子を持ったウイルスが感染すると、出てこられる。ウイルスの起源はこういうところであろうと考えられる。ウイルスから細胞に進化したのではなく、細胞からウイルスができた。

f ウイロイド

> ウイルスよりも簡単な生物はいないのですか？

ウイルスより簡単な生き物（？）があるとは誰も思っていませんでしたが、植物に感染性の病気を起こすある種の病原体を解析したところ、『純粋なRNA』であることがわかりました。タンパク質の殻をかぶってさえいないのです。けれども、それ自身に感染性があるし感染すれば増殖する。一本鎖の環状RNAで、分子内で塩基対をつくってほとんどの領域で二本鎖状になっているのが特徴です。ウイルスもどき、ということで『**ウイロイド**』といいます。純粋の核酸そのものなんだから、こりゃもう『物質そのもの』だよね。でも、細胞に感染すれば増殖して植物に病気を起こす病原体である以上、『性質としては生物』であると考えておかしくないよね。それにしても、細胞壁のない動物細胞へのDNAの導入（『トランスフェクション』といいます）だって簡単にはいかないのに、裸のRNAの感染が植物で起きるのは実に意外です。動物でも案外似たことが起きているのだろうか。病原性がなければ気づかないだろうからねえ。動物の胃には、毎日相当の量の異種DNAやRNAが食物として入ってくるんで、簡単には体内に感染しない工夫はされているのだろうとは思います。

9 プリオン

ところで、話はこれで終わりではないのです。イギリスでウシの『狂牛病』が大きな話題になりました。この感染性の病原体は、核酸でさえなく、**実はタンパク質だった**。この病原体を『**プリオン**』と言います。遺伝子を持っていないプリオンは、タンパク質でありながら、どうやって増殖できるのか。実は、狂牛病プリオンタンパク質は、正常のウシの脳にもあるのです。

Column

危機への教育

ついに日本でも狂牛病のウシが見つかった。報道されていることから判断すれば、危機に対する対処について、この件に限らず行政の問題が大きいように思いますね。マスコミの反応にもしばしば不安があります。いたずらに大騒ぎするだけで、冷静な判断がないことが多い。

食品添加物に有害性が見つかったとする。使わなくてもすむものなら直ちに禁止したらよい。防腐剤だったらどうする。防腐剤なしでは流通させられない食品がたくさんあったらどうする。そう言う食品の流通を禁止したら、食品買い溜めパニックはトイレットペーパーパニック以上だろう。流通機構の変更はかなり大掛かりで時間が必要だし、その前に多くの店が潰れる。危険かどうかの調べがついていなくても、とにかく別の防腐剤に切り替えるべきなんだろうか。それが一番よい選択なんだろうか。小さな危険が見つかった時、危険なものはすぐに止めろ、という主張にはむしろ危険を感じます。バケツ一杯食べると危険と言うなら、塩も砂糖も危険です。予測される危険の大きさ（質と量の両方ですが）と、別の選択肢による危険の大きさのバランスで総合判断せざるをえない。どれだけの危険なら覚悟するか、という覚悟の問題でもある。重要なことは『危険ゼロはありえないこと』という認識です。『あり得ないこと』なのに、『そうであるべき』という前提としてはいけない。ある程度の危険性がわかっていても、総合判断としては選択せざるをえないことだってあるのが普通なんです。

起きる可能性が大きくて起きた場合の被害が大きければ、それは是非とも避ける。当然だね。起きる可能性は小さくても起きた場合の被害が大きければ、その危険は避ける。これも当然です。被害の大きさは、被害を受けるヒトの数が多い場合もあれば、少人数でも回復困難で重大な被害もありうる。原子炉に対しては、ジェット機が突っ込んでも耐える対策を構ずるべきかもしれない。でも、大学の講義室も核兵器に耐える鉄筋コンクリートで覆うべきである、という意見があったら、どう考えるかね。賛成？　理由は？　反対？　理由は？　ヒトの安全と経済性を天秤にかけるのはけしからん、という意見はもっともらしく聞こえるけれども、程度問題だと思います。現実には、講義室の壊れた椅子を直す方を優先した方がよいようにも思う。座ったら危ないからねえ。

どう判断するにせよ、判断の根拠は全部が明確であることはほとんどないので、推測によって判断をせざるをえないんです。危険な感染症に対するワクチンで1千万人のヒトが救われるけれども、10人の副作用が出るとする。感染症流行の可能性は推定でしかなく、副作用の大きさや不可避性はかなり確定的かもしれない。それでも両者のバランスで判断せざるをえないだろう。いずれにせよ情報が公開されることは是非必要です。その時点では最良の選択と判断されたことでも、後から考えれば誤りであったということはありうることですが、一部の業者の利益のために大事な情報を隠したというようなことはよいはずがない。

薬学分野では

似たことはどの分野でもあるはずですが、薬学の学生に関して言えば、薬の副作用や薬害に対してどう判断するかどう対処すべきか、専門教育を受けた者としての判断指針と行動指針を各人がもつことを要求されます。薬学以外のヒトにとっても無関係ではない。『副作用のない薬はない』、これは大前提です。だからどうするか、が問題なんです。薬をつくる側では、副作用のなるべく小さいものを開発する責任があります。でも、残念ながらゼロにはできない。副作用が出た時にどう責任をとるかも重要ですが、大きな問題点は、副作用をどうやって予測できるかにあります。どうすればいいのだろうか。副作用による被害を完全にゼロにするのは実に簡単なことです。新薬を開発しない、今までの薬も一切使わない、という選択があります。それも選択肢の1つではありますが、妥当なんだろうか。薬を使う側では、医師や薬剤師はもとより患者も含めてですが、やたらに薬を使わない、副作用が出ないように使う、出たらすぐに対処できるようにする、といった注意が必要なことはわかるね。必要だけれども、どれほど可能で現実的なんだろうか。薬がお金もうけの対象であることは根本的な問題だと思うんだけれども、どうすればよいと思いますか。副作用があっても放っておくのは明らかに無責任ですが、使い方に問題があるのに副作用が出たら製造停止ってのも無責任というか、責任回避です。こう言った教育は、それ以外の危機管理にもつながることです。このあたりは非常に重要なことだと思いますが、この講義とは別に時間をかけてきちんとやっているはずだね。

同じタンパク質、つまり一次構造は同じですが、正常なウシの脳にあるものと病原性のあるものでは、高次構造が違う。病原性のあるプリオンタンパク質がやってきて、正常なプリオンタンパク質に接触すると、正常なプリオンタンパク質の高次構造が、病原性プリオンタンパク質に変化してしまう。病原性を持ったプリオンは、熱をかけても構造が変わらないんで、ちょっと始末に負えないんだね。こうして、病原性プリオンタンパク質が増えるのです。ヒツジの『スクレイピー病』、ヒトの『クールー病』や『クロイツフェルト・ヤコブ病』の病原体も同様です。潜伏期が非常に長いので、スローウイルスと呼ばれていたこともあります。クールー病は、ヒトの脳を生で食べる風習のあるところで感染があった。最近は食人の習慣はなくなって減ってきている。日本では、硬膜移植による感染でヤコブ病が大きな問題になってるのは知ってますね。

病原性がなかったら誰も関心を持たなかっただろうから、生物であると呼ぶかどうかの定義は別として、こんな増え方をする『もの』があることなど知られることはなく、前もって想像することは誰一人できなかったと思います。目立った病気を起こさないだけで、このような意表をつく『もの』はたくさんの例があるのかもしれないんです。われわれがまだ知らないだけで、不思議な生き物（？）がまだあるかもしれないんだよ。

セントラルドグマ

DNAを鋳型にしてDNAやRNAが合成されることはよく知られていますが、プリオンは、タンパク質を鋳型にして、新たな合成ではないけれども、鋳型と同類のタンパク質を増やす。タンパク質も鋳型になる、そう思えるね。DNA→RNA→タンパク質という情報の流れを示すセントラルドグマのなかで、DNAは複製するので、こういうふうに ⟲DNA→ DNAのところに矢印をつけた。そのうち、RNAウイルスがRNAを複製することがわかって、RNAのところにも複製の矢印がついた →⟲RNA→ 。逆転写がみつかって、RNAからDNAへ向かう逆の矢印が加えられた ⟲DNA⇄⟲RNA→タンパク質 。情報の流れとしての矢印だよ。いま、タンパク質のところにも複製の矢印をつけるべきなんだろうか。鋳型分子からの構造情報の流れという意味では、複製にせよ転写にせよ同様のことなんだからね。タンパク質からRNAに向かう矢印はないけれど。

地球型でない生命の可能性 ー生物とは何か

さて、生き物の歴史、生き物の分類を考えてきましたが、宇宙には地球外生命がありうるだろうか。地球外生物を考える時、現在の地球上の生物をひな形にして考えることが多い。今の地球上生物は、炭素化合物でできています。炭素化合物を有機化合物と総称するのは、炭素化合物がほとんど生物（有機体）からだけ見つかるからです。地球に似た環境をもつ惑星が無数にあるとすれば、炭素化合物を中心とする地球型生命が地球に誕生したように、この銀河系にも他の銀河系宇宙にも似た生命が誕生しても不思議はないと思います。ただ、生命とは何か、を考えるうえでは新鮮味がありませんし、大しておもしろくもない。We are not alone in the Universe、これは「未知との遭遇」からのパクリですが、ちょっとわくわくするとしてもね。

炭素を中心としない、あるいは、炭素を中心にしたとしても、地球型生命とは全然別の戦略を持った生物（らしい性質を持ったもの）が存在するだろうか。『地球外生命はあるに違いない』と私は思っていますが、発見される以前に、どのような元素を中心にした、どんな生物が可能かを想像するなんてことは、われわれの想像力をはるかに越えていると思います。残念ながら想像力不足なんです。元素の物理化学的性質がいくら詳しくわかったとしても、どんな化合物がつくれるかくらいは想像できても、化合物の集合体として今の地球上の生物が生まれることを想像することは、到底できないでしょう。生物をいくらか知っている現在のわれわれでさえも、これから1千万年の後にどんな生物が誕生するかでさえ想像を越えている。まして、全然別の生命の可能性についてまで想像をめぐらせるのは無理です。

この問題は、別の問い方をすれば、生物であるとは、どういう性質・機能を持ったものとしてわれわれは認識してるんだろうか、ということに行き着きます。『生命とは何か』ということですね。『生物はあらゆる可能性を試みる』ように私には思えますが、どういう性質

を持ったものに遭遇した時、われわれは、『生命体に出会った』と認識するのだろうか。ソラリスの海は生命体だったんだろうか。答えは皆さん考えておいてください。試験に出す、と言わないと考えないかな。

科学は認識である

こういう話を、遊びのようなむだ話と思ったヒトも居るかもしれないが、そうではないつもりです。『科学は認識である』と言われます。然りです。自然科学は、自然がどうなっているかについての認識を深める学問です。生物学は、自然科学の中で特に生物がどういうものであるかの認識を深める学問です。分子生物学は、生物とは何かを分子レベルから理解しようとする学問です。自然科学を学ぶことは、単に、今までに得られている知識を聞いたり、読んだり、覚えたりといったものではないのです。それはそれで必要なプロセスではありますが、『生物とは何か』、『分子生物学から見た生物とは何なのか』について認識を深めることが根幹なのです。ただ、その答えは1人1人が出すものであって、講義はその手助けの一部をするだけです。いきなりそんなことを言われても、何を言わんとしているのかわからないかもしれませんが、だんだんにそのことをわかってもらいたいと思います。高級だねえ。

今日のまとめ

話はずいぶんあれこれと多岐にわたりましたが、『DNAを遺伝子とすることはすべての生物に共通の古い性質である』、『遺伝子を比べれば生物の系統がわかる』ということから、生物全体が3つに大別され、すべての真核生物はその中の1つに過ぎないことがわかった。原核生物と真核生物は、下等・高等という関係より、『別の生存戦略を持った兄弟』である。歴史的には大先輩の原核生物がバクテリアのままなのに、後発の真核生物が短期間の間にかくも多様に展開できたのは、『無駄なDNAをたくさん抱えながら生きる戦略』をもったためである。その結果、『新しい遺伝子を持てるようになった』。真核生物は、お互いにずいぶん異なった生き物のように見えても、遺伝子レベルでの共通のしくみに貫かれている。もちろん、個々の生き物としての工夫もこらしている。ヒトはこういう生物界の一員である。

ここまでが講義全体のイントロダクションです。イントロダクションではあるが、単なる前置きではなくて、講義全体を貫く本質的なところでもあった。では今日はこのへんで。

Column 古細菌と真核生物は近縁

遺伝子の構造解析から、生物全体を真正細菌、古細菌、真核生物の3つに分けることを紹介しました（ウーズ、1990年）。この3つのグループは、界より上位の階層としてドメインと言います。中国語では、超界と言うらしい。

生物界を3つのドメインに分ける75ページの図2-18をもう1度見てください。全生物に共通の古い先祖は、古細菌に近い超好熱細菌と考えられますが、そこからまず真正細菌の枝が分かれます。古細菌から真核生物の枝が分かれるのはその後です。これは、真核生物は、真正細菌より古細菌のほうに近い仲間であることを示しています。真核生物と古細菌が近い関係にあることは、遺伝子の構造だけが根拠ではないんです。クロマチン様構造の存在、タンパク質合成系の特徴など、細胞の基本的な構造や機能に関しても真正細菌とは大きな違いがあって、古細菌と真核生物とでは共通性が高い。

古細菌を母胎にして有核の細胞ができ、それに真正細菌が共生することでミトコンドリアを得た（植物ではさらに葉緑体も）ものが真核生物である。共生の前か後かは別にして、先祖の古細菌から、核膜に覆われた核を持ち、DNAが増え、遺伝子が増え、細胞内構造が複雑になり、細胞が大きくなる、といった変化を遂げて真核生物になった。意外ではありますが、これが現在の理解です。

今日の講義は...
3日目 DNAと核の基本的な構造と意味

1. 真核生物DNAのサイズと量

1 DNAについておさらいしよう

a 遺伝子はDNAである

原核生物から真核生物まで、生物の遺伝子はすべてDNAです。これは非常に大きな共通性です。ただウイルスには、遺伝子としてDNAだけでなくRNAをもつものもあります。形も、閉環状二本鎖DNA、直鎖状二本鎖DNA、直鎖状一本鎖DNA、直鎖状二本鎖RNA、直鎖状一本鎖RNAなど、さまざまです。

b 真核生物のDNAは直鎖状である

二本鎖DNAの形は、3種類あります。form Ⅰ、form Ⅱ、form Ⅲだったね（図3-1）。

form Ⅰは閉環状二本鎖DNAで、鎖全体としてねじれが入っている。Closed circular DNA、super coiled DNA、coiled coil DNAあるいはtwisted formなどとも呼ばれます。このDNAには末端がありません。細かいことを言うと、DNAの二重らせんを巻き戻すようにしたためのねじれと、逆に、二重らせんをきつく巻くようにしたためのねじれがあり得ますが、ここでは省略します。form Ⅱは、例えばform ⅠのDNAの一本の鎖に切断（nick）がはいってねじれが解消された形です。Open circular DNA、relaxed DNAとも呼ばれる。ねじれがない形で2本の鎖ともつながっていて末端がないものもform Ⅱといいます。リラックス型ではあるからね。form Ⅲは直鎖状のDNAです。末端がある。ウイルスでは、直鎖状二本鎖であるにもかかわらず、両末端部分が一本鎖になっていて、そこの塩基配列に相補性があるために、環状のform Ⅱの形をとれるものもあります。バクテリオファージλがそうだったね。

これらのDNAは、分子量が同じでも全体の形が異なるために、電気泳動した時の移動の速さや、超遠心分離した時の沈降速度に差があります。form Ⅰは一番コンパクトにまとまっていて、移動する時の抵抗が小さいので、移動速度は一番速い。form Ⅱとform Ⅲのどちらが遅いかは、溶媒などの条件によります。

原核生物のDNAはform Ⅰですが、真核生物のDNAは例外なくform Ⅲで、直鎖状です。原核生物と真核生物の大きな違いです。真核生物でもミトコンドリアや葉緑体のDNAはform Ⅰです。もともと原核生物だったから。

c 真核生物DNAは直鎖状だがねじれがある

真核生物のDNAは直鎖状なので、ねじれができてもすぐに解消すると思うかもしれません。図で描くと、いつも太短かなDNAだから、簡単に解消すると思うか

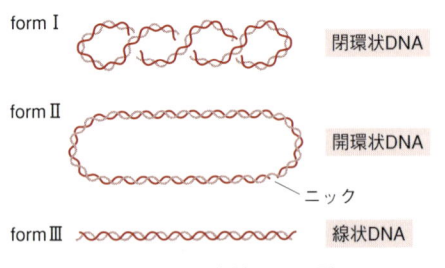

図3-1　二本鎖DNAの形

もしれない。これは事実に反する。実際には、**非常に長いためと、DNAはタンパク質と強固な複合体を形成していることのために、局所的にできるねじれは放っておいても解消しません。**例えば、DNA合成のことを考えてみると、複製しているところでは鋳型のDNAが二本鎖をほどくヘリカーゼによって一本鎖にほぐれます。このとき、これから複製する二本鎖の親鎖が激しく回転するか、あるいは複製しつつある親鎖と新生鎖からなる部分（こちらは2本の二本鎖DNA）が全体として激しく回転するかしないと、鋳型二本鎖DNAにはどんどんねじれが溜まってしまう。RNA合成の場合も同様ですね。そんな回転は不可能だ。ねじれを防ぐ、あるいはねじれを解消するしくみが必要です。

d トポイソメラーゼというもの

DNA合成やRNA合成が進行する際にできるねじれは、鋳型鎖の二重らせんがきつくなるようなねじれがたまります。**トポイソメラーゼⅠという酵素があって、それを解消すると考えられます。**鋳型鎖の一本を切断することによってDNAが回転できるようにし、ねじれを解消してふたたび鎖をつなげるものです。DNA合成、RNA合成、DNA修復などの過程で必要なものと考えられ、実際、トポイソメラーゼⅠの阻害剤で細胞を処理すると、DNA合成もRNA合成も阻害されます。

逆に、**二本鎖を切断してDNAをひねってねじれをつくり、再び鎖をつなげるトポイソメラーゼⅡという酵素もあります。**二本鎖切断を起こし、切れたところを別の二本鎖DNAを通過させてから、切断されたDNAをつなぐという離れ業をするんです。これは、染色体の骨格としてDNAをつなぎ止める足場構造をつくる主なタンパク質でもあり、DNAのねじれ構造を作ったり、二本鎖DNAどうしのからまりを解消するうえで重要な役割をしているものと考えられます。実際、2つの環状DNAが鎖のように連なったもの（concatenated DNA）にトポイソメラーゼⅡを働かせると、2つの輪が外れます（図3-2）。外れた2つの環状DNAになる。トポイソメラーゼⅡの阻害剤で細胞を処理すると、主に細胞分裂のところで阻害されます。核の中にあるDNAが、細胞分裂時にはまとまって染色体をつくり上げますが、阻害剤を与えると染色体がうまくできない。核内にあるDNAのからまりを解消できず、染色体としてまとまれないものと考えられます。

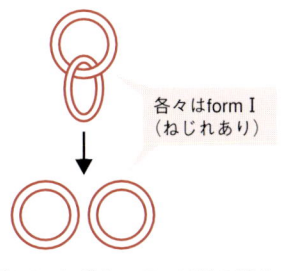

図3-2　トポイソメラーゼⅡの働き
各々はform Ⅰ（ねじれあり）

e ヒト細胞のDNA

核あたりのDNA含量は、ヒトの体細胞ではおよそ6pgです。この程度の概略の数字は覚えておいて下さい。細胞をどのくらい集めれば、どのくらいのDNAが取れるかの概算くらいはできた方が良い。ピコという単位は知っているね、10のマイナス12乗です。小さい方はm（ミリ）、μ（マイクロ）、n（ナノ）、p（ピコ）、f（フェムト）、a（アト）くらいまでは知ってて下さい。大きい方は、K（キロ）、M（メガ）、G（ギガ）、T（テラ）、P（ペタ）くらい知っていれば困らない。

6pgのDNAは、約6.4×10^9塩基対（base pair：bp）で、長さにして約2mになります。核の直径は大体5から10μm。これを1,000倍してみると、直径0.5から1cmの核の中に、直径1μmで長さ2kmのDNAが詰め込まれていることになります。直径1μmじゃ模式図に表せない。もう100倍すると、直径100μmのDNAの糸が長さ200kmだね。これが直径50cmから1mの核に詰まっているんです。これを想像できますか。

> 核のなかはDNAがギシギシに詰まっているんですね

DNAを模式的にあらわすとき、非常に太くて短いものとして表さざるをえない。**黒板に描く時の二本鎖DNAは直径5cm位はあるんだから、このとき細胞1個分のDNAは10万kmの長さがあるんです。赤道を2周半するんです。**実際にはこれほど長いものを相手にしているのだ、図に表す部分は非常に一部分に過ぎないのだ、という感覚を是非是非忘れないでもらいたいと思います。つい忘れるんだけどね。これはすごいことだと思いませんか。ちょっと想像を越えている。DNAの糸がどうしてもつれたり切れたりしないのか、驚異的なことだと思います。DNAを鋳型にしてRNAが合成される。DNAは複製する。細胞分裂に際しては

正確に2つの細胞に分配される。細胞はこれらのことを日常的に問題なくこなしているわけですが、いったいどうやってるんだろうね。すごい、としか言いようがない。皆さんの身体は、そんな驚異的なことを平気でやっている60兆個もの細胞からできているんです。でも60兆なんて、どうやって数えたんだろうね。

2 DNAのサイズと量

a 真核生物のDNAは量が多い

概略は図3-3を見てもらいましょう。この図はハプロイドつまりゲノム1セットあたりのDNA量を示しています。原核生物はそのままでよいが、多くの真核生物の体細胞は2倍体だから、この2倍量を含んでいることになる。大雑把には、**原核生物より真核生物のDNA量が多いのは歴然としています**。

大腸菌は約 4.5×10^6 塩基対、長さにして約 1.5mm になります。1つの遺伝子の大きさを1,200塩基対（約400アミノ酸）と仮定すると、3.8×10^3 の遺伝子があることになる。実際には約4,000個の遺伝子があるので、まあ妥当な推定といえる。**マイコプラズマは、単独で生活しうる一番小さな原核生物で、遺伝子としては500〜1,000個くらい持っている**。このあたりが単独で生活しうる最小の遺伝子数と考えられる。マイコプラズマには寄生性で従属栄養のものが多く、多くの栄養素を周囲から得ることができるために、大腸菌などより遺伝子数が少なくても生きられる。独立栄養で生きるための最低の遺伝子数は、大腸菌を大幅に下回るわけには行かないものと思われます。ウイルスの場合は、大きいものは100を越える遺伝子を持つものもありますが、単独で生活したり増殖することはできません。一番小さなウイルスは遺伝子を3つしか持っていない。

真核生物は、いわゆる下等なものであっても、大腸菌の10倍はDNA量が多い。ヒトでは大腸菌の約1,000倍です。ま、1,000倍も賢いかどうかわからないけど。

b DNAの本当のサイズ

真核生物の細胞は多くのDNAを含んでいる。ヒトの体細胞は2倍体で、細胞あたり約2mのDNAを含む。2セット46本の染色分体に相当するとして、平均約4cmのDNAに分かれていることになる。ただ、**染色分体1本分が、1つながりのDNAかどうかは証明が難しい**。比較的短い（といっても大腸菌DNA程度の長さはあったとしても）DNAどうしがタンパク質で強固に連結されているのではないかという考えも過去にはありました。細胞内にあるままのDNAについて、これを確かめる物理化学的な方法は現在でもありません。かといって、DNAを精製するために、どのようなマイルドな方法で細胞を

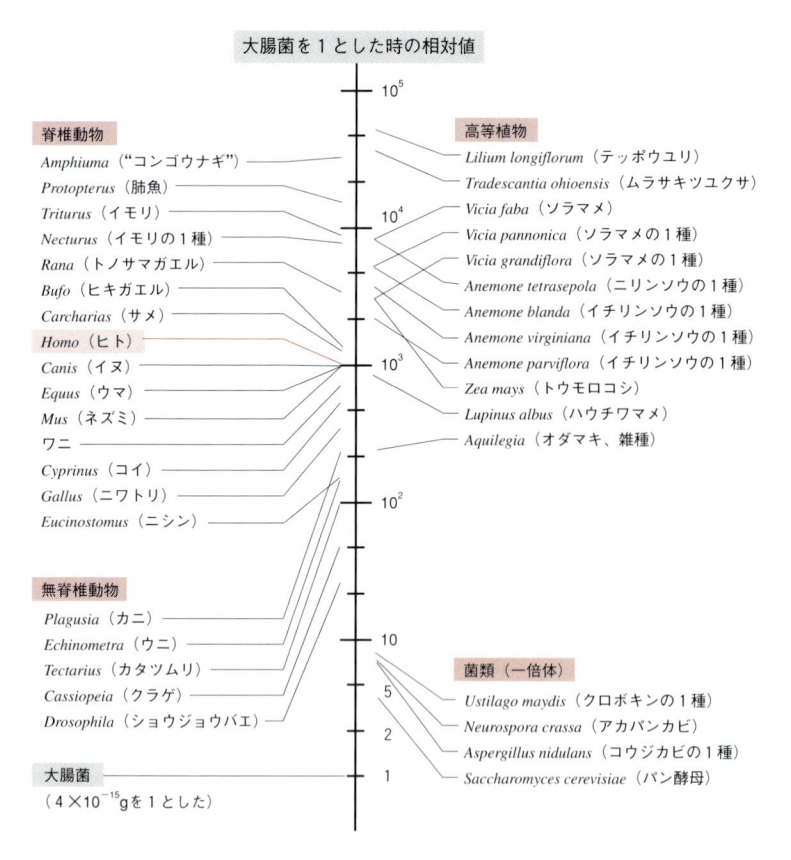

図3-3　真核生物の細胞あたりDNA含量

壊してもDNAの切断は避けられません。直径わずか1 nmの糸に過ぎないんだからねえ。ほぐれる段階で局所的にはかなりの力がかかって切れる。DNAからタンパク質を除去する段階では間違いなくDNAは切れる。**数cmもあるような1つながりの巨大DNAであるかどうかを直接に証明する方法は、現在でもないんです。**しかし、さまざまな間接的な結果の蓄積から、染色分体一本のDNAは1つながりであると信じられています。大きな染色体では、5〜6 cmもの長さのDNAが含まれることになります（図3-4）。

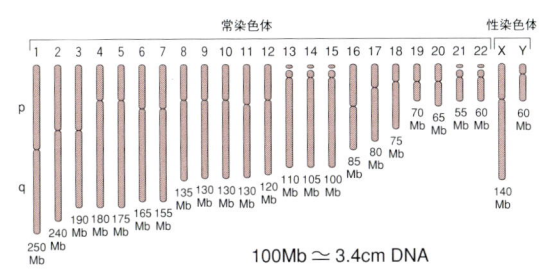

図3-4 ヒトの染色体とDNAサイズ分布

100Mb ≃ 3.4cm DNA

C DNAはどこまで増やせるのか

さて、図3-3を見ると、細胞あたりのDNA量はヒトが一番多いわけではない。ヒトを含めた哺乳類はほとんど一定ですが、ハイギョやイモリなどの仲間の脊椎動物や、植物の一部にはヒトに比べてDNAが10倍を超える程多いものがあることがわかります。真核生物の細胞あたりのDNAは、どこまで増えることが可能なのだろうか。どこまで染色体数を増やすことが可能なのだろうか。また、一本の（1つながりの）DNAはどこまで伸びることが可能なのだろうか。これに対する適切な答えを私は知りません。ただ、増やせば増やす程、複製や細胞分裂の際に誤りを起こす可能性が高くなると思うので、どこかに現実的な限界があるのだろうと思います。

d 増殖しない細胞ならDNAをうんと増やせる

ヒトの体内では、**メガカリオサイト（巨核球）**という細胞が、これは骨髄にあって血小板をつくる細胞なんだけど、核も細胞質も分裂することなく何回もDNA合成する結果、大きな核のなかに非常に多くのDNAを持っている。**数十倍体あるいは数百倍体といわれる。**取りあえずDNAをどこまで増やせるかについては、ここまで増やせる。でも、この状態のままでは、細胞分裂して細胞が増えるわけには行かないらしい。横紋筋の細胞は、たくさんの細胞が融合してできますが、核は融合せず、筋繊維のタンパク質が詰まった大きな細胞の中に**多数の核を持つ多核細胞**です。これも、細胞分裂はしません。昆虫のなかの双翅類というのはショウジョウバエやユスリカの仲間ですが、唾液腺細胞のクロマチンが核ではなくて染色体の形で存在しているだけでも不思議なんだけど、普通の細胞の数百倍の量のDNAが平行に並んで、染色体を作っている。**多糸染色体**と言います。相同染色体が完全にくっついているので、染色体の数としては体細胞の半分しかない。1つ1つの染色体が巨大なんです。この状態でも遺伝子の発現はしますから、普通の染色体とは違うんですね。遺伝子が発現しているところはクロマチンがほぐれていて、パフと呼ばれる。ふわっと膨らんでます。お化粧道具のパフだね。耳かきについているふわふわ部分は、日本語では梵天というんだそうです。梵天丸は伊達正宗の幼名。油断するといくらでも脱線する。

これらの細胞は、1つの細胞の中にたくさんのDNAを含みますが、分裂できない細胞です。普通の細胞のあり方としては、ヒトの数十倍のDNA量をもつイモリや植物が限界だろうって想像するのは簡単なんだけど、限界についての理論的な根拠を私は知りません。

3 DNA量の意味

a DNAは多いほど高等か

図3-3を見て、概略的にはDNA量と高等・下等とは相関することが言えそうです。

> DNA量は生物にとって必要な遺伝子数に概略的には比例する、あるいは体の複雑さに概略的には比例するのでしょうか？

そういう感じはありますね。哺乳類は原索動物より後から出現して、より複雑でより高等でありDNA量も多い、といった感覚ですね。高等という言葉は使いたくないので、体のしくみがより複雑、と言った方がいいかもしれない。ま、『いわゆる高等』ということで使

っているまでです。真核生物は進化の過程でだんだんにDNAを増やしてきたと思いますから、概略的には最近出現した動物ほどDNA量が増えている、そして高級な生き物であるのは、当たり前といえば当たり前のように思うかも知れません。

b 急にDNAが増えたものがある

でもね、もう少したくさんの生物で調べると、下等・高等という違いより、門や綱によって、DNA量に幅があるものとそうでないものがあることがわかります（図3-5）。これはどういうことだろう。今生きているすべての真核生物は、最初の真核細胞から考えれば、みんな同じ時間を生き延びてきているんです。現在生きているヒトもプラナリアもゾウリムシも、それだけじゃなく、原核生物である大腸菌も同じなんだね。だから、『同じ時間が経過すれば、同じようにDNAが増えるということではない』ことは明らかである。いいね。これはちょっと重要なことだよ。『急速にDNA量を増やした生物』と『そうでない生物』がいるということであるらしい。他の生物から枝分かれした後でね。原索動物より脊椎動物の方がDNA量が多いのは、両者が別れた後で、脊椎動物の方が急速にDNA量を増やしたはずです。

それはそうですが、急速にDNA量を増やせたものが、必ず高等と言われるものになるとは限らないことも確かだね。哺乳類より多くのDNAをもつ生物がいる。別に哺乳類が一番偉いってわけじゃないから構わないのですが、それがどのような意味があるのか、わかってはいません。単純に考えれば、この余計なDNAを使って将来すばらしい機能を発揮するようになる可能性は、なくはない。ヒトを越える生き物になる可能性さえある。すごい超シーラカンスと

かウルトラカエルとかね。近縁種であるにもかかわらず、著しく異なるDNA量を持つものがあることについて、C-value paradoxと言います。Cはこの場合DNA量のことと考えてください。近い種類の間で、なんでこんなにDNA量が違うのか、という疑問がある。近縁種の間では、遺伝子の必要な数も働きも、そう大きく異なるはずはない。だから必要性とは無関係のパラドックスなんです。

c 哺乳類のDNA含量は非常に一定である

魚類や両生類はDNA量がものすごく違う生き物を含んでいますが、哺乳類の間では、染色体の数は異なりますが、DNA量はほとんど一定です。不思議なくらい一定である。原始的な哺乳類でもサルでもDNA量はほとんど変わらないし、ヒトでもほとんど変わらない。DNA量が増えたために、ヒトは他の動物とは違って高い知能をもつようになった、ということで全然はない。脳が大きくなって高い知能を持てるようになったのは事実であっても、その違いの原因は単純なDNA量では

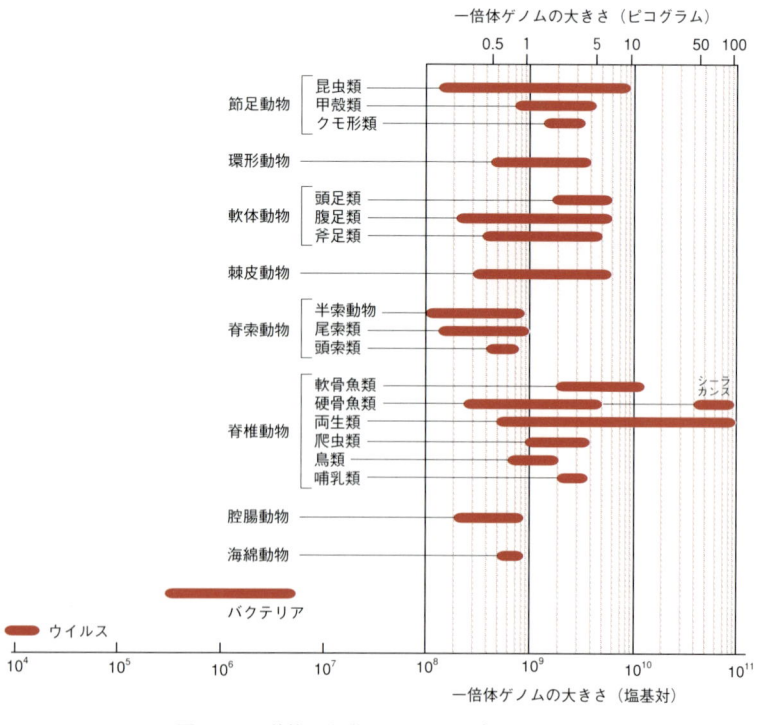

図3-5　動物の細胞あたりDNA含量の分布

ない。

　哺乳類ではDNA量が変わり難くなってしまったのか、哺乳類がきわめて小さな集団だから変化が少ないのか、哺乳類が生まれてからまだ時間が短いからなのか、そのあたりはわかりません。もし、哺乳類が変化に乏しい性質になってしまったのなら、これ以上の大きな展開は難しく、絶滅への道をたどるのかもしれない。でも、DNA量ではない何か別の工夫をして、多様性を引き出すかもしれない。それはわかりません。

　いずれにせよ、『多くのDNAを保持することができる』という戦略を選択した真核生物の特徴は、言い換えれば『気楽にDNA量を変えられる』ということだろうと思います。なんとしても切り詰めよう、などとは思っていない。この点では、『真核生物はいい加減な生き物である』と言ってもいいように思います。原核生物の遺伝子には余裕や遊びがない。逆に、洗練された美しさ、みたいなものを感じることがあります。そう、大腸菌はそれなりに美しい。

d　DNA量は重複によって増える

> 真核生物はどうやってDNA量を増やすのでしょうか？

　1つの遺伝子が2つ、3つと段々に増えることがあるらしい。後でも出てきますが、真核生物には、遺伝子ファミリーといって、よく似た遺伝子がたくさんあるんです。これはおそらく減数分裂の時に不均等な組換えが起きて、1つの遺伝子が2つになる、3つになるということが起きているのではないかと思われます。増えた遺伝子は、その後少しずつ変化して、塩基配列も機能もよく似てはいるが、ちょっと違う役割をもつ複数の遺伝子になる。このように遺伝子を増やすことが起きている。遺伝子ファミリーがあるのはその証拠であると考えられる（図3-6）。

e　DNA量は倍数化でどっと増える

　もっと一気にDNAを増やす可能性がある。昆虫やエビなどでは4倍体や8倍体の系統が安定に存在する。魚類や両生類にも見られますが、植物に特に顕著で、自然界のなかで倍数体がしばしば見られます。C-value paradoxだね。通常は2倍体であるはずの植物が、3

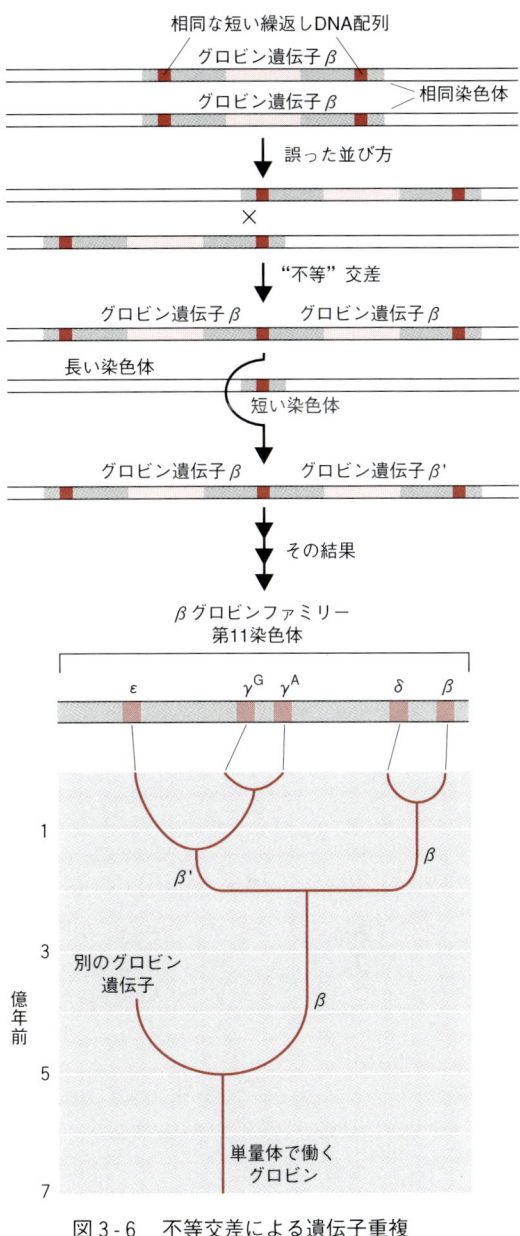

図3-6　不等交差による遺伝子重複

倍体や4倍体になり、それがそのまま維持されている。栽培小麦もそうだったし、月見草（オオマツヨイグサ）も有名だね。倍数体同士は種としての分離ができていないくらい近縁です。そりゃそうだね、持っている遺伝子の種類は同じなんだから。アブラナやタバコなどのありふれた植物でも、4倍どころか6倍体でも安定なんだそうです。4倍体の個体では、体細胞の遺伝子

が4セットあるわけで、生殖細胞には2セット含まれます。こうなると、遺伝子にどんどん変異が起きて、あらたな機能をもつ遺伝子が生じる可能性は非常に高くなる。なぜなら、3セットの遺伝子に変異が蓄積しても、元のままの遺伝子が残っていれば正常なタンパク質ができるわけで、とりあえずはほぼ正常に生きていける可能性が高いからね。しばらくすれば、4倍体である事がわからないくらいに遺伝子も染色体も変化するかもしれません。そうなれば、染色体数の多い2倍体の生物と見なされるようになる。

植物や両生類ではなぜこのようなことが起きやすいのか、なぜ倍数体が安定なのか、なにか秘密があるんでしょう。その秘密はまだわたっていませんが、DNA量は進化の過程で少しずつ増えるだけなく、このように一気に増えた場合もあったことが推測できます。

HOX遺伝子の場合

動物の体つくりに重要な役割をもつHOX遺伝子があります。発生の過程で体節をつくり、各体節の特徴をつくり出すための、マスターキーのような重要な遺伝子です。センチュウでは、似た遺伝子が4つ並んでいます。4つの遺伝子からなるファミリーだね。昆虫ではこれが8つも並んでいる。原索動物のナメクジウオでは10個、脊椎動物では一番下等な無顎類（ヤツメウナギの類だね）から、魚類や両生類でも10個も並んでいる。これが、鳥類や哺乳類になると、13個も連続して並んでいる（図3-7）。ヒトもそうです。それぞれのHOX遺伝子が役割分担して、頭を作ったり、胸や腹の特徴をつくるわけです。HOX遺伝子を1つだけしか持たない生物は見つかっていないけれども、先祖にはそういう生物がいたに違いない。その頃は、体節をつくる役割も持っていなかったかもしれないがね。で、それが遺伝子重複によって少しずつ数を増やして、各遺伝子が役割分担もするようになったってことだと思います。

昆虫やナメクジウオはこのようなHOX遺伝子を半数体当たり1セットしか持っていませんが、脊椎動物ではこのセットを複数持っているんです。ヤツメウナギでは2セット持っている。同じ無顎類でもメクラウナギは4セット持っている。それ以上の脊椎動物は、ヒトを含めて4セット持っている。ヒトの場合、HOX-A

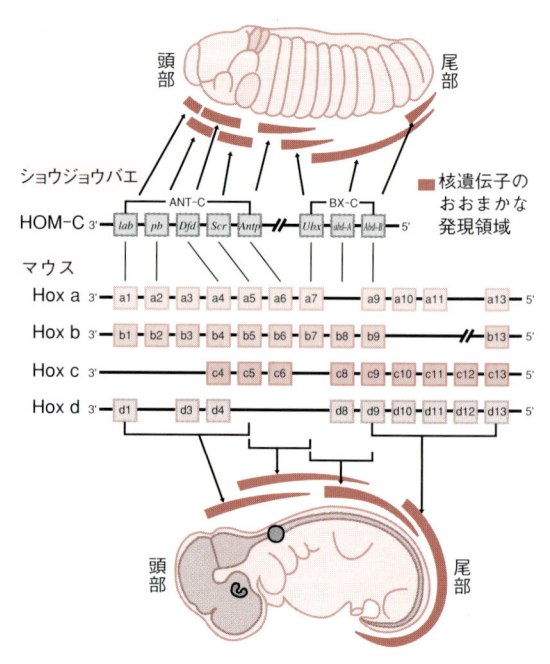

図3-7　ホメオボックス遺伝子クラスターと発生過程におけるそれらの発現パターン

は7番染色体、HOX-Bは17番染色体、HOX-Cは12番染色体、HOX-Dは2番染色体に乗っている。それぞれが13個のHOX遺伝子を持っているわけだから、合計52個ものHOX遺伝子があるわけです。大ファミリーだね。もちろん、2倍体の体細胞では104個ということです。ただ、それらの中のいくつかは、現在では機能しなくなったものもあります。で、セットとして増えたのは、おそらく2倍体、4倍体という形で増えた可能性があります。全体の染色体が倍数化したかどうかわかりませんが、個々の染色体レベルでの倍数化があっただろう。というのは、HOX遺伝子だけではなく、その周囲の遺伝子も同様の行動を取っているからです。HOX遺伝子が増えればそれだけ複雑な体がつくれると言い切るのは短絡かも知れませんが、少なくともその可能性をもつことにはなる。

ということで、遺伝子が重複によって少しずつ増えてファミリーを構成することも、セットとして2倍体、4倍体になって増えて大ファミリーを構成することもあったらしいことが、現在の生き物の中に証拠として残っているわけです。こういうことができるのは、『多くのDNAを保持することができる』ような戦略を選択

した真核生物の特徴であり、それをもとにして『真核生物は気楽にDNA量を変える』わけですね。

4 遺伝子の数とタンパク質の種類

a 真核生物のDNA量は多いが遺伝子数は少ない

真核生物のショウジョウバエでは、1セットのゲノムあたり1.4×10^8塩基対、2倍体細胞としてはこの2倍のDNAを含みます。さきほどの仮定では約1.2×10^5個の遺伝子を含むことができます。しかし、全ゲノム配列の決定から推定された遺伝子の数は約**14,000**です。およそ10分の1ですね。ヒトでは1セットのゲノムあたり3.2×10^9塩基対、2倍体細胞としてはこの2倍のDNAを含みます。1セットのゲノムは、先ほどからの仮定に立てば、遺伝子として計算上、2.7×10^6の遺伝子をもつことができる。ざっと300万個ですね。しかし、最近のヒトゲノム計画の成果から**約3万程度の遺伝子しか持っていない**ことがわかりました。4万くらいかも知れませんが、概略100分の1だね。なぜ見積よりこれほど少ないかは後から考えるとして、3万個という遺伝子の数を多いと見るか少ないと見るか。

多くの研究者は、ヒトの遺伝子があまりにも少ないのでびっくりしました。私もです。100万の桁であるとは思っていませんでしたが、10〜20万くらいはあるだろうと多くの研究者が想像していたと思います。ヒトの遺伝子の数は大腸菌に比べて**10倍以下**しかない。ショウジョウバエに比べてわずか2〜3倍でしかありません。ヒトがヒトであるためには、もっとずっとたくさんの遺伝子が必要であり、働いているものと想像していたわけです。ちなみに、**シロイヌナズナ**という植物の全配列がわかって、**遺伝子は約26,000個**だそうです。ヒトとそんなに違わない。

> 植物なんて体のつくりが簡単だから、遺伝子はずっと少なくてよさそうに思いますが、どういうことなんでしょう？

b 遺伝子は少なすぎるか

私には別の感想もあります。ヒトは大腸菌の10倍以下しか遺伝子を持っていない。確かに少ないような気はする。ただ、大腸菌はこれでも独立栄養で生きるに十分な遺伝子を持っているわけです。簡単な化合物から、アミノ酸、脂質、糖質、核酸などあらゆるものを合成する。長い合成経路を司る酵素群を考えると、これには相当な数の遺伝子が必要なんです。ヒトは従属栄養ですから、アミノ酸や糖や脂質をつくる遺伝子は大腸菌より少なくても済む。そのうえ、10倍というと少ない様ですが、生活費込みで15万円で暮らしていた学生が150万円使えるとなれば、135万円も余計にあるぞ、と考えてもよいわけですね。これは自由に使える。そう考えると10倍というのはラクシャリー遺伝子としてそんなに少ない数字ではない、という気もするんです。

c 少ない遺伝子から多くの種類のタンパク質をつくる

さて、遺伝子の数についての予想と実際との矛盾について、真核生物は、立派に工夫しているらしい。1つの遺伝子から読み取られるhnRNAをもとに、スプライシングによって除かれるイントロンやエクソンを選択すること（differential splicing）によって、複数種類のmRNAを作り出し、複数種類のタンパク質を合成することで、実質的に遺伝子の数を増やしているのではないか、との考えがあります。このことは後でくわしく言いますが、実際、このようにして、1つの遺伝子から複数種類のタンパク質ができる場合は、少なくありません。さらに、植物の場合ですが、別の遺伝子からできたhnRNAを、スプライシングの過程でつなぎ合わせて、1つのmRNAをつくる**遺伝子間スプライシング（intergenic splicing）**などという驚くべき方法で、新しいタンパク質をつくる場合さえあることがわかってきました。これは、ゲノムの塩基配列を見ているだけではわからない工夫です。ヒトでもあるかもしれない。すごいもんだねえ。何でもありって感じがします。生物は、**可能なことは何でもやってみる**。転写・翻訳のところでもまた紹介しますが、これらの方法によって、遺伝子の数を実質的に2倍にも3倍にも増やしています。もちろん、まだわれわれが知らないしくみによって、遺伝子の実質的な数をさらに増やしている可能性も否定できません。

d 原核生物も少ないDNAから多くの種類のタンパク質をつくる

　原核生物には原則としてイントロンとかスプライシングとかがありませんから、このような方法で1つの遺伝子部分から複数のタンパク質をつくるわけにはいきません。しかし、何しろ原核生物は少ないDNAを効率よく使う名人です。特にウイルスの場合はそうです。バクテリアに感染するバクテリオファージでは、1つの遺伝子部分のDNAから作ったmRNAを、塩基配列の読み取り枠を変えて2種類のタンパク質をつくる場合があります。その気になれば最大3種類つくれるわけだね。二本鎖DNAの両方の鎖をそれぞれ鋳型として使って逆向きのmRNAをつくり、全然別のアミノ酸配列を持ったタンパク質を作る場合もあります。遺伝子部分のDNAは、一方の鎖（sense strand）がアミノ酸の配列情報を担う塩基配列を持つなら、他方は意味のない鎖であるのが普通ですが、逆に読んだ方にも別の意味があるわけです。『鯛釣り船に米押しダルマ』という何となくおめでたい言葉を逆に読むと、関西弁のちょっとエッチな言葉になる、というようなものだね。これは覚えなくてもいい。

II. 真核生物にはどんなDNAがあるか

　繰り返しになるかも知れませんが、ここで遺伝子というのは、いわゆる構造遺伝子のことで、基本的にはRNAとして読みとられる部分のことにします。さて、ヒトの遺伝子の数は大腸菌に比べてわずか10倍でしかない。しかし、DNAの量は約1,000倍あります。少なくとも、一定のDNAのなかにどれだけの情報量を持てるかという効率を考えれば、ヒトは大腸菌にくらべて100倍も効率の悪い生き物であることを示しています。これはいったいどういうことなのか。原核生物は、この効率を最大に高めて、コンパクトなDNAをもち、個体数を効率よく増やす戦略を選択したことを前に言いました。真核生物は、DNAをたくさんもつことを生存戦略として選択した、とはいいながらも、効率が悪いなら悪いなりに、どのようなDNA上の特徴があるかは見ておく必要があります（図3-8）。

1 イントロンと発現調節領域

a 構造遺伝子はエクソンとイントロンから成り非常に大きい

　1つは、遺伝子の大きさの違いです（図3-9）。タンパク質の情報をもっている遺伝子1つの大きさは、原核生物では大きいものでも数千塩基対です。3千塩基対の遺伝子でも、アミノ酸にして1,000個、分子量10万以上のタンパク質をコードできます。それに対して、真核生物の遺伝子部分は、しばしば10万塩基対あるいはそれ以上にも達します。100倍も長いわけだね。ただ、遺伝子は大きくても、その情報から作られるタンパク質が大きいわけではない。それは、アミノ酸に対応する情報を持つエクソン（exon）部分が、アミノ酸に対応しないイントロン（intron）部分によって分

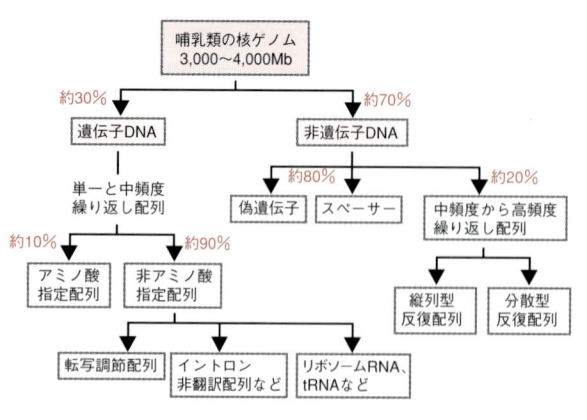

図3-8　哺乳類はどのようなDNAをもっているか

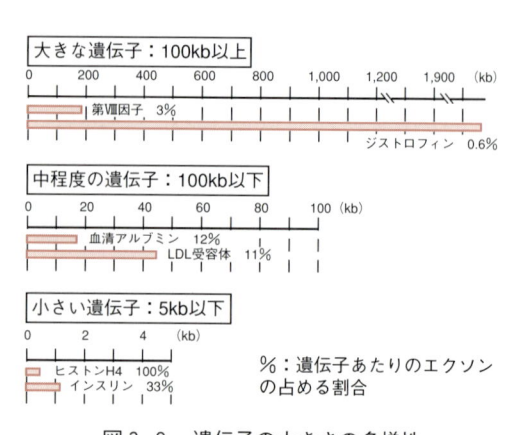

図3-9　遺伝子の大きさの多様性

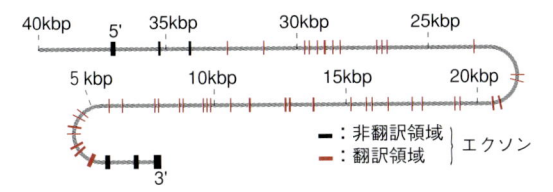

図3-10　ニワトリのIα2コラーゲン遺伝子

断されているからです。大きなタンパク質ではエクソンが10も20もありますが、長さとしてはイントロンの10分の1にも満たないのが普通です（図3-10）。イントロンとエクソンから成る全体を構造遺伝子ということにする。遺伝子の役割がタンパク質の情報をもつことにあるとすれば、イントロンという大きな無駄を抱えていることになります。原核生物の遺伝子は、原則としてイントロンが無い。

この構造遺伝子からmRNAができる時には、まず**構造遺伝子部分の全長を読み取った巨大なhnRNAが合成され、その後で、エクソン部分だけを残したmRNAに作り替えられます**。エクソン部分のRNAが切れてつながるということですね。イントロン部分のRNAは消化される。この過程については転写のところで話します。いずれにせよ、真核生物ではほとんどの構造遺伝子がこのような構造を持っており、ヒトでイントロンを持たないのは、ヒストンやインターフェロンの一部など、ごく小さなタンパク質の遺伝子に例外的にみられるだけです。

b 発現調節領域も非常に大きい

もう1つは、遺伝子発現を調節する調節部分の長さの違いです。大腸菌の場合にも、構造遺伝子からmRNAを合成するために、**RNAポリメラーゼが結合するプロモーター領域**があります。プロモーター領域は、**発現を抑制するリプレッサーや促進するタンパク質を結合する領域**も含みます。これらの領域を含めても、構造遺伝子と構造遺伝子の間は、せいぜい百塩基対以下です。また大腸菌では、複数の構造遺伝子が1つの調節因子で調節されるオペロンを形成し、複数の構造遺伝子が一本のmRNAとして読み取られる例がたくさんあります。この場合には、構造遺伝子と構造遺伝子の間はもっと短い。これに対して真核生物では、複数の構造遺伝子が一本のmRNAとして読まれることはな

く、各構造遺伝子の前には必ずプロモーターがあります。しかも、プロモーター以上に長い発現調節領域があり、ときには数千塩基対にも及びます。発現調節については後でやりますが、真核生物では、構造遺伝子どうしの間は非常に長いのが普通であるという特徴があります。

c イントロンの意義

イントロン部分は、タンパク質を合成するためのアミノ酸に対応する情報を持っておらず、合成されたhnRNAの大部分が消化されることは、どう考えても大きな無駄と言わざるを得ません。イントロンは明らかに不要部分であり、エクソンに比べると、近縁な種の間でも塩基配列の違いが大きいのが普通です。DNAの損傷はDNAのどの部分にも均一に起こることを考えると、種の間におけるイントロンの塩基配列の違いは、進化の過程での平均的な塩基配列変化の速度を表しているものと思います。これに対して、エクソン部分の変化は生存にかかわるので、生き残っている生物どうしで比べると変化が少ないように見えるわけですね。

> 進化の速度を表していても、生存とは関係ないですよね。イントロンはなぜ脱落しないのでしょうか？

イントロンは明らかに無駄に見えますが、進化の過程では、新しい遺伝子をつくり出すことに関して非常に大きな役割を担っており、今後もそうであろうと考えられます。

タンパク質は、構造的にも機能的にもいくつかの単位に分けられることがよくあります。似た構造の単位がいくつかつながっている場合と、異なる構造や機能を持った部分がつながっている場合とがあります。これらの単位をドメインと呼びます。三次構造をみても、各ドメインがそれぞれでかたまりを作っていることがしばしばあります。各ドメインは1つのエクソンからなることが多い。**元々は1つのドメインをつくっていた小さな遺伝子が、イントロン部分で不等な組換えを起こすことによって、ドメインのつながったタンパク質の遺伝子に変化することができます**（図3-11）。こうしてできる新しいタンパク質は、しばらくは害も益もないものかもしれない。大きな害があるようなら、そ

の個体はやがて淘汰されるだろうけどね。やがてさらに変化が蓄積して、その生き物が生きるうえで有利な機能をもつようになれば、必要な遺伝子として定着する。その生物は新しい機能を獲得することになる。

このような組換えがイントロンを持たない遺伝子で起きた場合、遺伝子暗号の読み取り枠がぴったり合わない限り、組換え部分から後ろはアミノ酸配列がすっかり変わってしまうか、多くの場合にタンパク質合成の停止暗号が生じて、がらくたタンパク質しかできない可能性が高いわけです。遺伝情報を持っていないイントロン部分が長ければ、この部分のどこで組換えが起こっても、新しいドメインの組合せによる新しいタンパク質（その遺伝子）が生じる可能性が非常に高くなるわけです。組換えの起きる場所は、イントロン内でありさえすれば、いい加減なところで非相同組換えが起きても構わない。このことが、真核生物が遺伝子を改変して、多様な生物を生み出すことができた大きな理由の1つであると思います。

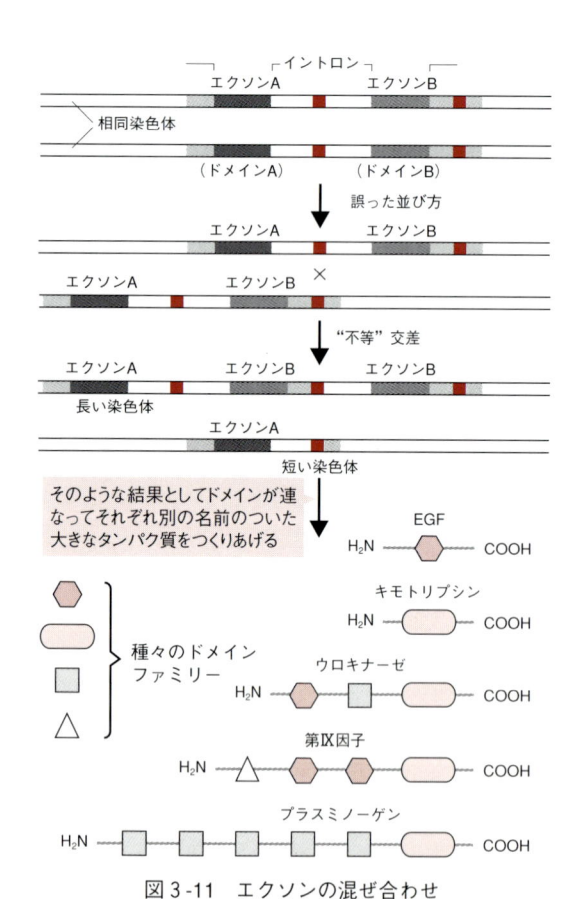

組換えを起こす時に、互いの塩基配列をよく見て、塩基配列の同じところどうしで組換わるのを『相同組換え』と言います。塩基配列が同じでない、いい加減なところで組換わるのを『非相同組換え』と言います。大腸菌などでは相同組換えがよく起こり、哺乳類の体細胞では相同組換えはほとんど起きない。組換えが起きるときには相同組換えでないと困る細胞と、いい加減な組換えでも構わない細胞の違い、という背景と関係があるような気がします。ただ、真核生物でも、積極的に組換えを起こす減数分裂の時は、相同組換えがよく起きます。

2 反復配列

a 反復配列がある

原核生物には反復配列がほとんどないが、真核生物には多くの反復配列がある、という特徴があります。反復とは何か。塩基配列の複雑度というのは、繰り返しのない最長の塩基数です。ATGATGATGATGという配列があったとき、複雑度は3、反復数は4です。4つのコピーがある、とも表現する。短い配列なら複雑度も反復数も正確に出ますが、これが長くなると、例えば1,000を超える塩基対を単位とする繰り返しがあった時、塩基配列が少し違っていても反復であると考えるかどうかは、ややあいまいになります。反復数は、つながっている（縦列型）場合でも、ゲノムのあちこちにあった場合（分散型）でも構いません。

表3-1 に示すのは様々な真核生物DNAの場合の概略です。全体を3つに分けてあります。高度反復配列、中度反復配列、ユニーク配列です。いうまでもなく、

図3-11 エクソンの混ぜ合わせ

表3-1 真核生物にみられる頻度の異なる3種のDNA配列

DNAの頻度クラス	ゲノム中の百分率	ゲノムあたりのコピー数	例
ユニーク	10～80%	1	ヘモグロビン、卵アルブミン、絹フィブロインなどの構造遺伝子
中度反復	10～40%	10^1～10^5	rRNA、tRNA、ヒストンの遺伝子
高度反復	0～50%	$>10^5$	5～300ヌクレオチド配列をもったサテライトDNA

かなり便宜的な分け方だね。これでみると、高度反復配列は、複雑度は小さいけれども非常にたくさん繰り返しています。中程度反復配列は、複雑度はかなり大きくて、これがたくさん繰り返している。残りはユニーク配列で、ユニークといっても1つだけという厳密な意味ではなく、しばしば数個の似た遺伝子の繰り返し（ファミリー）があります。さまざまな真核生物の場合にかなりの幅はありますが、反復配列がたくさんあることはわかるでしょう。

大腸菌などでは、基本的にユニーク配列のみなので、複雑度は全ゲノムの塩基数にほぼ等しく、反復数はほぼ1ということです。まあ、概略的だけどね。

b ユニーク配列と遺伝子ファミリー

通常の遺伝子は、ユニーク配列に属します。ヒトの場合、約70％はユニーク配列ですが、タンパク質の情報を担っているのは、このなかのほんの一部です。ハプロイドあたり1つしかない本当にユニークな遺伝子もありますが、意外に多くの遺伝子が、**遺伝子ファミリー**といって、配列の似た遺伝子の仲間をもっていて、似た機能のタンパク質をつくります。赤血球の中のあるグロビンタンパク質は、大人ではαとβの2種類がありますが、互いによく似ています。それだけでなく、αのよく似たファミリー遺伝子が16番染色体にのっている。βのファミリーが11番染色体に乗っている（**図3-12**）。さらに、筋肉に含まれるミオグロビンという赤いタンパク質があって、これもグロビンと似た構造であり、グロビンファミリーの仲間です。筋肉が赤い

のは血液が混ざっているためではなく、ミオグロビンのためなんだね。

酵素タンパク質のファミリーの場合、それぞれ構造的に似ていて同じ酵素活性を持っているが、基質が違ったり、局在が違ったり、発現する時期が違ったり、発現する細胞が異なったり、役割分担をしている。グロビンは赤血球でしか合成されませんが、εは発生上最も早く作られ、γはその後誕生までの胎児で、βは誕生から一生の間作られるという機能分担があります。シグナル伝達経路で働くたくさんのタンパク質や、細胞周期を調節するタンパク質にもファミリーが多い。

ファミリーの大部分は、先祖は1つの遺伝子で、それが遺伝子重複によって増え、それぞれが後に少しずつ変化した、という話はさっきしたね。

なお、遺伝子全体の配列は異なるが、一部に共通性の高いドメインやモチーフを含むような、キナーゼファミリーやホメオボックス遺伝子群もある。配列としての類似性は高くないが、機能や全般的なドメイン構造の類似性の高い免疫グロブリン遺伝子やHLA遺伝子群は、スーパーファミリーと呼ぶ。

c 中度反復配列

中度反復配列のなかには、素性がわかっている遺伝子もあります。rRNAやtRNAはこれに属し、数百～数千回の繰り返しがあります。遺伝子として増幅している、と表現することもあります。合目的的な説明をすれば、タンパク質の遺伝子は、1つの遺伝子から複数のmRNAを合成し、1つのmRNA分子は複数のタンパク質を合成するので2段階の分子増幅により、1段階の分子増幅しかしないtRNAやrRNAに比べて機能分子が多くなる。しかもrRNAは、すべての種類のタンパク質合成に際して共通に使われるので、たくさん作られる必要がある。このために、**あらかじめ遺伝子を増やしておく**、つまり反復配列にしておくことが、合目的的と考えられます。**ヒストン遺伝子**も5種類のヒストンの遺伝子がひとかたまりになって、数百から数千回の繰返しからなる中度反復配列に属します。ヒストンは、DNA合成にシンクロして、短時間の間にかなり膨大な量をつくらなければならないので、あらかじめ遺伝子を増やしておく意味があるのだと思います。もちろん、増幅することが必要だったから増幅した、

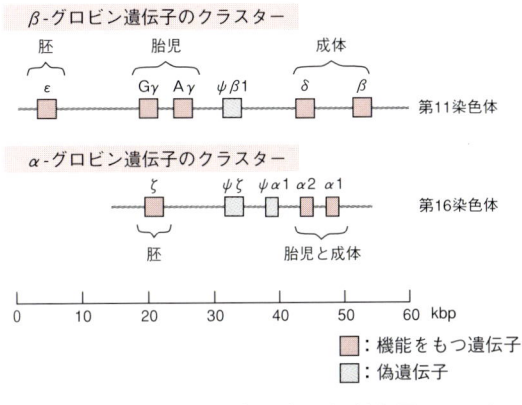

図3-12 ヒトのαおよびβ-グロビン遺伝子クラスターの構成と、発生段階における各遺伝子の発現

ということではなく、増幅した遺伝子をもつものが有利であった、ということだろうね。ほかの反復配列については、そのような役割がわかっていません。

d 高度反復配列

　高度反復配列には、後で言う**テロメアDNA**のように役割のわかった配列もありますが、多くは役割不明です。高度反復配列がまとまって存在すると、その部分は他のDNA部分とはGC含量に違いがでるために、**塩化セシウムによる平衡密度勾配遠心**によって、大部分のDNAと異なるバンドとして分離できます。DNAのGC含量と塩化セシウム中の浮遊密度には正の相関関係があるんです。これを**サテライトDNA**と言います。主なDNA部分に対して、衛星のようなものです。セントロメアDNAの部分も反復が多く、サテライトDNAを多く含んでいます（表3-2）。

e 転移因子（トランスポゾン）

　ヒトのDNAをAluという制限酵素で切断して電気泳動すると、一定のバンドが検出されます。反復配列の中にAlu切断部位があるために、同じ配列の断片がたくさんできるためです。Alu配列は約300塩基くらいの長さですが、遺伝子の中にも遺伝子の外の配列にも普遍的に存在して、全体では50万コピーくらいある高度反復配列です。ものすごく繰り返されてるね。全ゲノム中の5千塩基あたり1回くらい見つかることになります。霊長類のDNAに特有の反復配列なので、しばしばヒトDNAの検出に利用します。ネズミにはない。これだけたくさんの配列が霊長類にだけある、ということは、霊長類が分かれた後で急速に増えたものであることを示唆します。なぜそんなことが可能なのか。

　実は、Alu配列は、**転移因子（トランスポゾン）**ではないかと考えられています。トランスポゾンというのは、DNAから切り出されたり、別の場所に挿入されたりできる、**動く遺伝子**と言われます。バクテリアでは、トランスポゾンの両端に特殊な塩基配列があり、内部に切り出しと組込みに働く酵素トランスポゼースの遺伝子を持っているために、組込まれたり切り出されたりして、ゲノム内を動き回ります（図3-13）。切り出されてプラスミド状態で存在したり、また細胞DNAに組込まれたりもするわけです。Alu配列の場合には、自身の中にはこのような酵素遺伝子を持ってはおらず、おそらく、RNAに転写されたものが逆転写によってDNAになり、それがまた組込まれて、ゲノム全体の至る所に入り込んだのではないかと考えられます（図3-14）。RNAからの逆転写によるものと考えて、**レトロトランスポゾン**といいます。たくさん増える理由もこれなら納得できるね。ヒトではもう1つ**L1**というレトロトランスポゾンが有名です。これもたくさんのコピーがあります。現在のヒト体細胞は逆転写酵素を持っていませんから、どこでこんなことが起きたのか不思議ではあるんですが、全体のことを意識せずに自分勝手に増えて、DNAのあちこちに跋扈しているという意味では、自分勝手な遺伝子ではあります。

表3-2　ヒトの主要な縦列繰り返し配列

種類	繰返し単位の大きさ	反復配列の存在する染色体領域
縦列型反復配列		
サテライトDNA（100kb〜数Mb長に及ぶ）		テロメア（TTAGGGミニサテライトの縦列繰り返し）、数kbの長さ
サテライト2および3	5	マイクロサテライト（染色体全域に広く散在）
サテライト1（高AT含量）	25〜48	セントロメア（多様なサテライトDNA成分）、数Mbの長さ
α（アルフォイドDNA）	171	Gバンド領域（濃く染まる）　*LINE-1*に富む
β（*Sau* 3Aファミリー）	68	Rバンド領域（薄く染まる）　*Alu*配列に富む
ミニサテライトDNA（2〜30kbの範囲）		
テロメアファミリー	6	
超可変ファミリー	9〜24	
マイクロサテライトDNA（多くは150bp未満）	1〜4	超可変ミニサテライトDNA（特にテロメア近傍の領域）
分散型反復配列		
*Alu*ファミリー	約280bpまたはそれ以下	
LINE-1（*Kpn*）ファミリー	6.1kbまたはそれ以下（平均長は1.4kb）	

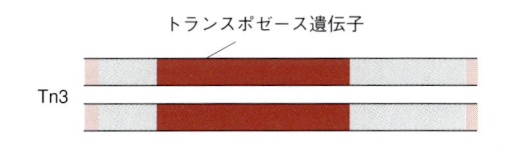

図3-13 トランスポゾンTn3の構造

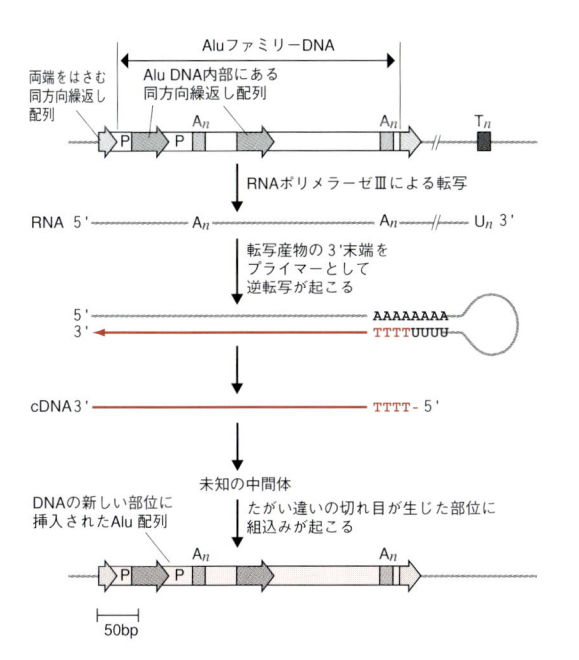

図3-14 Alu配列の増幅と、ヒトゲノム全体への広まり

霊長類が、誕生してから短期間に多様な展開をしたのは、霊長類に特有のこのような配列の出現が寄与しているのではないか、という考えがあります。

高度反復配列の意味

> 反復配列があると、どうして短期間に多様な展開をするのですか？

ゲノムのあちこちに同じ配列のコピーがあると、その配列間での相同組換えによって、別のDNA鎖との間での不等な組換えが起きやすくなる可能性が高い。特に、生殖細胞をつくる時の減数分裂では相同組換えが非常に高頻度で起きますから、ここで起きるチャンスはある。局所的に見ればまさに相同な配列を認識した相同組換えなんだけれども、相同配列の存在場所がず

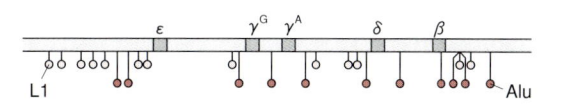

図3-15 ヒトのβ-グロビン遺伝子群

れている場合があるわけだね。結果として遺伝子の重複とか、エクソンの混ぜ合わせによる新たな遺伝子をつくり出す原動力になる可能性があります。で、それは子孫に伝わる。遺伝子が失われた方の子孫は生存に不利で、生存しがたい可能性がありますが、重複した遺伝子は、それ程問題を起こさないかもしれない。いずれの場合も、受精して2倍体になれば、正常な遺伝子を1つは持った2倍体細胞になるので、このような変化をもった遺伝子構成が子孫に伝わる可能性があるわけです。さきほど、グロビン遺伝子ファミリーが遺伝子の重複によってできたのではないかと言いましたが、実際、グロビン遺伝子ファミリーの間には、たくさんのAlu配列やL1配列が存在しています（図3-15）。遺伝子ファミリーがつくられてきた歴史を示しているのかもしれない。反復配列は、1つの遺伝子のなかのエクソンにもイントロンにもあります。過去だけでなく、今後の遺伝子の多様化にも大きな役割を果たすものと考えられます。真核生物のDNAは、以前考えられていたよりずっと変化しやすいものと考える必要があるのです。

生物のどうしてを問う

生き物を見た時、どうしてこうなんだろう、という疑問がたくさんあります。どうして、という問いの内容にはWhyとHowがある。Whyはしばしば目的を問うている。反復配列があるのはどういう目的があってのことなのか。もちろん、どういう目的でこんな行動をするんだろう。どういう目的でこんな形なんだろう、といった問いもあるでしょう。でも多くの場合、生物は目的をもってそうしているとは限りません。ただ、不思議を実現している機構を問い、それを理解することはできる。どのようにしてその機構が成り立ってきたかについて、進化の過程や発生の過程を問い理解することはできる。Howについて答えることはできるわけです。そのことの現在の時点での合目的性や、生物が生きるうえでの役割を答えることもできると思います。

9 反復配列を見る

反復配列の存在は簡単な reassociation kinetics で調べることができます。今どきこの実験をすることはないでしょうが、このあたりを理解するのによい実験なので、ちょっと紹介しておきます。DNAを精製し、図 3-16 のような実験を行います。DNAの変性というのは、二本鎖を一本鎖にすることだね。一本鎖から二本鎖に戻ることをアニーリング（焼き戻し）とか reassociation（再会合）と言いますが、ハイブリダイゼーション（hybridization）の方がよく使われるね。ハイブリダイゼーションは雑種形成と訳されますが、この日本語はあまり使われない。

経時的に溶液の一部をとってハイドロキシアパタイトのカラムにかけ、一本鎖と二本鎖とを分けて定量します。で、実際の結果は図 3-17 のようになります。

縦軸は一本鎖で残っている DNA 量、横軸は一本鎖 DNA の初期濃度（Co）・時間（t）です。Co は一定なので右へ行くほど時間が長くなっている。Co·t に対する変化を見る解析ですから、これをコット（Cot）分析と言います。高度反復配列は、同じ配列をもった DNA がたくさんあって、相補的な塩基配列をもつ相手を見つけやすいので、すぐに二本鎖になる。最初の相手だった分子にはめったに会えないとしても、配列が相補的な DNA はたくさんあるわけだ。中程度反復配列はしばらく時間が経たないと相手が見つからない。ユニーク配列は相手がなかなか見つからないので、二本鎖になるのに時間がかかる。似たものどうしがたくさん居るようなタイプのヒトは相手を見つけやすいけれども、ユニークなヒトは相手を見つけるのが大変だ、というのは実感的でわかりやすい話しだ。そこで顔を見合わせなくってもいいんだよ。

再会合は 2 分子反応だから、C を一本鎖 DNA の濃度とすると、

$$dC/dt = -kC^2$$

$t = 0$ のとき $C = Co$（初期濃度）としてこれを解くと、

$$Co \cdot t_{1/2} = 1/k$$

です。図 3-17 ではそれぞれに属する一本鎖 DNA が半分になるところに相当します。数式を出す程のことじゃないがね。

大抵の真核生物では反復配列、ユニーク配列、それ以外の部分があるので 3 段階で下がるわけですが、大腸菌 DNA を Cot 分析すると、ほとんどがユニーク配列なので、1 段階で下がります。

3 役割のわからない DNA

遺伝子と遺伝子の間には、機能をもつとは思われない部分がかなりあります。ただ単に遺伝子の間をうめているだけという意味で、スペーサー等と呼ぶこともあります（図 3-18）。名前を付けたところで意味がわかったわけではありません。このような部分が遺伝子ではないと判断するのは、遺伝子として mRNA を読み

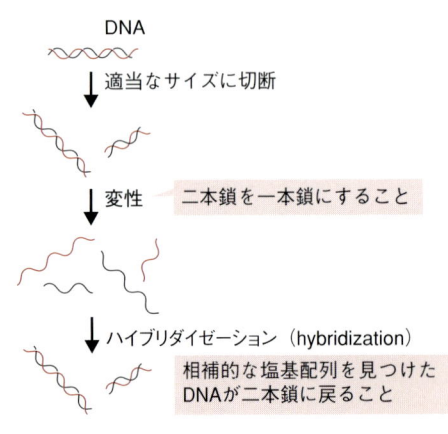

図 3-16　DNAの変性とハイブリダイゼーション

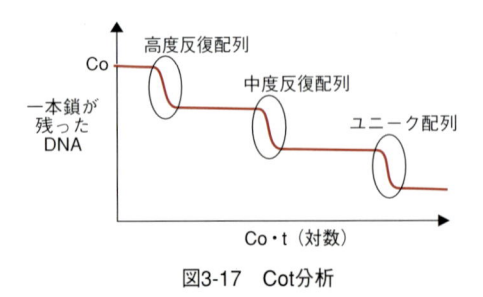

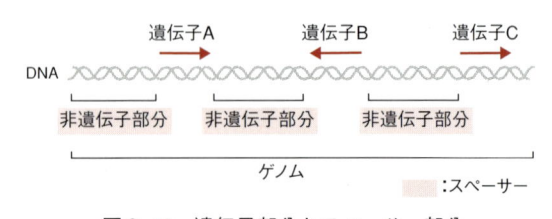

図 3-17　Cot 分析

図 3-18　遺伝子部分とスペーサー部分

取るために必要なRNA合成酵素が結合する部分がなく、タンパク質としての機能をもつために必要なアミノ酸配列の暗号が長く連なっていない、といった理由によります。

　偽遺伝子というのもあります。1つは、知られている遺伝子とほとんど同じ塩基配列であるにもかかわらず、イントロンがない。エクソン部分だけをつないだ形をしている。場合によっては、3´側にアデノシンがいくつもつながっていたりする。これは、どう見ても、mRNAをもとにしてDNAに逆転写され、それがDNAに組込まれたものとしか思えない。転写されれば遺伝子として機能するかも知れませんが、大部分はRNA合成酵素が結合するプロモーター部分がなく、転写されない。もう1つの偽遺伝子は、知られている遺伝子とよく似ているけれども、塩基配列がかなり違っていたりして、遺伝子としては働いていない。こんな遺伝子もどきが結構あります。既知の遺伝子の一部だけの塩基配列が、かけらみたいに存在したりもします。

がらくたはなぜたくさんあるのか

　そのような配列は意味があるのでしょうか？

　少なくとも3つの解釈があります。1つは、意味がないように見えるのは、われわれがその意味を発見していないだけで、重要な意味を持っているはずであるという考えです。これは、進化の過程で不必要なものは、『一度失われると復活することはできない』ので、『現在残っているものは必要性がある』という考えが基本にあります。種の間で保存された塩基配列やタンパク質構造は機能上重要である場合が多い、というのと同様の考えですね。実際、細かく調べれば調べる程、

Column 事実と事実の意味

　DNAの特徴だけにずいぶん時間を費やしました。どういう意味があるかを丁寧に話してる。事実だけでなく、事実の意味を考えることが大切ってことです。教える事実がたくさんあるので、そんなことは言っていられないんだけど、特に、素人向けにはそういう解説があったほうがいい。事実が意味するところは自分で考えろ、って突き放せればそれに越したことはないけれど、無理があるよね。授業では、主にはわかっている事実を教えるんですが、可能な限りは、事実がわかるにいたった経過や時代背景、実験的根拠、その事実に関する生物学的な意味や次の展開への影響などを含めて話したいと思うんです。学生は、どうせ素人なんですから。

　いきなり話は飛ぶけど、『遊びをせんとや生まれけん、戯れせんとや生まれけん、遊ぶ子供の声聞けば・・・』は梁塵秘抄ですね。『白金も黄金も玉もいかにせむ、まされる宝、子にしかめやも』は万葉集の大伴家持です。いずれも小学校か中学校で習ったものです。このくらいなら、特に解説されなくてもなんとなくわかるような気がする。でも、万葉集だろうが古今集だろうが、実際に食いついてみると、うたの羅列だけでとてもついていけない。解説がなければわけがわからない。よさなんてなおのことわからない。ポピュラーな百人一首だってそうだよ。解説されれば、その歌の意味がわかるだけでなく、こんな深い意味があったのか、こんなにおもしろいものかと改めて見直すことになる。解説も学習参考書のような味気ないものでなく、とりあえずの入門には田辺聖子さんの古典解説みたいのがいいんです。素人が読むにはとっつきやすい。どこがいいかというと、解説者自身の対象に対するのめりこみがあって、おもしろくてたまらないという感情がもろに伝わってくるところです。

　何が言いたいのかというと、専門分野の授業についても同じなんです。授業では事実の羅列だけでなく、それはもちろん必要なことですが、事実に対する背景の解説や評価や意味付けが要るってことです。先生ののめりこみも欲しい。マックスウェーバーさんは職業としての学問のなかで、そういう講義をしてはいけないと言ってるんですが、私はできれば、そういう授業をしたいと思います。淡々と事実だけを述べればよく、それに学生が食い付いておもしろさを感じて、自分なりの評価もするというのは、学生の側にかなりの受け入れ準備がなければ難しい。昔はそれでよかったかもしれないが、今はそういう時代じゃない。ただ、1つの解釈というのは、他の解釈もできるよってことをいつも考慮しておいてもらいたいんで、ある解釈について、理解はしてもらいたいが暗記しようなんて思ってもらっちゃ困る。真実と思って紹介していることだって、ある範囲での真実に過ぎないんでね。

生物というものはうまくできている、合目的的にできている。そう実感します。進化の過程を経て存在するものには、すべて存在する意義・価値がある、という原則は正しいことが多い。しかし現状では、多くのがらくたDNA部分はそれ自身の存在意味がなさそうである、という印象はぬぐえない。意味がないとすれば、どうして存在し続けるのか。

で、2つ目は、その部分のDNAには特に存在意味はないというものです。いわばjunk DNAである。正真正銘のがらくたです。なくたって一向にかまわない。なぜ存在できるのかというと、DNA自らが積極的に複製して保存を計っているのかもしれない。DNAが自らの保存を図っているという意味で、selfish（利己的）DNAと言ってもよい。トランスポゾンは結果としてそういう行動をしている。さらに進んで、生物の体は、DNAが自己保存を図るための乗り物に過ぎない、主役は利己的なDNAなのである、DNAはそもそも自己保存を図る利己的なものなのである。などという意見もでています。これは、がらくたが勝手に増える、というだけのこととは次元が違う話ではあるんですが、いずれにしても私にはどうもよく理解できないし、賛成しがたい気がする。

3つ目は、私はこれが正しいと思っていますが、『真核生物の核は多くのDNAを保持できる』、『DNAは相当に変化しやすいものである』という特徴があるために、いつでもかなりの量の『無意味なDNAを抱えた状態にある』のだと思います。がらくたを含めて増えたり削られたりが頻繁に起きている、平衡状態にあるものと思います。頻繁にといっても、進化という時間の長さにおいて、ですがね。進化の圧力としては、ムダなものは1度失われれば復活しない。ただ、がらくたがいつも生産されてしまう。そういう平衡状態にある。個人が生きるためだけを考えれば、それは都合がよいわけでも必要なわけでもない。むしろ、面倒を抱え込んでいるとも言える。ただ、そういうしくみを背負ってしまっている。そういう戦略を選択してしまっている。個人としては無駄なことではあるが、そういう無駄を抱えたおかげで、進化の1つの結果としてヒトの誕生もあった。もちろん、必要な遺伝子が削られれば生きていけないから、そういうゲノムを持った個体は消滅せざるをえないので、生きるうえで必要な遺伝子だけを見れば、変化が少ないけどね。真核生物のDNA

Column　背景の有無で受け取り方が違う

助手の頃、梅澤浜夫という抗生物質の大先生の講演を聞いたことがあります。これはすごかった。事実だけを淡々と述べる。それがすごい迫力だった。こういうことに効く抗生物質が欲しいと思った（そりゃ誰でも欲しい）、新しいスクリーニング法を考えだした（そこは普通は簡単にはいきませんよ）、実際にやったら取れた（簡単にとれるもんじゃありません）、有効成分を精製して構造を決めた（複雑な構造は簡単には決まらないです）、どう効くのか作用機序を決めた（普通はなかなかわからないものです）。たった1つの抗生物質でも普通なら30分から1時間はしゃべる内容です。これが1、2枚のスライドにまとめられていて、そういう例が『はい、次』という感じで次から次へと出てくる。

自分で研究を進める経験をしつつあって、それぞれのステップがどのくらい大変なものかが理解できていたので、この発表がどんなにすごいことか実感できたんだろうね。学部学生の頃だったら経験がないから、淡々とした講演を淡々と聞き流していたかもしれない。大変さを想像しきれない。『あーそんなもんですか』ってね。事実の羅列に退屈したかもしれないし、寝たかもしれない。そういう違いが出るのは仕方ないよね。

自分で勉強する時も、事実を知識として知ることはまず必要なんだけども、事実の背景、意味を読み取るようになるといい。そうやって多少とも背景ができてくると、専門書や原典に直接あたりたいと思うようになるし、原典にあたっても食い付ける、少しは意味がわかるようになるんです。学生実習や卒業実習の経験を積みながらね。皆さんが4年生になると、英語の原著論文を読まされるようになると思いますが、かなりの背景がなければ読みこなせません。意味するところを読み取れない。日本語には訳した、でも何を言っているのかわからない、なんて情けないことになる。論文内容の価値もわからない。それはね、講義や教科書の内容と、専門の論文の間にはまだまだ幅広いギャップがあるからなんです。原典を読みこなすには、さらにこのギャップを埋めないといけない。

はそのような特徴をもつ、と私には思われます。要するに真核生物は、随分いい加減な生き物なんだね。ま、ポイントへの目配りは怠らないけれども、一見茫洋としていて何でもありみたいでいい加減に見えるのが、大物なのかもしれない。そういう人物もいるなあと、納得させられる。

4 DNAの3要素

DNAが核内で『安定に存在』し、細胞が増殖するときには『複製』し、細胞分裂に際しては正しく2つの『娘細胞に分配』されなければならない。このために、それぞれの機能を担う3つの要素、特定の塩基配列があります。それを説明します

a 複製開始点

細胞が増殖するときには、DNAが複製して2倍になることが必須です。はじめにあった二本鎖DNAが、完全に同じ塩基配列をもつ2本の二本鎖DNAになるのが遺伝子の複製ということです。複製の詳細は後からやるとして、ここで最低必要なことは、**複製が始まるには複製開始点（複成開始のオリジン：ori）が必要である**、ということです。大腸菌のような原核生物では、複製開始点はDNAのなかに原則として1個所だけあります。決まった塩基配列で指定されていて、この配列を認識して複製開始にかかわるタンパク質が結合し、複製が開始します。真核生物では、DNAが非常に長いために、複製開始点は複数存在します。このような違いはありますが、複製開始にかかわる一定の塩基配列、複成開始点が必要であることは原核生物でも真核生物でも同様です。

b セントロメア

セントロメアというのは染色体のくびれの部分で、それぞれの染色分体にあるわけですが、ここに**動原体**が形成されて、細胞分裂の時に**紡錘糸**が付着し、染色体を2つの娘細胞に分配します。1つ1つの染色分体が確実に2つの娘細胞に分配されるためには、セントロメアの機能が是非必要です。セントロメア部分のDNAは、繰り返し配列の多い特殊な塩基配列を持っていて、この塩基配列を認識して結合する特殊なタンパク質があり、そのうえに、さらにタンパク質が会合して、他の染色体部分とは違った構造をつくります。ですから、染色体を形成した時のセントロメアという部分、あるいはここに形成される動原体は、元をただせばセントロメアDNAがあってはじめてできるわけです。セントロメアDNAは、**複製したDNAを正しく娘細胞に分配するために基本的に重要な塩基配列である**、といえます。

c テロメア

テロメアは、染色体を形成した時の末端部分のことです。ここには直鎖状DNAの末端が存在する。末端部分のDNAは特殊な配列を持っており、多くの真核生物で5´から3´に向かってグアニン（G）に富むきわめて短い塩基配列の繰り返しになっている。ヒトを含めた哺乳類では、5´-(TTAGGG)-3´という6塩基の繰り返しが数千回繰り返している。これをテロメアDNAと言います。なぜこんなものが必要なのか。

DNAは本来連続的なもので、原核生物では環状二本鎖ですから、末端は存在しません。末端があるとすれば、それはラジカルなどによって切断された場合などの異常事態です。切断に限りませんが、DNAに起きた異常事態は、その細胞の生存にとって一大事です。ひどい異常は死を招きます。ですから、**細胞はDNAに異常がないかどうかを常に監視する機構をもっており、異常を発見すれば直ちに修復する修復系の酵素をもっています**。細胞はDNA integrityの監視機構と、損傷の修復機構の両方を持っているということです。で、切断が起きた場合には、直ちに修復してつなぎ合わせようとします。

ただ、真核生物のDNAは直鎖状なのでいつも末端があり、これを修復するために染色体の末端どうしがつなぎ合わされたら、長い染色体ができ、動原体を2つも3つも持つ染色体ができてしまい、細胞分裂の際に、それぞれの動原体が別の娘細胞側に引っ張られれば、染色体がちぎれます。これでは、せっかく修復酵素が働いたために、なおさら大きな異常事態を招くことになります。要するに、DNA末端があったことが問題だった。そこで、テロメア配列を認識して結合する特別なタンパク質の働きによって、末端をループ状にし、さらにタンパク質で覆うことで末端を隠しているもの

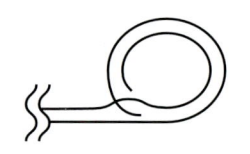

図3-19 テロメアDNAのループ構造

と考えられます（図3-19）。実際、テロメアDNAが短縮したり失われたりすると、染色体末端どうしの融合が増加し、細胞は死にます。テロメア結合タンパク質に変異が起きた場合にも同様なことが起きます。念のために言っておきますが、末端どうしが融合したことは染色体を形成した時、つまり細胞分裂期によく見えるわけですが、実際に融合が起きるのはその前の間期と考えられます。

ちなみに、DNA複製の最中には、新生鎖にはたくさんの末端があるはずですが、これは複製機構を担当するタンパク質群に覆われていて、異常事態としての末端の存在とは認識されないものと考えられます。

d YACベクター

さて、直鎖状のDNAを安定に存在させるためには、複製開始点の塩基配列、セントロメアDNA、テロメアDNAの3つが必須であることを言いました。

必須ということは、この3つがあれば安定に存在できるのですか？

皆さんはすでにベクターという言葉を知っていますね。よく使われるのは、大腸菌のプラスミドをもとにつくった環状DNAのベクターで、これに遺伝子やcDNAを組込んで大腸菌に戻して増やせば、遺伝子やcDNAを増やしたりクローニングしたりすることができる。ベクターは遺伝子の運び屋で、大腸菌の中で複製するために複製開始点をもっている。大腸菌のなかで増えるプラスミドベクターには、あまり大きなDNAを組込むことができません。せいぜい10kbpといったところでしょう。

YACベクターは、数Mbpという、とてつもなく大きなDNAを組込むことができます。これは、yeast artificial chromosomeです。人工染色体ってわけですね。酵母の複製開始点の塩基配列、セントロメアDNA、テロメアDNAの3つをもった直鎖状DNAから成るベクターで、これにMbpのオーダーのDNAを組込んで酵母に導入すれば、染色体として維持され、酵母が増えればこの人工染色体も増えるわけです。大腸菌のベクターの場合には、最低必要な機能として複製開始点だけあればよかったわけですが、真核生物の人工染色体ベクターとして、増殖する細胞内で安定に存在するためには、複製開始点だけでなくセントロメアDNAとテロメアDNAの3つが必要なんです。YACベクターは、遺伝病の原因遺伝子をクローニングするときや、ヒトの全ゲノムを解析するうえで大きな役割を果たしました。

酵母ではこのような人工染色体がうまく機能しますが、なぜか哺乳類の細胞では、今のところ実用にたえるような成功例がありません。理由はわかりません。ついでに言うと、哺乳類では、プラスミドのような染色体外DNAも安定に存在するのは難しいらしい。外来の遺伝子を導入しても、細胞DNAに組込まれない限り消化されてしまいます。組込まれることは、2つの問題を引き起こします。1つは、組込まれた部分の細胞遺伝子は、機能的に破壊されてしまいます。もう1つは、組込まれた位置によって、導入した遺伝子の発現が影響を受けます。人工染色体あるいは細胞DNAに組込まれずに存在するプラスミドが利用できると研究上ずいぶん便利なのですが、いずれも哺乳類細胞では、現在のところ不成功に終わっています。

ちなみに、真核細胞のベクターではありませんが、YACより短いDNAを運ぶベクターとしてBAC（bacterial artificial chromosome）も、もっと小さなDNAを運ぶファージベクターやプラスミドベクターとともに目的に応じて使われます。

III. 核の特徴

1 核

真核生物の特徴は、何といっても細胞内に核があるということです。核には遺伝子DNAが存在し、細胞分裂の前には、必ずDNA合成（複製）をします。必要に応じて遺伝子を発現させるために、RNA合成をします。核の機能は端的に言えばこれに尽きる。遺伝子DNAを保持し、複製と転写を行う。

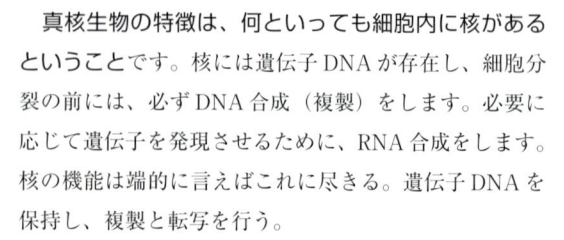

ヒトでは、核（nucleus）は細胞内に1つだけ存在します。少数ですが、肝細胞では歳を取ると二核の細

胞が出てくる。末梢血中を流れている赤血球には核がありません。これは例外中の例外です。赤血球になる元の細胞（血球の幹細胞）は骨髄にあって、増殖しつつ分化し、いくつかの前駆体細胞を経て最終的に赤血球になります。この過程の最後の方で、脱核して核のない細胞になります。成熟赤血球には、核だけでなくミトコンドリアや小胞体などの細胞内小器官もありません。それでも、末梢血中で約120日の寿命を持っています。常識として知ってるね。ちなみに、哺乳類以外の脊椎動物の赤血球には核があります。もう1つ、末梢血中を流れる血小板にも核がありませんが、これは骨髄中にある巨核球という大きな細胞から、細胞質がちぎれるようにしてできるものです。血小板は、血液凝固に重要な役割を持つことは知っているね。たくさんの核をもつ例外的な細胞は骨格筋細胞です。これは多数の筋芽細胞が細胞融合してできた細胞で、細胞としても大きく多核です。核の複数形は nuclei だね。

核の形はだいたい球形か楕円体ですが、特殊な例として**多形核白血球**があります。普通に言う白血球で、バクテリアなどを食べる役割をもつといわれるものですが、核の形はかなり特殊です。転写はほとんど行わず、血中での寿命は1週間以内と短い。専門家でも多核白血球と書くヒトがいるのを見ますが、核がたくさんあるのではなく、核の形がいろいろであるわけで、これは誤りです。注意してください。

a 体細胞は2倍体

普通の体細胞は、遺伝子DNAとして2セット持っています。母親からの1セットと父親からの1セットです。**2倍体（diploid）**細胞といいます。これが標準です。**生殖細胞**だけは、減数分裂をして、1セットの遺伝子しか持ちません。1倍体という方がわかりやすいのですが、これを**半数体（haploid）**と言います。2倍体を標準と考えて、その半分ということなんでしょうね。減数分裂については後でやります。さっき言った血小板の親元である巨核球は、細胞分裂せずに複製を繰り返して、何十倍体にもなった巨大な核を持つため、**巨核球**と呼ばれます。骨を壊す破骨細胞というのも2倍体より多くなる場合があります。これらは例外中の例外です。ちなみに、**遺伝子の1セットをゲノム**と言います。細胞あたりの遺伝子の全体といった漠然とし

た意味にも使われています。

b 核膜

核の周囲には電子顕微鏡でしかみえないけれども、**核膜**があります（図3-20）。模式図では核膜を厚く描いていますが、二重の膜として数十nmですから、実際には核の直径（約 10 μm）の100分の1以下しかない。英語では、membrane と言わないで **nuclear envelope** と言います。膜が二重になっているからね。封筒も袋だから envelope と言います。

核膜の内側、袋の内側じゃなくて核の内部の側には、ラミナと呼ばれる網目状の構造物があります。核膜を裏打ちしている核骨格の一部です。細胞膜の内側にも細胞骨格の裏打ちがありますが、似たシステムと言えるね。核のラミナは、

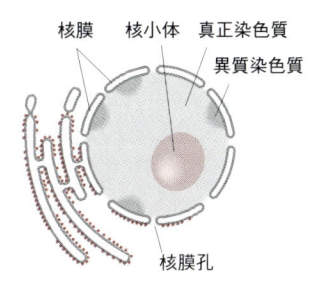

図3-20 核・核膜・核膜孔

ラミンというタンパク質でできていて、細胞分裂の時にはこれがリン酸化されることで、重合した網目構造が失われ、核の構造が消失します。核の内部には、遺伝子であるDNAとタンパク質が複合したクロマチンが詰まっていますが、核膜、ラミナ、クロマチンをつなぎ止める役割を持ったタンパク質がいくつも見つかっています。このように、**核膜が核をおおう袋としてあって、その中に核膜と無関係に中味が詰まっているのではなく、核膜と内部のクロマチンとの間は、構造的に密接なつながりをもって存在している**んです。核膜のあたりにはテロメアDNAがある、つまり、直鎖状DNAの末端が局在していると言われます。

c 核膜孔

核膜には小さな穴が空いていて、**核膜孔（nuclear pore）**といいます。この孔が核あたり何百個ある、なんてことを丁寧に数えた人がいます。電子顕微鏡の連続切片を作って、同じ細胞の核をさがして立体的に再構築して数えたのでしょう。たいした根気です。この孔は高分子の通り道です。核内には多くのタンパク質がありますが、**核内ではタンパク質合成はしません**。

すべて細胞質で合成されます。細胞質で合成されたタンパク質は、核に入るには核膜孔を通って入ります。逆に、DNAを鋳型にしたRNA合成は核内でのみ起こり、RNAはタンパク質合成のために細胞質へ運ばれます。核膜孔を通って出て行くわけです。この場合、RNAは裸で運ばれるわけではなく、特定のタンパク質と複合体になって通過します。

> 孔ということは、何でも通してしまうのですか？

核膜孔は単なる孔ではなく、ここを通るものを選別する**選択性**があります（図3-21）。細胞質から核内へ、通すべきものは通す、通すべきでないものは通さない。逆も同じです。RNAは一方的に核から細胞質への運搬、ヒストンとか、DNAポリメラーゼやRNAポリメラーゼは一方的に細胞質から核への運搬が起きます。核へ運ばれないタンパク質を蛍光で標識すると、確かに細胞質だけが光ります。逆に核へ運ばれるタンパク質を標識すると、核に濃縮されて核だけが光ります。

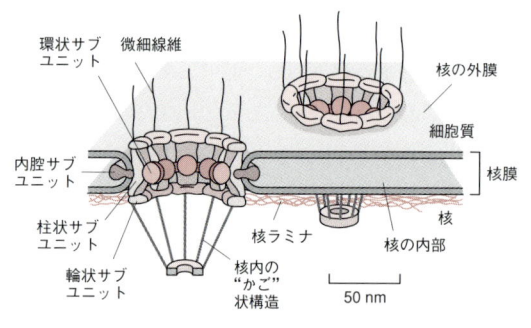

図3-21 核膜孔の微細構造

d 核膜孔通過は非常に選択性がある

実はもっと微妙な運搬があるのです。核の中にある遺伝子は、細胞のおかれた状況に応じて、ある時はある遺伝子が発現あるいは抑制され、別の状況では別の遺伝子が発現あるいは抑制されるという微妙な調節をされます。例えば、あるホルモンがきた時、それに応じた特定の遺伝子の発現が起きます。増殖因子がくれば、増殖に働く遺伝子の発現が起きます。多くの場合、ホルモンや増殖因子は細胞膜に結合して、さまざまな反応を細胞質で起こし、最後は特定の転写促進タンパク質のリン酸化が起きます。リン酸化された転写促進タンパク質は、細胞質から核内に運ばれて、特定の遺伝子に結合し、その遺伝子を活性化、すなわち、転写を促進します。リン酸化されていないタンパク質がはじめから細胞質に存在していたわけですね。核内で用事が済めば、転写促進因子は細胞質へ戻され、次の刺激に備えます。細胞質から核へ、核から細胞質へ、いずれの輸送も、特定のタンパク質が選別され積極的に輸送されているんです。

核と細胞質の間の高分子の行き来は、結構微妙であることがわかるでしょう。こういう行き来を**シャトル**と呼ぶことがあります。スペースシャトルのシャトルと同じだね。シャトルバスっていうのもある。バドミントンのたまもそうだ。行ったり来たりする。タンパク質の種類によってシャトリングの機構は複数ありますが、いずれの場合も、大雑把には少なくとも3つの要素がかかわっている。**通過するタンパク質自身が持っている構造上の目印、細胞質側からあるいは核側から孔の所へ運ぶ役割をもつ運搬タンパク質、孔を形成する関所役人の役割をするタンパク質**です。一方的に核から細胞質へ、あるいは細胞質から核への輸送についても同様で、かなり細かい選別機構があるんです。これらの役割を果たしているタンパク質とその遺伝子についての研究は現在進行中で、続々とわかってきています。

2 クロマチン

核の内部は、光学顕微鏡でも電子顕微鏡でもあまり特徴的なものが見えません。ただ、染色すると、よく染まる部分と染まりにくい部分があります。通常、光学顕微鏡標本は塩基性色素で、電子顕微鏡標本は重金属で染めます。染まるものはマイナスの電荷をもった酸性の物質、具体的には**核酸**です。染まりの悪い部分を**真生クロマチン**（euchromatin）、よく染まる部分を**異質クロマチン**（heterochromatin）と言います。クロマチンというのはDNAとタンパク質の複合体で、後からやります。大ざっぱに区別すると、ユークロマチンはクロマチンがほぐれていてDNAの密度が低いから染まりが薄い。クロマチンがほぐれているので転写活性が高い。ヘテロクロマチンはクロマチンが凝集し

ていて濃く染まり、転写活性が低い。

a ヘテロクロマチン

　ヘテロクロマチンにはいくつかの種類があります。細胞分裂期には染色体ができますが、これは、クロマチンが非常に凝縮したもので、強く染色されます。特殊な染め方をすると、濃く染まるところと薄く染まるところが縞状にみえる。染色体中にもヘテロクロマチン的な部分とユークロマチン的な部分があるわけです。分裂が終了するにつれて、染色体はしだいにほぐれて、核を再構成します。しかし、一部はほぐれることなく、凝縮したまま核の中に存在します。これを、**構成的ヘテロクロマチン**と言います。いつでもヘテロクロマチンのままである、ということですね。こういうヘテロクロマチンは、核膜のすぐ内側に面して多く存在します。遺伝子はあまりなく、遺伝情報を持たない繰り返し塩基配列が多く含まれています。染色体末端にあるテロメア DNA や、染色体中央のセントロメア部分の DNA は繰返し配列が多く、このヘテロクロマチンに存在します。構成的ヘテロクロマチンは、そこに含まれる DNA 塩基配列の特徴、つまり繰返し配列が多いという性質をもとにつくられているものと想像されています。

b 核小体はヘテロクロマチンであるが転写活性は旺盛である

　光学顕微鏡で見ると、核の中央あたりに、ヘテロクロマチンとしてよく染まる部分が 1 つから数個みえる。**核小体（nucleolus）**と言います。仁とも呼ばれます。複数形は nucleoli だよ。ここにはリボソーム RNA の遺伝子が集まっていて、リボソーム RNA を合成する場でもあります。核小体はよく染まるのでヘテロクロマチンとされますが、よく染まる理由は、合成されたリボソーム RNA とタンパク質の複合体がたくさん蓄積しているためで、むしろ転写活性は盛んな場所です。

c X 染色体の 1 本はヘテロクロマチンになる

　もう 1 つ顕著なヘテロクロマチン部分があります。性染色体である X 染色体は、女性では 2 本、男性では 1 本ありますが、**女性の X 染色体の 1 本は凝縮したヘテロクロマチンになっていて、そこにのっている遺伝子は、ほとんど全部不活性化（転写されない）状態にあります**（図 3-22）。女性の X 染色体の 1 本が不活性することを Lyonization と言います。発生段階のある時期に細胞ごとに決まり、父由来と母由来のどちらの染色体が不活性化するかはランダムと考えられます。適当なサイズの組織片には、両方の細胞が混ざっています。ヘテロクロマチン化した X 染色体部分を Barr 体と呼びます。女性の核には 1 つあり、男性にありません。男性の性染色体は X と Y が 1 本ずつだから、どちらも不活性化するわけにはいかないのです。XXX という性染色体をもつ女性では Barr 体が 2 つあります。Barr 体の有無はオリンピック選手のセックスチェックに使われていたことがあります。ただ、XXY という性染色体をもつ男性では Barr 体があるので、ちょと問題なんですね。いまは、Y 染色体上の遺伝子配列の有無を調べるなど、別のやり方が採用されています。

　女性のもつ X 染色体上の遺伝子が両方とも発現すると、単純にいえば 1 本の X 染色体しかもたない男性に

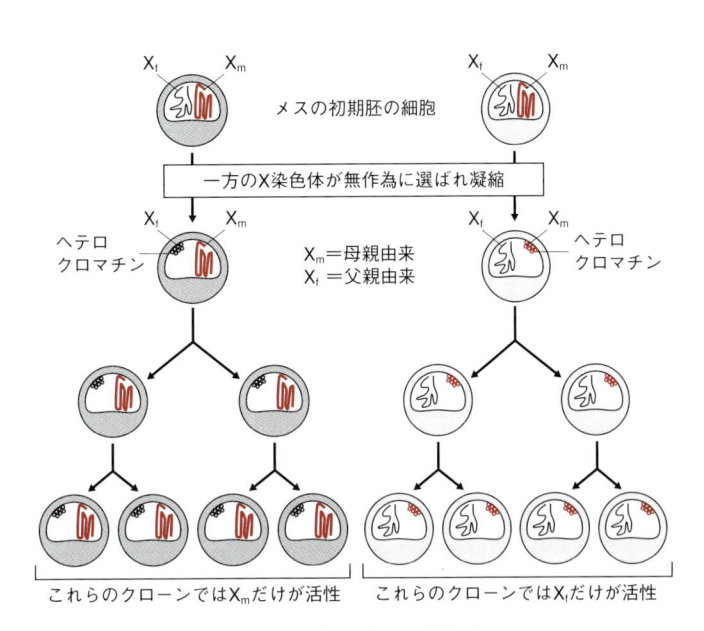

図 3-22　X 染色体の不活性化

比べて、発現量すなわちmRNA量が2倍になります。mRNA量が2倍くらい変わっても、大した影響が出ないと思うかもしれませんし、実際、多くの遺伝子では大した影響はないと考えられます。ただ、遺伝子によってはわずかの発現量の違いでも影響が出る可能性があります。そこで、男性でも女性でも同じ発現量になるように、女性の場合は1本のX染色体を不活性化させているものと考えられます。

……… ダウン症候群の場合

本当にmRNA量のわずかな違いは問題になるんだろうか。性染色体以外の染色体を常染色体といい、22種類2本ずつで合計44本ありますが、これは男性でも女性でも同じ数であり、2本ずつある染色体上の両方の遺伝子が発現します。**ダウン症候群**という病気を聞いたことがありますか。母親の出産時の年齢が高くなるとダウン症候群の発生率が高くなりますが、この病気は**21番染色体が3本になる（21番トリソミー）**ために起きる病気です。普通は2本の21番染色体上の遺伝子からできるmRNAの量が、3本になったために1.5倍になった、それだけでこの病気が起きる可能性があるのです。21番染色体上の多くの遺伝子ではmRNAの量が少し増えてもさしたる問題は起きないが、特定の遺伝子からできるmRNAの量が少し増えてしまうことが病気の原因と考えられています。ずいぶん微妙なものなんだね。

普通は2本ある染色体が3本になることで起きる病気は、ダウン症候群が圧倒的に多く、それ以外の染色体の場合はきわめてまれです。21番染色体は、特別に3本になりやすい性質をもっているのだろうか。それが一番単純な解釈です。しかし、事実はそうではないと考えられます。21番染色体は染色体の中で一番小さい。光学顕微鏡でみられる大きさの順番に番号をふったのですが、実際には、21番より22番の方が大きかった。で、21番は一番小さく、そこに含まれる遺伝子の数が少ないために、3本になっても比較的問題が小さい。だから異常はあっても生まれることができる。他の大きな染色体が3本になった場合には、それによる影響が大きすぎて生まれることができない、胎性致死になる、と考えられます。『**頻度の高い現象は、それが起き易いからであるとは限らない**』ということだね。同じ頻度あるいは高頻度で起きても、生まれなければ起きにくいことに見えてしまう。これはものの見方として結構大事なことです。

d 大きな癌組織もはじめは1つの細胞

X染色体上の遺伝子の1つにG6PDH（glucose-6-phosphate dehydrogenase）があります。この酵素には、電気泳動で移動度の異なる2つのバンドとして区別できるアイソザイムがあります。女性の2本のX染色体上のG6PGH遺伝子が異なるアイソザイムの遺伝子であった場合、細胞1つの酵素を電気泳動すれば、バンドはどちらか1本になるはずです。しかし、適当なサイズの組織片には両方の細胞が含まれるので、電気泳動で2本のバンドを与えます。これを利用して、癌細胞がモノクローナルであることが証明されました。大きな癌組織でも、バンドは1本だったのです。出発は1つの細胞であったと考えられるわけです。

e 随意ヘテロクロマチン

ヘテロクロマチンにはもう1つ、**随意ヘテロクロマチン**があります。核の中には実にたくさんの遺伝子がありますが、ほとんど金輪際発現しない、つまり働くことがない遺伝子がたくさんあります。例えば、発生の途中でだけ働く遺伝子のなかには、もう誕生後には一生働かなくてよいものがあります。また、体の中には、分化した細胞がたくさんありますが、肝臓の細胞でだけ働いていて、他の細胞では働いては困る遺伝子がたくさんあります。こういう遺伝子を含む部分も凝縮してヘテロクロマチンを形成し、遺伝子が働くのを抑制しているものと考えられます。そのような遺伝子のDNAでは、**多くのシチジン塩基がメチル化され、これを目印に種々のタンパク質が会合して、クロマチン凝縮を起こしている**ものと考えられます。同様なクロマチン凝縮機構は、X染色体の凝縮の場合にも働いています。随意ヘテロクロマチンといっても、随意に凝縮したりほぐれたりしている、という意味ではありません。

ただ、随意ヘテロクロマチンの中には、細胞の置かれた条件によって発現状態が変化する、つまり、発現したり抑制されたりするような遺伝子を含む可能性はあります。そのようなケースでは、遺伝子の発現状態

に応じてヘテロクロマチンが凝縮したりほぐれたりする、つまり、ユークロマチンとヘテロクロマチンの間を行き来する可能性があります。ただ、ユークロマチン、ヘテロクロマチンという分けかたは非常にマクロに見た分け方なので、個々の遺伝子の働き具合と完全に対応させられるわけではありません。

IV. 細胞周期と染色体

a 細胞周期とクロマチン周期

核の変化と染色体についてもう少し詳しくやるために、ちょっとだけ細胞周期（cell cycle）について説明します。増殖している細胞1つを観察していると、しばらくの間は特に大きな変化はなく、注意深く見れば、細胞がしだいに大きくなっていくのがわかります。そのうち、突然に細胞が丸くなって、2つにちぎれる。細胞分裂だね。分裂が終わると、それぞれの細胞は平べったくなり、最初の状態に戻ります。顕微鏡で観察する限り、**細胞分裂期**（mitotic phase：M期）と**分裂間期**（interphase）の区別がわかります（図3-23）。増殖細胞は、分裂期と間期とを繰り返します。

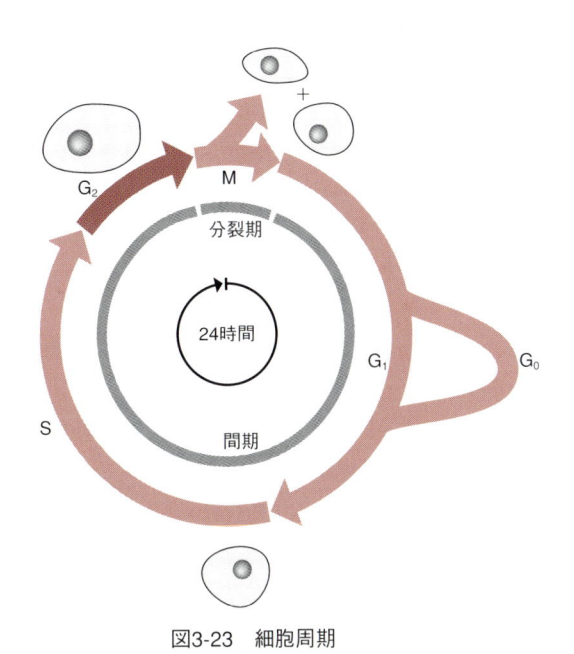

細胞分裂するまでに、細胞内のいろいろな成分を約2倍にまで増やします。ほとんどのものについては約2倍で構いませんが、**遺伝子であるDNAは、約ではなく、正確に同じ塩基配列を持ったDNAを複製する必要があります**。で、これは分裂間期に起きるのですが、詳しく調べると、間期のすべての時間ではなく一部の時期に限ってDNAが合成される事がわかりました。DNA複製の時期を**S期**（synthetic phase）と言います。M期のあとS期までの間を**G1期**（gap 1 phase）、S期の終了からM期の開始までを**G2期**（gap 2 phase）と言い、全体を**細胞周期**（あるいは細胞増殖周期）と言います。M、G1、S、G2期を繰り返すということだね。増殖を停止している細胞は、周期を外れてG0期にいる。で、染色体という形が見えるのはM期だけであって、ほかの期には見えません。だいたい、M期は1時間、S期は6～8時間、G2期は1～2時間といったところですが、G1期は細胞によって大きな違いがあります。細胞集団としての増殖速度の違いは、増殖する細胞としない細胞の割合によるとともに、個々の細胞が細胞周期を回る速さによりますが、細胞周期回転の速さの違いはG1期の長さの違いによることが多い。細胞周期内の各期の特徴や、調節などについては、別の機会に詳しくやります。ここでは染色体を理解する為に、M期のプロセスをもう少しやります。

M期が始まる前に、まず、中心体が核の左右に移動し、核のなかで染色体形成が始まり、核膜が消失する。細胞は球形に形を変え、紡錘糸が現れて染色体が赤道板に並ぶ。これが**分裂中期**です。紡錘糸を形成するのは**チュブリン**というタンパク質で、普段は微小管という**細胞骨格**をつくっています。紡錘糸も微小管です。このあたりは図3-24と対応して理解してください。やがて紡錘糸が染色体を左右に引っ張って、細胞質がくびれ、各細胞では染色体がほぐれて、核を再生する。細胞質が完全にちぎれて、再び器壁に平たく接触するようになる。細胞質がちぎれるのは、収縮タンパク質の1つであるアクチンタンパク質が、微細繊維を形成して収縮するからです。

b 染色体、核型

で、染色体です。分裂中期の染色体を大きい順に並べたのが図3-25です。大きい方から番号をつけて、1

図3-23　細胞周期

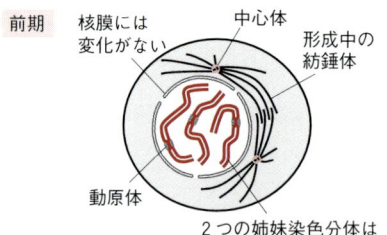

前期　核膜には変化がない　中心体　形成中の紡錘体
動原体
2つの姉妹染色分体は結合したままで、染色体は凝縮を始める

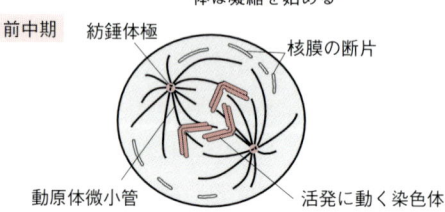

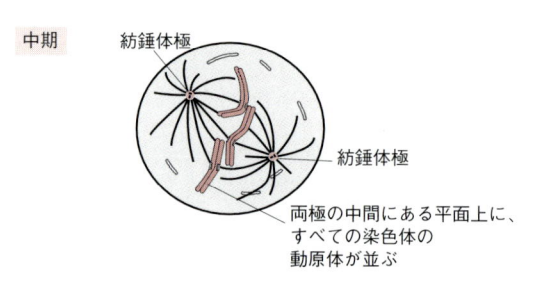

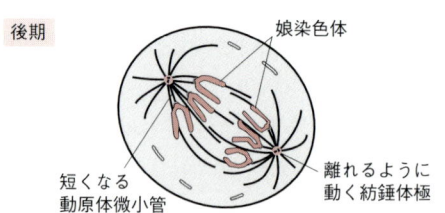

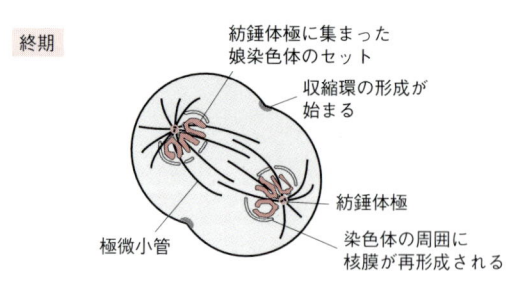

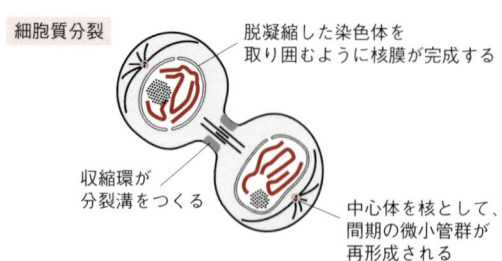

前中期　紡錘体極　核膜の断片
動原体微小管　活発に動く染色体

中期　紡錘体極
紡錘体極
両極の中間にある平面上に、すべての染色体の動原体が並ぶ

後期　娘染色体
短くなる動原体微小管　離れるように動く紡錘体極

終期　紡錘体極に集まった娘染色体のセット
収縮環の形成が始まる
紡錘体極
極微小管　染色体の周囲に核膜が再形成される

細胞質分裂　脱凝縮した染色体を取り囲むように核膜が完成する
収縮環が分裂溝をつくる　中心体を核として、間期の微小管群が再形成される

図3-24　細胞分裂期

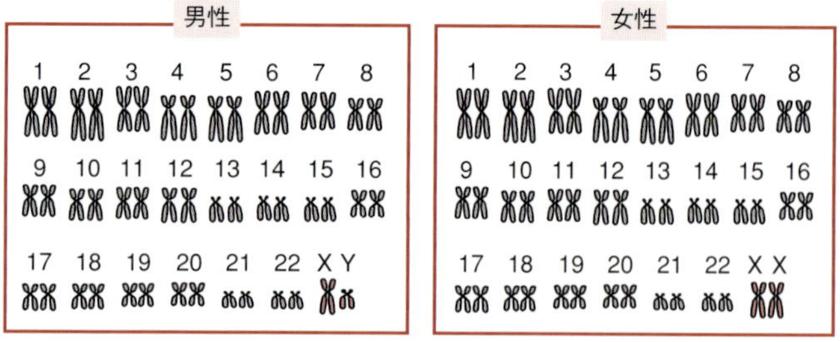

図 3-25　ヒトゲノム＝23対（46本）からなる染色体

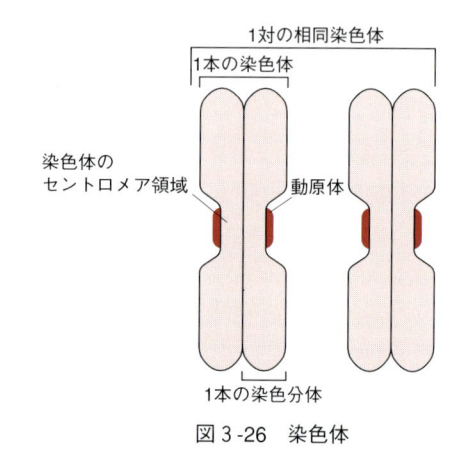

図 3-26　染色体
1対の相同染色体
1本の染色体
染色体のセントロメア領域　動原体
1本の染色分体

番染色体、2番染色体といいます。ただし、性染色体は別扱いで番号を振りません。ヒトでは女性にはX染色体が2本、男性ではXが1本とYが1本です。性染色体以外を**常染色体**といいます。常染色体は22対44本、性染色体は1対2本（女性はXX、男性はXY）あるわけです。全体では23対46本です。大きさだけではどれがどれかわかりにくいのですが、各染色体を区別する方法があり、後から紹介しますます。

　ヒトの染色体の形を見ると、中央あたりがくびれていて、この部分がさっき言った**セントロメア**で、末端部分が**テロメア**です（**図3-26**）。セントロメアには染色体の他の部分とは異なるタンパク質が集まって**動原体**を形成し、ここに紡錘糸が付着して、染色体を引っ張る。動原体が染色体の中央付近にある染色体を、**メタセントリック染色体**といいます。大体真ん中にある、といった意味ですね。動原体から短い方を**p腕**、長い方を**q腕**といいますます。マウスやラットでは動原体が染色体の末端近くにあって、**テロセントリック染色体**といいます。p腕がほとんどない。テロはしっぽとか端という意味です。ヒトとネズミの染色体は形を見た

だけで区別がつくので、細胞融合した時にどちらの染色体が残っているかなどをチェックするのは容易です。

染色体の数（ヒトでは46本）、形（メタセントリック）、性染色体の種類（XXとXY）などを**核型**といい、生物の種類によって特徴が決まっています。性染色体についてはXY型だけしか言いませんでしたが、生物によってはいろいろなケースがあります。雌はホモのXXで雄がXYなのはヒトを含む哺乳類と高等植物、ショウジョウバエなどの昆虫。雌がXXで雄はY染色体がないXO型は昆虫の大部分。逆に、雄がホモのZZで雌がヘテロなのもあって、これをZW型と言い、鳥類、爬虫類、昆虫の一部や植物に見られる。雌がヘテロだけれどもW染色体がない（ZO型）は少ないけれども昆虫の一部などです。これを見ると、分類の系統との相関性が全然ないね。

c 相同染色体、染色体、染色分体

さて、1対の染色体を互いに**相同染色体**といいます。1本の染色体は母親から、もう1本は父親からの遺伝子が乗っています。各染色体は、2本の**染色分体**から成る。各染色分体は、1つながりの直鎖状DNA1本（もちろん二本鎖の）を含みますが、すぐ前のS期で複製を完了した2本のDNAが2本の染色分体に分かれて入ります。DNA末端はテロメア部分にあります。複製時の誤りがない限り、染色分体どうしは完全に同一の塩基配列から成るはずですね。細胞分裂時には、1番染色体だけをみても、母親に由来する1番染色体、父親に由来する1番染色体それぞれについて、染色分体が別れてそれぞれの娘細胞に入りますから、『2つの娘細胞は完全に同じ遺伝子セットを受け継ぐ』ことになります。なんで娘細胞って言うのかね。英語でdaughter cellです。息子細胞とは言いません。

さて、かなり詳しくやったのは、このあたりに意外に誤解が多いからなんですね。各染色分体を受け継いだ娘細胞は、1番染色体に相当するDNA鎖を2本持つ。1本は昔をたどればお母さんの卵子に由来するDNAであり、もう1本はお父さんの精子に由来するDNAである。2番染色体以下同様で、46本のDNAを持つわけだね。で、お母さん由来とお父さん由来の1セットずつ、合計2セットの遺伝子をもつから、2倍体細胞なんだね。これだけ詳しくやれば間違いないね。この細胞がS期でDNA複製を始めると、2倍体から4倍体に増える。S期の終わりには4倍体、92本の完成DNA鎖をもつわけだ。G2期もM期も同じ4倍体だね。

d 染色体の識別、バンド法

染色体は大きさや形だけでは識別に限界がありますが、**色体を縞状に染め分けるバンディング法**で区別できます。固定の過程で染色体を引き延ばし、そのうえで、**ギムザ液で染めるGバンド法、キナクリンで染めるQバンド法**等があります。Rバンド法というのもあって、Gバンド法とは染まり方が逆になります。いずれにしても、よく染まるところと、染まりにくいところが縞模様になります。同じような大きさ形であっても、別の染色体は縞模様が異なるので、容易に区別がつくわけです。縞模様から、染色体上に番地をつけることができるようになりました。ある遺伝子の位置は1p2.12あたりにある、などと表現します。1番染色体の短腕の2.12番地という意味です。

この程度の簡単な方法でも、染色体識別だけでなく案外詳細なことがわかります。ヒトの遺伝病ではしばしば特定の遺伝子が欠失しますが、原因遺伝子だけでなく、周辺のDNAまで失われることがあります。このような時には、明らかに縞の1つがなくなっているとか、幅が狭くなっていることがわかります。まず染色体上の位置を知ることが、原因遺伝子をクローニングする第1歩になります。

また、白血病細胞の中には、特定の染色体どうしの組換えがみられることがわかりました。染色体のある腕と別の腕との間での組換えがわかったのは、バンド法によります。で、この組換えが起きた付近のDNAをクローニングして解析した結果、**myc**という遺伝子が、強力なプロモーターの下流に移るという組換えが起きていることがわかりました。Mycは癌遺伝子の1種で、発現が高まると、増殖が強く誘導されます。染色体バンドの詳細な解析が、そういう研究の発端にもなるんですね。

e FISH法

ある染色体にはあるが別の染色体にはないという、染色体ごとに特異的なDNA塩基配列がたくさんクローニングされています。このような塩基配列をもった

DNAに蛍光色素をつけて染色体中のDNAにハイブリダイズさせ、蛍光顕微鏡で観察すると、特定の染色体だけが光ってみえます。このような実験方法をFISH (fluorescent in situ hybridization) 法といいます。これで染色体を識別できます。それぞれの染色体特有の配列を異なる蛍光色素で標識しておけば、一度に全部の染色体を識別することもできます。

染色体だけでなく、間期の核で同様なFISHを行うと、特定の染色体に相当するDNAの核内分布がわかります。これを見ると、1本のDNAは核内に大きく広がっているのではなく、比較的狭い範囲にまとまっていることがわかります。お互いに排他的ではなく、かなり混ざりあっているんですが、これが染色体を形成する時には、うまい具合にそれぞれのDNAを引き出してまとめるわけでして、絡まないようにするのは実に不思議ですよ。いったいどうやってるんだろうと思います。すごい。

FISH法は、**特定の遺伝子について検出することにも使えます**。むしろ、これが初めに開発され利用されました。特定の遺伝子が、染色体上のどこにあるかを見ることができます。それぞれの染色分体の同じ位置に、小さなスポットが並んで見える。これで染色体上の遺伝子の位置がハッキリわかるわけですね。間期の核に応用すると、特定の遺伝子はG1期には2つの小さなスポットとして見えます。2倍体だから遺伝子は2つあるわけだね。S期の途中から4つのスポットが見えるようになります。複製して4倍体になったからだね。さまざまな目的の為に、FISHは、現在、非常によく利用されています。

クロマチンの基本構造

染色体はM期だけに形成されるものですが、電子顕微鏡で見ると、毛糸でつくったぬいぐるみのように見えます（図3-27）。分裂間期には核内でこの毛糸のような糸にほぐれて存在している。毛糸の糸に相当するのがクロマチン糸です。電子顕微鏡で間期の核の超薄切片を見てもなんだかよくわからない。毛糸のかたまりを薄く輪切りにしたようなものだから、特別な構造が見えなくても当然なんですね。

核を壊した時、量的には少ないものの、核膜に由来する脂質、可溶性タンパク質がありますが、大部分は

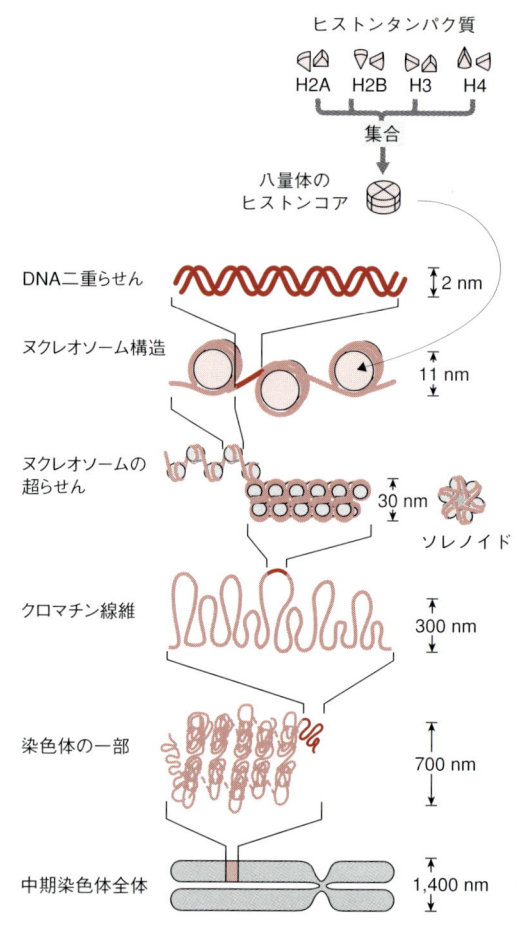

図3-27　DNAから染色体への構築

生理的食塩水に不溶のクロマチンが回収されます。可溶性タンパク質は量は少ないのですが、多種類の調節タンパク質、機能タンパク質が含まれています。クロマチンは、DNA：ヒストン：非ヒストンタンパク質がおよそ1：1：0.5～1という重量比から成ります。ク**ロマチンの基本構造は、ヌクレオソームです。ヌクレオソームは、DNAとヒストンの重量比が1である複合体です**。ヒストン八量体の外側にDNAが約2回巻き付いている。ヒストンにDNAが巻き付いたものが延々とつながっているわけです。電子顕微鏡で見ると、**糸を通してつながったビーズ（beads and strings）のように見えます**。

9 ヒストンとヌクレオソーム

ヒストンは、リジンやアルギニンの塩基性アミノ酸

を多く含む塩基性タンパク質です。多くの細胞タンパク質は等電点は酸性側にありますから、塩基性タンパク質は珍しい。ヒストンは、H1、H2A、H2B、H3、H4 の 5 種類あり、分子量の小さいタンパク質です。ヌクレオソームを形成するコアヒストンは、H1 を除く 4 種類が 2 分子ずつ合計 8 分子が会合しています。ヒストンの強い塩基性と、DNA の強い酸性との間で強い静電的結合をしています。ヒストンはクロマチンから希硫酸で抽出できます。

ヒストンは、種間での構造、アミノ酸配列が非常によく似ているところに大きな特徴があります。構造的に conservative（保守的）であるといいます。構造が保存されている、という言い方もします。相当に離れている生物であるウシとソラマメの間でさえ、H3 については 135 アミノ酸からなる残基数は同じで、配列上でもわずか 4 つのアミノ酸しか違わない。H4 については 102 アミノ酸からなる残基数は同じで、わずか 2 つのアミノ酸しか違わない。これは驚くべき保存性です。ヒストンの遺伝子は、他の遺伝子に比べて、進化の過程で非常に変化しにくかったことは明らかです。

なぜヒストン遺伝子は変化しにくいのだろうか。前にも言ったように、変化しにくかったのではない、変化しなかったものしか生き残れなかったのだ。遺伝子 DNA のあり方の最も基本的な構造がヌクレオソームなので、それを支えるヒストンのわずかの構造変化も、生存に不利になると考えられます。

ヌクレオソームとヌクレオソームの間をつないでいる DNA 部分は、DNase で分解されやすく、核をかるく DNase で消化してから DNA を精製して電気泳動すると、約 200bp を単位としたラダー（はしご段状）のバンドが見えます。約 200bp がヒストンに巻き付いている。

クロマチン糸

ヌクレオソームは、さらに超らせんを形成します。ヒストン H1 がヌクレオソームどうしを集めて、ヌクレオソーム 6 つで 1 回転する直径約 30nm の超らせん（ソレノイド構造）が形成されます。これが電子顕微鏡で毛糸のように見えたクロマチン糸に近いものと考えられます。ヒストン H1 を除去すると、クロマチン糸はほぐれてヌクレオソームになります。実際のクロマチン糸は、ヒストンと DNA だけでなく、さらに非ヒストンタンパク質が結合しているものと考えられます。分裂間期の核内でも、分裂期の染色体でも、このクロマチン糸が基本的な構造であることは同じです。

核骨格

核から、高塩濃度で大部分のタンパク質を抽出し、DNA 分解酵素、RNA 分解酵素で徹底的に消化して、抽出できる成分を抽出した残りを電子顕微鏡で観察すると、核の抜け殻のような網目状の構造がみえます。これを**核骨格**（nuclear matrix）といいます。核内部の網目構造と、核膜の裏打ちの両方があります。核膜内側の裏打ちは、核としての構造維持、細胞分裂の際の核構造の消失と再構成に重要な役割を果たしています（図 3-28）。主にラミンというタンパク質からできています。ラミンには 3 種類あって、核膜（内側の膜）とクロマチンを結合する役割もあります。

核骨格には、消化され残ったごくわずかの DNA と RNA も含まれています。核内部にある網目状の核骨格は、クロマチン糸の核内での秩序に役割を果たすと考えられる。核内にあるクロマチン糸が無秩序に詰め込まれているはずはなく、**DNA あるいはクロマチン糸は一定間隔ごとに核骨格と会合しているというモデル**（図 3-29）です。

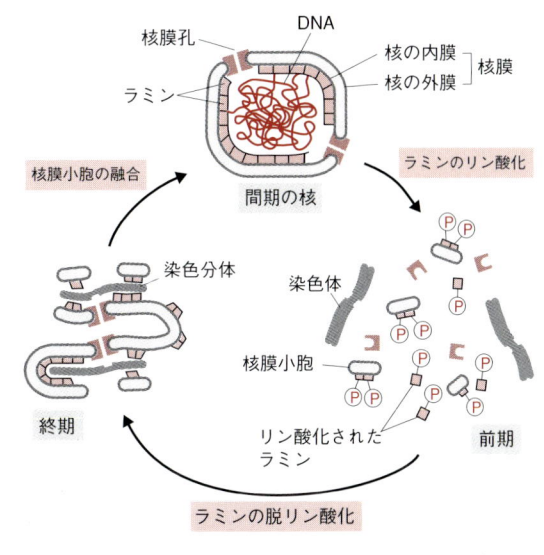

図 3-28　有糸分裂の際の核膜の分散と再形成

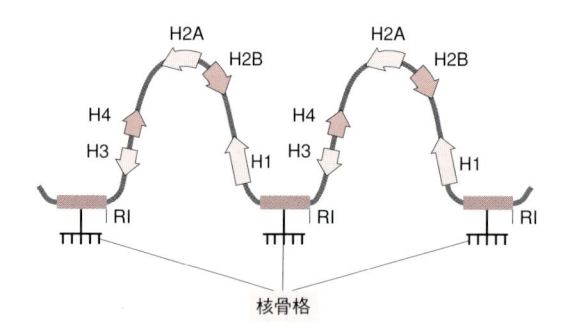

図3-29　ショウジョウバエのヒストン遺伝子と核骨格

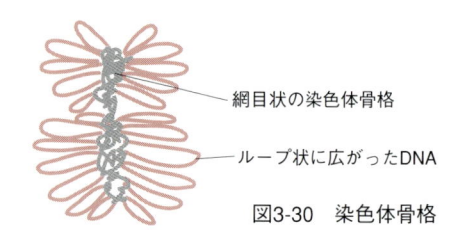

図3-30　染色体骨格

M期の染色体から大部分のタンパク質を抽出除去すると、染色体骨格の不溶性タンパク質が残り、そのまわりにDNAがループ状に広がります（図3-30）。ループ状のDNAの長さは、10〜30μmで、偶然かも知れませんが複製の単位であるレプリコンのサイズより少し小さいけど似ている。この染色体の骨組み（scaffold）は、染色体が形成される時に核の骨格から由来したものと考えられますが、**トポイソメラーゼIIを多く含んでいることは大きな特徴です**。

> トポイソメラーゼIIは、ここでDNAのからまりを直しているらしいのですね

核骨格上でのDNA複製

DNA複製は、核骨格に固定された複製酵素の上で、DNAが移動しながら進行するのではないか、というモデルがあります。RNA合成についても同様です。核内にふらふらと浮かんだ状態のクロマチンで反応が進行すると考えるより、何らかの足場の上で進行すると考える方がもっともらしい。複製にかかわるタンパク質や酵素、転写にかかわるタンパク質や酵素も、核骨格に会合して働くのではないかと考えられます。試験管

内のDNA合成やRNA合成のことを漠然と思い浮かべると、DNAは動かずに酵素がDNAの上を移動しながら複製や転写が進行すると考えがちですが、核骨格の上で起きるとすれば、むしろ、**酵素のほうが固定されていて、DNAがそこを滑って行くのが本当の姿なのかもしれない**。これらのモデルは、疑いないものといえるかどうかにはまだ問題がありますが、それなりの実験事実に基づいて提出されたものです。

ちょっと実験例をあげておきます。培養細胞の培地に、非常に短時間 ^{3}H-チミジンを与えると、まさにDNA合成をしているところの新生鎖DNAに取り込まれる。DNAを標識する時になぜチミジンを使うか、いいね。**チミジンは、細胞の高分子としては、まずDNAにしか取り込まれません**。RNAにも、ましてやタンパク質や多糖類にも取り込まれない。もちろん、代謝されて回り回って非常にわずかには入るかもしれないけれども無視できる量です。取り込まれた後で細胞を固定して洗浄すると、低分子のチミジンは洗い出され、細胞内に残る放射能はDNAにだけ存在する。だから、**DNAを標識する時にチミジンを使うわけだね。短時間標識することをパルスラベルというのは知ってるね**。そこで、培地を取り替えて、標識チミジンを洗い去って、培養を続ける。で、その後、標識されたDNAがどのような行動をとるか追跡する。こういう実験を**チェイス実験**というね。カーチャイスのチェイスです。キツネ狩り、あるいは追いかけっこだ。あるいは、両方をあわせて、**パルス−チェイス実験**という。パルスラベルした直後から時間を追って細胞を取り出し、DNaseで分解されるDNAと、核骨格に残るDNAとに分けてそれぞれの放射能を測る。こういう結果になります（図3-31）。核骨格についているDNAの放射能は、パルスラベルした直後に高く、すぐに低下します。それに対して、DNaseで分解されるDNAの放射能はは

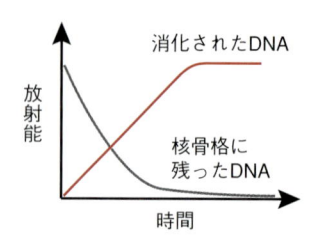

図3-31　^{3}H-チミジンのパルス−チェイス実験

じめは低いけれども、核骨格の放射能が減るとともに増加して、後は一定を保つ。この結果は、以下のように解釈できます。まさに合成されつつあるDNAは核骨格のところにあって、標識されたDNAはDNaseで消化されない。つまり、核骨格に残るDNAに放射能がある。少し時間が経つと、標識されたDNAは合成酵素のところから離れ、従って、核骨格から離れ、DNaseで消化される分画に含まれるようになる。その時に核骨格の上で合成されるDNAは、もう培地に³H-チミジンがないのだから、新たに標識されることはない。もし、³H-チミジンを培地に入れ続けたら（連続ラベル）、どういう結果がえられるか想像できますね。図3-32のようになるはずです。これを説明できるね。

RNA合成についても似たような実験結果があります。

今日のまとめ

真核生物のDNAと核の特徴をいろいろと述べました。真核生物細胞が『たくさんの量のDNAを保持する』能力は、『DNAをヌクレオソームやクロマチンというコンパクトな形』にまとめて、中間代謝系やエネルギー生産系やタンパク質合成系から独立させて、貯蔵する専門のオルガネラである『核の中に隔離』し、かつ娘細胞に正しく分配するために『染色体を形成して有糸分裂する』ことと不可分と思います。それが真核細胞であることの基本的な性質である。DNAは、分子としてみればすべての生物に共通ですが、遺伝子としてみた時には、原核生物と真核生物の間には大きな違いがあることがわかったね。今日はここまでにします。質問はありますか。

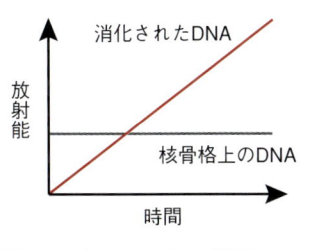

図3-32　³H-チミジンの連続ラベル

Column

遺伝子・ゲノム・染色体とは？-その1

言葉や概念は、研究の進展に伴って内容が変化します。分野によってそれぞれの歴史があり、研究者や使われる場面により、意味がずれる場合もあります。遺伝子・ゲノム・染色体などの言葉にもゆらぎと言うか混乱があります。基本中の基本とも言える言葉なので、事情を整理しておきます。

遺伝子は形質を支配する何ものかである

メンデルは19世紀後半にエンドウマメの実験から「形質を支配する何ものか」が存在することを認識した。概念としての遺伝子の成立です。1910年代にモルガンがショウジョウバエで「染色体上の遺伝子地図」を作ったときも、実体はまるでわかっていなかった。

遺伝子はDNAである

遺伝学的な解析が遺伝生化学に進んで、1940年代初頭にビードルがアカパンカビで「1遺伝子1タンパク質説」を提唱し、アベリーの先駆的な実験やハーシーとチェイスの実験などを経て「遺伝子の本体はDNAである」と確信され、'53年にワトソンとクリックがDNAの構造模型を発表した。

アミノ酸をコードするDNA部分が遺伝子である

大腸菌とファージを用いた分子生物学の進歩によってセントラルドグマが確立し、「遺伝子はアミノ酸をコードするDNA部分」であると理解されるに至りました。「ATGで始まって終止暗号までが遺伝子」です。アミノ酸コードとしては終止暗号の前までかもしれませんが、これが、遺伝子の基本的な考えです。タンパク質の構造を支配する遺伝子という意味で、「構造遺伝子（structure gene）」とも呼ぶ。

構造遺伝子と調節遺伝子

構造遺伝子に対して、「調節遺伝子（regulatory gene）」という概念もあります。歴史的には、「プロモーター遺伝子」や「オペレーター遺伝子」がありました。「ある機能を果たすDNA部分」を遺伝子と考えていたからですが、現在では遺伝子とは呼ばず、プロモーター領域、オペレーター領域、一般的には「発現調節領域」と言います。ただ、現在でも、ほかの遺伝子の発現を調節するタンパク質の遺伝子を「調節遺伝子」と呼ぶことはあります。転写調節因子の遺伝子は、その因子タンパク質の構造遺伝子であると同時に、機能としては、ほかの遺伝子の発現を調節する調節遺伝子である。（p149につづく）

今日の講義は...

4日目 複製転写翻訳のメカニズム

複製、転写、翻訳

　DNA合成のことをどうして複製（replication）と言うのだろうか。分子としてDNAを合成するので、DNA合成と言ってよいわけですが、遺伝情報という観点では、情報の複製をつくる作業だからです。同様に、RNA合成は、遺伝情報をDNAの塩基配列からRNAの塩基配列へ移すので、転写（transcription）と言う。タンパク質合成は、RNA上の塩基配列という遺伝情報を、アミノ酸配列という異なった情報言語に読み替える作業なので、翻訳（translation）と言うわけですね。実際、タンパク質合成が盛んであるという意味で、翻訳が盛んである、という表現をします。もちろん、タンパク質合成が盛んであると言っても一向に構いません。この情報の流れDNA→RNA→タンパク質をセントラルドグマと言います。大げさのようですが、そう言われるだけの価値はある。

　ちなみに、RNAを鋳型にしてDNAを合成することを、逆転写（reverse transcription）と言います。RNAを遺伝子としてもつウイルスの一部には逆転写酵素（reverse transcriptase）とその遺伝子をもつものがあります。実験レベルではこの酵素は非常によく利用されています。逆転写酵素を利用して、RNAを鋳型に相補的に合成されたDNAのことをcDNA（complementary DNA）と呼ぶ。一本鎖DNAだけでなく、それをもとにした二本鎖DNAもcDNAと言います。RNAを遺伝子としてもつウイルスには、RNAを鋳型としてRNAを合成する酵素（RNA replicase）を持つものもあります。RNAを鋳型にしたRNA合成を、RNA複製（RNA replication）と言います。

1. 複製

DNA複製の特徴

　細胞が増殖する時、分裂する前には細胞内に含まれる物質の量も細胞の大きさも大体2倍になります。細胞内で1番多い分子は水ですが、タンパク質、脂質、糖質、核酸、ミネラルそのほかの構成成分も非常に多くの分子からなり、2倍といっても分子の数としては大体でしかありません。これに対して、遺伝子である『DNAは細胞あたりたった1分子しか含まれていない』。これは実に特筆すべき事です。もう少し詳しく言えば、ヒト体細胞は、母親に由来する23本のDNA分子と父親に由来する23本のDNA分子を含みます。ただ、母と父に由来するDNA分子の塩基配列は多少異なるので、『1種類のDNAとしては細胞あたり1分子しか含まれていない』わけです。これはすごいことだね。正確に1分子だけ含まれている事が必要で、これが多くても少なくても、場合によっては細胞が生きていけないほどの問題になる。これは、DNA以外のどんな分子とも違うことですね。で、ヒト細胞の場合、DNA複製とは、塩基配列の異なる46本のDNA分子それぞれについて、塩基配列がそっくり同じものを2分子ずつに増やすことである。

❶ 原核生物と共通のところ

ⓐ DNA複製機構のアウトライン

　DNA複製の機構は、原核生物の場合との共通性が高い。いくつか整理しておきます。材料はdATP、dCTP、

dGTP、dTTPの4種のデオキシヌクレオチドである。基本的な反応は、

[dNMP]$_n$ + dNTP → [dNMP]$_{n+1}$ + PPi

で、原核生物でも真核生物でも同じです。逆反応も行くのですが、実際にはPPiはピロホスファターゼでリン酸に分解され、反応は右に傾く。

b DNA合成酵素がある

DNA合成酵素（DNA polymerase）は、DNAを鋳型としてDNAを合成する。だから、**DNA依存的DNA合成酵素**とも言う。大腸菌のDNA合成酵素は、主なものはDNAポリメラーゼⅠ、Ⅱ、Ⅲの3種類で、**DNAポリメラーゼⅢが複製に働く主役**と考えられます。DNAポリメラーゼⅠは複製酵素として最初に発見されたもので、**コーンバーグの酵素**と言われ、主として修復に働きますが、複製鎖の延長にも働く。これに対して真核生物ではもっとたくさんの酵素が知られています。複製に主な役割を果しているのはDNAポリメラーゼα、δ、εの3種と考えられます。αは分子量約22万でたくさんのタンパク質からなる複合体で、DNA鎖のでき始めで働く。δとεの間で、リーディング鎖とラギング鎖の合成の一部を分担している。βやεは主として修復に働き、γはミトコンドリアにあってミトコンドリアDNAの複製に働く。このほかにもDNA合成酵素が見つかってきていますが、修復に働くものと考えられます。

DNA合成酵素がDNAにそって走りながら新しい鎖を合成する。運動するわけですね。どのくらいの速さか想像できますか。原核生物の場合、およそ1秒間に1,000個の正しいヌクレオチドを選択してつなげながら走ります。これでほとんど誤りを生じないわけだから、すごいものだねえ。眼にも止まらぬ早業という気がします。哺乳類などでは大分遅くて、概略ですが毎秒100ヌクレオチドと言われている。複製は非常にたくさんのタンパク質がそれぞれ役割分担して働き、非常に複雑なしくみで進行するわけですが、どのような分子機構でこのような素早い運動ができるんだろう。

c 合成の方向

新たな鎖は、必ず5′から3′に向かって合成される。鋳型鎖は3′から5′へ向かって使われる。つまり、**新生鎖は鋳型鎖とは方向が逆になる結果、逆平行**（antiparallel）**の二本鎖ができる**。これはRNAを合成する時も同じ。5′や3′はどういうことかわかるね。表し方も復習しておこう（図4-1）。オリゴデオキシリボヌクレオチドの3′OHが5′デオキシリボヌクレオシド三リン酸を攻撃し、ピロリン酸が外れて結合する。3′OHはいつもフリーになっている。DNAについてもRNAについても、3′から5′へ向かって鎖を延長する核酸合成酵素は知られていません。

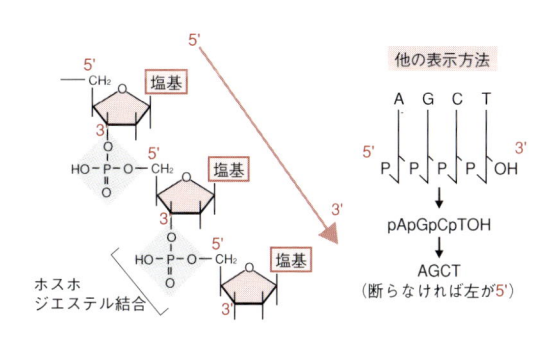

図4-1　DNAの化学構造と表示法

d 鋳型を必要とする

二本鎖DNAの一本ずつが鋳型（template）になり、鋳型のヌクレオチドの塩基Aに対してはTを、Cに対してはGを対応させる事で新生鎖を合成する。鋳型鎖と新生鎖の間で、G：CとA：Tという塩基対が対応するわけだね。決まった塩基どうしの間で水素結合によるペアができることは塩基の化学構造上の特徴ではありますが、ペアの選択は化学的に決まることで、DNAポリメラーゼはできたペアをポリヌクレオチド鎖としてつなげる（ホスホジエステル結合をつくる）だけ、ということではありません。DNAポリメラーゼに変異が起きると、異常な塩基対形成による異常なDNA鎖が合成されるので、**正しい塩基対の形成にDNAポリメラーゼが重要な役割を果している**ことは確かです。

DNA合成の際に、鋳型鎖の分子はそのまま残るので、**半保存的複製**（semiconservative replication）と言います。新しくできた二本鎖DNAの一本の鎖は古いものがそっくり残っている、保存されているということだね。

> と言うことは、現在の自分の体の中に、母親あるいは父親由来の、卵子あるいは精子に含まれていたDNA鎖の1本がそっくりそのまま、構成原子までそのままで残っている可能性もあるんですね?!

　可能性は低いけどその通りです。
　一本のDNAは非常に大きな分子でありながら、細部にいたるまで同じ構造の分子として複製できる。そういうものだと聞かされれば、そういうものかと思うだけかもしれませんが、このようにしてそっくり同じ高分子をつくり出す方法は、いまだに人工的な方法で真似る事ができないユニークなものです。

e 半保存的複製を調べる

　半保存的複製は、^{14}Nと^{15}Nという質量の違う同位元素を含むアンモニウム塩を使って大腸菌を培養し、そこで生合成されたDNAを、CsClの平衡密度勾配遠心法で解析した、**メセルソンとスタールの有名な実験**によって見事に証明されました。似たような実験を現在では、培養細胞でも動物でも、5-bromo-deoxyuridine（BrdU：5-ブロモデオキシウリジン）を使って行います。BrdUはチミジンのかわりにDNAに取り込まれます。DNA合成の際にBrdUを取り込んだDNAは、取り込まなかったDNAに比べて、CsClによる平衡密度勾配遠心法で高い浮遊密度のところにバンドをつくります。単純に言えば、比重が大きい（コラム参照）。で、複製しなかったDNAは二本の鎖とも軽い（LL）、1回複製したDNAは軽い鎖と重い鎖とからなる（LH）、2回以上複製するとLHのDNAと、両方の鎖とも重いDNA（HH）ができる。これらは平衡密度勾配遠心で分けられる（図4-2）。いまさら、半保存的複製を検証することはまずないけれども、DNA合成が見られた時、それが複製合成なのか修復合成なのかを調べるのには使われることがあります。DNAに傷ができて修復する際には部分的なDNA合成が起きますが、このような部分的な合成ではBrdUを取り込んでもDNA鎖全体の比重には影響しないので、LL鎖しかできないからです。

コラム　平衡密度勾配遠心法とは

均一のCsCl溶液を超遠心すると回転速度に応じた（gに応じた）一定の濃度勾配ができて平衡に達し、以後は時間を伸ばしても勾配は変わらない。遠心するだけで、高分子ではないイオンのような小さなものが濃度勾配をつくるのはちょっと驚きです。均一に溶かしておいたDNAは、CsCl溶液のある濃度のところへ集まってバンドになる。この位置のCsCl溶液密度が浮遊密度です。哺乳類のDNAは、CsCl溶液の密度1.7000付近にバンドをつくる。GC含量が高い程、浮遊密度が大きい。高塩濃度の溶液なのでタンパク質がDNAから外れるため、DNAの最終精製段階でよく使われた。インターカレート試薬を加えておくと、formⅠのプラスミドDNAをformⅡ、Ⅲから分離できる。通常の密度は物質に固有の値であるが、浮遊密度は条件によって値が異なり、硫酸セシウム中のDNA浮遊密度はずっと小さくなる。RNAのCsCl中での浮遊密度はCsClの溶解度を越えるためにバンドにならず沈澱するが、硫酸セシウム中なら浮遊密度が小さくなりバンドを形成する。

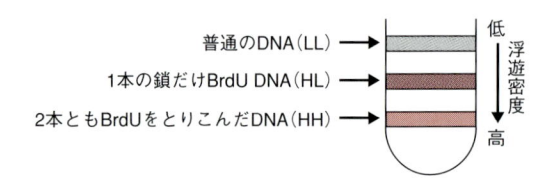

図4-2　平衡密度勾配遠心によるDNAの分離

f テイラーの実験

　真核生物でもDNA合成が半保存的であることを非常に簡単な実験で眼に見える方法で示したのが**テイラーの実験**です。図4-3で紹介します。どうなったかわかるかな。1回目の分裂期にはすべての染色体に放射能が検出されており、2回目の分裂期には、1本の染色分体には放射能があり、他方の染色分体には放射能がない、という結果になった。実験としては非常に単純なものですが、これは**半保存的なDNA複製が起きている**ことの見事な証明である。同時に、1つの染色分体が1つながりのDNAからなることの間接的な証明であった。説明しなくてもわかるかな。念のために言いますが、1回目の分裂期にオートラジオグラフィーをやった細胞は、その時点で死ぬわけだから、その細胞が2回目の分裂期へ進むわけではありません。

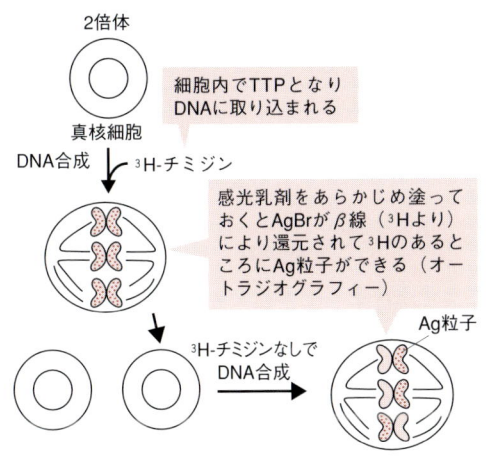

図4-3 テイラーの実験

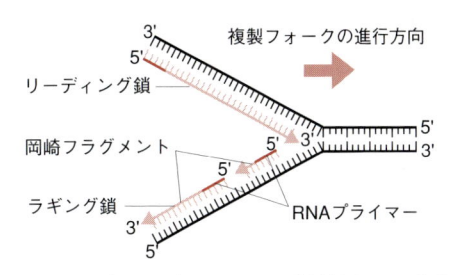

図4-4 岡崎フラグメントと不連続的なDNA合成

9 プライマーを必要とする

DNA合成酵素は、最初の1つのヌクレオチドからつなげることができない。つまり今日の冒頭で言った式でnが1では反応が起きない。これはRNA合成酵素と違う点である。実際のDNA複製ではまずRNA合成が起きて、10塩基程度のヌクレオチドがつながった短いRNAプライマーができ、その先にDNAの鎖が延長する。DNA合成酵素は、基本的に鎖の延長だけをする酵素です。実際のDNA複製ではRNAプライマーができますが、酵素としてはDNAをプライマー（primer）としても延長反応するので、試験管内DNA合成ではDNAプライマーがよく使われます。

h 不連続複製である

リーディング鎖（leading strand）とラギング鎖（lagging strand）がある（図4-4）。リーディング鎖とラギング鎖の区別はわかるね。**ラギング鎖の合成は連続的ではなく不連続である**。複製酵素は5´から3´方向にしか合成しないので、鋳型DNAが逆平衡であることを考えると、一方の新生鎖（リーディング鎖）は全体としての進行方向、つまり複製フォークの進行方向と一致しますが、もう一方（ラギング鎖）は、**複製フォークの進行と逆方向に合成せざるをえない**。ラギング鎖で不連続的に合成される短い鎖が岡崎フラグメント（Okazaki fragment）です。RNAプライマーが合成され、その先にDNAの鎖が延長し、岡崎フラグメントができる。日本人、岡崎令治さんの名前が付いた貴重なものですね。通用させようと自ら主張したわけではなく、この画期的な発見に感心した海外の研究者がそう呼びならわして定着した、ということも知っておいてよいことでしょう。原核生物ではおよそ1,000～2,000ヌクレオチドくらいの岡崎フラグメントができますが、真核生物では100～200ヌクレオチド程度と短い。DNA合成が進んで、先にあるRNAプライマーのところまで来ると、RNAを分解しながらDNA合成が進む。さらに先にあるDNAのところまで合成が進むと、DNAリガーゼ（DNA ligase）でつながる。

i 複製開始点がある

DNA上には特定の塩基配列を持った複製開始点（領域）があり、そこから左右に複製が起きる。DNA鎖を縦に描けば上下になるけど。塩基配列に違いはあっても、決まった複製開始点（ori：origin of replication）から複製が始まることはバクテリオファージやウイルスからヒトまでほぼ同様です。複製開始点から左右に向かって複製が進行し、左右のそれぞれのところでリーディング鎖とラギング鎖の合成が起きるわけです（図4-5）。複製がまさに起きているところを**複製フォーク**という。Y字型というか二またになるからだね。複製開始点から、複製フォークが左右へ進行するわけです。電子顕微鏡で見ると眼ができたように見えるので、**eye formation**と言う。リーディング鎖の複製は、複製開始点から連続したDNA鎖の延長反応が起きますが、ラギング鎖のほうは短い岡崎フラグメントがたくさんできる。

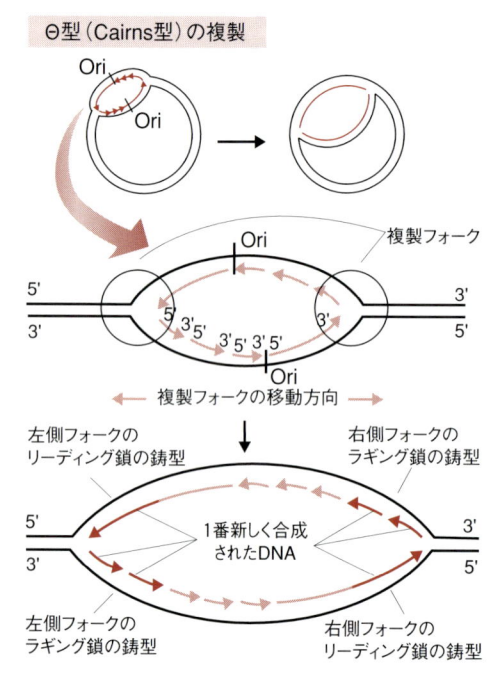

図4-5　複製開始点から両側へ複製が進む

> 岡崎フラグメントが合成を開始するところは、複製開始点とは違うのですか？

それぞれの岡崎フラグメントが合成開始するところを複製開始点とは呼びません。岡崎フラグメントが合成開始するところは無数にあるけれども、**原核生物の複製開始点は1カ所だけである**。

複製終結点もある

環状DNAの場合、複製開始点から始まったDNA複製が進んでいってやがて反対側で出会う。出会ったところで複製が終了するのは自然のなりゆきと思うかもしれませんが、そう単純ではありません。リーディング鎖が進行してゆく事を考えてみる。DNA合成反応を局所的に考えると、どこまで進んでも鋳型DNAは存在する。環状なんだから末端はないのです。だから、放っておけば鋳型DNAを何回も回って、いくらでも合成を進めることができる。実際、バクテリオファージの環状DNAでは、**ローリングサークル型**といって、そういう合成が起きているのです（図4-6）。大腸菌の接合の際にもローリングサークル型複製が起きます。ありえないことではなく、実際にあるんです。しかし、通常の大腸菌DNA複製ではそういうことは起きません。複製を終結させる特別な仕掛けがあるものと考えられます。これは、複製開始点が複数ある真核生物でも同様です。

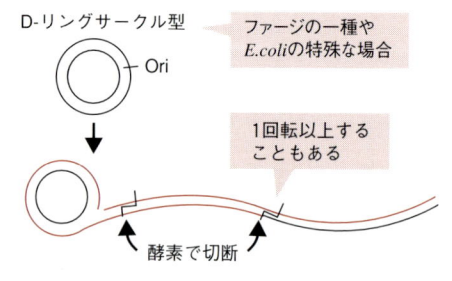

図4-6　ローリングサークル型複製

実際の複製過程は複雑である

試験管内でとりあえずDNA合成をやらせるだけなら、鋳型DNA、プライマー、材料であるdNTP、DNAポリメラーゼを用意すればDNA合成が起きます。ただ、実際に細胞内で起きているDNA合成ははるかに複雑な反応で、大腸菌の場合でも、間接的に複製に影響を与える遺伝子を除外しても、20を超える遺伝子がDNA合成に直接かかわる事が知られています。実際、どのような機能が必要であるかを考えても、少なくとも**図4-7**程度の役者が必要です。

原核生物と真核生物では基本的な機構は似ていても、はるかにたくさんの種類のタンパク質が複製にかかわっているようです。実際に多くのタンパク質が遺伝学

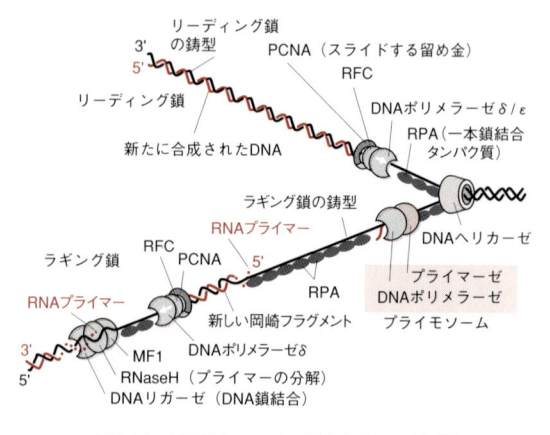

図4-7　複製フォークで働くタンパク質

的あるいは生化学的に明らかになりつつあります。リーディング鎖を合成する酵素とラギング鎖を合成する酵素は、場所的に別々に存在して働くのではなく、1つの大きな複合体として働いている（図4-8）。全部の役者をまとめて1ヶ所には描ききれないのだけどね。

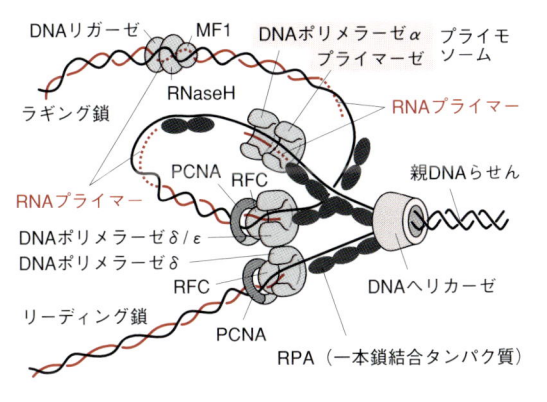

図4-8 複製複合体

真核生物の場合、複製酵素群の巨大な複合体はいっしょに核マトリクスに固定されている可能性がある。現状ではまだ哺乳類細胞の系では、試験管内でヌクレオソームあるいはクロマチン構造を持った細胞ゲノムからきちんと複製を開始させ、延長させ、終結させる事には成功していません。各反応を担当するタンパク質の全貌がわかり、さらに全体の反応のしくみが理解できるまでには、まだしばらく時間が必要と思います。

ヌクレアーゼ

核酸を端から切断する酵素をexonucleaseという。3´側から切るエキソヌクレアーゼも5´側から切るエキソヌクレアーゼも知られている。中のほうで切る酵素はendonucleaseだけれども、endだから端から切るのかと思ってた学生がいた。endではなくendoなんだよ。ちなみに、制限酵素はエンドヌクレアーゼの仲間だ。

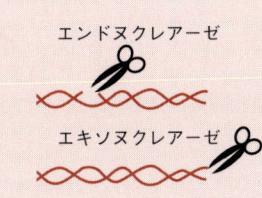

複製の正確さ

複製が正確に行われなければ、突然変異が起きてしまう。DNAポリメラーゼは、新生鎖のヌクレオチドを誤りなく対応させられるわけではありません。およそ10の4乗に1つくらいは間違えるといわれる。酵素がいい加減であるというより、塩基の構造はケト型とエノール型の両方の型をとることができ、細胞内の条件では大部分がケト型であるとはいえ、エノール型が別の塩基と認識される可能性があるのです。それでも数万に1つの誤りというのはずいぶん正確なものだと思います。ヒトの行動を観察すると、1,000回に1回くらい誤りを起こしそうだからね。歳を取ると10回に1回くらい間違えそうだ。複製がこれほど正確でも、大腸菌のゲノムのヌクレオチド対は10の6乗のオーダーですから、1回の複製ごとに数百の変異が生じてしまう。哺乳類ではさらにその1,000倍です。これは大いに困る。

大腸菌の場合、DNAポリメラーゼⅠには5´から3´へのポリメラーゼ活性のほかに、3´から5´へ向かうエキソヌクレアーゼ活性があり、これが誤ったヌクレオチドを取り込んだ時に働く。DNAポリメラーゼの3´から5´へ向かうエキソヌクレアーゼ活性は、付いたばかりのヌクレオチドが誤っていれば切り出して修正する。これは校正活性と呼ばれます。誤字を校正する役割だね。大腸菌のDNAポリメラーゼⅢの場合は、酵素複合体中のεサブユニットにこの活性がある。真核細胞の場合にも、酵素サブユニット中の3´から5´へ向かうエキソヌクレアーゼ活性がこの役割を担っていると考えられます。これによって、塩基対の誤りは10の9乗に1つ程度に抑えられるものと考えられる。それでも、ヒトの細胞が1度複製すると、1つくらいの変異が起きる可能性がある。体中の細胞の数を考えると、変異の起きる頻度は決して少なくない。

細胞内には実にさまざまなDNAの異常を修復する酵素系があり、複製による誤りを修復する際にも働いている。不適正塩基修正酵素（mismatch correction enzyme）という酵素がある。新しくできたDNAのなかから正しくない塩基対を探し出し、正しくないヌクレオチドを除去して正しいものに入れ替えます。でも考えてみれば不思議だね。仮にA：Cという塩基対があったとき、誤りであることは明らかですが、Aが誤

りなのかCが誤りなのかどうしてわかるんだろう。わかっている機構の1つは、鋳型鎖の近傍の塩基がメチル化されているとき、合成されたばかりでまだメチル化されていない鎖のほうが新生鎖であると認識して、新生鎖のヌクレオチドを除去して修正する。もう1つの方法は、ラギング鎖には必ずニック（切れ目）があるはずで、これのある方の鎖が新生鎖と認識して修復する（図4-9）。賢いですねえ。

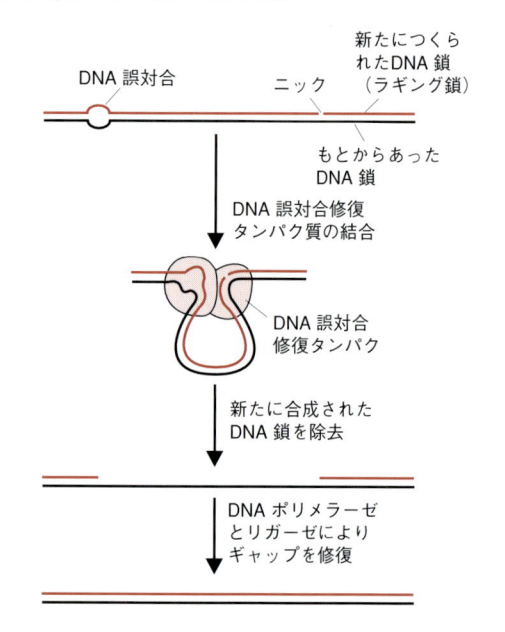

図4-9　真核生物のDNA誤対合修復機構

こういった工夫によって、複製にかかわるヌクレオチドのエラーは10の11〜12乗に1つと考えられます。ものすごい精密さです。これほどエラーの少ない機構を人工的に再現することはまだできない。

2 原核生物と違うところ

真核生物と原核生物で異なるところも言っておきます。

a ヌクレオソームを形成している

バクテリアのDNAと違って、真核生物のDNAはヌクレオソームを形成している。新しいヌクレオソームはどのように形成されるのだろうか。1本（二本鎖として）のDNA鎖が、複製後には2本の娘鎖（それぞれが二本鎖で）になるわけで、ヌクレオソームとしても2倍になります。新しいヒストンが加わって、ヌクレオソームが形成される必要がある。S期にはDNAが2倍になると同時にヒストンも2倍になる時期であり、タンパク質合成を抑制するとDNA合成も停止します。この場合、古いヒストンが全部新しいヒストンに置き換わるわけではなく、古いヒストンは再利用され、同じ量の新しいヒストンが加わって、ヌクレオソームとして2倍になるらしい。古いヌクレオソームは、全体を平均すれば2本の娘鎖にほぼ均等に分配されますが、局所的に見れば、単なる偶然以上に一方の娘鎖だけに分布するような不均一性がある。たくさんのタンパク質複合体がかかわって複製が進行する現場を考えると、ヒストンが外れて裸のDNAにならないと反応が進みにくそうです。しかし、DNAは完全には裸にならず、あいまいな言い方ですが、ヌクレオソームと関係を持ったままで複製反応が進んでいると考えられます。

b 複製開始点がたくさんある

原核生物の複製開始点は原則として1つですが、真核生物ではたくさんある。1つの複製開始点が支配して複製するDNAの範囲をレプリコン（複製の単位：replicon）といいますが、原核生物ではレプリコンは1つ、真核生物はマルチレプリコン（multireplicon）であると言います。ヒトでは細胞あたり1万個のレプリコンがあります。

> これも岡崎フラグメントの開始点とは違うのですね

もちろん違います。真核生物のレプリコンの大きさは、だいたい大腸菌のレプリコンの大きさの10分の1以下です。大腸菌の約千倍のDNA量をもつヒト細胞では約1万倍の複製開始点を用意する事によって、複製速度は10分の1ではあるが、複製全体にかかる時間を短縮している。真核生物の特徴として、このあたりを少し詳しくやります。

c HumermannとRiggsの実験

複製開始点がDNA上に並んでいることは、実に単純とも言える実験から示唆されました。図4-10に示す小さな太鼓のような入れ物を用意します。太鼓の革のところには、メンブレンフィルターといって、ミクロ

ン単位の孔の開いた薄膜を張っておきます。道具立てはこれだけです。細胞を DNA 複製時期の直前に同調しておいて、いっせいに DNA 合成を開始させると同時に、^{3}H-チミジンを培地に入れて培養します。2 分、5 分、10 分など経時的に細胞を回収します。細胞懸濁液を希釈して、数個の細胞をバッファーとともに先ほどの太鼓の上の孔から静かに入れます。細胞をたくさん入れてはいけない。この太鼓をそっくり界面活性剤の液に浸けます。どうなるか。界面活性剤というのは、タンパク質や脂質を溶解させます。で、これが、メンブレンフィルターを通してジワジワ中へしみ込んできて、考えられる限り穏やかに細胞を溶解させ、DNA を裸にするわけだね。ま、多少の DNA 切断は避けられないけれども、裸になった DNA はしだいに拡散して太鼓の中で広がって行きます。見えないんだから、そうなるだろうと想像するだけだけどね。で、しばらく経ったら太鼓を引き上げて、メンブレンフィルターの下のほうに小さな孔を開けます。内部の液がゆっくり出て行くと、液面はしだいに下がる。このとき、広がっていたDNA の一部がメンブレンフィルターに触れてひっかかると、液面の低下とともに DNA はまっすぐにメンブレンフィルターに付着する。最後には、メンブレンフィルター上に何本もの DNA が一方向に並んで付着する。で、メンブレンフィルターを乾燥し、暗室で写真の感光乳剤を薄くかけ、乾燥剤とともに暗箱に入れて、冷蔵庫に数カ月置く。数カ月ですよ。その間は結果がわからない。失敗していてもです。で、そのあと現像・定着して、感光した銀の粒子を顕微鏡で観察する。銀粒子があるところは、その下にトリチウムがあった、すなわち、合成されつつある DNA が存在する、と考えるわけです。

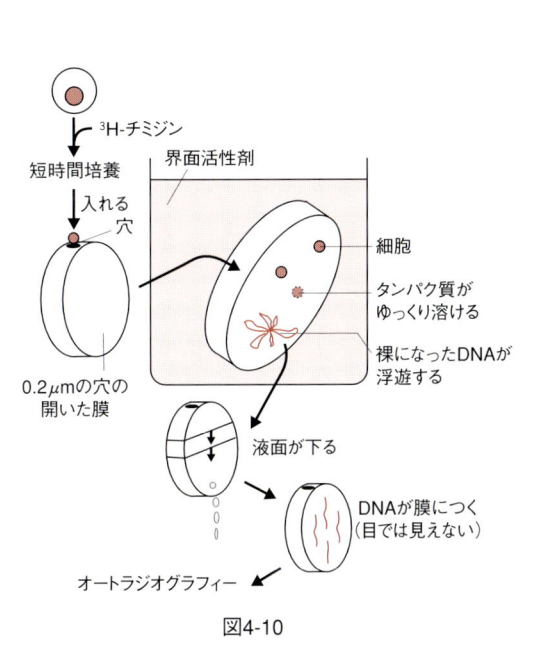

d その結果は

で、結果は図 4-11 左のようになった。短時間では、銀粒子が短い線のように並んでいる。時間が長くなると、その線がしだいに長くなる。もっと時間が経つと二重線のように見える。DNA そのものは見えないけれども、実はこうなっているのではないかと推測しました (図 4-11 右)。

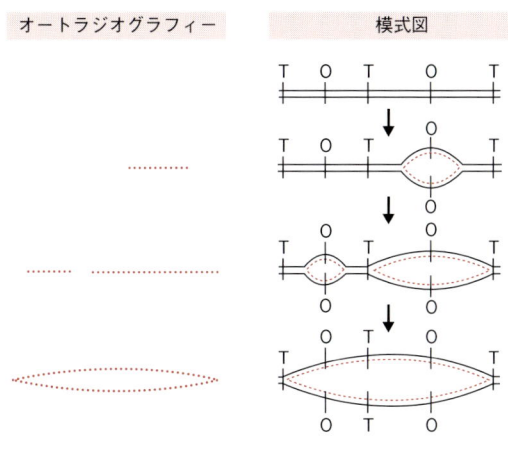

図4-11　　　　O：複製開始点，T：複製終結点

複製開始点は DNA のうえに間隔を持って並んでいて、それがほぼいっせいに DNA 合成を開始した。時間が経つと複製された DNA 部分が長くなる。二本鎖どうしが離れるから、二重線にみえる。これだけでは開始点が、短線の端にあるのかまん中にあるのかわからない。初めの 5 分だけ低濃度の ^{3}H-チミジンを与えておいて、その後、高濃度の ^{3}H-チミジンを与えると図 4-12 のようになる。逆にすれば逆になる。このような結果から、複製開始点から複製は両方向に進むことがわかった。1 つの複製開始点によって支配される領域をレプリコンと呼ぶとすれば、1 つの線の上にレプリコンが並んでいるように見える。

図4-10

図4-12

　この実験は、アイデアと粘り強い実験の賜と思います。S期直前での精密な同調、精密で同調的なS期開始という実験技術の工夫も必要でした。ただ、特別高価な機械、装置、試薬を必要とするわけではありません。金がなければよい実験ができないというわけではない、と思います。それは、現在でも同じだと思うんだね。アイデアが素晴らしく、それを実現する技術があれば素晴らしい仕事になる。この論文は、私が大学院学生の時にJournal of Molecular Biologyという雑誌に報告されていたのを見て感激したものです。当時のドイツや日本は、今でもそうだけど、アメリカなどに比べると基礎研究への投資が圧倒的に少なかったわけで、でもアイデアと粘りがあればよい仕事ができると思った印象的な実験です。

e レプリコン開始には時間差がある

　レプリコン1つが複製を完了するのはおよそ40分～1時間かかります。これは大腸菌の1レプリコンの複製完了時間とほぼ等しい。全部のレプリコンがいっせいに複製を開始すれば、1時間くらいで全部の複製が完了する、すなわち細胞周期のS期は、だいたい1時間で終了するはずである。**Hubermannらの実験**でも、複数のレプリコンが同時に複製を進めていることが示されている。しかし、通常、哺乳類細胞のS期は6～8時間はかかり、それを下まわる例はほとんどありません。

　哺乳類細胞の複製には、なぜそんなに時間がかかるのですか？

　精密にS期直前に同調した細胞を用意して、いっせいにS期を開始させ、DNA合成を進行させます。このとき、5-ブロモデオキシウリジン（BrdU）を培地に加えておくと、細胞はチミジンのかわりに、これをDNAに取り込む。BrdUに対する抗体で染色すると、核のなかでBrdUが存在する位置を知ることができます。どういう結果になるか。はじめのうち、数十カ所以上の小さな点が見えてきて、それぞれが時間とともに大きくなります。1時間くらいもすると、大きくなるのは止まりますが、それとともに、新しい10以上の小さな点が現れ、時間とともに大きくなります。このようなことがS期の終了まで繰り返されます。これをどう理解するか。Hubermannらの実験にあったように、一連の複数の複製開始点が1度に複製を開始する。このような複製開始グループが、BrdUが取り込まれた核のなかの小さな点としてみえる。そのようなグループの集団が数十カ所あるわけだね。DNA合成が進むにつれて、BrdUの取り込み量が増えるので、各点が大きくなる。このレプリコン群の複製が終わりに近づけば、点はそれ以上大きくならない。そして、次のレプリコン群の複製が開始する。もちろん、これだけの結果から結論を出したわけではなく、さまざまな実験のうえで『S期内の異なった時間に複製を開始するレプリコン群がある』という結論が得られています。そのために、各レプリコンは複製を完了するのは1時間以内であっても、S期の完了には6～8時間くらいかかることになります。

f 発生初期の卵割ではいっせいに複製開始する

　すべての複製が1時間くらいで終わる場合は、ないわけではありません。**卵割の時はほとんどのレプリコンが1度に開始して、きわめて短時間でS期を終了します。**それだけでなく、G1期、G2期がなく、S期とM期だけしかなく、最短では2時間ごとくらいに細胞分裂が進行します。

　なお、細胞周期を早く回る哺乳類細胞の例として、ハムスターの培養線維芽細胞ですごい変わり者がいます。S期の長さは標準的ですが、G1期、G2期がなく、M期とS期だけを繰り返して短時間で細胞周期をまわるV79という培養細胞です。発生の時期を除けば、M期とS期だけを繰り返して増殖するような正常な体細胞は、哺乳類の体内にはないと思います。

9 遺伝子の発現状態と複製の時期は関係があるらしい

　DNA全体の中で、転写が不活性であるヘテロクロマチン部分はS期の後期に複製され、転写が活性であるユークロマチン部分はS期の初期に合成されるという

一般的な傾向があります。ハウスキーピング遺伝子の多くはS期初期に合成される。組織特異的に発現する遺伝子は、発現する細胞ではS期の初期に、発現しない細胞ではS期の後期に複製するといわれる。細胞をS期はじめに同調し、いっせいにS期を開始させる。S期のさまざまな時期に、^3H標識したチミジンを短時間だけ与えて、その後オートラジオグラフィーをとると、S期初期にはユークロマチン、後期にはヘテロクロマチン部分に放射能がみられる。M期の染色体になったところでオートラジオグラフィーをとると、縞模様の濃い部分（ヘテロクロマチン対応する）は、S期後期に^3H-チミジンを与えた時に放射能がみられる。X染色体のうち、発現しているほうはS期の初期に、発現していないほうは後期に合成される。

ただ、こういった事実がわかっても、複製開始のタイミングの調節がどのようになされるかは、別の問題です。それぞれのレプリコン群の複製開始時期調節は重要な問題ですがまだよくわかっていない。クロマチン構造と関係がある可能性がありますが、具体的なしくみは不明です。

3 複製の調節

a Endoreduplication の禁止

大腸菌では、培養環境がよければ、細胞分裂する前に同じレプリコンの複製開始が起きますが、哺乳類細胞では、細胞分裂を経ない限り、同じレプリコンは二度目の複製を開始することはありません。細胞周期の中でDNA複製が起きるのはS期だけですが、S期のなかでは、同じDNAは1回しか複製が起きないことを『Endoreduplication の禁止』と言います。複製開始点が働くことを、英語ではしゃれて発火する（fire）ということがありますが、1度発火した複製開始点は同じS期内では2度と発火しない。これを大腸菌の場合と比べて説明します。

大腸菌は、最もよい環境条件で培養すると、DNA複製に40分、細胞分裂に20分かかります。従って、1時間ごとに細胞は2倍、4倍と増える、というなら話は単純なのですが、そうはなりません。大腸菌は、20分ごとに2倍、4倍と増える。これはなぜだ。大腸菌の複製開始点は1カ所で、つまり、レプリコンは1つであることは先ほど言いました。大腸菌の複製開始点は1つのままで、DNA複製は20分ごとに開始します。開始した複製は40分たたなければ終了しません。が、分裂は20分ごとに起きます。これはどうしても図4-13を描かなければ説明できない。わかりますか。複製が終了しないうちに新たな複製開始点がもう一度開始します。その結果、DNA全体は図のような形をとることになり、これを**マルチフォーク**といいます。食事に使うフォークではなくて、干し草などを運ぶやつのことだと思うんだけど。二またがたくさんできるからマルチフォーク。大腸菌ではEndoreduplicationが禁止されていないどころか、それを積極的に利用して、最も効率よく増殖しているわけですね。

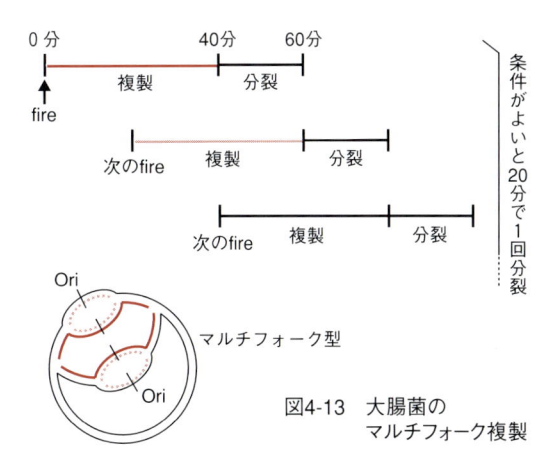

図4-13 大腸菌のマルチフォーク複製

これに対して、少なくとも哺乳類細胞では、DNA全部の複製が終わるまでは複製開始点が2度と働かないだけでなく、細胞周期のG2期、M期、G2期を通過しないと、次の複製が開始しません。

> 増やすだけなら大腸菌の方が効率が良いのですね

そうだね。マルチフォーク（multifork）型のDNAは、染色体を形成して娘細胞に正確に分配することが困難で、複数の染色体からなる真核生物でこのようなことをやったら、異常が起きやすいのだろうと思います。

b 複製開始のライセンス

真核生物では、複製開始の許可を与える『license

『（ライセンス）』がないと、複製開始ができない。複製開始点には、ORC（origin recognition complex）という複合体が結合し、これにさらにcdt1やCdc6などの複数のタンパク質が結合して、さらに、Mcm（minichromosome maintainance protein）が結合して、複製開始点の用意ができる。こうなると、準備段階で必要であったCdc6などは不要になって分解されてしまう。これが複製開始のライセンスです。細胞周期としては、M期が終わるG1期の最初にはこの状態が用意される（図4-14）。ただ、これはあくまでライセンスが与えられただけです。免許証があっても車がなければ運転できない。実際に複製が開始するためには、後で話すようにG1チェックポイントを経て、複製開始のために必要なDNAポリメラーゼを含めた酵素やタンパク質が用意され、それらが複製開始複合体として開始点に結合しなければなりません。これがG1期のお終いの時期に起き、実際に複製が始まる。複製が始まった後で、もう一度複製開始点のライセンスを与えられるためには、新たにMcmやCdc6などが細胞質から供給されなければならない。このためには、G2期、M期をへて核膜が消失する段階を経て、細胞質から供給され直す必要がある。要するに、ライセンスに必要なタンパク質が核膜を通過できないところがみそなんですね。このために、G2期、M期を経なければ、次の複製開始が許可にならない。これは、核膜をもつ真核生物の特徴として、ゲノムを正確に複製し分配するために必要かつもっともらしい機構である。すごい工夫だと思う。

C 複製開始の調節の意味

　S期を実際に開始するか否かの調節は、ライセンスとも各レプリコンの開始調節とも別の問題です。多細胞生物を構成する多くの細胞は、必要に応じて増殖する能力を持っていても、普段は増殖することなく機能を果しているものが大部分です。培養細胞で解析すると、細胞周期の進行は、**S期へ進行できるかどうか**のところに大きな調節点があることがわかります。例えば、増殖因子を欠乏させると細胞は増殖を停止し、やがて全部の細胞がG1期に停止します。長期間じっと停止している状態をG0期ということもある。増殖因子を添加すると、S期へ進行し増殖を開始します。この時、添加した**増殖因子を途中で除去すると、除去した時間によって、細胞が増殖する（DNA合成を開始する）か停止状態に戻るかが決まります**。細胞によって違いはありますが、概略的には、G1期の終りあたりまで増殖因子があれば、細胞はS期への進行を約束され（**commit**された状態になる、と言います）、以後は増殖因子を抜いてもS期、G2期、M期をまわって、次のG1期まで進行します。つまりS期の開始調節が細胞増殖調節の鍵を握っており、S期の開始が約束されればS期から次のG1期までは自動的に進行する。

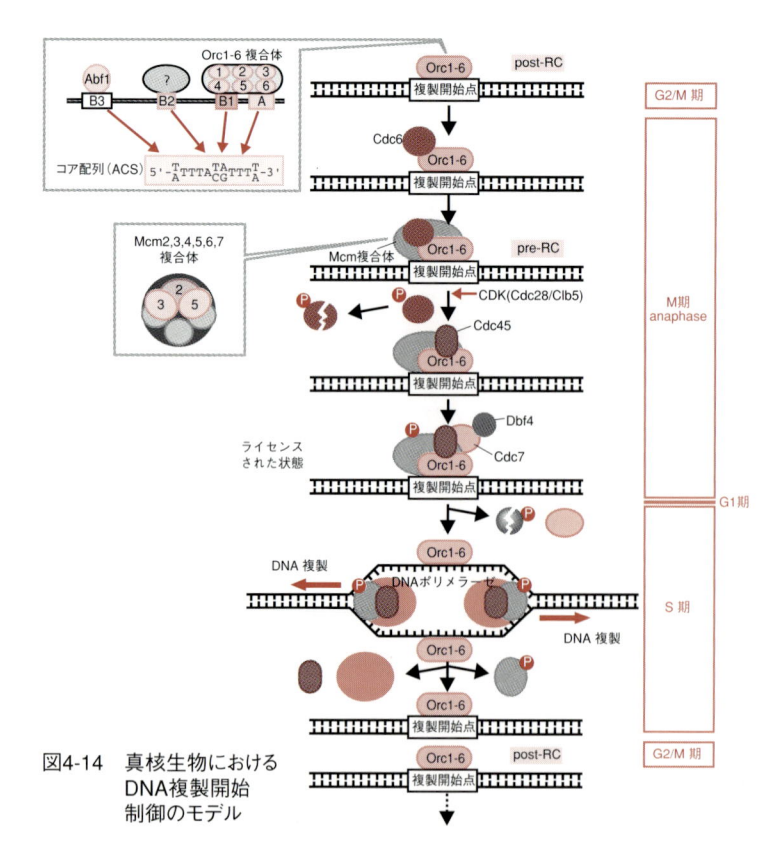

図4-14 真核生物におけるDNA複製開始制御のモデル

d 細胞周期調節のカギを握る G1 チェックポイント機構

S 期を実際に開始するかしないかを決めるのは、G1 期の終わりあたりであると言いました。これを S 期進行への G1 期チェックポイント、簡単には『G1 チェックポイント』と言います（図 4-15）。G1 期では、S 期への進行を抑制する p53 や Rb などの『癌抑制遺伝子』のタンパク質があって、増殖への準備が整うまでは S 期への進行を止めています。癌抑制遺伝子という名前は癌研究からつけられた名前ですが、要するに、細胞が増殖しないようにブレーキをかけているタンパク質です。増殖因子が十分に与えられると、細胞内でさまざまな反応が引き起こされ、必要なタンパク質が準備され、細胞も大きくなり増殖への準備が整う。さり気なく『細胞も大きくなり』と言いましたが、実際、細胞がある程度の大きさになることは必要なんです。ということは、細胞は、細胞の大きさをチェックしている、ということです。どうやってチェックしてるのかねえ。このような、さり気ないチェックがいろいろあるらしい。いずれにせよ、**準備ができると p53 や Rb の増殖抑制活性が失われます**。これが S 期を開始するために重要な段階で、ここを過ぎれば細胞は S 期へ向かって進行できる。これが G1 チェックポイントの機構です。サイクリンと CDK というタンパク質のファミリーが進行の重要なカギを握っていますが、これらを含めてどのようなタンパク質の活性化や不活性化のプロセスがあるかの詳細は、細胞増殖のところで話します。

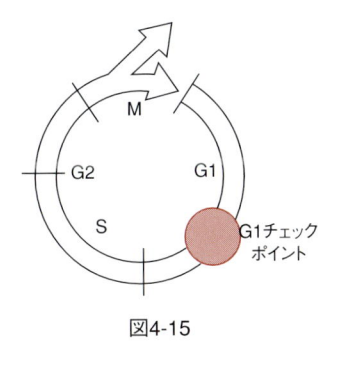

図 4-15

e G1 チェックポイントは遺伝子維持、細胞維持、個体維持に重要

実は、G1 チェックポイントにはもう 1 つの重要な機能があります。『DNA の完全性（integrity）のチェック』です（図 4-16）。DNA には日常的に傷が付く。活性酸素や体温程度の熱によってさえ DNA に傷が付く。それ以外にさまざまな化学物質や放射線によって傷が付く。このまま S 期が始まれば、S 期の途中で細胞が死んだり突然変異を持った細胞が生じたりするので、**細胞は常にこれを検査し傷があれば修復酵素を発現させて働かせます**。細胞はたくさんの種類の DNA 損傷を修復するための、たくさんの修復酵素系をもっている。この機構には『p53』が中心的な役割を果しています。p53 は、一方では修復が済むまで S 期への進行を許さず、他方では修復酵素系を誘導して修復を進める。修復が完了して、その時に増殖因子によって進行した複製への準備ができていれば、p53 は活性を失う。DNA に傷がなく、複製開始への準備が整っているかをチェックするのが G1 チェックポイントである。

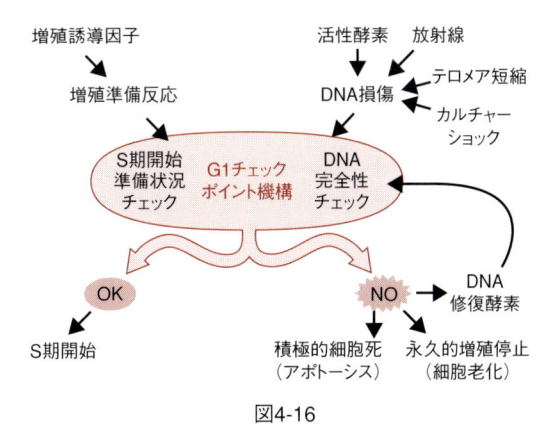

図 4-16

傷の種類によるのか、その大きさによるのかはわかりませんが、生存には差し支えないけれども修復できない傷があると、G1 チェックポイントが不可逆的に増殖を止める。ヒトの体細胞では、後で言うように DNA 複製のたびにテロメアが短縮しますが、テロメアがある限界まで短縮すると、培養細胞は『**老化細胞**』になって増殖しなくなる。遺伝子部分はおかしくないから、増殖しないけれども長いこと生きてはいける。活性酸素にさらされてテロメアが変異したり短縮したりすると、老化細胞と同じような様子になって増殖停止する。培養系では多くの細胞が 10 回か 20 回分裂すると増殖しなくなる。これを**カルチャーショック**といいます。しゃれでつけた名前です。細かい機構は不明ですが、これも老化細胞のような姿でとまる。驚くべきことに、強い癌遺伝子である ras を正常細胞に導入すると、老化細胞になって増殖を停止する。いずれも、**生存には差**

し支えないけれども増殖すると危機に瀕するような、修復しがたい異常が細胞に生じた時の防衛反応と思われます。殺す程ではないが増えられては困るという判断は、微妙なものだねえ。

さらに、障害が大きくて、その細胞が生きていては困ると判断されれば、積極的な細胞死『アポトーシス (apoptosis)』への反応が起きます。この場合にも、p53 が中心的な役割を果たしています。アポトーシスは大人の体でも異常時に対する対処機構としても働いている。細胞を死へ導く遺伝子を積極的に発現させ、自殺のための酵素を活性化し、異常な細胞を積極的に死に導くアポトーシスは、個体全体の恒常性を維持するために合目的的な機構と言えます。

どのような遺伝子がかかわるかの各論は略しましたが、細胞1つ1つがこのような微妙なしくみを備えていて、DNA の異常が起きないようにし、仮に起きても異常な細胞の出現を押さえ、異常になってしまった細胞を排除し、個体としてのホメオスタシスを維持していることについて、私は非常に感心します。

チェックポイントは他にもある

DNA 複製という事象は、細胞が増殖する時に必須な出来事です。増殖しない細胞は DNA を複製する必要がない。増殖する細胞は、遺伝子を正確に複製するだけでなく、それを正確に2つの娘細胞に分配することが必要です。遺伝子を正確に複製して2つの娘細胞に分配するため、誤りが最小限に抑えられるように、信じられないほどのきわめて精巧なしくみを細胞は用意しています。先に話したように、DNA の複製がいかに精度高く行われるかの精巧さも驚異的なものですが、チェック機構を用意しているという事実にも驚きを覚えます。ゲノムの完全性を維持し、異常な細胞の出現を抑えるために、細胞は G1 チェックポイントのほか

に、少なくとも G2 チェックポイント、M チェックポイントの機構を備えています。

G2 期は、M 期への準備期と考えられますが、『G2 チェックポイント』では、DNA 複製が完了しているか、DNA の完全性は大丈夫かがチェックされ、そうでない限りは M 期が始まらないように抑制が働いています。複製が完了しなければ分裂を開始しないことは当然のしくみに思えるかもしれませんが、大腸菌はそうではなかったことを思い出して欲しい。チェックの結果が OK であれば抑制は外れますが、それによって自動的に M 期が始まるわけではありません。M 期を実際に始めるためには、始めるためのしくみが起動する必要があります。これは、いずれのチェックポイントでも同様です。

『M 期チェックポイント』では、染色体が赤道版に配列し、紡錘糸がすべての染色体に正しく結合しない限り、娘細胞への分配が進行しないように抑制されています。一本の染色体でも紡錘糸がうまくつかないと、そこで停止してしまう。ゲノムを正確に娘細胞に分配するためのチェックポイントだね。これが OK であれば次へ進行できます。『スピンドル（紡錘体）チェックポイント』とも言います。

ここで述べたのは主なチェックポイントだけであって、細胞周期の段階ごとにより細かいチェック機構が働いているものと考えられます。

> どれもチェックが終わらないと、次には進めないのですね

『行け行け』タイプではなく、『check and go』タイプの機構、すなわち、段階ごとに次への進行の可否をチェックする機構の存在は、ゲノムを複製し娘細胞に分配する一連の反応を正しく進めるために、真核生物が開発したユニークなものと思います。すごいもん

Column

アポトーシスとは

アポトーシスは、発生過程でプログラムされた積極的な細胞死のための機構として発見されました。わかりやすいのは指ができるところだね。細い指が根元から伸びてくるのではなく、指が全部合わさったしゃもじのような形がまずつくられて、それから指の間に相当する細胞部分がアポトーシスで死滅させられ、指が残る。うまく死んでくれないと、指が合わさったままになったり水かきみたいなものが残る。細い指を伸ばす方法だと折れやすいからかねえ。発生過程でたくさんの神経細胞が死んだり、自分に対する抗体をつくるリンパ球が死ぬのもアポトーシスです。

だねえ。そう思うだろう。他の反応経路にも応用されている可能性がありますね。

9 直鎖DNAであるための問題

原核生物との違いをもう1つ言っておかなければなりません。真核生物のゲノムは直鎖状分子です。末端部分のDNAはテロメアDNAと言って、くりかえし配列になっていることは前に話しました。直鎖DNAの鋳型鎖の3′末端に対応する新生鎖の5′末端はどうしても合成できない、という問題があります。鋳型鎖の3′末端では、新生鎖に5′末端が合成されますが、まずRNAプライマーができるはずで、これは後からDNAに置き換えることができない。RNA合成は一番端から始まるわけではないので、DNAの5′末端としては100ヌクレオチド分くらい短いものしかできません。これを『末端複製問題』と言います（図1-17）。反対側は末端まで合成が進んで、平滑末端になるはずですが、複製後に鋳型鎖の5′末端が100ヌクレオチドくらい削られて、結局、直鎖状のどちらの末端でも、複製後には5′末端が短縮することになり、3′末端が100ヌクレオチドくらい一本鎖でオーバーハングしています。いずれにしても、**複製後のDNAは複製前に比べると5′端が短くなる**。細胞分裂を繰り返せば細胞集団中の平均テロメア長はいくらでも短くなる。これでは困るので、ほとんどの真核生物は**テロメラーゼ**という酵素を発現しています。これはテロメア配列の鋳型となるRNA（hTR）をもっていて、この**RNAを鋳型にしてテロメアDNAを延長する**。テロメラーゼは一種の逆転写酵素です。逆転写酵素はRNAウイルスの専売特許ではないんだね。真核生物はほとんどみんな持っている。この酵素も5′から3′へ向かう合成しかできないので、オーバーハングしている鎖をさらに延長するだけです。これが十分に延びれば、反対側の鎖は通常の複製によって補われるものと考えられています。

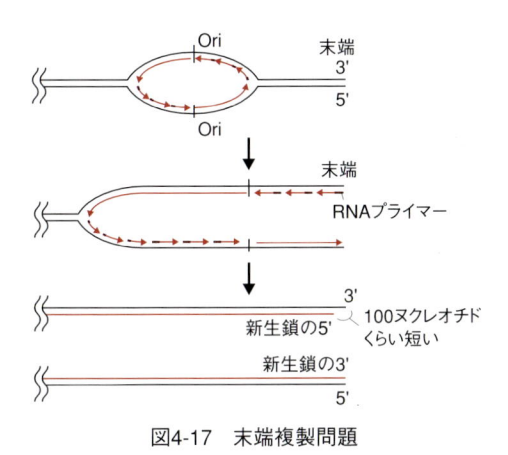

実は、バクテリオファージやウイルスにも直鎖状のゲノムDNAをもつものがあります。これらは、末端まで完全なDNAを複製するために特別な工夫をしている。例えば、λファージは両末端がお互いに同じ塩基配列を持っていて一本鎖部分を持っている。これを **cohesive end** と言います。この構造なら一時的に末端の一本鎖どうしで二本鎖を形成して環状DNAになれる。あるいは、アデノウイルスでは一番端に特別なタンパク質が付いていて、1番目のヌクレオチドからDNA合成が開始できる。ウイルスはそれなりの工夫をしているんです。

ヒト体細胞にはテロメラーゼがない

実はヒトの体細胞の大部分はテロメラーゼを発現していません。これはエライことです。テロメアが短くなるのではないか。実際に、歳をとるほど体中の体細胞でテロメアが短くなっていることがわかっています。ただ、安心なことに、**生殖細胞系列の細胞は強いテロメラーゼ活性を持っている**ので、生殖細胞のテロメアは若くても年寄りでも変わりません。中年になってできた子供には、短いテロメアが受け渡されるというんじゃ困るからねえ。そんなことはない。また、受精卵から発生初期の細胞もテロメラーゼ活性を持っているので、この間はテロメアは短縮しません。発生が進んで、体細胞が分化してくると、テロメラーゼの発現が抑制されるのです。血球や腸の上皮などにある幹細胞は、一生の間にたくさんの細胞を供給するために何回も分裂する必要がありますが、これらの細胞群には弱いテロメラーゼ活性があって、テロメア短縮が遅くなるように仕組まれています。うまくできているねえ。

いずれにせよ、体細胞ではヒトが歳をとるとともにテロメアが短くなる。テロメア配列が完全に失われると染色体の安定性が保てなくなるので、体細胞はある程度テロメアが短くなると、G1チェックポイント機構を働かせて増殖を停止します。これが老化細胞です。ここでもp53が働いているわけで、これが変異して機

図4-17　末端複製問題

能を失うと、細胞はテロメア短縮の限界まで増殖を続けて死に絶えます。正常細胞は、死ぬ前に踏み止まるってことだね。つまり、**体細胞はいくらでも増えられるわけではない**。これを正常ヒト体細胞の有限分裂寿命と言います。ヒトが歳を取るにつれて体内では分裂寿命が尽きた老化細胞が増えて、組織再生がうまく行かなくなることは、老化の原因の1つと考えられます。

ほとんどの癌細胞ではテロメラーゼが再び発現していて、いくらでも増える細胞になっています。テロメラーゼが発現しない限り、臨床的にわかる程の癌には成長できないものと考えられます。そんなわけで、テロメラーゼは癌の早期診断のマーカーになり、この活性を阻害するものはどんな種類の癌にも効く**制癌剤**になる可能性があります。

11. 転写

DNAを鋳型にしてRNAを合成する反応が『**転写**』です。遺伝情報の転写だね。反応はDNA合成とよく似ていて

$$[NMP]_n + NTP \rightarrow [NMP]_{n+1} + PPi$$

ですが、DNA合成との違いは、nが1から成立する事です。つまり、プライマーを必要としない。また、5´末端は三リン酸がついたまま残ります。DNAの鋳型を必要とすること、合成方向は5´から3´方向であること、鋳型の3´から5´方向へ向けて読み取ること、などはDNA合成と同様です。DNA合成に使われるヌクレオチドは、デオキシリボA、C、G、Tですが、RNA合成にはリボA、C、G、Uであるところが違うことはわかっているね。塩基としてはTではなくUが使われる。

RNAの役割と種類

DNAの役割は遺伝情報の保持であるのに対して、RNAの役割は遺伝情報の発現にあります。遺伝情報の発現というのは、遺伝子の情報をもとにしてタンパク質を合成する事です。DNAの情報からタンパク質を合成するプロセスでRNAが働きます。大腸菌ではrRNA、tRNA、mRNAの3種類がありましたが、真核生物ではさらにsnRNA（small nuclear RNA）があります。mRNAの前駆体であるhnRNA（heterogeneous nuclear RNA）もある。

真核生物のrRNA（ribosomal RNA）には、28SRNAと18SRNAのほか、5.8SRNAや5SRNAなどがあります。18SRNAはリボソームの小サブユニット（40Sサブユニット）に、28SRNA、5.8SRNA、5SRNAなどはリボソームの大サブユニット（60Sサブユニット）に含まれます。リボソームのサブユニットは、それぞれ多くの種類のタンパク質と会合した大きな複合体です（図4-18）。

Column: こういう問題を試験に出した

こういう問題を試験に出した。『2種類の鋳型DNA（Ⅰ）と（Ⅱ）を用意し、試験管内でRNAポリメラーゼによってRNAを合成させた。このとき、γ位を32Pで標識したGTPと、塩基部分を3Hで標識したUTPを加えて反応させ、合成されたRNA中の放射能を測定した。鋳型（Ⅰ）を用いた時、鋳型（Ⅱ）を用いた時に比べて、32Pの放射能は高かったが3Hの放射能は低かった。どのようなことが考えられるか』、『その考えを確かめるにはどのような実験をすればよいか』。実験の経験がないと戸惑うかもしれないけれども、たいしたことはないんで、γ位の32Pは、合成されたRNA鎖の5´末端にだけにしか残らないことがわかれば、鋳型（Ⅰ）を使った方がRNA中の32Pの放射能が高かったのは、『できたRNA分子の数が多かった』、『RNAの合成開始点に対応する鋳型の塩基がCだった』、などの答えがあった。鋳型（Ⅰ）の方がRNA中の3Hの放射能が低かったのは、『できたRNAの分子数が少なかった』、『できたRNA鎖が短かった』、『鋳型の塩基組成としてAが少なかった』、などを矛盾なく組合せればよい。で、例えば、鋳型（Ⅰ）では（Ⅱ）に比べて短いRNAがたくさんできたと考えたら、RNAを電気泳動してサイズを比べる、などが答えになるだろう。

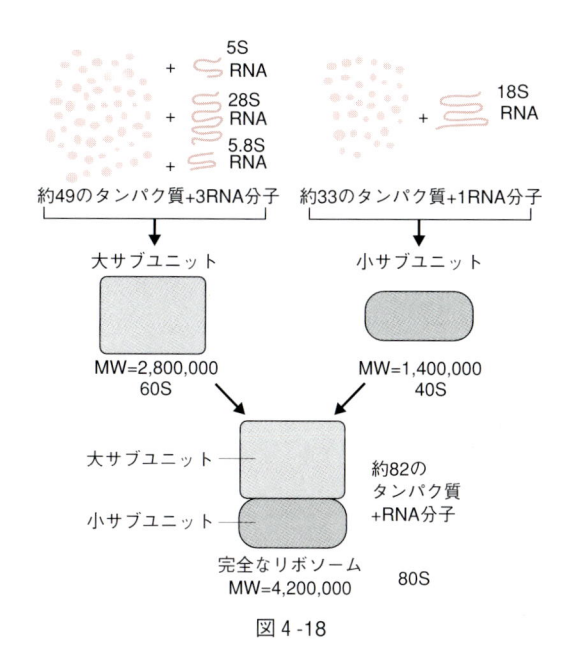

図4-18

18SRNAも28SRNAもそれぞれ分子内で二重鎖を形成して、複雑な高次構造をとっているものと考えられます。細胞内のRNAのなかの90％以上を占めます。rRNAのほとんどは細胞質でリボソームとして存在しますから、単純化して、DNAは核内に存在するがRNAは細胞質に存在すると書いてある本もあるかも知れませんが、RNAの合成される場は核内であり、存在量としても核内にかなりの量があります。

tRNA（transfer RNA）は70〜90のヌクレオチドがつながった小さなRNAですが、20種類のアミノ酸に対する遺伝子の暗号に対応して、50〜60種類が細胞内で発現しています。tRNAは分子内で二重鎖を形成して、コンパクトな特有の高次構造をとります（図4-19）。細胞内RNAの5〜10％を占めます。

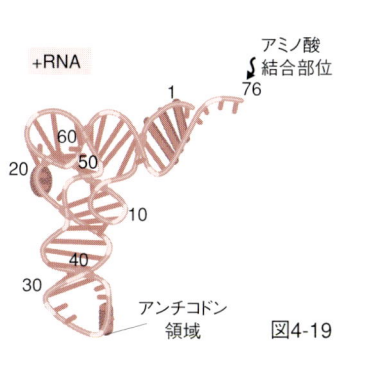

図4-19

mRNA（messenger RNA）は、比較的小さなものから大きなものまでさまざまなものがあります。mRNAは遺伝子が持っているタンパク質構造の暗号を写し取ったもので、まさに遺伝情報のメッセンジャーとしての役割を果たします。量的には細胞内RNAのわずか1％以下であるに過ぎませんが、細胞内でつくられるタンパク質の種類だけのmRNAがあるはずです。1つの細胞には少なくとも数千種類はある。ですから、1種類のmRNAの存在量はきわめてわずかのものです。

snRNAは真核生物に独特なものです。大きさは100〜200ヌクレオチドで、少なくともU1〜U6の6種類があります。それぞれタンパク質と会合した複合体を形成していて、これをsnRNP（snRNA-protein）と言います。タンパク質には、それぞれのRNPに独自のものと共通のものとがあります。snRNAもタンパク質も、真核生物の間でよく保存された構造をもっていて、大切な役割を持っているに違いない。U3 snRNPは核小体にあり、他のものは核質にあって、hnRNAと結合している事が多く、RNAのスプライシングに関係すると考えられます。

hnRNAはmRNAの前駆体で、核内にあってさまざまな大きさのものが含まれ、寿命が非常に短い。

rRNA、tRNA、snRNAはそれぞれの遺伝子から転写され、RNAのままで機能を果たします。通常、遺伝子といった時はタンパク質のアミノ酸の情報を担っているわけですが、mRNAだけがその情報を仲介する。

1 RNAの合成系

α RNA合成酵素

大腸菌では1種類のRNA合成酵素がすべてのRNAを合成しますが、真核生物には少なくとも3種類のRNA合成酵素があって、役割分担しています。RNAポリメラーゼは、いずれもたくさんのタンパク質サブユニットからなる大きな複合体です。合成速度は、毎秒50ヌクレオチドくらいと言われ、DNA合成に比べると大分遅い。1万に1つくらいのヌクレオチドの誤りを生じると言われていて、読みとりの校正や修復もなく、DNA合成に比べて正確さに欠ける。設計図であるDNAと違ってRNAは消耗品だし、たくさんの分子が合成されるので、一部に不良品が混ざっていても機能は果たせる、という設計思想のように見えます。

「RNAは使い捨てなのですね」

RNAポリメラーゼⅠは、主に核内の核小体にあって、リボソームRNA合成にかかわります。核小体というのは、細胞を塩基性色素で染めた時に濃く染まる核内の構造だったね。ここにはリボソーム遺伝子のDNA部分が寄り集まっていて、そこでRNAポリメラーゼⅠによって合成されたrRNAがたくさん溜まっている。rRNAが高濃度に集積しているので、塩基性色素でよく染まるわけです。

RNAポリメラーゼⅡは主にmRNAを、ポリメラーゼⅢはtRNAとsnRNAを合成します。真核生物でRNAポリメラーゼがこのような役割分担をしていることは、それぞれのRNA合成について独立に調節するには便利であろうと思います。ベニテングダケからとれるαアマニチンという環状ペプチドは真核生物のRNAポリメラーゼ阻害剤として有名ですが、酵素の種類によって感受性が大きく異なります。RNAポリメラーゼⅡは1μg/ml以下で完全に阻害されます。RNAポリメラーゼRNAⅢは10μg/ml程度で阻害されます。RNAポリメラーゼⅠは100μg/mlまで濃度を上げても全く阻害されません。適当な濃度を使えば、RNA合成をある程度選択的に阻害することができる。

b　RNA合成の鋳型と合成の範囲

RNA合成には、DNA合成と異なる重要な2つの特徴があります。DNA合成では、基本的には端から端まで全部合成することが求められますが、DNA上の遺伝子として意味があるのは一定の領域であり、RNA合成では、ある遺伝子領域を含むDNAの一定範囲だけを転写することが必要です。つまり、**どこからどこまでを鋳型としてRNA合成するかが重要**になります。もう1つは、**遺伝情報をもつのは二本のDNA鎖の一方だけで、RNA合成では、DNA鎖のうちで情報として意味のある鎖だけを鋳型にすることが必要**です。多くの場合、反対側のDNA鎖は遺伝子としての情報を持っていないし、鋳型として利用されない。

このことは、それぞれの遺伝子の上流にRNAポリメラーゼが結合する**プロモーター領域という一定の塩基配列があることで決められている**。遺伝子の上流・下流というのはわかるね。RNAは5′から3′へ向かって合成されますが、RNAから見て5′方向が上流、3′方向が下流です。鋳型として使うDNAの鎖としては3′方向が上流になるわけだね。試験に出したら、『DNAの5′方向が上流』という答えがあったけれども、どちらのDNA鎖かを言わなければ意味がない。左側が上流になるように描くことが多いんで、『遺伝子の左側を上流という』答えがあったけれどもこれもちょっとまずい。ま、特に断らずに塩基配列を一本鎖で書いた時は**左側を5′にする**、という約束はあるんで、これは覚えておいていいことですが。さて、プロモーター配列にRNAポリメラーゼが結合するとき、**プロモーターの塩基配列によって、結合する向きが決まります**。それで、RNAポリメラーゼがDNA上を走る向きが決まれば、どちらの鎖を読むかも決まるわけです。読み始めの場所も決まる。

c　転写の開始、進行と終結

試験管内では鋳型DNAとRNAポリメラーゼがあればRNA合成は起きますが、正確な位置からRNA合成を開始する事はできません。適当なところからRNA合成を始めてしまう。プロモーターから正確な転写を開始するためには、RNAポリメラーゼ以外に、多くのタンパク質が協調的に働く事が必要です。真核生物では、**基本転写因子**と呼ばれるタンパク質が先にプロモーターに結合して、RNAポリメラーゼが結合するお膳立てをします。そこへRNAポリメラーゼが結合することによって正確な転写が開始できる。**どの遺伝子の情報が、いつ、どのくらいRNAとして合成されるかは非常に重要なことであり、調節を必要とすることです**。特にmRNAに関しては遺伝子発現の調節として別にお話します。

RNAポリメラーゼが通過すると、合成された部分のRNA鎖は鋳型から外れ、二本鎖DNAが復帰します。DNA二本鎖のほうがDNA・RNAというヘテロ二本鎖より安定なので、自然にそうなると考えられる。積極的にRNAをはがす機構があるかもしれないが、よくわかっていない。

RNA合成の終了点については、原核生物では機構の1つとして、転写が終結する少し前の塩基配列のなかに、合成されたRNA鎖が分子内二本鎖を形成できる配

列を持っており、その下流にUが続く配列があるためにDNA鎖との結合が弱くなって、RNA鎖が外れる。それとともにRNAポリメラーゼも外れる。真核生物では十分にわかっていません。真核細胞のmRNAの3′末端構造を知るうえで実験的に厄介な事の1つは、1種類の量が少ないうえに、hnRNAとして転写後、速やかに切断除去されるため、転写されたばかりのhnRNAを集めてその3′末端の構造を調べるのが難しいことです。やってやれなくはないけれど。

d プロモーター領域と転写開始

RNAポリメラーゼⅠが働くrRNA遺伝子のプロモーターは、転写開始点のおよそ−45〜+10あたりにあります。予想に反して、真核生物間で共通性が低い。もちろん進化的に近い生物の間では比較的似ていますが、脊椎動物の間でさえ共通性に乏しい。それにもかかわらず、プロモーターの範囲がだいたい推定できるのは、この範囲のヌクレオチドに変異を導入するとプロモーターとしての働きが阻害されるからです。ヒトとマウスの間ではプロモーターの塩基配列はよく似ているのですが、実際の転写開始にかかわるタンパク質にはかなりの種特異性があるらしく、ヒトとマウスの体細胞を融合すると、融合細胞ではマウスのrRNA遺伝子だけしか転写されない、という事実があります。このあたりにも、RNAポリメラーゼ自身の特異性とともに、それが働くためのお膳立てをするタンパク質である転写因子の特異性が関係しているものと思われます。

RNAポリメラーゼⅡによって転写される遺伝子のプロモーターは、真核生物に共通性の高い配列を含んでいます。上流−30あたりにあるTATAボックス、実際にはTATAAという共通配列があります（図4-20）。もう少し上流の−100あたりまでにCATボックス、実際にはCCAATという共通配列があります。このほか、ハウスキーピング遺伝子の−30から−50くらい上流には、GCボックスといってGとCに富む領域があります。これらの特定の配列に結合する転写因子があって、RNAポ

リメラーゼⅡが結合し機能するためのお膳立てをすると考えられます。ただ、もちろん、ヒトでは3万個くらいもある遺伝子の転写を調節するにはこれだけでは不可能で、遺伝子ごとにさまざまな調節領域があり、そこに結合して働く転写調節因子がありますが、これについては遺伝子発現調節として別にお話します。

RNAポリメラーゼⅢは、tRNAやsnRNAのほか、rRNAのなかの5SRNAや細胞内でタンパク質と結合して働くいくつかの小さなRNAも合成します。これらのRNA遺伝子の上流には比較的共通性の高いプロモーター領域がありますが、転写の調節に重要な役割を果しているのは、遺伝子内部にある領域であることは意外な特徴です。RNAとして読み取られる塩基配列の中に、RNAをつくり出すかどうかの調節領域がある。

2 RNAのプロセシング

a 合成後のプロセシング

いずれのRNAも、完成品に比べてずっと大きなRNAとして合成され、切断、消化されて、さらに塩基の修飾が起きて完成品になります。このような過程全体をプロセシングと言います。

5SRNAを除くリボソームRNAは、合成される際に1つながりの大きな45SRNAとして合成されます。5SRNAは別につくられる。その後、決まった場所で切断され、不要部分が捨てられ5.8SRNA、18SRNA、28SRNAになります。下等真核生物では後述するスプライシングという過程によっても、余計なRNA部分が除去される。rRNAには、Cのメチル化を主とする塩基の修飾が起きます。どの位置のCがメチル化されるかは決まっている。rRNAの合成からプロセシングを経て、リボソームタンパク質と会合するまで核小体で行われ、ほとんど完成品に近いリボソームとして核小体に蓄積

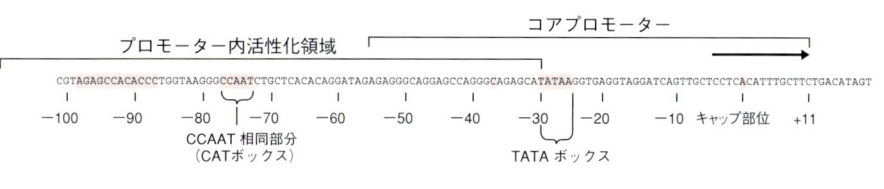

図4-20 ヒトβ-グロビン・プロモーター

されます。

　tRNAの場合も、合成される際には完成品に比べて長いRNAとしてつくられ、前後が切断されてtRNA部分が残ります。2種類のtRNAが1つながりのRNAとして合成される場合もあり、何回かの切断反応によって完成品になります。スプライシングが起きる場合もあります。tRNAはたくさんの種類の**めずらしい塩基（minor base）**を含むことが特徴です。イノシンやプソイドウリジンなどのほか、グアニンのアミノ基にイソペンテニルがついたものなど、さまざまな種類があります。これらは、RNAが合成された後で、特定の塩基が酵素的に修飾されてできます。tRNAの3′末端には、CCAという3つのヌクレオチドの付加がすべてのtRNAに共通に起きます。

　mRNAの場合には、特徴的なプロセシングがあります。

> 他のRNAとどう違うプロセシングが起きているのですか？

　mRNAが遺伝子から転写される時、非常に大きなRNAとして合成されます。合成されたばかりのmRNA前駆体が**hnRNA（heterogeneous nuclear RNA）**だったね。核の中にあって、非常に長いものから短いものまでサイズがヘテロなんです。しかも、合成された後、速やかにプロセスされるために、hnRNAとしての寿命は非常に短いのが特徴です。では、どのようなプロセシングが起きるか。

b　キャップ形成

　できたばかりのhnRNAは、5′末端に三リン酸がついています。特別な酵素によって、ここにGTPからのグアノシンが5′と5′の間で結合します（図4-21）。5′と5′の間には3つのリン酸が挟まっている。これは他に例を見ない珍しい結合です。それだけでなく、結合したグアノシン塩基の7位はメチル化されます。もともとRNAの5′末端にあった塩基（たいていはプリン塩基）と、糖の2′もメチル化されるという複雑な修飾が起きます。この構造全体を**キャップ構造**と言い、キャップをつけることを**キャッピング**と言います。これは、鎌倉にあるジーンケアというベンチャー企業の社長をしている古市泰宏さんが若いころに発見した事です。

　キャップ構造は、mRNAがタンパク質合成に使われる際、この構造を認識する特別なタンパク質が結合して、mRNAとリボソームを結合させるために必要と言われます。キャップがつかなかったmRNAはタンパク質合成に利用できない。細胞に感染したウイルスからつくられるmRNAにも、細胞の酵素を使ってキャップができます。試験管内でmRNAを合成してタンパク質合成させる時にも、酵素でキャップをつけてやることが必要です。

遺伝子のヌクレオチド番号のつけ方

　転写開始のあたりについて説明する際に必要な、遺伝子のヌクレオチド番号のつけ方を言っておきます。遺伝子DNAはもちろん二本鎖だけれども、鋳型となるDNAの相補鎖を対象として考えて番号をふります。鋳型鎖ではなく、その相補鎖を考えるのは、DNA塩基配列上のTをUに置き換えるだけで、DNAの配列をそのままRNAの配列に読み代えられるからです。鋳型鎖だと、RNAとの間で3′と5′がひっくり返る厄介さもある。RNA合成が始まる最初のヌクレオチドをプラス1とし、RNAの3′方向へ向かって番号を振ります。RNA合成が始まるすぐ前のヌクレオチドを−1とし5′方向へ向かってマイナスの番号を振ります。0番はないんだね。転写開始点から上流がマイナス、下流がプラスである。

珍しいヌクレオチド結合

　だいたい、DNAでもRNAでも、ヌクレオチドがつながる時は、3′と5′の間でホスホジエステル結合をつくる。キャップ構造のように5′と5′の間の結合は非常に珍しい。真核細胞に見出される珍しい結合の例としては、2′と5′の間のホスホジエステル結合があります。ウイルスが動物細胞に感染すると、細胞はインターフェロンというペプチドをつくって分泌し、感染細胞に対しても未感染細胞に対しても、ウイルスの増殖を防ぐ反応を細胞内に引き起こします。その1つが、2′,5′-オリゴ（A）の合成です。これをつくる酵素がインターフェロンによって誘導されるわけだね。

7-メチルグアノシン　一次転写産物の5'末端

図4-21

> **真核生物mRNAの精製**
>
> 長いポリAをもつという特徴は、mRNAを精製するのに利用されます。人工的に合成したオリゴdTを樹脂に結合させ、これをカラムに詰めておく。細胞から抽出した全RNAをカラムの上から流すと、ポリAとオリゴdTの鎖は塩基対による部分的な二本鎖を形成して、カラム内にトラップされます。ほかのRNAは流れ出てしまう。カラムをよく洗浄した後で、塩基対を外す条件で流し出せば、精製されたmRNAが回収できる。ま、原理的にはそうなんですが、実際にはrRNAのなかにAが長く連なった配列があったりするので、かなり条件を選んでもmRNAだけを完全に精製することはできません。ただ、全RNAの1%以下くらいしか含まれてないmRNAを、相当に濃縮することはできる。原核生物のmRNAにはポリA付加がないので、このような方法で精製することができません。

c ポリA付加

hnRNAの3'末端に近い方には、AAUAAAという配列が必ずあります。この少し下流でRNAは切断され、そこにポリA合成酵素によってATPからアデノシンが次々に付加します。数十からときには数千ものAが付加します。で、これを**ポリAの付加**と言う。AAUAAA配列を**ポリAシグナル**という。RNAによっては、ポリAシグナルが2ケ所にあって、異なる位置からポリAがついた（つまり切断された場所の異なる）2種類のRNAができることもあります。ある遺伝情報を持った1種類のmRNAの長さは、ポリAの長さが完全に一定ではないために、かなり幅があります。

d 遺伝情報は分断されて存在する

ちょっと復習しますが、スプライシングという奇妙な現象は、ヒトに感染するアデノウイルスの研究が発端でした。アデノウイルスのDNAと、アデノウイルスのmRNAをハイブリダイズさせると、全体が二本鎖を形成するわけではなく、合わない部分がでる。詳しく調べると、遺伝子DNAは、かけ離れた位置の塩基配列が1本のmRNAの塩基配列に対応する。ウイルスはいろいろと奇妙で変わったしくみをもつことが多いので、ウイルスに特有なことかと思われていましたが、これが真核生物のほとんどの遺伝子のもつ構造であるとわかったことは衝撃的でした。すなわち、1つの遺伝子上の遺伝情報は、**イントロン領域とエクソン領域とに分断されている**。最終的にmRNAになる塩基配列に対応するDNA部分をエクソンという。hnRNAからmRNAになるプロセシングの過程で、スプライシングによって切り取られ捨てられるRNA部分に対応するDNA部分がイントロンである。大きな遺伝子になると、30も40ものエクソンがあり、それがイントロンで分断されている。しかも、一般にイントロン部分の方がエクソンよりずっと長く、10倍以上の長さをもつ。

さて、スプライシングは、一本鎖であるRNAの途中を切って、塩基配列としては離れた位置にあるエクソンどうしを繋ぐという奇妙な反応です。一本鎖のRNAの遠く離れた2ケ所で切断が起きて、中間のRNAを抜いて、離れた端どうしをつなぐ反応など想像しがたい。

e スプライシングの機構

言葉の説明をちょっとしておきます。イントロン、エクソンという言葉は本来は遺伝子DNA上の領域を表しますが、hnRNAやmRNA上でそれに対応する領域についても、しばしばイントロン、エクソンと言います。DNA上のエクソン部分に対応するRNAの塩基配列というのは面倒で、とりあえずエクソンと言う方が

わかりやすいしね。1つのイントロンを考えると、その5′側にあるエクソンとの境界を5′側スプライス位置、3′側の境界を3′側スプライス位置と呼ぶ。

最初にスプライシング機構がわかったのはテトラヒメナのrRNAだった。この反応自身も意外なものでしたが、何より驚くべきことは、**精製されたrRNAだけでこの反応が進行する、すなわち、RNA分子自身が酵素活性をもつ**という事実でした（図4-22）。RNA自身が酵素（エンザイム）活性を示すから、リボザイムという。

hnRNAの場合、5′側スプライス位置にはGUがある、3′側スプライス位置にはAGがある、という真核生物全般に共通性の高い配列があります（図4-23）。ほとんど例外がない。5′側スプライス位置には、この2塩基を含んだ9塩基の保存された配列がある。3′側スプライス位置には、イントロン内にピリミジン塩基の連続があるといった共通性があります。

反応としては、5′側スプライス位置がまず切断され、イントロンの5′末端のリン酸が、イントロンの3′側から30塩基くらい上流にあるAの2′OHに結合する（図4-24）。このAは、2′、3′、5′すべてがホスホジエステル結合するわけだね。その後、エクソンの3′末端ヌクレオチドのOHが3′側スプライス位置を攻撃して、イントロンを切り離すと同時にエクソンどうしがつながる。その結果切り出されたイントロンは、投げ縄構造になっている。反応だけを言えばそういうことですが、hnRNA中にスプライシング共通配列があれば全部スプライシングするわけではなく、**5′側と3′側のスプライス位置を選択するこのプロセスには、多くのsnRNPがかかわることで適正な反応が進行する**。U1 snRNPやU2 snRNPには、hnRNAの5′側と3′側スプライス位置の相補配列が含まれていて、エクソンどうしを正しく引き寄せ、さらにU5 snRNPが加わった複合体を形成して、スプライシング反応を進行させるらしい。ただ、タンパク質部分には酵素活性はなく、

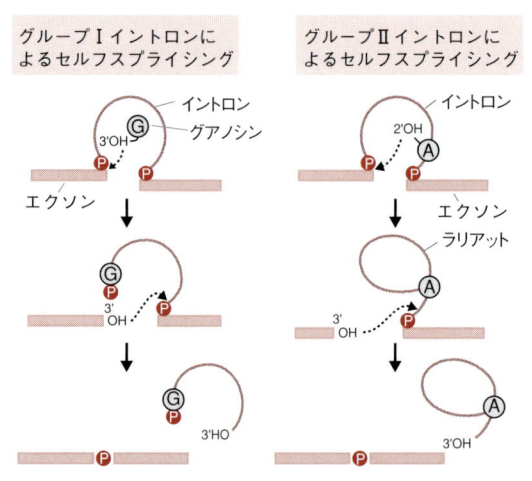

図4-22 イントロンRNA（リボザイム）によるセルフスプライシング

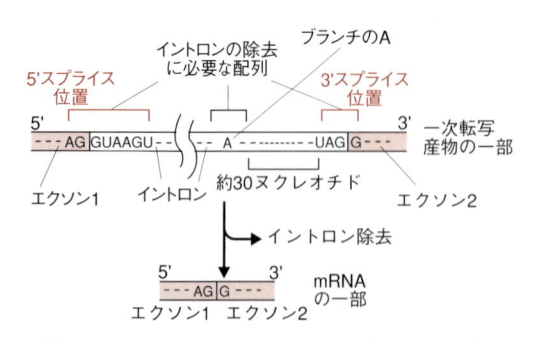

図4-23 hnRNAからmRNAへのスプライシング

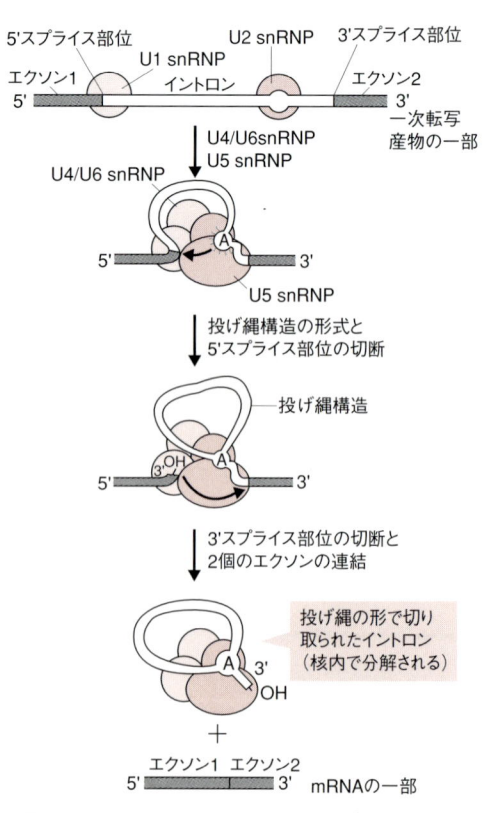

図4-24 hnRNAからmRNAへのスプライシング

rRNAの場合と同様にRNA自身が酵素活性を持っていると考えられています。

ちなみに、スプライシング位置の塩基が変異するとスプライス異常が起きて異常なタンパク質ができます。イントロン内部にスプライスシグナルができてしまう異常もある。ヘモグロビン遺伝子のこのような異常が遺伝的貧血症患者から見つかっていますし、他の遺伝子でもスプライシング異常が見つかっています。

ウイルス遺伝子のスプライシング

真核生物に感染するウイルスの場合、複数の遺伝子それぞれの上流にプロモーターがあるわけではありません。RNAポリメラーゼが結合してRNA合成を開始するプロモーターは1つか2つしかないのが普通です。DNAを遺伝子としてもつウイルスの場合、感染後の初期に発現する遺伝子のための初期遺伝子プロモーターと、ウイルスDNAの合成が始まってから発現する後期遺伝子のプロモーターがあります。いずれにしても、**複数の遺伝子の情報が乗った1つながりのRNAができる**。大腸菌のラクトースオペロンで習ったポリシストロニックmRNAと同じだね。ところが、真核生物のタンパク質合成システムは、1番目の遺伝子の情報を読んでタンパク質合成が終了すると、そこでリボソームが外れてしまい、2番目以降の遺伝子情報を読んでタンパク質を合成することができない。そこで、**真核生物のスプライシング機能を使って、1つのmRNA分子には1つの遺伝子の情報しか含まれないようにする**。例えば、3番目の遺伝子情報だけを含むmRNAをつくるには、1番目と2番目の遺伝子と、4番目以降の遺伝子の情報を切り取ってしまえばよい。3´側や5´側の非翻訳領域は共通に使われ、キャップ形成やポリA付加をする。真核生物の細胞内ではスプライシングはイントロンを抜くために機能しているが、ウイルスはその機能を流用して、モノシストロニックmRNAをつくるわけです。

> スプライシングされる前のウイルスRNAには複数の遺伝子の情報が乗っているということですね

9 異なるスプライシングで1遺伝子から複数種類のタンパク質をつくる

実は、細胞自身の遺伝子についても1つのhnRNAを材料にして、異なった場所でスプライシングを起こすことによって、異なったmRNAができる。これをdifferential splicingあるいはalternative splicingと言います（図4-25）。実際、たった1種類のスプライシング産物しかできない、という例のほうが少ない。いくつかのエクソンを選び出して複数種類のmRNAをつくり、それぞれのmRNAから別のタンパク質をつくる。そういう例が結構あります。できたタンパク質を比べると、単純にある範囲のアミノ酸配列が失われる

Column: RNAワールド

RNA分子そのものに酵素的な機能があることは大きな驚きでした。酵素活性をもつのはタンパク質に限ると思われていたからです。大腸菌のRNアーゼPはRNAを含む酵素ですが、これも活性部位はタンパク質ではなく、RNAだった。それにしても、タンパク質なしにRNA分子だけで酵素としての働きをもつことは驚きをもって迎えられた。もっとも、補酵素をもつ酵素はたくさんあり、その場合、酵素反応そのものは補酵素の上で起きるので、酵素反応がタンパク質に限られたわけではない。でも、補酵素だけでは酵素反応は起きません。タンパク質のアミノ酸残基も補酵素の周辺で大きな役割を果たしています。こういう例はあるけれども、RNA分子はタンパク質なしで切断や結合反応をする。鋳型反応もする。RNA（リボ核酸）が酵素（エンザイム）活性を持つということで、こういうRNAをリボザイムという。

詳しい事は省略しますが、このような発見が1つの契機になって、細胞が誕生する前の化学進化の過程で、DNAが主役になる前に、RNAが主役になっていたRNAワールドがあったに違いないと考えられるようになりました。リボザイムの時代だね。もちろん、DNA、RNA、タンパク質というシステムができ上がれば、タンパク質酵素の方がずっと多彩な機能を持ちうるので、酵素の主役はタンパク質に取って代わられた。

だけのこともありますが、スプライスされたところから後は塩基配列の読み取り枠がずれて、アミノ酸配列がすっかり異なる複数のタンパク質ができることさえあります。

これにはいくつかの重要な意味があります。1つは、**1つの遺伝子に複数の遺伝子情報があるのと同じである**ることです。前にも言ったように、ヒトのゲノム配列がほとんどわかった時、予想される遺伝子の数が意外に少なかったことに研究者は驚いたわけですが、DNAから推定される遺伝子の数に比べて、実際にできるタンパク質の種類はずっと多い可能性があるわけです。

もう1つの重要なことは、**スプライシングによって、結果的に遺伝子機能の調節と同じ結果を生む**ことです。同じhnRNAに対して、別の組織では別のスプライシングが働いて、組織特異的に別のタンパク質ができることもある。こういう調節のしかたが実際にあるんです（図4-25）。

1遺伝子から複数タンパク質をつくる他のしくみ

1つの遺伝子から複数種類のタンパク質をつくるしくみは他にもあります（図4-26A）。遺伝子によっては、プロモーターが2カ所あって、hnRNAの読み始め位置が2種類あることもあります。2カ所が近い位置にあることもありますが、時には互いに1万ヌクレ

ラットのα-トロポミオシン遺伝子の選択的スプライシング

図4-25　異なったスプライシングによって異なったmRNAをつくる

A）2個のプロモーターと異なるスプライシング様式

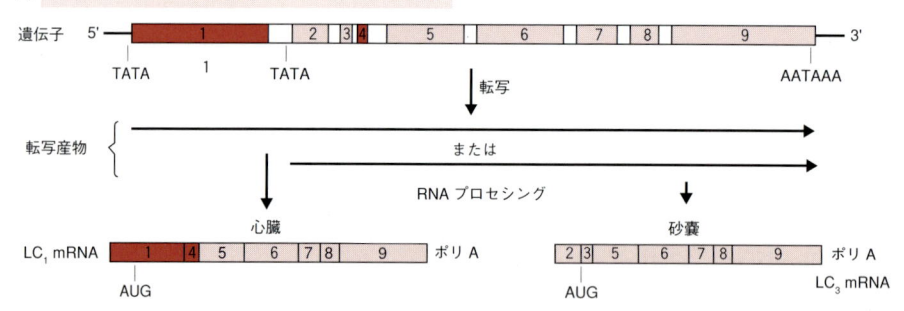

B）2個のポリA付着部位と異なるスプライシング様式

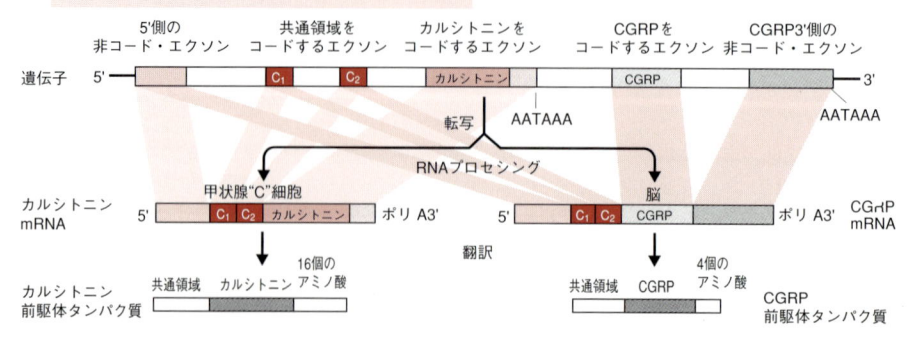

図4-26　1つの遺伝子から複数のタンパク質をつくる

オチドも離れている。この場合、長い方のRNAはエクソンを余計に含み、できるmRNAにも違いが生じ、当然、できるタンパク質にも違いを生じます。スプライシングの違いによって異なるmRNAができる際には、5′末端に近いエクソンは共通である事が多いわけですが、読み始め位置が異なる場合には、5′末端のエクソンから違うわけです。

ポリ（A）シグナルが比較的内部にもあって、これが使われることで、後ろにあるエクソンを含まないmRNAができ、結果として異なるタンパク質をつくる2種類のmRNAができることも実際にあります。これらのやりかたが、differential splicingと組み合わされて、1遺伝子から複数タンパク質ができる場合もあります（図4-26B）。

後で言いますが、できたタンパク質が切断されて、それぞれ生理活性を持った複数のペプチドになる場合もある。いろいろな工夫をして1つの遺伝子から複数のタンパク質ができるんだね。基本的には1遺伝子：1タンパク質（酵素）なのではありますが、実際には1遺伝子：複数タンパク質となることが結構たくさんあるわけです。

i mRNAの構造と遺伝子の構造

もう1度、完成したmRNAの機能的な構造を整理しておくよ（図4-27）。5′側から、キャップ、5′非翻訳領域、翻訳領域、3′非翻訳領域、ポリAという構造だね。翻訳領域（coding region）というのはアミノ酸配列の情報を担った部分のことです。3′非翻訳領域にはしばしばmRNA自身の分解を指定する塩基配列があって、これがあるmRNAは分解が速い。いろいろな情報が含まれているんだねえ。

遺伝子についても整理しておく。大腸菌などで研究が進んでいたころには、mRNAに読み取られる部分を構造遺伝子、プロモーターや発現調節タンパク質が結合する部分を調節遺伝子と呼んでいました。リプレッサーの遺伝子も調節遺伝子と呼んだ。ラクトースオペロンの場合を例にとれば、調節遺伝子はどちらも、突然変異を起こすとβガラクトシダーゼの発現が異常になるような遺伝子として、初期の遺伝学的解析からは区別できなかったからです。

真核生物でもある程度それが踏襲されていますが、プロセシングの過程で消滅するイントロンなどの塩基配列も含めて『hnRNAとして合成される部分を構造遺伝子』と言うことが多いと思います。タンパク質の構造を担っているのは、厳密にはmRNAになって翻訳に使われる部分だけですが、そのあたりはやや曖昧です。調節遺伝子に関しては、調節タンパク質の遺伝子なのか、プロモーターなどの部分を指すのか曖昧なので、調節遺伝子という言い方はあまりしません。発現調節にかかわる塩基配列は、『発現調節領域』という言い方をします。原核生物のプロモーターは調節領域を含めて100ヌクレオチドより短く、すぐ上流には別の遺伝子がある場合が多いけれども、真核生物では発現を調節する領域は非常に長いことが多く、上流のどこまでが発現調節にかかわるか判然としない。

j 細胞質への輸送と輸送タンパク質

核内では、サイズの大きい寿命の短い前駆体RNAが転写され、完成品として各種RNAになるまでには核内でプロセシングが起きる。結局、合成されたRNAの95％くらいは核内で分解される。ものすごい浪費だね。rRNAとリボソームタンパク質は複合体となり、完成品に近いものが核小体に蓄積している。必要に応じて、核から細胞質への輸送に働くタンパク質の働きで細胞質へ出てゆく。mRNAもtRNAも裸で存在しているわけではなく、それぞれタンパク質とともに複合体を形成しており、細胞質へ輸送される際には輸送タンパク質が働く（図4-28）。

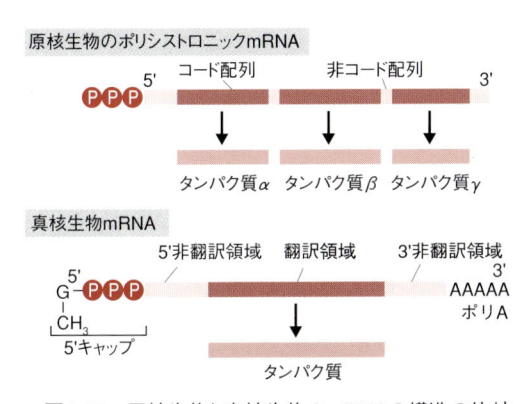

図4-27　原核生物と真核生物のmRNAの構造の比較

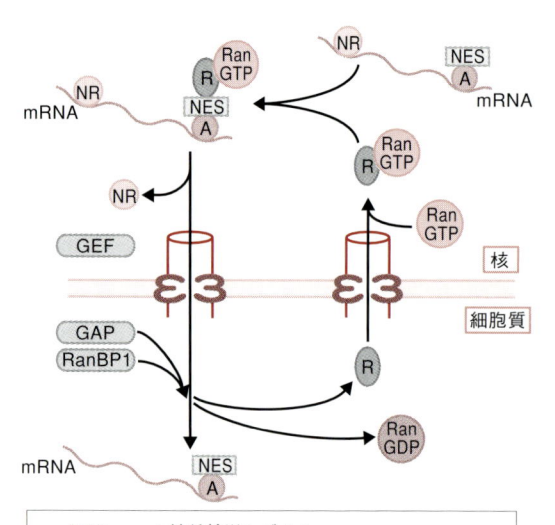

NES	:	核外輸送シグナル
A	:	NESをもつアダプタータンパク質
R	:	NES配列を認識する受容体タンパク質
Ran	:	Gタンパク質
GAP	:	GTP加水分解促進因子
RanBP1	:	GAP活性を促進するRan結合タンパク質
GEF	:	GDP→GTP交換因子
NR	:	核局在化因子

図4-28　mRNAの核外輸送機構

III. 翻訳

a 遺伝子の暗号

mRNA上の3つのヌクレオチドで決められるのが暗号（codon）です。暗号表を説明する必要はないね。4種類の塩基から順番まで含めてできる64種類の3つ組のうち、3種類はアミノ酸が対応しない終止コドンで、61種類がアミノ酸に対応したコドンです。複数の暗号が1つのアミノ酸に対応する場合が多いけれども、1対1に対応するのもある。原核生物から真核生物にまでほとんど共通だから、その起源は生命の誕生と同じくらい古い。5′から3′へ向かってAUGがメチオニンを表すコドンでありタンパク質合成の開始コドンでもある。従って、タンパク質のN末端はいつでもメチオニンです。原核生物の最初のアミノ酸はf-metですが、真核生物ではmet（メチオニン）です。なお、大腸菌ではAUG以外に、GUG、UUG、AUUなども開始コドンとして使われる場合がありますが、真核生物では例外なくAUGのみが開始コドンです。

tRNAにはこれと対応して塩基対をつくるヌクレオチドの3つ組みがありますが、これがアンチコドン（anticodon）です。DNA上でこれらに相当する配列もしばしばコドンあるいはアンチコドンと言いますが、この場合、メチオニンのコドンはATGになる。基本的にはmRNAの3つ組みがコドンです。

DNAやmRNA、cDNAの塩基配列が与えられたとき、メチオニンのコドンから始まって終止コドンで終わるアミノ酸配列に相当する部分をORF（open reading frame）という。機能のわからない、どんなタンパク質ができるか未だわからないmRNAやcDNAの場合には、読み取り枠の決め方に3つの可能性がありうるわけですが、どの読み取り枠であれ、メチオニンコドンから始まって終止コドンまでの、アミノ酸がつながった構造をとれる塩基配列部分を取りあえずORFと考えます。実際には1番長いORFが使われる場合が多い。

b アミノアシルtRNAの合成

リボソーム上で行われる**タンパク質合成に使われるアミノ酸は20種類である**。

> もっとたくさんのアミノ酸が使われるわけではないのですか？

でき上がったタンパク質を見ると、それ以外のアミノ酸を含むことが少なくないけれども、合成後に側鎖が修飾されたものです。小さなペプチドがリボソームに関係なくつくられる場合にはマイナーなアミノ酸が使われることもある。

アミノ酸がタンパク質合成に使われる際には、原核生物と同様に、tRNAと結合することが必要です。アミノアシルtRNA合成酵素が、ATPの加水分解エネルギーを使って、アミノ酸のカルボキシル基とtRNAの3′末端のOHをエステル結合させる。アミノ酸は20種類ですが、アミノ酸に対応するコドンは61種類あり、どのアミノ酸がどのtRNAに結合するかは、**塩基配列という情報をアミノ酸配列という情報に翻訳する際に、基本的に重要な事です**。ここで誤りを生じれば、誤ったアミノ酸配列をもつタンパク質ができてしまうからね。アミノアシルtRNA合成酵素が、特定のアミノ酸を特定のtRNAと結合させるという、特異性のきわめ

て高い反応を担っています。合成酵素がtRNA構造の複数の場所（塩基配列）を認識する。この認識にはrRNA中の稀な塩基が重要らしい。ただ、DNA合成の場合と違って、なんとしても誤りを少なくしようとする二重三重の安全努力は小さいように思われます。どうせ同じタンパク質がたくさんつくられるのだから、少しくらい間違ったものがつくられても大部分が正確なら大した影響は出ない、と判断しているように見える。すべてを限りなく正確に、といった硬直的なやり方ではなく、目的と効果に応じた柔軟な判断をしていると思います。改めて感心する。

同じアミノ酸に対応する複数のコドンは、遺伝情報として均等に使われているわけではなく、それぞれが使われる頻度には、生物種による違いがある。それに伴って、対応する**tRNAの存在量もアミノアシルtRNA合成酵素の存在量も等しくはない**。このため、大腸菌のmRNAを哺乳類で働かせてもタンパク質合成がうまく進まない事があります。逆も同じ。これは、ヒトの遺伝子を大腸菌で発現させて、タンパク質の大量生産に使おうとする時には問題になります。アミノ酸配列が変わらないようにして、大腸菌のコドン使用頻度に合わせて塩基配列を変更するなどの工夫によって、飛躍的に生産量があがる事があります。

1 タンパク質合成系

単純には、リボソームというタンパク質合成装置にmRNAが結合したところへ、アミノ酸を結合したtRNAがやってきて、mRNA上のコドンを読み取りながら結合し、コドンの順番に従ってアミノ酸をつなげる反応である。

a タンパク質合成開始複合体の形成

大腸菌でもそうでしたが、タンパク質合成の開始反応、開始複合体の形成は非常に複雑な反応です。開始反

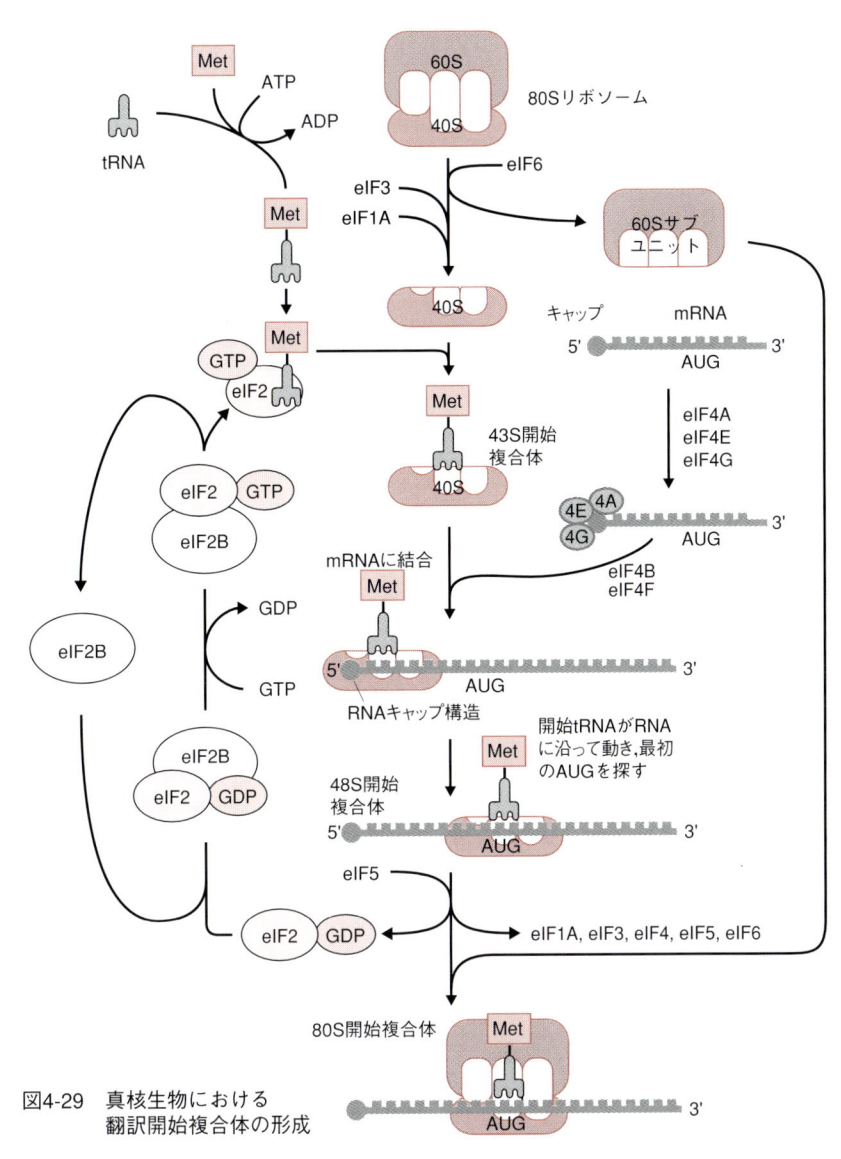

図4-29 真核生物における翻訳開始複合体の形成

応にかかわるタンパク質である**開始因子（eIF）**には実に多くの種類がある。eIFはエルフではなく、eukaryotic initiation factorだから間違えないように。eIFはそれ自身が複数のタンパク質複合体で、eIF3などは10個ものタンパク質からなる巨大なものです。開始反応は図4-29（前頁）を見てもらうほかはない。多くの翻訳開始因子が順を追って結合して、ようやく開始複合体ができる。もう少し細かく言うと、真核生物のmRNAに特徴的なキャップ構造やポリAも開始複合体にかかわる（図4-30）。因子の名前や細かい反応順序を覚えてもらうつもりは毛頭ありません。これ程のことが起きているのだという印象をもてばよい。なぜこれ程複雑な機構ができ上がったのか、それが必要なのかに驚くと同時に、どのようにして、これ程複雑な過程を解き明かすことができたのかにも驚いてもらいたい。

ルボキシル基とtRNAの3´OHとの間のエステル結合が切れ、メチオニンのカルボキシル基と次のアミノ酸のアミノ基との間でペプチド結合ができる。これは、60Sリボソームサブユニット上で起きるので、リボソームを構成するRNAがこの反応の触媒作用を持っています。RNAが触媒する反応なんです。で、アミノ酸がなくなったメチオニンのtRNAが外れて、ペプチジルtRNAとmRNAがリボソーム上を1段ずれる（図4-31）。このような反応が次々に進行して、ペプチド鎖が延長する。タンパク質合成は複雑な反応で、原核生物でも毎秒20アミノ酸、真核生物では2アミノ酸程度の伸長速度と言われる。やがて、mRNA上の終止コドンが出てくると終止因子が作用して、80Sリボソーム、mRNA、tRNA、完成したタンパク質が解離する（図4-32）。

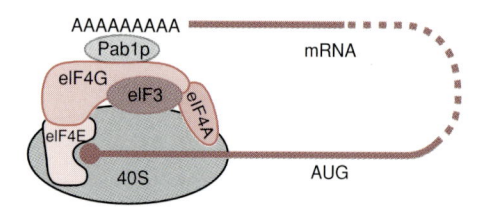

図4-30　翻訳開始複合体とmRNAの会合

b　延長反応と終止反応

延長反応と終止反応にもそれぞれタンパク質因子が働いてます。延長因子はeEF（eukaryotic elongation factor）、終止因子はeRF（eukaryotic releasing factor）です。終止因子はペプチドをリボソームから遊離させるところからの命名です。大腸菌の場合と多少の違いはありますが、基本的には似た反応として進行する。アミノ酸1つが延長するごとに、2分子のGTP加水分解が起きる事も同様です。体内のほとんどのエネルギー反応にはATPの分解エネルギーが使われますが、タンパク質合成ではGTPが使われるところは特徴的だね。他には、細胞内骨格である微小管の重合・脱重合のところで働くのと、Gタンパク質だね、Gタンパク質はシグナル伝達のところで習う。さて、mRNA上のAUGの次のコドンに対応するアミノアシルtRNAが来て結合すると、メチオニンが次のアミノ酸に結合する。これはちょっと複雑な反応なんだね。メチオニンのカ

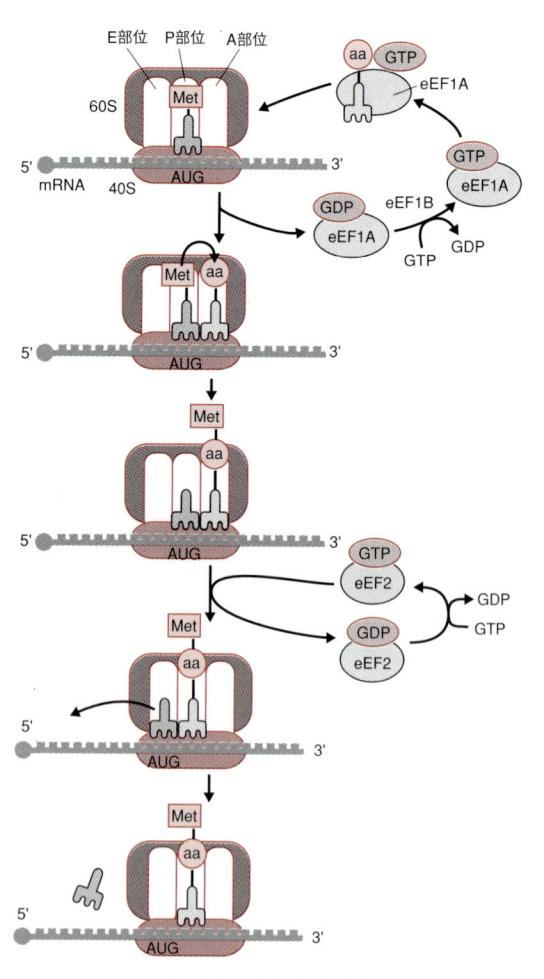

図4-31　翻訳の延長反応

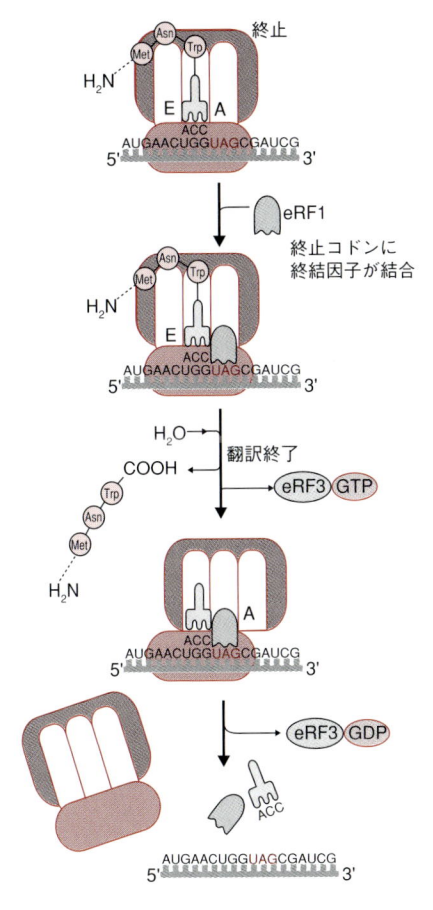

図4-32　翻訳の終止反応

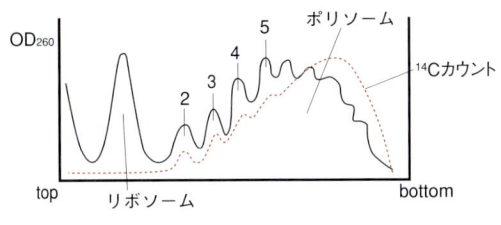

図4-33　ポリソームパターン

ームが、長いmRNAにはたくさんのリボソームがついている。¹⁴Cアミノ酸を短時間与えてから細胞を破壊して、同様に遠心し、各分画の高分子に取り込まれた放射能を測ると、こうなります。放射能はポリソームにだけ存在し、しかもポリソームの重い方により多く取り込まれる。遊離のリボソームのところはタンパク質を合成していないから、放射能は検出されない。

タンパク質合成をほとんどしていない細胞ではポリソームがわずかしか見えないのが普通です。網状赤血球のように、タンパク質合成は盛んだけれども、グロビンという1種類のタンパク質しか合成していない場合には、ポリソームは山脈ではなく1つのピークにしかなりません。グロビンmRNAの長さは決まっているから、そこに付くリボソームの数も大体一定だからです。タンパク質合成を阻害するとポリソームがなくなるのが普通ですが、真核生物に選択的に効くシクロヘキシミドという阻害剤を与えた時は、むしろポリソームが安定して量が増える。シクロヘキシミドがタンパク質合成の延長反応を凍結させることで阻害するからです。ポリソームは増えるけれども¹⁴Cアミノ酸はそこには入らない。

C ポリソームの正体

1本のmRNAには1つのリボソームしかつかないのだろうか。タンパク質合成している細胞を穏やかに壊して、その上清（細胞質成分）を超遠心にかけます。遠心後、遠心管の上から下までを分画に分けて取ります。各分画について260nmの吸収を測る。260nmは核酸の特異吸収だね。図4-33のようになります。遠心管のトップの吸収は遊離のヌクレオシドやヌクレオチドでしょう。低分子だから遠心してもトップに残る。ちょっと下がったところの大きな山は遊離のリボソームです。分画精度がよければ、40sと60sのリボソームサブユニットと、80sのリボソームの山に分かれる。その下のほうには、いくつも峰のある山脈が見えます。これが**ポリソーム（polysome）で、リボソームとmRNAの複合体**です。短いmRNAには少数のリボソ

d シャペロンの役割

アミノ酸の配列を一次構造、αヘリックスやβシートを二次構造、全体の三次元構造を三次構造、タンパク質の会合を四次構造ということは知っているね（図4-34）。

> アミノ酸がつながっていくと、放っておいてもちゃんとした立体構造ができるのでしょうか？

二次構造以上を高次構造と言う。立体構造といったときには三次構造以上の三次元構造をさす場合が多い。

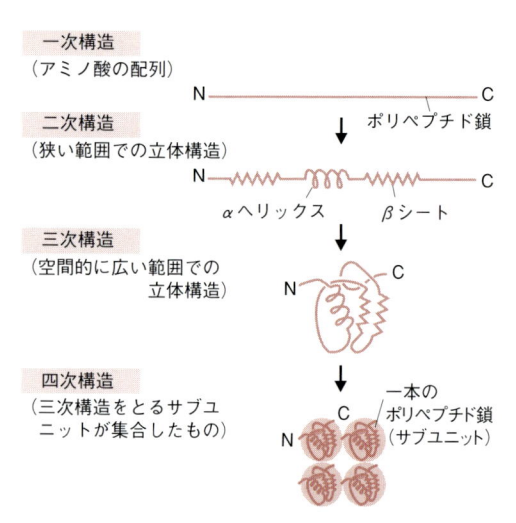

図4-34　タンパク質の構造の階層性

シャペロンとは

Column

シャペロンは、社交界にデビューする若い女性の介添えをする、ベテラン（あえて高齢とは言わないけど）の婦人のことだそうです。
もともとは、熱ショックタンパク質と言って、細胞が死なない程度の熱を浴びた時にたくさんつくられて、熱で高次構造がおかしくなったタンパク質の高次構造のやり直しを介添えするタンパク質のグループとして見つかったものです。原核生物から真核生物まで広く存在する、広い意味でのストレスに対応するタンパク質グループの1つです。熱という外部情報が熱ショックタンパク質の遺伝子発現をどのように上昇させるのかは、注目されるところですが、ここでは略す。このタンパク質グループの役割はこれだけではないことがわかってきました。新しく合成されたタンパク質がミトコンドリアやそのほかの細胞内小器官へ運ばれる時に、膜を通過しなければなりませんが、通る前に立体構造をほぐして膜を通過しやすくし、通過したらもとの立体構造を復元する。こういう時の介添えもやっているらしい。要するに、高次構造をきちんとつくり直すための介添えということだね。きちんとつくり直すには、1度ほぐしてやる事も必要です。

いいね。で、**シャペロン**というタンパク質のグループがリボソーム上で合成されるタンパク質の正しい高次構造をつくる助けをしているらしい。至れり尽せりにできているものだねえ。でも、シャペロンさんは、いろいろなタンパク質の正しい立体構造がどうしてわかるんだろう、というのが私の素朴な疑問です。もちろん、あらかじめ知っているはずはない。熱力学的に安定な形を試行錯誤しながらつくり上げるんだろうか。

e 翻訳の調節

ヘモグロビンは、ヘムという低分子化合物とグロビンタンパク質の複合体である事はよく知ってるね。ヘムが少ししかない時にグロビンタンパク質だけたくさん合成しても意味がない。両者はカップルしていることが必要です。ヘムの量が少ない時、ヘム調節阻害タンパク質が活性化され、eIF2のなかのαサブユニットをリン酸化する。これによって、タンパク質合成開始反応が阻害され、グロビンタンパク質がつくられなくなります。網状赤血球では合成するタンパク質の大部分がヘモグロビンなので、これで十分に合目的的な調節なんだね。

インターフェロンという抗ウイルス作用をもつペプチドは、別のタンパク質リン酸化酵素を活性化し、**eIF2をリン酸化して、タンパク質合成を抑制する**。ウイルス感染後にタンパク質合成が抑制されれば、ウイルス増殖はできなくなります。細胞タンパク質はしばらくの間なら合成されなくても、今あるものを使えばよいのだから、当面は困らない。その間にウイルス核酸を分解してしまえばよい。

増殖因子が細胞膜表面の受容体に結合すると、それによって、細胞内ではシグナル伝達系という複雑な反応が起きます。この反応のなかに、タンパク質キナーゼ（タンパク質にリン酸を結合させる酵素）のカスケードがあります。細胞膜表面でrasが活性化されると、その下流でMAPKKK（MAPKKをリン酸化する酵素）が活性化されて、MAPPKK（MAPKをリン酸化する酵素）をリン酸化して活性化し、これがMAPK（MAPをリン酸化する酵素）をリン酸化して活性化するといった、まさに小滝の連続（カスケード）のような反応が起きます（**図4-35**）。で、こういった反応の下流の方で、リボソームの40SサブユニットをつくるS6タンパク質のリン酸化が起きる。これが増殖誘導時のタンパク合成の活性化にも関係するらしい。

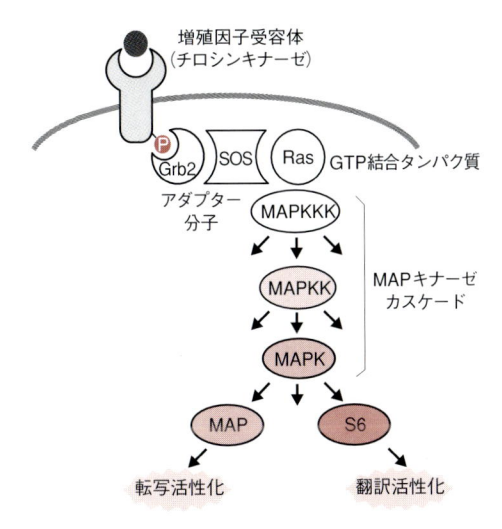

図4-35　増殖因子の細胞内シグナル伝達

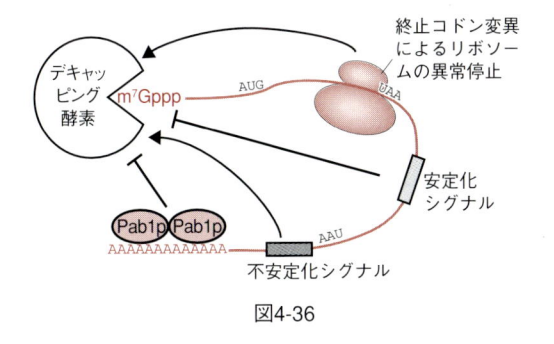

図4-36

調節ではありませんが、ジフテリア毒素というタンパク質毒素があります。これが毒であるのは、タンパク質合成のeIF2をADPリボシル化して不活性化するという特異な酵素活性を持っているからです。タンパク質合成が完全に止まる。で、細胞は死ぬ。遺伝子内部に終止コドンができたり、リボソームが異常停止すると、キャップの除去が起き、mRNAの分解が促進される（図4-36）。

翻訳段階での調節があることは明らかで、細胞質にmRNAがあるのにそれがポリソームに取り込まれない（つまりタンパク質合成に使われない）場合があるなどの例はよく知られています。特定のmRNAごとに翻訳を調節する場合もあることが知られていますが、具体的なしくみがわかっている例はあまりありません。今後の課題と思います。

f mRNA合成とタンパク質合成は必ずしもカップルしない

原核生物ではmRNAが合成されはじめると、完成する前から、mRNAの5′末端側からリボソームが結合してタンパク質合成を開始します。つまり、鋳型DNA、RNAポリメラーゼ、合成途中のmRNA、リボソーム、合成途中のタンパク質などが、複合体を形成している（図4-37）。で、速い場合にはmRNA合成がまだ終わらないうちに5′側から分解が始まったりする。つまり、mRNA合成とタンパク質合成が非常によくカップルしており、mRNAの寿命（半減期）が平均2分程度と短いのが特徴です。従って遺伝子発現の調節（タンパク質ができるかどうか）は、mRNA合成が起きるかどうかによる調節、すなわち転写調節（transcriptional control）が主流を占めます。ある遺伝子の情報は、それをもとにタンパク質ができなければ機能したことにはならないわけですが、原核生物ではmRNA合成とタンパク質合成がカップルしているので、しばしばmRNAの合成をもって遺伝子が発現したと言います。mRNAができればタンパク質ができるのは当然ということだね。例外もあるが稀である。

これに対して、真核生物では、今まで紹介したようにmRNAの前駆体はまずhnRNAとして合成され、多くのプロセシング反応を経て、それが核から細胞質へ輸送されてはじめてタンパク質合成に利用される。mRNA合成とタンパク質合成は必ずしもカップルしていない。もちろん、真核生物でも転写調節は遺伝子発現調節の重要なステップではありますが、それ以外に、プロセシング、輸送、分解など、転写後調節（post-transcriptional control）が大きな役割を占めていることは真核生物の特徴です（図4-38）。

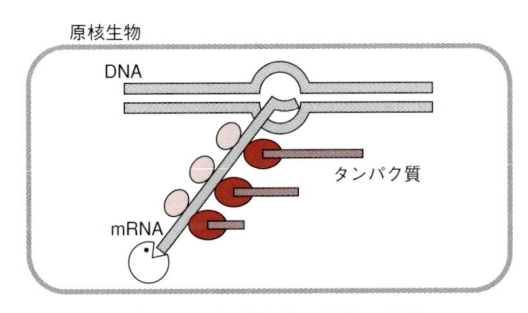

図4-37　原核生物の転写・翻訳

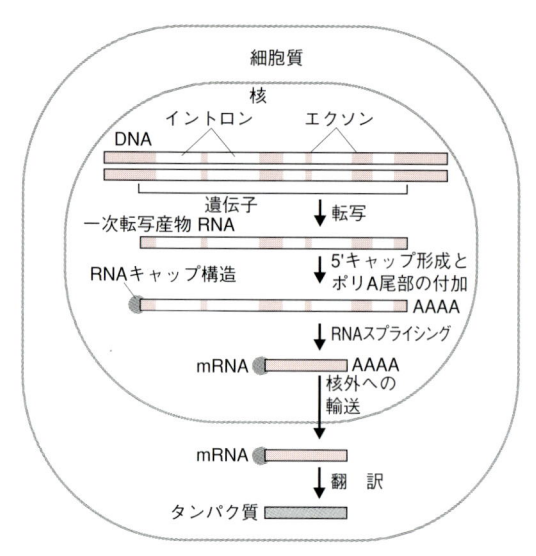

図4-38　真核生物の転写・翻訳

9 mRNA の分解

mRNA の寿命も分単位の短いものもありますが、分裂しない細胞で分化機能を担う遺伝子の場合、長いものでは数カ月などという例さえあります。その調節については十分にわかっていないが、分解され方にはいくつかの経路があることがわかっています。キャップ側からの分解、ポリ（A）側からの分解、3´非翻訳領域からの分解など、mRNA の種類によって、細胞の状態によって違いがあるらしい。

2 翻訳後のタンパク質の運命

a 小胞体とは

電子顕微鏡で見ると、真核生物の細胞質には、ER（endoplasmic reticulum）という小胞があります（図4-39）。細胞を壊して遠心分離して ER に相当する分画をとった時には、小胞体といいます。よく見るとER には表面がスムーズな滑面小胞体（sER：smooth surfaced ER）と粒々が付いている粗面小胞体（rER rough surfaced ER）がある。粗面小胞体表面の粒々はポリソームです。細胞質に自由に浮かんでいる（ように見える）ポリソームとは機能的に役割が異なる。粗面小胞体上のポリソームは、主に細胞外へ分泌されるタンパク質と、膜の構成成分になるタンパク質を合成する（図4-39）。

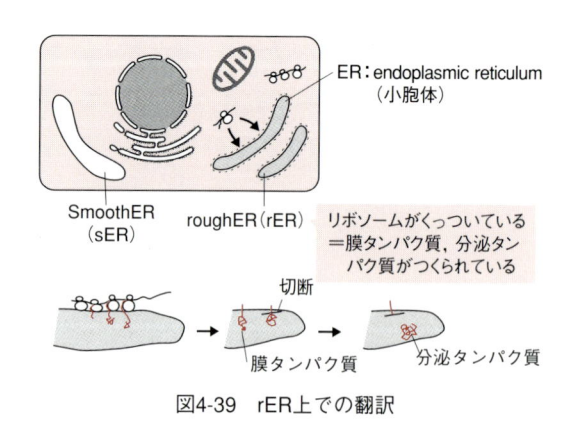

図4-39　rER上での翻訳

分泌タンパク質や膜構成タンパク質には、そのN末端のアミノ酸配列のなかに、**10あまりの疎水性アミノ酸を多く含むシグナル配列**（あるいはリーダー配列、シグナルペプチド）という特別な領域を持っています。ポリソームがつくられたときは細胞質に浮いていると考えられますが、タンパク質合成が少し進んでシグナル配列が合成されると、ここに**シグナル認識粒子（SRP：signal recognition particle）**という、タンパク質とRNAからなる複合体が結合します（図4-40）。これが、小胞体表面にあるドッキングタンパク質のところへ行って結合します。小胞体表面にはリボソーム受容体タンパク質があって、ポリソーム全体を表面に固定する。粗面小胞体になるわけだね。そうするとSRPは外れて、再利用される。

シグナルペプチドは疎水性アミノ酸に富むので、容易に小胞体の膜を通過し、タンパク質合成の進行とともに延長したタンパク質の鎖は、小胞体の内部に導かれます（図4-41）。**分泌タンパク質は、こうして小胞体の内部に蓄積します**。実際、消化酵素をたくさん合成分泌する膵臓の担当細胞には、粗面小胞体表面が非常に多く、分泌顆粒には分泌タンパク質がぎっしり詰まっている。膜構成タンパク質の場合には、アミノ酸配列の中に疎水性領域のクラスターを持っているので、その部分が膜に保持される（図4-42）。こうして膜タンパク質になる。小胞体の膜は、核膜や細胞表面の細胞膜などともつながっているので、細胞の膜構造を構成するタンパク質の多くはこのように供給されると考えられている。シグナルペプチドは、小胞体にあるペプチダーゼで切断される。

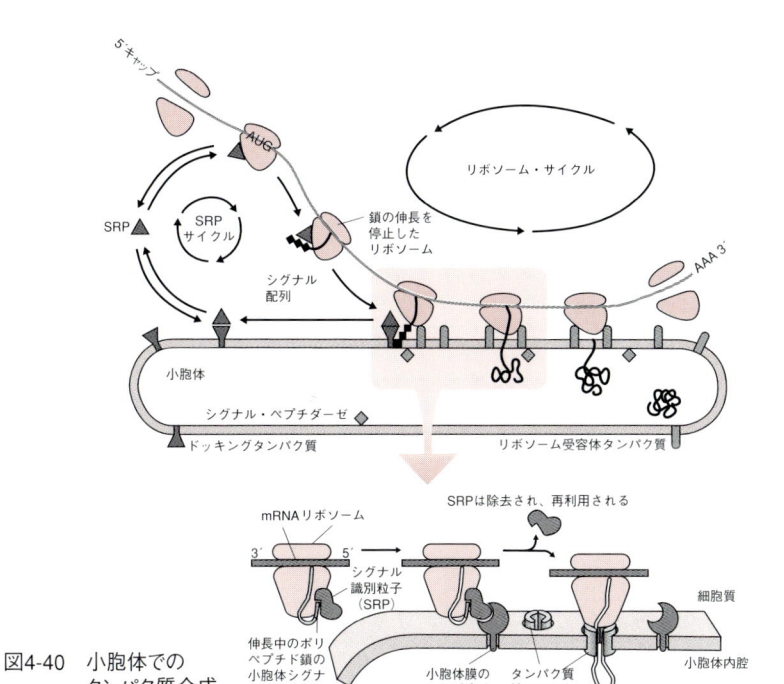

図4-40　小胞体でのタンパク質合成

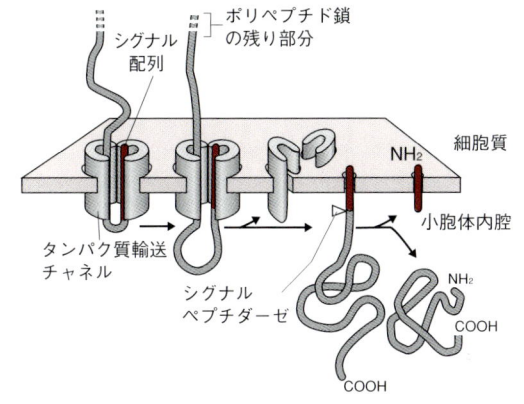

図4-41　分泌タンパク質は小胞体膜を通過して小胞体内腔へ輸送される

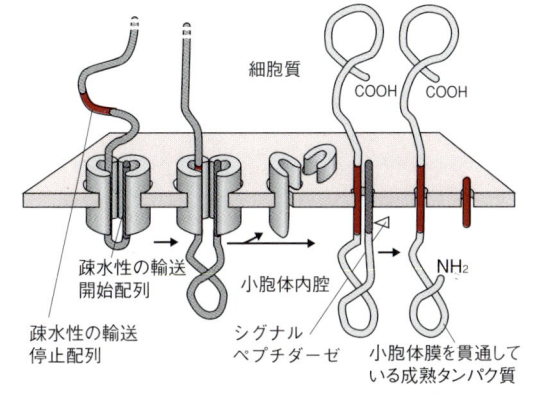

図4-42　膜構成タンパク質が小胞体膜に組込まれるしくみ

b オルガネラ局在シグナル

　分泌タンパク質や、膜構成タンパク質は、タンパク質のN末端アミノ酸配列の中にその情報がありましたが、他の場合はどうなんだろう。核に局在するタンパク質には、アミノ酸配列の中に『核局在（移行）シグナル』という特別なアミノ酸配列をもつものがあります。この配列のタンパク質内での位置は決まっていないようで、タンパク質によって位置が異なるし、人工的に位置を変えても働くことが多い。この配列には数種類あることが知られていますが、いずれもなかなか強力で、通常は核へは入らず細胞質にのみ存在するタンパク質でも、この配列を付けると核に局在するようになります。逆に、通常は、特別なシグナルがなければタンパク質は合成された場所である細胞質に存在すると考えられますが、細胞質に局在することを特に指令するアミノ酸配列も知られています。いずれにしても核膜孔を通過する場合には、シグナルを認識して核膜孔を通過させるために働く複数のタンパク質が存在することが必要です（図4-43）。

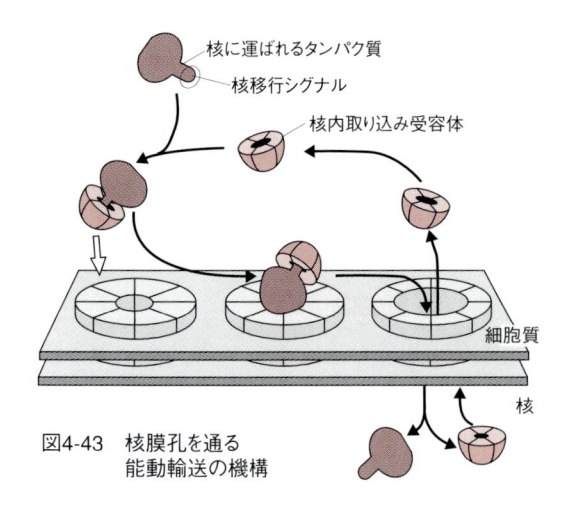

図4-43 核膜孔を通る能動輸送の機構

膜透過に必要なタンパク質は、核移行の場合だけ存在するのですか？

核局在だけでなく、そのほかの**細胞内小器官（オルガネラ）**への局在を指令するシグナルについても多少は知られています。例えば、ミトコンドリア内部に移行すべきタンパク質は、その**ミトコンドリア局在シグナル**に従って、ミトコンドリアの二重の膜を通過することになります（図4-44）。もちろん、通過の際にはさっき述べたシャペロンの介添えも必要です。ただ、核以外のオルガネラへの局在シグナルや機構に関しては、核の場合に比べて理解が遅れています。

それにしても驚くのは、合成された後のタンパク質の行方に関しても、アミノ酸配列の中にその情報が記されている、その元をたどればDNAの塩基配列という情報の中に書き込まれているということです。あらかじめそこまで用意されているわけですね。

C 翻訳後のタンパク質の切断

合成されたタンパク質（ポリペプチド）鎖が切断されて、最終的に機能する形ができあがる場合がある。

インスリンは、膵臓のβ細胞で合成分泌される血糖低下作用をもつ唯一のホルモンです。これは、完成された形としては、A鎖とB鎖が2つのジスルフィド結合でつながっている（図4-45）。A鎖の内部にもジスルフィド結合が1つある。合成される時には、1本のポリペプチド（プレプロインスリン）として合成される。分泌タンパク質なのでN末端のシグナルペプチドがありますが、これがまず除去されてプロインスリンになる。そのあとA鎖部分とB鎖部分の間のペプチド（Cペプチド）が切り出されて、A鎖とB鎖が残ります。2本のポリペプチドがジスルフィド結合でつながっているタンパク質はたくさんありますが、こういうやり方はよく使われる。

翻訳されたタンパク質が切断されて、それぞれ機能を持った複数のペプチドになる場合があります。特に、視床下部や脳下垂体では多くの種類のホルモンがつくられます。例えば、コルチコトロピン-β-リポトロピン前駆体は、250弱のアミノ酸からなる1本のポリペプチドとして合成されますが、シグナルペプチド除去のほか、タンパク質分解酵素によって多くの切断を受け、多くの種類のホルモンや生理活性を持ったペプチドをつくります（図4-46）。たった1つのタンパク質からこれだけの産物が生まれるわけです。これはちょっと

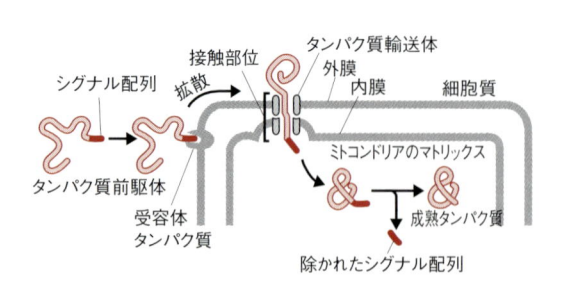

図4-44 ミトコンドリアへのタンパク質の取り込み

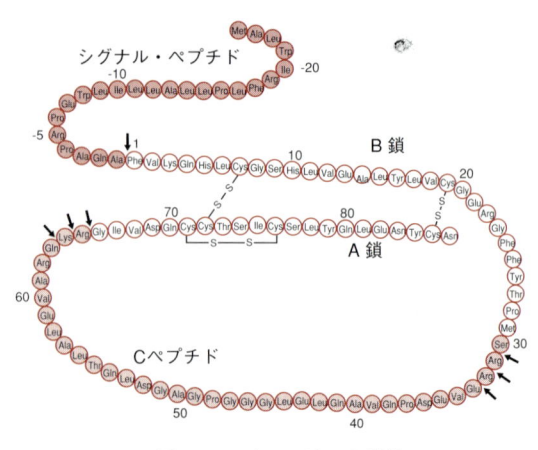

図4-45 インスリンの構造

すごいね。このようなやり方によっても、1つのmRNAから、生理活性を持った複数種のタンパク質（ペプチド）ができる。1遺伝子：複数産物だね。

d ゴルジ体でのタンパク質糖鎖の付加

分泌タンパク質や細胞膜の外側を向いたタンパク質には、糖鎖が付いているのが普通です。これらのタンパク質は、小胞体でつくられた後、**ゴルジ体**という小胞体の変化した部分へ移動し、そこにある**糖鎖結合酵素**の働きで、さまざまな種類と量の糖鎖が結合します。そしてやがてゴルジ体から分泌顆粒へ移動し、細胞表層へ移動して細胞膜のところで外へ出されます（**図4-47**）。膜タンパク質についても同様です。

e アミノ酸側鎖の修飾

プロトロンビンなどの血液凝固タンパク質では、完成後に、グルタミン酸残基に、炭酸ガスの付加による**カルボキシル化**が起き、γカルボキシルグルタミン酸にならないと機能タンパク質になれない。ビタミンKはこれを触媒する酵素の補酵素なので、ビタミンKが不足すると血液凝固が悪くなる。知ってるね。

コラーゲンやエラスチンなどの結合組織タンパク質は、完成後にプロリンが**水酸化**されてハイドロキシプロリンにならないと、丈夫なタンパク質として機能できない。ハイドロキシプロリンはコラーゲン全体のア

図4-46　コルチコトロピン-β-リポトロピン前駆体から活性ペプチドの生成

Column

タンパク質の糖類は、種類も大きさもさまざまである

分泌タンパク質を含めて、細胞外に接するタンパク質にはだいたい糖鎖がついている。細胞内のタンパク質にはほとんど糖鎖がついていない。膜タンパク質の中には、1つのタンパク質が細胞膜の表側と裏側に顔を出している場合がありますが、その場合でも外側を向いた部分には糖鎖が付いていて、内側を向いた部分には糖鎖がない。ゴルジ体の中で糖鎖がつくことを考えれば当たり前の結果なのかもしれませんが、そういう現実を前提にしたうえで、機能上の役割というか重要性が生まれているに違いない。糖鎖は実に複雑で非常にたくさんの種類がある。アミノ基、カルボキシル基、硫酸基をもった糖もたくさんある。糖の水酸基はたくさんあるので、枝分かれ部位もさまざまである。単糖が1つあるいは数個つながった小さなものから、細胞間基質には分子量何百万という巨大なもの、さらにバクテリア1匹に匹敵する大きい分子さえある。特定のタンパク質の特定のアミノ酸に、どのような糖鎖が間違いなく結合するかは驚異的とも言えるものです。複雑で多彩な構造と機能は、糖鎖バイオロジーという大きな分野になっている。

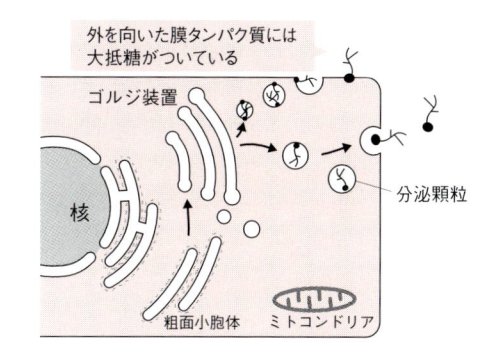

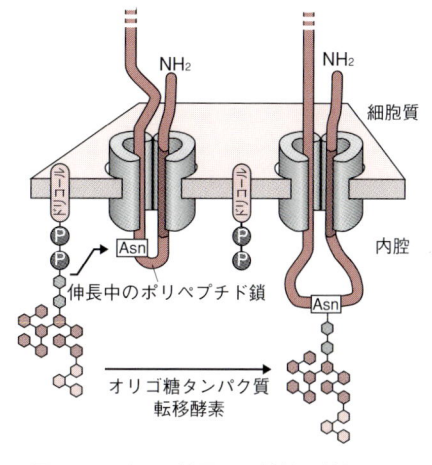

図4-47　ゴルジ装置での糖鎖の付加

ミノ酸の20％くらいを占めます。空気中の酸素を使って水酸化する酵素であるオキシゲナーゼの補酵素がビタミンCなので、これが不足すると特に毛細血管の壁が弱くなって、出血傾向になるのが壊血病だね。いずれも、タンパク質の鎖としては完成しても、その後の修飾が起きないと機能を持ったタンパク質にはならない例です。

　細胞質タンパク質の多くは、N末端が**アセチル化**されている。このことの機能的な意義は明らかではないけれども、アミノ酸シークエンサーをつかって配列を決めるときに問題を起こす。

　そのほか、機能調節にかかわる多くのタンパク質が、**リン酸化や脱リン酸化**を通じて活性を調節されることについては、これからも多少の例はあげますが枚挙に暇がありません。あらゆるところに例があるからね。このような修飾はいずれも、特定のリン酸化酵素と特定のタンパク質との間の特異性によってきめ細かい機能調節がなされます。1つのタンパク質中にはリン酸化されるアミノ酸（水酸基を持っているアミノ酸はセリン、スレオニン、チロシンの3種類だね）がたくさんあっても、特定のリン酸化酵素は特定の位置の特定のアミノ酸だけしかリン酸化せず、別のリン酸化酵素が、別の位置にあるアミノ酸をリン酸化すると、そのタンパク質の機能が変化する。そういった微妙な調節があります。1つのタンパク質が複数の機能を持ちうる。アセチル化と脱アセチル化も同様に、さまざまなタンパク質の機能調節の場で見られます。

　少し変わった例としては、ファルネシル化とか、ゲラニルゲラニル化といった**脂質の付加**が起きて、それまで細胞質にあったタンパク質が膜に結合するなど、タンパク質の局在を変化させて細胞機能の調節にかかわる例もあります。

🍴 タンパク質の分解

　遺伝子の情報はタンパク質として発現される。合成系だけでなく分解系も、**タンパク質が細胞内外で適正に機能を発揮するうえで重要**なことです。タンパク質には、非常に寿命の長いものもあれば、数分で分解されてしまうものもあります。安定に存在していたタンパク質が、必要に応じて急速に分解される場合もあります。タンパク質は、核、ミトコンドリア、ミクロボディ、リソソームなどのオルガネラ内部にある場合、膜に埋め込まれている場合、細胞にある繊維性タンパク質や可溶性タンパク質、細胞外に分泌される場合など、実に多様な存在形態をしています。タンパク質分子の寿命はどのように決まっているのだろうか。ごく一般的には、構造タンパク質は寿命が長く数カ月から年に及ぶものがあるが、シグナル伝達など短時間に機能するものはしばしば数分程度と短い。局在の違いによって分解され方にも違いがあるはずですが、一部を除いて十分にはわかっていません。

　細胞質タンパク質の場合に特徴的なことは、**プロテアソーム**（proteasome）という分子量200万を超える、巨大な分解装置があることです。これは、タンパク質分解酵素を含めた多くのタンパク質からなる複合体です。筒型をしていて、筒の内側に面して分解酵素活性がある。高次構造が崩れたり酸化されたタンパク質は、それを認識する酵素によって**ユビキチン化**という修飾を受けて、それが目印になって、プロテアソーム内部に導かれて分解されます（**図4-48**）。分解シグナルとして特定のアミノ酸配列を持っているタンパク質も、ユビキチン化を受けやすく分解が速い。このプロセスは、ATPの加水分解エネルギーを必要とする。ただ、『認識する酵素によって』、『目印になって』、『導かれて』などとと言われても、どのような分子構造の変化をどのように認識するなどが具体的に示されない

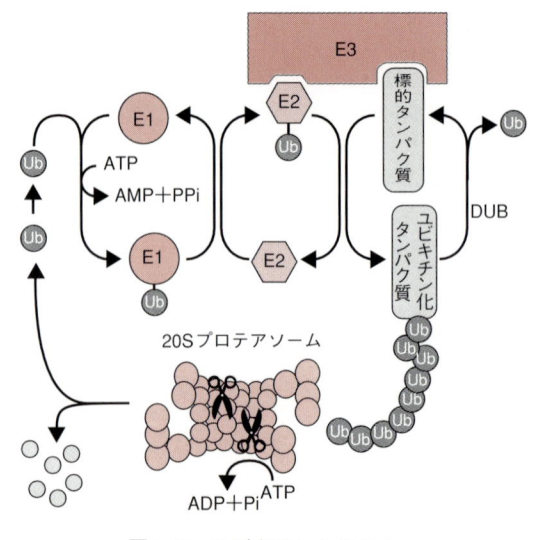

図4-48　ユビキチンシステム

と、ちゃんとは納得できないよね。でも、そこはよくわからない。詳しいことは略しますが、プロテアソームは、タンパク質の部分的な分解（アミノ酸にまでは分解しない）をすることで、主要組織適合抗原クラスⅠの呈示という免疫機構に重要なプロセスにもかかわっています。

今日のまとめ

複製転写翻訳の機構は、生命の誕生と同じくらい古く、原核生物と真核生物の間での共通性が非常に高い。従って、原核生物についてはすでに学んでいるとすれば、復習になったところも多いはずです。それでも、真核生物には原核生物との違いが結構あることがわかるね。真核生物は、それなりの工夫を加えることで大いなる展開を遂げている。何より驚くのは、複製も転写も翻訳も、信じられないくらいに複雑なしくみが用意され、正確な反応を進行させようとしているように見えることです。神がヒトをつくったとしても、ここまで精密なものをつくれるとは思えないけれども、進化という過程がつくったことも信じられない程の驚きを感ずるのではないだろうか。次回は遺伝子の発現調節をやります。真核生物における転写調節の特徴です。

Column

遺伝子・ゲノム・染色体とは？-その2

イントロンは遺伝子か

1977年に真核生物でスプライシングが発見され、「分断された遺伝子」と表現されました。構造遺伝子としての情報はエクソン部分にあるわけだから、イントロンは遺伝子ではない。mRNAからcDNAが簡単に合成でき、実質的に遺伝子と同じ働きをするものとして広く利用されるようになって、「cDNAをクローニングした」ときに、「遺伝子をクローニングした」と言うことがあります。

転写される部分が遺伝子である

しかし、エクソン部分は遺伝子でイントロン部分は遺伝子ではない、と分けるのは不自然です。で、エクソン、イントロンを含めて転写される範囲の全体、つまり、5´側と3´側の非翻訳領域を含めて「hnRNAの初めから終わりまでに相当するDNA部分を構造遺伝子」と考えるようになった。この場合、「cDNAのクローニング」と「遺伝子のクローニング」は明らかに異なる。

原核生物では以前の定義のまま

原核生物の場合、ポリシストロニックmRNAは転写される1つの単位ではありますが、以前の定義のまま、アミノ酸配列情報に対応する部分それぞれを遺伝子と考えます。モノシストロニックmRNAも同様に、アミノ酸配列情報に対応するDNA部分だけを遺伝子とする。原核生物と真核生物では構造遺伝子の範囲が違うわけで、研究者は普段意識することなく使い分けている。

1遺伝子1タンパク質なら簡単なんですが

基本的には1つの遺伝子は1種類のタンパク質を決める。ただ、1対1対応しない場合がある。同じmRNAから読みとり枠を変えて2種類のタンパク質ができる、複数の転写開始点からエクソン数の異なる複数種のhnRNAが転写されて複数種のmRNAができ複数種のタンパク質を作る、同じhnRNAからdifferential splicingによって別種のmRNAができ別のタンパク質ができる、できあがったタンパク質が切断されて各タンパク質が固有の名前と働きを持つなどの例があります。このような場合、遺伝子産物の名前とDNAの領域や遺伝子名との対応についての統一的な表記法がない。

タンパク質の情報を持たない遺伝子

転写されるDNA部分が遺伝子であるとする考えは、タンパク質の構造情報を持たない「rRNA遺伝子」、「tRNA遺伝子」にも敷衍されます。なお、rRNA遺伝子は45SrRNA前駆体に対応するDNA全体を指しますが、18SrRNAの遺伝子などと限定する場合には、18SrRNAに対応する部分のDNAを指します。後期（Part 3-2日目）では、タンパク質の構造情報を持たない非翻訳RNAの例をいろいろ紹介しますが、これらの鋳型DNAも遺伝子と言えます。

調節領域を含めて遺伝子とする場合もなくはないが

遺伝子部分の90％はアミノ酸指定配列ではないことを示す図3-8（92ページ）では、調節領域を含めて遺伝子部分としています。DNA全体を、機能的に重要な部分とそうでない部分とに分けて考える際には、構造遺伝子だけでなく転写調節領域も重要な機能部分として併せて考えることは理解できます。ただ普通は、遺伝子とその調節領域とは別に考えます。（p231につづく）

今日の講義は...

5日目 生き物を制御する遺伝子発現調節

1 遺伝子発現の調節

a 遺伝子さえあれば何でもできる、はずはない

> 授業に入る前に質問です！
> 映画の「ジュラシックパーク」にあるように、遺伝子さえ手に入れば、その生物が再現できるのでしょうか？

完全なDNAさえ手に入れば、「ジュラシックパーク」は現在の技術で可能であるかということですね。ハッキリ言って、それはムリです。遺伝子は生命の設計図ではありますが、設計図さえ手に入れば直ちに製品ができるわけではないことは誰にだってわかるでしょう。設計図に従って製品をつくるにはそれなりの装置が要るんです。一定の**細胞質構造、核構造、クロマチン構造**、そして、さまざまな**調節因子**、そういったなかにDNAが決められたありかたで存在していなければ、正しく機能できません。適当な細胞にDNAを入れれば働くというものではありません。1つの遺伝子だけについて、調節を考えなくてもよければ導入して発現させることはできるでしょうが、そのことと、数万の遺伝子が調節された発現をして、調節の取れた生き物をつくることとの間には、現状では超えがたい開きがあります。体細胞の核を卵に入れれば発生することがわかったことは大きな進歩ですが、裸のDNAでは無理なんです。**遺伝子発現の調節**ができないからです。DNAとタンパク質という材料から人工的に核を再構成するどころか、クロマチンを再構成することさえ現状では難しい。1部の遺伝子だけについて、その部分をクロマチン化することはできつつあるけれども、全ゲノムを適切にクロマチン化することは当面は無理でしょう。

b 遺伝子発現の調節

ヒトのはじまりは受精卵です。たった1つの受精卵が細胞分裂を繰り返し、やがてさまざまな形や働きを持った細胞が生まれ、臓器や器官が出来、赤ちゃんになる。この間に、あらかじめ決められた順序で、決められた遺伝子が次々に働いて、秩序だったプロセスが進行します。確かに遺伝子の働きは大きいけれども、その調節は遺伝子だけでやっているわけではなく、核内や細胞質にある調節因子がうまく働くからこそプロセスが進行するわけです。そう言う意味で、プログラムは遺伝子だけが担っているわけではなく、細胞質や核の調節因子もプログラムの重要な担い手である。調節因子（タンパク質）も、もとをただせば遺伝子の情報によって作られているわけですが。

大人になったヒトの体細胞は、多くの種類の分化した細胞が協調して働き、個体としての統合を保っています。肝臓の細胞は肝臓に特有の機能を果たし、神経細胞は神経として特有の機能を発揮している。それぞれの細胞が、特有の遺伝子を発現させて特有のタンパク質を合成し、それによって特有の分化した細胞としての構造をもち機能を発揮しているわけですね。もちろん、肝臓だけみても、代謝調節のために遺伝子発現を調節する。

1人のヒトのすべての体細胞は、完全に同じ遺伝子セットを持っていると考えられています。例外として明らかなのは抗体を産生するリンパ球で、リンパ球の抗体遺伝子は、他の体細胞の遺伝子とは異なっていることがわかっています。これについては後でやります。リンパ球以外の体細胞では遺伝子は全部同じと考えられる。おとなの、分化した1つの体細胞から、クロー

ンヒツジができ、今ではウシでもブタでもマウスでも成功しています。ヒトでは倫理的に禁止されているけれども、やればできるだろうと考えられています。すなわち、1つの分化した体細胞が、もう一度1つの個体を作り直すに十分な遺伝子を持っていることの証明と考えてよいと思います。設計図は持っている。ただ、すべての体細胞が、ほぼ完全な遺伝子のセットを持っていても、発現するのはその一部でしかない。そうでなければ、調節のとれた個体としては機能しない。原核生物にはなかった多細胞生物に固有の調節があるんです。

ここでは、遺伝子の働きの調節として、DNA構造の変化による場合、クロマチン構造による場合、調節タンパク質による場合に大分して話します。

2 発現を調節される遺伝子はどんなものがある？

a 遺伝子の発現

同じ遺伝子のセットを持っているであろう体細胞が、細胞によってそれぞれ特有の遺伝子を発現している。肝臓の細胞で、肝臓らしさを発揮して働いている遺伝子は、神経細胞では抑制されている。増殖していなかった細胞が増殖を始める時、増殖開始に必要な遺伝子が発現します。ある遺伝子からmRNAが合成され、それをもとにタンパク質が合成されることを遺伝子が発現している、と言います。タンパク質ができることで遺伝子としての機能を果たす。原核生物の大腸菌では、遺伝子の発現は、mRNAが合成されればタンパクは自動的に合成されることが多いので、遺伝子発現はmRNAが合成されるかどうかと、ほぼ一致します。つまり**遺伝子の発現は転写レベルで調節される**。しかし、真核生物では、転写調節は遺伝子発現調節の重要なステップではありますが、転写調節のありかたにも、転写後のタンパク質合成の調節にも、原核生物にはない調節が実にたくさんあるのです。どんな調節があるかを考える前に、調節されるべきどのような遺伝子があるかを考えることにしよう。

b 真核多細胞生物の遺伝子にはどんなものがあるか

バクテリアと違って、多細胞の真核生物、特に動物には多細胞であるために調節されるべき多種類の遺伝子があります。これからお話しますがまとめてみると、

1) 細胞が生存し増殖するために必要なハウスキーピング遺伝子
2) 分化した細胞の機能を発揮する分化遺伝子
3) 個体としてのホメオスタシスにかかわる遺伝子
4) 発生にかかわる遺伝子

等が最低必要であることがわかります。4つに分けたのは便宜的なもので、深い意味はありません。別の分け方をしても一向に構いません。ただ、原核生物にあるのは主に1番だけで、2番目以降は、多細胞の動物に特に顕著であることはわかるでしょう。植物にも似た機能は必要でありますが、動物ほど顕著ではありません。

c ハウスキーピング遺伝子

細胞が生きるため、増殖するために必用な遺伝子を**ハウスキーピング遺伝子**、それ以外の分化機能にかかわる遺伝子を**ラクシャリー遺伝子**と呼ぶことを前にお話しました。この分類は便宜的なもので、具体的にある遺伝子について、どちらに属するのか明瞭には言いがたい場合もあるし、また、必ず分類しなければならないものでもないでしょう。まあ、大雑把な分類と私は思っています。

ところで、生きるために必要な遺伝子とはどんなものがあるだろう。

> エネルギー産生系は必須だと思います

細胞内の反応の多くは、エネルギーを必要とします。ほとんどの場合、ATPの加水分解によって遊離するエネルギーを使います。ATPはすぐに消費され尽くしますから、恒常的に再生することが必用です。グルコースを酸化して遊離するエネルギーを使っている。ヒトの場合だと、でんぷんの消化、ブドウ糖の吸収、細胞への取り込み、解糖系、TCA回路など多くの機能がかかわります。ブドウ糖の分解で遊離したエネルギーを使って、主にミトコンドリアの酸化的リン酸化によっ

てATPを再生します。ここで酸素が使われるわけだね。鼻から吸った酸素の大部分はミトコンドリアで消費されます。酸素が欠乏すると3分で脳がだめになると言われるのは、脳が非常にたくさんのATPを必要とするからです。

　エネルギー産生にかかわるものに限らず、酵素はすべてタンパク質です。だから**タンパク質合成系にかかわる遺伝子もハウスキーピング遺伝子に違いない**。もちろん、タンパク質合成のためにはRNA合成やプロセスにかかわる遺伝子も必須ということになる。細胞が増殖することは細胞の基本的な機能ですから、DNA合成に関係する酵素や、細胞分裂にかかわるタンパク質の遺伝子もそうです。細胞構造を形成する細胞タンパク質の遺伝子も基本的な必須なものです。アミノ酸、糖質、脂質、核酸などの中間代謝にかかわる酵素の遺伝子もそうです。細胞1つが生きていくためには、実にたくさんの遺伝子が関係することがわかります。どのくらいの遺伝子が必要なのか、という考察は別にします。

　概略的には、原核生物はハウスキーピング遺伝子が多く、動物はこれに加えてたくさんのラクシャリー遺伝子がある。ラクシャリー遺伝子をたくさん持てるようになったから、真核生物は多様になった、という話

は何度も出てきた。調節されるべきどのような遺伝子があるかについて、原核生物と真核生物の違いを考えながら、そのあたりから話を始めます。真核生物の特徴をはっきりさせるために、原核生物の場合の特徴を復習しておこう。

d 原核生物の遺伝子発現調節

　単細胞の原核生物が生きる環境はしばしば変化しますから、生き延びるためには変化に対応することが必要です。

　生きるためには栄養源が必要です。**原核生物は基本的に独立栄養**で、大腸菌を飼うとき、炭素源としてはグルコースを与えますが、他に窒素源のアンモニウム塩と無機塩類を与えるだけで、細胞にとって必用なアミノ酸、脂質、糖質、核酸等すべてを合成し、これらの材料をもとに酵素などのタンパク質、細胞壁、遺伝子であるDNAなど、必要とするあらゆる高分子も合成します。つまり、**簡単な化合物から、必要なすべてのものを合成する酵素を持っている**わけです。このような栄養環境にいる大腸菌は、必要とするたくさんの種類の酵素タンパク質の遺伝子を発現している。

　ここで例えばヒスチジンというアミノ酸を培地に添加すると、大腸菌はこれを利用する方が有利ですから、ヒスチジンを合成するための9種類の酵素をつくることを直ちに停止します。9種類の遺伝子が発現を停止する。これは、他のアミノ酸を合成する酵素についても、糖や脂質や核酸をつくる酵素についても同様です。**一連の反応に必要な酵素は、一緒につくられるか、つくられないかどちらかになるように調節**されていて、このような遺伝子群は**オペロン(operon)を形成**しています。複数の遺伝子の情報をもつ**ポリシストロニック(polycistronic) mRNA**が合成されます。1本のmRNAから、複数の種類の酵素タンパク質がつくられるわけです。ポリシストロニックmRNAを合成するかしないかの転写調節によって、一連の酵素群の発現調節ができるわけですね。シストロンというのは、シス・トランステストから出てきた言葉ですが、1つのタンパク質の暗号を持った遺伝子、まあ簡単には遺伝子と考えてよい。このあたりはバクテリアの分子生物学の復習なんだけど。

　ヒスチジンオペロンは、ヒスチジンを合成するため

Column: 脳は酸欠状態で3分しかもたないのはなぜか

ちょっと脱線するけど、脳はなぜたくさんのATPを必要とするのか。1つの答えは、脳は非常に細胞膜の多い組織であって、たくさんの神経細胞が興奮しているってことだね。体中の臓器の中で細胞膜が一番多いのは脳だ。だからリン脂質を一番たくさん含んでいるわけだね。細胞の体積に対して一番膜が少ないのは球形だけれど、神経細胞は非常に突起が多くて軸索もある。細胞膜では、Na⁺、K⁺、Ca⁺⁺の細胞内外の濃度勾配を保つために、ATPのエネルギーで細胞膜のポンプを年中動かしている。表面積が大きいってことは、放っておけば濃度勾配が解消されやすいってことだから、ポンプは他の細胞とは比べものにならないくらい働かされる。加えて、興奮が起きる度に濃度勾配が解消するので、復旧にまたATPでポンプを動かす。エネルギー源はグルコースだけであるってことも知っておいてよいことです。

の9つの酵素の遺伝子群。**ラクトースオペロン**は、ラクトースを利用する3つの酵素の遺伝子群ですね。ラクトースオペロンでは、発現を抑制するリプレッサータンパク質と、発現を促進するCAPタンパク質があって、いずれもプロモーター領域に結合する。グルコースがなくてラクトースがある時は、リプレッサーが外れて、CAPが結合して、ラクトースオペロンは活性化される。グルコースがある時は、ラクトースの有無にかかわらずリプレッサーが結合したままだから、活性化されない。これは復習でした。大腸菌は、独立栄養であるがゆえに、たくさんのオペロンがあり、そこから**ポリシストロニックmRNAが合成されるわけです。調節のしくみは、リプレッサーによる抑制と、転写活性化タンパク質との組合せ**が基本的なものです。

バクテリアが直面する栄養以外の環境変化は、乾燥、熱、浸透圧、pH、酸素分圧、DNA障害などたくさんあります。ひとまとめに**環境ストレス**ということもあります。大腸菌は、これらの環境変化に対しても、それに対応して生き延びられるよう、対応遺伝子を発現させます。これも、オペロンを形成しているものもあります。大腸菌は簡単な生き物であるとは言っても、意外にたくさんのこのような遺伝子群を持っているのです。このような遺伝子をハウスキーピング遺伝子と呼ぶかどうかについて私は知りませんが、生存のために必要な遺伝子という意味では、そう呼んでも構わないでしょう。いずれにせよ、大腸菌のような生物では、大部分が、ハウスキーピング遺伝子あるいはそれに近い遺伝子であると言ってよい。

e 動物は基本的にモノシストロニックmRNA

これに対して、**従属栄養である動物では、他の生物を食料とすることによってさまざまな栄養素を摂取する**ことができます。原則としてポリシストロニックmRNAは合成されず、**モノシストロニックmRNA**しか合成されません。ポリシストロニックmRNAを無理に使わせた場合、最初の遺伝子のタンパク質は合成されるかもしれませんが、合成終了後にmRNAはリボソームから外れるため、2番目以降の遺伝子のタンパク質は合成されない。このために、動物に感染するウイルスがポリシストロニックmRNAを作ったとき、スプライシングによって、1つ1つの遺伝子の情報をもつ複数のモノシストロニックmRNAにつくり直される話は、前にしました。

f 多細胞動物のハウスキーピング遺伝子

従属栄養の動物では、栄養素をつくる役割のハウスキーピング遺伝子は、大腸菌より少なくてよいはずです。ほとんどは食物から入るからね。必須アミノ酸や、必須脂肪酸は、体内で合成されないから、栄養素として摂取する必要があるわけだ。ビタミンもそうだね。ただ、**非必須アミノ酸というのは、体に不必要という意味ではなく、体には必須**なんです。核酸も必須栄養素ではありません。体内で合成できるから、栄養素として摂取しなくても済むってことだね。間違えないように。こういう遺伝子は持っている。ただ、大腸菌のように非常に簡単な化合物からつくれるわけではなく、ほとんどは完成品に近いものを相互に転換する程度なんだけどね。このあたりは、中間代謝のところで習うはずです。

もちろん、エネルギー産生、タンパク質合成、RNAやDNA合成酵素、中間代謝、細胞構造など、細胞として生きるため、増殖するためのハウスキーピング遺伝子を持っていることは当然です。これらの遺伝子には、**ほとんどいつも一定に発現（constitutive expression）している遺伝子**もあれば、代謝調節や増殖調節に従って発現が調節される遺伝子もあります。このへんの事情は大腸菌とあまりかわらない。

g 多細胞動物であるための遺伝子

さて、ハウスキーピング遺伝子のほかに、真核生物には調節されるべきどのような遺伝子があるか。多細胞動物の特徴は何だろう。前から言っているように従属栄養です。他の生物を食料として捕らえるために、運動器間、感覚器間、それを統合する神経組織、捕らえた生き物を消化する消化器官等を発達させることは、動物として生き残るために必要で、それを発達させたものが有利であった。さまざまな器官を形成する細胞は、それぞれ独自の遺伝子を発現させて、固有の分化細胞としての役割を果たしている。**分化した細胞としての役割を果たすたくさんの遺伝子があり、その遺伝**

子は、細胞の種類によって異なった発現調節を受けている、ということです。細胞の種類に応じた相当な数の遺伝子があるはずで、ラクシャリー遺伝子としてわかりやすい例だね。ちなみに、植物は基本的に独立栄養ですから、動物のような器官を持っていない。体のつくりや、細胞分化の程度は比較的単純です。

細胞どうしを認識する細胞表面タンパク質の遺伝子は、多細胞であるための基本的な遺伝子です。正しい相手が隣にいる、あるいは隣にいるのは正しい相手ではない、と表面で認識した後どうするか。肝細胞は隣の細胞としっかり接触していれば、安心して肝細胞としての分化機能を営む。もし隣の肝細胞が肝障害で死んでいなくなったら、分化機能を一時的にでも停止して、増殖を始めて再生をはかろうとする。細胞表面での認識から細胞行動へつなげるためには、細胞表面から細胞内へのシグナル伝達にかかわるたくさんの遺伝子も必要です。

多細胞生物が、さまざまな分化した細胞から統合した個体としての機能を維持するために、全体の調整をはかる働きも必要です。体温、酸素濃度、pH、塩濃度、栄養素などのいわゆる内部環境を一定に保つために、ホルモンやサイトカイン等の活性因子による調節もあります。このような内部恒常性の維持が働くためには、それにかかわる遺伝子の発現調節があるわけです。ラクシャリー遺伝子だけでなく、ハウスキーピング遺伝子も、体全体の恒常性維持のために発現調節されています。ヒトなどでは、内部恒常性の維持が非常によくできているので、大腸菌のように、乾燥、温度、浸透圧、pH、酸素分圧などの変化に対して反応する遺伝子の必要性は大きくないはずです。しかし、1つ1つの細胞は、熱に対する熱ショックタンパク質をはじめ、結構いろいろな対応遺伝子を持っていて、環境ストレスに対応しようとします。特に、DNA損傷に対する修復系の遺伝子は、大腸菌以上に多くの工夫を獲得しています。かかえているDNA量が多くなったことと関係あるのかなあ。このような、広義の内部恒常性維持にかかわる遺伝子の一群があります。

多細胞動物をつくる発生遺伝子

さて、多細胞動物も初めは1つの受精卵です。これが、卵割し、発生の過程でさまざまな組織や器官を形成します。そのためには、頭尾軸、背腹軸、左右軸などの体軸を形成する遺伝子、頭から尾に至る体節を形成する遺伝子、各体節でそこに含まれる組織や器官を形成する遺伝子、その他多くの遺伝子がかかわって、それぞれがきわめて厳密に一定の順序で発現することによって、発生という実に不思議きわまりない現象が進行します。この間には、計画された細胞の長距離の移動と決まった場所への定着とか、計画された細胞の死なども起きます。

ある器官をつくるマスター遺伝子みたいなものがあって、それに間違いを起こしてやると、触覚のところにちゃんとした脚がはえたショウジョウバエができるとか、脚をつくるもとの細胞の一部で眼をつくるスイッチを入れる遺伝子を発現させてやると、ちゃんとした目玉が脚についたショウジョウバエができる（図5-1）とか、そう言う写真を見るとびっくりするよねえ。仏像には縦長の第3の眼を持っているのがあるけど、手塚治虫のマンガにも「三ツ目が通る」というのがあった。脚だって目玉だってずいぶんたくさんの種類の細胞が集まってできるんだから、単純じゃない。でも、それがほとんどちゃんとできる。**本来は発現すべきでないところでマスター遺伝子の発現を起こしてやると、その働きを受けて次々に一連の遺伝子発現が変化して、結局まともな器官が異所的にできてしまうということ**なんだね。すごいことだねえ。現象は複雑ですが、意外に単純なしくみのように見える。

図5-1 触角のかわりに脚が生えたショウジョウバエ

要するに、どの遺伝子が、いつの時点で、どの細胞で発現するか、発現を止めるかと言った、厳密な手順が決まっていて、その通りに発生が進行するわけだね。いずれにせよ、そう言う遺伝子が用意されていて、遺伝子発現の調節がすべての鍵を握っているわけです。さまざまな分化した細胞からなる多細胞個体を形成するために、このように厳密な発生過程があることを考

えると、動物がこのようなしくみをもつのも、結局は、従属栄養であることが遠因であると言えます。

3 DNA構造の変化による調節

α DNAを捨てたり増やしたりする調節

　体細胞は、実にたくさんの遺伝子を抱え込んでいる。しかし、その細胞で働くことが期待されている遺伝子はほんのわずかである。大部分の遺伝子は働く必要がない。肝臓の細胞では、ハウスキーピング遺伝子と肝細胞に必要な遺伝子以外には、神経独自の機能も、膵臓の機能も、筋肉の機能も発揮する必要はない。できあがった肝臓では、発生過程にだけ働く遺伝子も発現しなくてよい。

　遺伝子のセットを全部持っていて、細胞が増える時にいつでも全部を正確に複製し、正確に娘細胞に分配しなければならないのは、実に大変な労力です。それだけではなく、発現してはいけない遺伝子が間違って発現すれば、なにがしかの異常が発生します。癌胎児性抗原というタンパク質があります。胎児の時にだけ発現しているタンパク質ですが、癌で発現していることがしばしばある。癌細胞のもつ異常な増殖性や異常な機能が、胎児の時にだけ発現していた遺伝子の異常発現による可能性があるのです。

　たびたび言いますが、真核生物が、かくも多様な生物を生み出すことができた1つの要因は、多くの無駄ともいえるDNAを抱えることができたためである。それはその通りだと思います。しかし、これが有利に働くのは進化における多様性の発揮という長い時間でのことであって、子孫に無駄なDNAを伝えてゆくことは進化のうえでの多様性を生み出す必須の要因であっただろう。しかし、体細胞はその個体一代限りのもので、子孫には伝わりません。

> だったら、子孫に遺伝子を伝える生殖細胞は無駄を含めたすべての遺伝子を伝え、体細胞では、無駄な遺伝子を排除した方が、効率的だし、誤りも少ないと思うのですが？

　真核生物のよいところと、原核生物のよいところを兼ね備えることになる。そんなうまいことができるのだろうか。実は、そんなうまいことをやっている生物がいるのです。

Column　遺伝子発現調節の結果起きる新生児黄疸

　発生の時にだけ働く遺伝子について、身近な例をちょっと付け加えます。発生の時にだけ働く遺伝子というと、体軸を決める遺伝子とか、体節を決める遺伝子とか、神経に分化させる遺伝子とか、大袈裟なものが頭に浮かぶでしょう。それはそれでよいのですが、もっとありふれた身近な例もあります。赤ちゃんが生まれた時、新生児黄疸になることを聞いたことがあるでしょう。知ってるよね。黄疸というのは肝機能がかなり悪化したときの症状なので、普通はかなり大変なことなのですが、新生児黄疸は生理的なもので、ほとんどは問題なく一過的なものです。赤ちゃんが生まれた時に、胎児の時に使っていた赤血球をこわして、おとなの赤血球に置き換えるために起こります。壊された赤血球から放出される大量の胎児ヘモグロビンを分解する過程で、大量のヘムが遊離し、肝臓での処理が間に合わず、一時的にヘムの代謝産物であるビリルビンの血中濃度があがります。肝臓の処理能力を一時的に超えるんですね。これが新生児黄疸の原因です。

　生まれる前の赤ちゃんは、ヘモグロビンαとヘモグロビンγが2分子ずつ会合したヘモグロビンFを持っています。誕生と同時に、ヘモグロビンγの発現は抑制され、かわりにヘモグロビンβの発現を開始します。ヘモグロビンαとヘモグロビンβが2分子ずつ会合した、おとなのヘモグロビンをもった赤血球に置き換わるわけです。ヘモグロビンγは、胎児期だけに発現する遺伝子の1つだったわけですね。常識として知っておいてよいことと思って話しました。

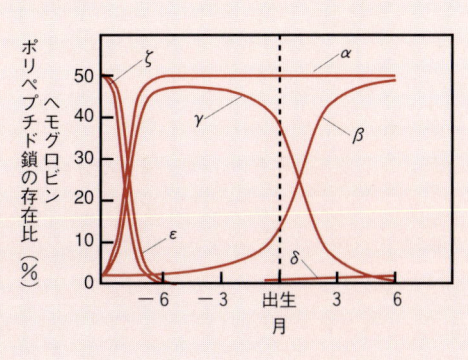

b 繊毛虫類
— 必要な遺伝子だけ増やして使う

　原生動物の繊毛虫類は、ゾウリムシのなかまですね。ラッパムシ、ツリガネムシ、テトラヒメナなんてのもいる。みんな**大核（栄養核）と小核（生殖核）**という2つの核をもっている（図5-2）。小核は遺伝子の全部のセットを持っていますが、生殖の時にだけ働き、普段は発現しません。大核は大きくて、DNA量も小核に比べてずっと多いのですが、全部の遺伝子セットを持っているわけではありません。ハウスキーピング遺伝子だけをうんと増やして持っている。遺伝子を増やすことを**遺伝子増幅**と言う。増幅しているんです。

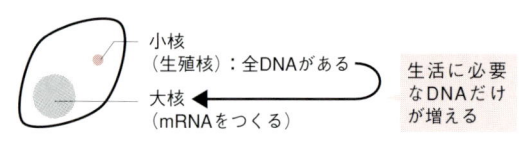

図5-2　繊毛虫類は大核と小核をもつ

　必要遺伝子部分だけを何回も複製すると、直鎖状の短い遺伝子DNAができるよね。それをどっさり抱え込んでいるのが大核です。直鎖上のDNAをたくさん作った時、末端にぜんぶテロメアを付けなければいけないんで、繊毛虫類は異常にテロメラーゼ活性が高いんです。そのためにテロメラーゼの研究は、活性の有無も遺伝子クローニングも繊毛虫類でまず進んだ。

　で、普段は、このハウスキーピング遺伝子が発現して、生きている。細胞は、無性的に細胞分裂してどんどん増えます。大核のDNAは分裂の時にいちいち染色体を形成しないので、娘細胞への分配はかなり適当にならざるを得ません。で、分裂を繰り返すうちに、大核のDNAは種類によっては足りなくなるものが出てきたりします。そうすると接合という**有性生殖**をします。有性生殖の過程では、大核は消化され、消滅します。小核が減数分裂して4つになりますが、そのうちの2つは消滅し、残ったうちの1つを相手と交換し、その後で、2つの小核が融合します。受精みたいなもんだね。複雑ですが、まさに有性生殖による遺伝子の混ぜ合わせが起きます。その小核から、小核と大核を再生します。大核を再生する時に、ハウスキーピング遺伝子部分の増幅が起きるわけです。

ということで、子孫に伝えるべき全DNAは小核にあって、ちゃんと全部を伝える。普段のくらしに必要な遺伝子は、必要な部分だけしか持っていない。多細胞で言えば、体細胞ではその細胞に必要な遺伝子だけを残して後は捨てるわけです。うまいねえ。感心します。

c ウマの回虫
— 要らない遺伝子を捨てる

単細胞の原生動物より、もっと複雑な生物ではどうなのですか？

　なら、多細胞動物であるウマの回虫はどうだ。立派な多細胞生物です。受精卵から卵割が進むと、ある時期に将来生殖細胞になる1つの細胞が運命づけられ、他の細胞は体細胞になることが決まります。生殖細胞になる細胞では、それ以後もすべてのDNAが温存されますが、体細胞になる予定の細胞では、かなりのDNAが捨てられ、消化されてしまうのです（図5-3）。染色体の一部がちぎれて失われる。残ったDNAの末端にはもちろんテロメラーゼによってテロメアが付加して、染色体の安定性を保ちます。大事なことは、体細胞は全部の遺伝子を持っているわけではない、ということです。

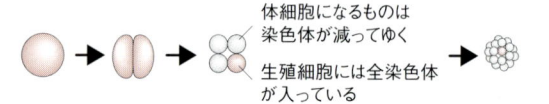

図5-3　ウマのカイチュウは染色体の一部を捨てる

　しかし、ちゃんとカイチュウとしての一生をまっとうすることはできる。これはかなりの驚きです。もう1つの驚きは、なんで、こんな生物のこんなやり方に注目した研究者がいるんだろうか、という点ですね。なんでも研究対象にするヒトはいるものだと感心します。

この方法は合理的ではないのだろうか

　このやりかたは、真核生物として進化の上での有利な特徴は生殖細胞を通じて子孫に伝え、個体一代限りの命は原核生物の身軽さを発揮している、非常に合理的な生き方のように思えます。このような方法をなぜもっと多くの生

物が採用しなかったのだろうか。これは不思議です。非常に有利と思える戦略を採用したにしては、ウマのカイチュウはウマのカイチュウどまりであって、もっと高級にはなれなかったのも、不思議と言えば不思議だね。

このやりかたは良いように見えても、どこかまずいのだろうか。ウマのカイチュウには悪いけれども、小賢しく振る舞ったために大局的には不利益を被っているのかもしれない。体細胞では必要な遺伝子だけを残すという選別があまりに厳密であると、折角かかえた余計なDNAが新たな機能を発揮してみるチャンスが与えられないため、結局、多様性を発揮できない、という理由が考えられます。そのあたりはなんとでも工夫できそうなのにね。その程度の工夫は、あらゆる工夫をしてみせる生き物という存在にとって容易なことでしょう。このような生き方を採用している生物は他にもいるかもしれませんが、いずれにせよ、ヒトはこのやり方を採用しなかった。たくさんのがらくたDNAを抱えたままで、体細胞は複製しなければならない。経済性を犠牲にしても余りある有利さがあるんだろう。

d カエルの卵母細胞 — 一時的に必要な遺伝子を増やす

これまでの例とは少し意味あいが違いますが、**脊椎動物でもDNAが変化する**例をあげておきます。通常の体細胞でもリボソーム遺伝子は中程度反復配列としてたくさんあるわけですが、カエルの卵母細胞では、リボソーム遺伝子をさらに増幅しています。そのために核小体の数が数百個もあります。卵割が進んで、mRNA合成とタンパク質合成が始まる時に、リボソームが1度にたくさん必要になることを見越して、あらかじめたくさんの遺伝子を用意しておく、という合目的性があると考えられます。

リボソーム遺伝子の場合と同様に考えると、ある時期に非常に多くの特定タンパク質をつくらなければならない場合、mRNAを短時間にたくさん合成しなければならないわけだから、その細胞では遺伝子をあらかじめ増幅して準備しておくのが合理的である。カイコの絹糸腺でこの可能性が検討されました。繭をつくる時だけの短期間に、非常にたくさんの絹糸タンパク質を合成しなければならないからねえ。でも、絹糸タンパク質遺伝子の増幅は否定されました。二匹目のドジョウはいなかった。

e リンパ球 — 膨大な数の遺伝子をつくり出す

ヒトの細胞でもDNAが変化する唯一ともいえる例外がリンパ球です。ひとりのヒトの体細胞はすべて同一の遺伝子セットを持っているが、唯一の例外はリンパ球であると、先程言いました。リンパ球の仕事は抗体をつくることです。抗体は抗原を認識してそれに結合して抗原を無害化します。小さい時に3種混合ワクチンを注射されたり、ポリオの生ワクチンを飲まされたはずだね。これは、あらかじめ病原菌やウイルスの抗原で刺激しておいて、リンパ球に抗体産生の経験をさせ、記憶させておくためです。1人のヒトがつくれる抗体の種類は、数万種類あるいはそれ以上と考えられています。抗体は要するにタンパク質ですから、抗体をつくる数万種類の遺伝子を持っている、ということです。しかし、1つのリンパ球は1種類の抗体しかつくれません。数万種類の抗体遺伝子を持っていて、そのなかの1つだけを発現させているのだろうか。

実に意外なことに、1つのリンパ球は、1つの抗体遺伝子しか持っていないのです。これはどういうことか。リンパ球のもとになる細胞は、他の体細胞と同じですが、抗体遺伝子そのものは持っておらず、そのもとになる遺伝子を持っています。抗体遺伝子のもとの遺伝子の領域には、図5-4のように、よく似た配列をもつたくさんの繰り返しがあります。Vという繰り返し、Dという繰り返し、Jという繰り返しがあり、そしてCという領域があります。

リンパ球には実に色々な種類があるのですが、血中を流れる抗体をつくるBリンパ球の場合、分化の過程

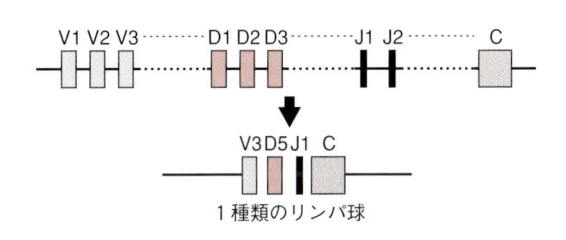

```
V1 V2 V3 ···  D1 D2 D3    J1 J2        C
□  □  □       ■  ■  ■    |  |         □
                ↓
             V3 D5 J1  C
             □  ■  |   □
             1種類のリンパ球
```

図5-4 リンパ球は抗体遺伝子をつくる

で例えば、Vの中からV3、Dの中からD5、Jの中からJ1、それとCからC2を選択して、DNAの組換えを起こします。結果として、V3D5J1C2というつながりを持った抗体遺伝子ができます。このリンパ球は他の部分は消化してしまいます。で、たった1つの抗体遺伝子しか持っていないのです。他のリンパ球では他の組合せをして、他の抗体遺伝子をもつ。こうして何万種類もの抗体遺伝子を持ったリンパ球の集団を、1人のヒトとしては持つことになります。ここではごく原理的な話として単純化したので、実際とは少し違います。もちろん、自分自身のタンパク質等を抗原として認識するようなリンパ球は排除されるのですが、詳しい話は免疫の授業で聞いて下さい。これは利根川 進さんが発見し、それでノーベル賞をもらった仕事です。

体細胞から個体をつくるクローン動物では、原理的にはどの体細胞を使っても同じDNAセットを持っているはずなので、同じ動物ができるはずですが、成熟したリンパ球を使った時だけは別ですね。リンパ球から作ったクローン動物は、たった1種類の抗体しかつくれないし、全然つくれないかもしれない。感染等に対して非常に弱いだろうことが予測できます。影響はそれだけではないだろうが。

f ふたたび二匹目のドジョウはいなかった

ところで、脳には、非常にたくさんの種類の神経細胞があるといわれ、体中のmRNAの種類の約半分は脳でつくられると言われます。複雑な脳機能を支えるために、他の組織では発現していない非常に多種類のmRNAがありそうだ。こんなにもたくさんの種類のmRNAは、1種類の神経細胞が作っているのではなく、たくさんの種類の神経細胞が分担していて、それによって多様な神経活動ができるのではないか、と考えられています。ありうることだね。リンパ球と同様の考え方で、DNAの組換えによる多種類の遺伝子形成の可能性が考えられます。神経細胞の幹細胞には神経遺伝子のもとになる遺伝子があって、組換えでたくさんの種類の遺伝子ができるのではないか。二匹目のドジョウを狙ったわけですね。結果は否定的です。甘くはないってことだね。

4 クロマチン構造による調節

a クロマチン構造と遺伝子発現調節

原核生物のDNAも完全に裸で細胞内に浮かんでいるのではないらしい。ただ、はっきりしたクロマチン構造は見られません。クロマチン構造があるのは、真核生物に特有と考えてよいでしょう。これはDNAを安定に核内に保存する、という目的だけでなく、遺伝子発現の調節に重要な役割を持っていることがわかっています。原核生物にはない発現調節のやりかただね。

前にクロマチンのお話をした時、**ヘテロクロマチン**と**ユークロマチン**のことを話しました。ヘテロクロマチンというのは、クロマチンが凝縮していて、その部分に含まれる遺伝子は発現しない場合が多い。ある遺伝子群は発現し難いように概略的にヘテロクロマチンとしてまとめて整理しておく、ある遺伝子群は発現し易いように概略的にユークロマチンとしてまとめて整理しておくことは、非常に合理的なやり方であると思います。これは、クロマチンを領域的にわけた**マクロな（大雑把な）チューニング**と言ってもよいだろう。さらに個々の遺伝子については**ファイン（微細な）チューニング**して、具体的な発現状態を調節する。

> 発現しない多くの遺伝子をもつ真核多細胞生物の細胞では、大雑把な発現調節と、細かい調節とを組合せるということですね

2段階ではなくもっと多段階かも知れませんが、真核生物の細胞は、このようなやり方によって遺伝子の発現を調節しているように見えます。

b 遺伝子のメチル化

哺乳類では、CpGという配列のC（シトシン塩基）の約70％がメチル化しています。実際、ヒトのDNAをCCGG、CGCGあるいはGCGCという配列を認識して切断する制限酵素で消化しても、DNAはほとんど切れません。サルのDNAも同様です。この配列中のCがメチル化しているために、酵素の作用を受けないのです。このような変化を**エピジェネティックな変化**と言

います。エピジェネティックというのは、本来は、遺伝子そのものの変化を伴わない調節ということです。メチル化は塩基の修飾ですからDNAの変化ではあるのですが、塩基配列の変化を伴うわけではないという意味で、エピジェネティックというわけですね。

メチル化したCがたくさんある部分は、遺伝子発現が抑制されている場合が多い。発現していない領域のCpGは、80％以上がメチル化されている。**マクロなチューニングとして、発現してもらいたくない遺伝子の領域は、多くメチル化されているものと考えられます。**これに対して、メチル化していないCpGは、しばしばCpGアイランド（島ですね）と呼ばれるクラスターを形成していて、ハウスキーピング遺伝子の転写調節領域にはほとんどいつも見られます。ここは、**基本的に発現するハウスキーピング遺伝子の領域である、と表示する目印になっている**らしい。メチル化したDNAはヘテロクロマチン部分に多い。Cがメチル化したDNAには、それを認識するタンパク質があって結合します。そうするとさらに別のタンパク質がやって来て結合する。で、クロマチンを凝集させて、ヘテロクロマチン化するものと考えられます。

c ヘモグロビン遺伝子

少し例をあげます。ヘモグロビンは、赤血球に含まれるタンパク質で酸素を運搬する役割を持っている。赤血球の前の段階である網状赤血球でグロビン遺伝子が発現してmRNAをたくさんつくります。赤血球になる細胞以外の細胞では、決してグロビン合成は起きません。赤血球になる細胞とならない細胞では、グロビン遺伝子の上流部分のメチル化程度が違い、赤血球にならない細胞では、明らかにメチル化されたシトシンの頻度が高いのです。**メチル化の頻度が高く、その結果、グロビン遺伝子が局所的にヘテロクロマチン化していて不活性になっていることが、ヘモグロビン合成が起きない理由**であろうと考えられます。つまり、マクロなチューニングがヘテロクロマチン化によってなされているものと思われます。これは何もグロビン遺伝子に限ったことではありません。

ただ、赤血球になる細胞ではメチル化の頻度は低いとしても、赤血球になる直前の網状赤血球の段階まで分化しないとグロビン遺伝子の活性化は起こりません。これは別のレベルの発現調節、ファインチューニングによるものと考えられます。

アザC

アザCという化合物があります（図5-5）。核酸塩基のシトシンと似たものですが、ヘテロ六員環の5位の炭素が窒素に置き換わったものです。DNA合成に際してはCとして取り込まれますが、取り込まれた後のメチル化が起きません。窒素は結合手が3本しかないからメチルが付けない。で、線維芽細胞を培養して、これにアザCを添加すると、驚いたことに一部の細胞が筋細胞に変化したのです。筋タンパク質をつくり、細胞融合して形態的にも筋細胞になる。線維芽細胞では、筋細胞に必要な遺伝子は抑制されていたはずですが、アザCが取り込まれたためにメチル化ができなくなり、筋細胞に特有な遺伝子が発現して、筋細胞に分化したと考えられています。

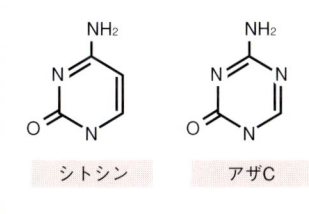

図5-5　アザCの構造

実験としては確かにそういう結果にはなるんだが、実は、ちょっと変だなあとは思います。アザCはランダムにDNA中のCの代わりに取り込まれるはずですから、色々な遺伝子が影響を受けるはずなんですね。筋細胞にだけ分化するのではなく、もっとめちゃくちゃなことが起きるはずだと思うんです。神経や皮膚や肝臓の遺伝子が全部発現したっておかしくない。そう言う細胞は死ぬかもしれないけどね。線維芽細胞に存在している筋細胞への分化にかかわる遺伝子は、Cのメチル化によって抑制されているのだとしても、アザCによる線維芽細胞から筋細胞への変化には、何か特別に行きやすい秘密が隠されているのかも知れません。このあたりはまだ納得できていない。いずれにせよ、このような研究から筋細胞への分化の重要な鍵を握るマスター遺伝子である、myoDなどの遺伝子の研究が進みました。

d Lyonization

女性の場合、2本のX染色体のなかの1本は必ず不活性化している。その上に乗っている遺伝子は、ごく

一部の例外を除いて、原則として発現しないことをお話しました。Lyonizationといいましたね。2本のうちのどちらが不活性化するかはランダムで、発生の比較的初期にそれが起きる。この場合、**不活性化した染色体上のDNAは、非常に強くメチル化されています**。この場合にも、メチル化されることで全体がヘテロクロマチン化し、不活性状態を維持しているものと考えられます。

e ゲノムインプリンティング

22対ある常染色体に乗っている遺伝子は、発現するときは両方の染色体にある遺伝子が発現し、発現しないときは両方の染色体にある遺伝子が発現しないのが原則です。ただ、この原則を外れている少数の、しかし少なくとも100個を超える遺伝子があります。例えば、IGF-2という増殖因子の遺伝子は、**父親由来の染色体上の遺伝子だけが発現して、母親由来の染色体上の遺伝子は発現しない**。あるいはその逆の遺伝子もある。これは、遺伝子によって決まっている。これを、**ゲノムインプリンティング**といいます。ゲノムに刷り込まれているわけだね。Lyonizationと違ってランダムではないのです。この場合も、発現しない遺伝子部分は、メチル化によって発現しないように抑えられているらしい。

> でも、そのまま行くと親の体内で生殖細胞ができる時、発現する方の染色体（おじいさん由来）をもらった生殖細胞と、発現しない方の染色体（おばあさん由来）をもらった生殖細胞とができてしまうから困るんじゃないですか？

発現しない方の染色体をもらった生殖細胞同士が受精して赤ちゃんをつくろうとすると、どちらの染色体上のIGF-2遺伝子も発現できなくなってしまう。それはないんです。生殖細胞ができる時には、**インプリンティングの解消**が起きるのです。一度解消したうえで、卵子の場合はIGF-2遺伝子は発現しない、精子の場合はIGF-2遺伝子は発現する、というインプリンティングのやり直しが起きるんですね。でも、どうしてこんなことをしなきゃいけないんだろうね。

……… メチル化されたヘテロクロマチン遺伝子は安定なのか

以上のような例を見ると、CのメチC化あるいはそれによるヘテロクロマチン化は、もう2度と発現することを期待されない遺伝子の抑制に使われるように見えます。遺伝子発現のマクロチューニングですね。遺伝子の塩基配列は変化しないエピジェネティックな調節ですが、**調節された状態は細胞分裂してもちゃんと子孫細胞に引き継がれます**。そう言う意味では安定な調節であると言えます。

ただ、本当にそうなら、ずいぶんたよりない方法で抑制しているように思われます。ちょっと間違えれば、メチル化し残したり、しそこなったりする恐れがないとは言えません。そのたびに、分化機能や、発生過程の遺伝子が過って発現したら、かなりの混乱を引き起こす可能性があります。ウマのカイチュウ方式のほうが完全だねえ。先ほど、胎児性抗原が癌細胞で発現する場合があると言いました。これは、癌になった細胞では遺伝子調節の乱れが起きやすいために発現すべきではないものが発現した、と理解するんでしょうが、逆に、発現すべきではない胎児性の遺伝子が発現したために細胞が癌化した、癌化への道を進める役割を果たした可能性があるのです。

f 体細胞の初期化

最初の体細胞クローン動物であるドリーの場合だけでなく、クローン動物の出発となる体細胞は、今までお話したように特定の分化機能以外の分化機能は、どんなことがあっても発現しないように抑制されているはずですね。そうでなければ困る。しかし、これを卵に移植すれば、すべての体細胞をつくり出すことができるわけです。このように、**体細胞の核が受精卵の核のような機能に変化する（であろうと想像される）ことを、『初期化』**といいます。ディスクの初期化と同じだね。今までの記録を消去して、新たに書き込みができるようにする。ただこれは言葉としてはわかったような気になりますが、具体的には何が起きているかわかっていません。少なくとも、1種類の分化細胞としての機能を発現する体細胞は、ほかの細胞に分化する機能をすべて抑制されているはずで、これがメチル化によって実現しているとすれば、脱メチル化とメチ

化のやり直しをする必要があります。ドリーをつくる時の体細胞は、あらかじめ血清飢餓状態に細胞を置くことで、増殖停止状態（細胞周期のG0期）にすることが必要であるといわれていましたが、これが分化機能遺伝子のメチル化すべてを変化させるとは到底思えません。従って、それは卵に移植した後で起きるに違いない。そうだとすれば卵の細胞質に初期化の機能があるはずです。それは具体的にはどんなものなのだろうか。

9 クローン動物から探る初期化と脱メチル化

現在では体細胞からのクローン動物は、ヒツジだけでなく、ウシ、ブタ、ヤギ、マウスなどの哺乳類で成功しています。しかし、うまく発生して誕生する頻度は、現在でも数%を上回ってはいない。生まれてもきわめて早く死ぬ場合が少なくない。つまり、卵に移植した体細胞核の大部分はうまく働かないように見える。成功例のドリーでも、老化が早いようだという報告が最近出ている。まともなようでもオカシイらしい。成体の体細胞核ではなく、発生初期の細胞核を使ってクローン動物を作った場合は、ちゃんと生まれる頻度が数十%くらいになる。ここが大いに違います。ただ、発生途上の胚盤胞まで行くか行かないかで見ると、どちらの核から出発しても、数十%くらいはそのあたりまでは行く。従って、体細胞を使った場合に成功率が低い原因は、核の移植や、体外培養や、子宮にもどすなどについての単なる技術的な未熟によるものではないと考えられています。では何なのだ。

最近になって、**体細胞クローンとして生まれた動物には、体細胞のメチル化状態に異常があることがわかってきました。本来の姿と違うメチル化になっている。**むしろ、移植に使ったもとの体細胞に近いメチル化の状態を残していたりする。おそらく、**出発に使った体細胞が完全に正しくは初期化されておらず、その後の発生段階で正しくメチル化が進行しないという、両方のステップの問題があるものと思われます。**おとなの体細胞を使った時に比べて、発生初期の細胞の核を使ってクローン動物を作った場合にちゃんと生まれる頻度が高いのは、まだ初期化状態に近いから、初期化がうまくいくからだろう。

もちろん、初期化はメチル化の解消だけの問題ではなく、未知の多くの問題があって当然ですが、少なくとも、現在のやり方では、メチル化を正しく初期化し、発生とともに正しく進行させる方法が確立していないものと考えられます。**現状では、『初期化は不完全』**である。その意味では、まともな個体ができるかどうかについては、まだかなり危うい技術であると思われます。ヒトで試すのは恐いという理由でもあります。体細胞の核を用いて発生させた初期胚からES細胞（embryonic stem cell）をとってきて、組織や臓器をつくらせる研究が進んでいますが、この場合も同様の問題を抱えていると思います。できたものがどのくらいマトモであるか、かなり危うい可能性がある。

体細胞の核から発生させて個体を形成する事ができたのは、画期的に重要な発見です。成功率が100分の1であっても、1,000分の1であってもかまわない。できた、という事が重要です。そう言うものであることがわかったのは質的に重要な進歩である。そのことと、**実用的な応用ができるまでの間には大きなギャップがあるのは当然なんです。**

h 植物細胞は違う

動物細胞は培養に移した時、完全な分化形質を保つことはできなくても、分化特有の機能にかかわる遺伝子の発現をある程度維持できることが多い。分化形質を維持した培養細胞です。これに対して、高等植物の細胞は、培養に移した時、すぐに未分化な状態に戻ってしまうことが多い。このような細胞の塊をカルスと言います。それだけでなく、未分化な細胞の塊に適当な植物ホルモンを与えると、根や茎や葉を生じて、うまくいけば完全な植物体ができる。**卵に移植などしなくても体細胞が容易に初期化するように見え、さらに発生して個体ができる。**これは植物と動物の実に大きな違いと言わなければなりません。ま、すべての動物とすべての植物について一般化できる程のデータはまだありませんけれども、少なくとも、いわゆる高等動物細胞と高等植物細胞では、そういう違いが顕著にみられる。

このような違いが、どのような遺伝子のどのような機能の違いによって実現しているかについては、実はほとんどわかっていません。植物では、細胞外から、お前の居る場所は全体の中のここだ、というシグナル

が与え続けられないと、すぐに未分化状態になってしまうのかもしれない。そうだとすれば動物細胞とは大きな違いであるように思います。ハウスキーピング遺伝子の発現調節は動物でも植物でも似ているかも知れませんが、植物のラクシャリー遺伝子の発現調節は、動物とはずいぶん違っている可能性があります。どう違っているかわからないけれども非常に興味があります。

……… わかっていないことは多い

わかっていないことがたくさんあるでしょう。まあ、これから研究者の道に進もうと思うヒトにとっては、大事なことでわかっていないことがたくさんある方がいい、とも言えます。私が学生の頃習った先生が、『若者は、講義でわかったことばかりを教えられるので、世の中のことはほとんどわかってしまっていて、自分達が研究者になる頃にはもうやることが残っていない、と思うようである』とおっしゃっていました。もちろん、それは大きな間違いである。生き物のことなんて、実はほとんどわかっていない、天地がひっくり返るような未知のことがたくさん残っている、と私は思います。自分がそれを見つけられるかどうかは別だけどね。

DNAの構造がわかったとき、生物学はこれでもう全部お終いだ、これ以上大事なことはもう何も出てこない、という意見がありました。画期的な発見であった、という評価に異論はありません。さまざまな発見についても、それに類した意見を聞きます。20世紀の科学の発見はめざましく、科学のどの分野でもこれ以上画期的な発見は望めない、という主旨で「科学の終焉」なんて本まで出ているくらいです。買って損したけど。自分が取りあえず見渡せる範囲ではそうだ、というなら賛成しますが、自分が見渡せる範囲なんてたかが知れているんだと、どうして思わないのか不思議に思います。自分が見渡せる範囲が世界のすべてであるっていうのは、いくら偉いヒトでも随分な思い上がりじゃないんですかねえ。いつまで経っても『未知の深さは、現在の時点で見通す事は不可能である』というのが常識的な判断であると私には思われます。

i どうメチル化するか

DNA合成が起きる時、新生鎖のDNAはメチル化されないで合成されます。合成された後で、どうやってメチル化するのか。**鋳型鎖がメチル化されている時は、新生鎖もメチル化されます。**例えば、鋳型鎖の5´CpG3´のCがメチル化されていれば、相手鎖も5´CpG3´に決まっていますから、DNAシトシンメチル化酵素でメチル化されます。1本のDNA鎖がメチル化されている時に限って、相手のDNA鎖をメチル化する酵素がすでに知られていますから、この酵素が、1本の鎖がメチル化されている場所を見つけて、そこで働けばよい。その場所は複製の起きている場所です。実際、複製の起きている場所にこの酵素が局在することも知られています。これは比較的簡単な話だ。

これに対して、**2本のDNA鎖ともメチル化されていない時に、両方の鎖をメチル化する酵素があることも**知られています。発生のある時期、この遺伝子は以後メチル化によって不活性化する、この遺伝子はしない、と言った選別の過程があるはずです。発生過程で体細胞が分化を進める過程ではしばしば起きるはずですね。酵素の存在は知られていますが、メチル化されるべきDNA部分と、されないDNAをどのように選別するかについては、大変に重要なことであるにもかかわらず、よくわかっていません。これは難しい。大事なところがわかっていないんだね。

j 位置効果

X染色体のように非常に広範囲にわたって不活性化する場合は、ヘテロクロマチン化による不活性化は考えやすいのですが、不活性な遺伝子が活性な遺伝子と近い位置にある場合にどうなるか、細かいことではわかっていないことが多い。ただ、普通なら強く発現するように強いプロモーターをつないだ外来遺伝子を導入した時、外来遺伝子が細胞DNAに組込まれる場所によって、発現が強い場合と、ほとんど発現しない場合があります。**ヘテロクロマチンの部分に組込まれた時は、ほとんど発現できないのではないかと考えられています。**ショウジョウバエでは実際にそう言うことが証明されている。周囲が発現しない遺伝子ばかりの領域へ組込まれると、いくら強いプロモーターでも負けてしまう。クロマチン構造による抑制にはかなわない。

抑制を決めているのはクロマチンの局所状態だけではないかもしれない

ある遺伝子の上流部分について、発現しない細胞ではメチル化されたCが多く、発現している細胞ではメチル化されたCが少ない、という現象は確かにいろいろな遺伝子で確かめられています。そのような遺伝子の上流部分を含めてクローニングし、全くメチル化していないDNAとして、本来その遺伝子が発現している細胞に導入したら、導入遺伝子はトランジエントには必ず発現します（transient expression）。これは当たり前でしょう。

これを、本来その遺伝子が発現していない細胞に導入したらどうか。メチル化していないDNAを導入したのだから、発現してもおかしくはない。しかし、全く発現しない場合が結構あるのです。導入した遺伝子が細胞DNAに組込まれる前、トランジエント発現の段階から起きるので、細胞DNAに組込まれた位置による効果ではありません。何が起きているのだろうか。導入した遺伝子は直ちに強くメチル化されるので発現抑制されるのか。そうであれば、その細胞では、外来遺伝子の塩基配列を読み取って、この配列はうちではメチル化されるべきだと判断してメチル化しているのかもしれない。

ヌクレオソーム構造と転写調節

クロマチンの基本構造はヌクレオソームで、これは、塩基性タンパク質であるヒストンの八量体に、DNAが巻き付いた構造になっていることをお話しました（図5-6）。遺伝子の発現調節には、ヒストンのアセチル化と脱アセチル化が重要であることがわかってきました。このようなクロマチン構造の変化は、転写活性に大きく影響するということですね。ヒストンが塩基性であるのは、塩基性アミノ酸がたくさん含まれているからで、タンパク質の表面には、塩基性を示すアミノ基がたくさん露出しています。ヒストンアセチル化酵素がアミノ基をアセチル化すると、塩基性を失って、ほとんど中性になります。このため、強い酸性をしめすDNAとの結合が弱くなります。ヒストンに対するDNAの巻き付きが弱くなるわけですね。

ヒストンのアセチル化と脱アセチル化は、遺伝子発現のマクロなチューニングとファインチューニングの両方にかかわっている可能性があります。1つは、DNAのメチル化酵素とヒストン脱アセチル化酵素が会合することです。多分、一緒に働くわけですね。DNA合成が起きた時、その部分のDNAが、発現しない遺伝子の領域であれば、メチル化酵素が新生鎖をメチル化するために結合します。鋳型鎖は、はじめからメチル化されている。そのとき一緒に、ヒストンの脱アセチル化酵素が働いて、アセチル化していないヒストンを用意して、そこにDNAがきつく巻き付くようにします。で、さらにH1ヒストンが来て、ヌクレオソームをきつく巻き付けてクロマチン糸を形成し、さらに非ヒストンタンパク質がこれに会合して凝縮させ、ヘテロクロマチンを形成する。これによって、遺伝子発現のマクロチューニングができる。細部までわかっているわけではありませんが、多分こういうことが起きている。

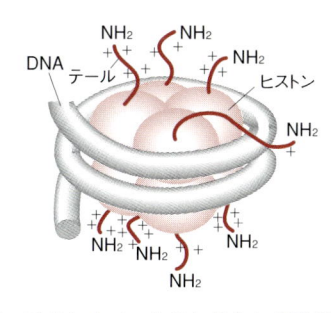

図5-6　ヌクレオソームのヒストンは強塩基性

調節タンパク質による調節

シスエレメントとトランスエレメント

遺伝子が発現するには、遺伝子部分からRNAが合成されなければならない。前にも言いましたが、遺伝子からRNAがつくられる前の方、RNAの5′の方向を遺伝子の上流側、ポリAがつく先の方、RNAの3′の方向を遺伝子の下流側といいます。

遺伝子の上流には、RNAポリメラーゼが結合するプロモーター領域や、転写調節タンパク質が結合する発現調節領域があります。これらの領域を遺伝子発現調節のシスエレメントと呼びます。DNAそのものの一部である要素ということですね。これらのシスエレメントの塩基配列を認識して、さまざまな転写調節タンパ

ク質が結合します。転写調節タンパク質のことを、トランスエレメントと言います。働く時は結合するけれども、DNAではない、DNAから離れた要素である。

b プロモーター

　遺伝子のすぐ上流側にRNAポリメラーゼが結合するプロモーター領域があります。ただ、いきなりRNAポリメラーゼだけがポンと結合するのではありません。たくさんの転写調節タンパク質によってあらかじめRNAポリメラーゼが結合する場を設けてやる必要があり、これらが結合する領域を含めてプロモーターとします。例えば、構造遺伝子のすぐ上流にしばしばTATAボックスというシスエレメントがあります。これにTFⅡDという転写調節因子が結合します。TFⅡD自身も複数のタンパク質の複合体です。もう少し上流にはCATボックスと言って、CCAATという共通配列があります。ここにも転写調節因子が結合します。ハウスキーピング遺伝子の上流には大抵GCボックスがあります。それらに対して、実にたくさんの転写因子が順番に結合して、RNAポリメラーゼが結合します。これらの調節タンパク質の名前や結合順序を覚えてもらうつもりは今はありません。参考のために**模式図5-7**を見て下さい。かなり複雑なものであることだけは想像できるでしょう。転写開始のための基本的なRNAポリメラーゼの結合だけでも、この程度に複雑なんです。

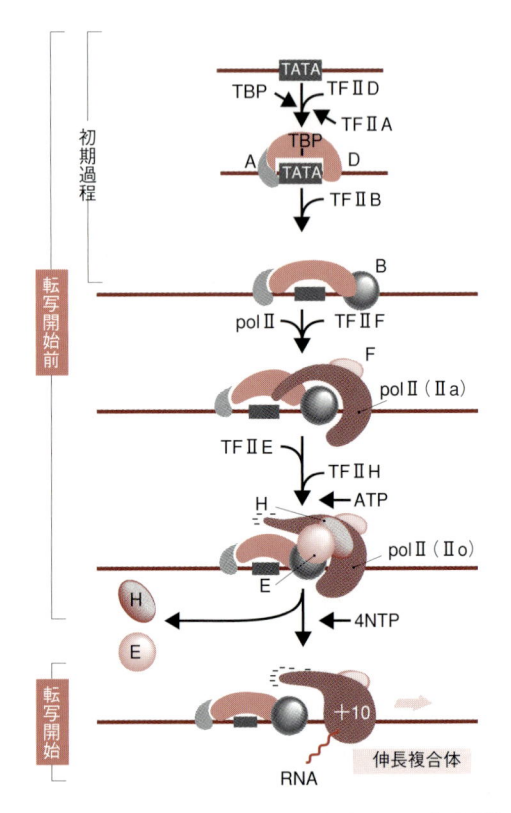

図5-7　RNAポリメラーゼⅡの結合とRNA合成開始

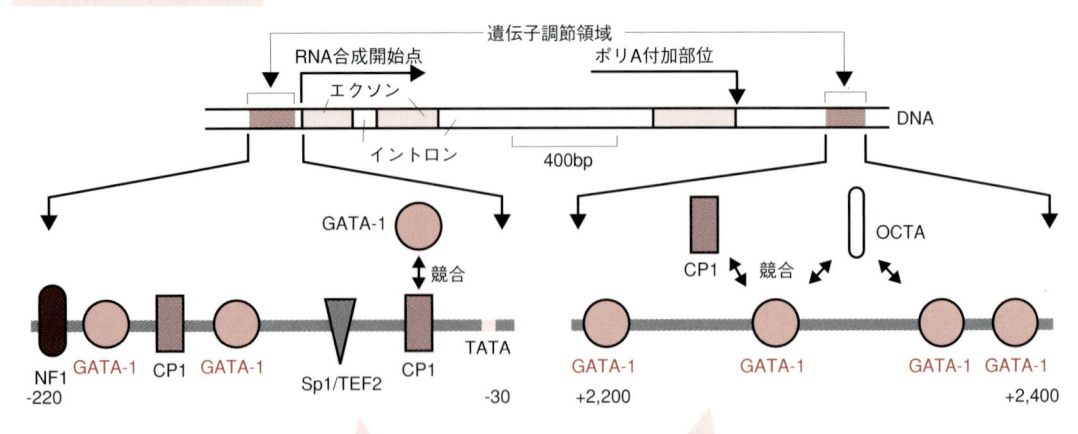

ヒトβ-グロブリン遺伝子の調節

図5-8　グロビン遺伝子のプロモーター，エンハンサー

GATA-1は、赤血球前駆細胞のみに含まれる調節領域で、遺伝子の上流にも下流にもある

第5日目　生き物を制御する遺伝子発現調節

> プロモーターの向きは一方向に決まっているのですか？

言うまでもない事ですが、プロモーターは、向きを逆にするとRNA合成の方向が逆になります。RNAポリメラーゼのついた位置から逆に読みはじめるということは、鋳型として読むDNAも反対の鎖になるし、読む領域も構造遺伝子部分を逸脱します。プロモーターを逆に付け替えたら、機能しなくなるわけです。

C エンハンサー

真核生物では、プロモーターのさらに上流側に、遺伝子発現を上昇させたり抑制させたりする領域があるのが普通です。発現を上昇させる働きをもつ部分を**エンハンサー**、抑制する働きの領域を**サイレンサー**と呼びます。多くの遺伝子では、それぞれ複数あることが多い（図5-8）。それぞれの領域には、塩基配列にして10bpくらいのコア領域と呼ぶ特定の塩基配列が含まれます。これらの**調節領域**は、遺伝子の上流数キロbpという広範囲にわたって存在します。エンハンサーは、遺伝子の上流にある場合が多いのではありますが、イントロンの内部や、時には遺伝子の下流にある場合さえあります。そんな場所にあって、なぜ転写を調節できるのか不思議です。それだけでなく、エンハンサーやサイレンサーにはさらに不思議な性質があります。これらの領域は、**本来の塩基配列の向きを人工的に逆に付け替えてもちゃんと働きます**。それだけでなく、構造遺伝子から人工的に数千塩基も離しても働く。位置をずらして、イントロンの内部や遺伝子の下流に移しても有効に働く場合さえあります。これは、エンハンサーやサイレンサーの働きを考えるうえで重要な性質です。

エンハンサーやサイレンサーについても、この**配列を認識して結合するタンパク質があって、それが結合することで、プロモーターでのRNAポリメラーゼ結合に影響する**、という**模式図5-9**で説明することにします。このような**模式図**に従えば、遠くにあっても、逆方向にしても、位置を変えても有効に働く理由は一応理解できます。実際に、このようなことが起きているらしいことが証明されつつあります。これに比べるとバクテリアの場合はずっと単純に見える。

d 転写調節因子

具体的な遺伝子1つ1つの発現調節の詳細を知るためには、それぞれの遺伝子の調節領域にあるシスエレメントと、そこに結合する**トランスエレメント（転写調節因子、転写調節タンパク質）**についての具体的な研究を進めることが必要です。発現調節される1つの遺伝子には、多くの場合10〜30ものシスエレメントがあり、それぞれのシスエレメントには、多いときには10種類近い転写調節タンパク質が関係することがわかってきています。これらが複雑に働いて、個々の遺伝子に関して精密な調節、ファインチューニングをしているわけですね。細胞の種類によって、存在する転写調節タンパク質の種類や量が違う。特定の転写調節タンパク質が、どのようなタンパク質と複合体をつくる

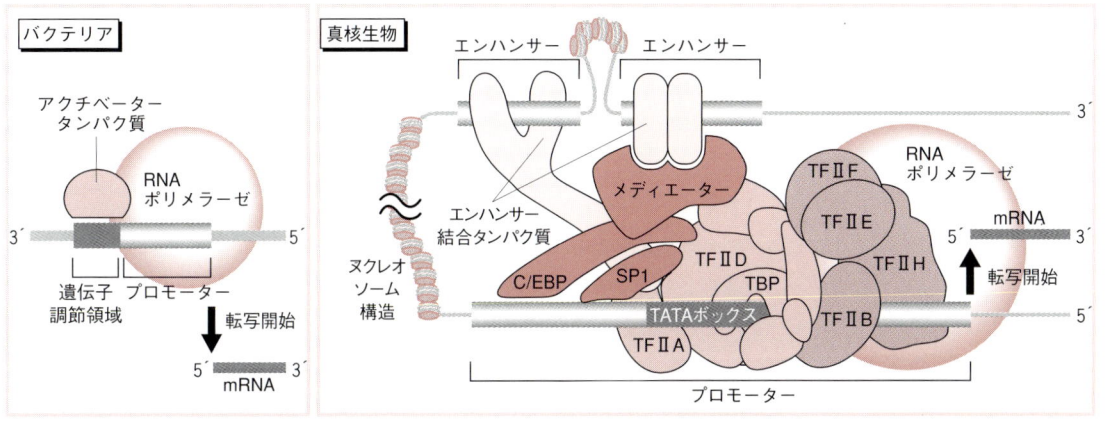

図5-9　プロモーターとエンハンサーの相互作用

かによって、結合するシスエレメントに違いが出る。1つの転写調節タンパク質でも、状況に応じて結合する相手のタンパク質が変わる。同じ転写調節タンパク質でも、どのアミノ酸がリン酸化されるかの違いで、結合するシスエレメントに違いが出る。こういった複雑で細かい調節が、細胞の種類や細胞の置かれた状況に応じた転写調節にかかわっているわけですね。

癌遺伝子として有名なfos、jun、mycは**転写調節因子**です。通常は増殖因子が来て、細胞内シグナル伝達が活性化されて、その結果としてこれらの転写調節因子が活性化されるわけですが、突然変異のためにたくさん生産されたり、はじめから活性化状態のタンパク質ができてしまうと、癌遺伝子として働いて細胞が勝手に増殖する原因になるわけです。

それから、体内にはいろいろなステロイドホルモンがありますが、**ステロイドホルモンの結合するタンパク質（受容体）は転写調節因子**で、ホルモンの結合によって活性化され、特定の遺伝子の転写を上昇させます。

e 転写が活性化される時ヌクレオソーム構造が緩む

発現調節領域の機能は裸のDNAなら考えやすいけれども、ヌクレオソーム構造をとっていたら難しそうだね。遺伝子が発現する時は、転写調節タンパク質とヒストンのアセチル化酵素が会合する例がしばしば見られます。一緒に働くということだね。**ある遺伝子を発現させようとする時、その遺伝子の発現にかかわる特有の調節タンパク質が、遺伝子の調節部位の塩基配列を認識して近づき結合する。**この時、ヒストンアセチル化酵素が一緒に働いてアセチル化すると、ヒストンとDNAの結合が非常に弱まる。ヌクレオソームが巻き付いたソレノイド構造が、糸とビーズの構造に弛む。ヌクレオソームのヒストンとDNAの結合も緩む。

実際、エンハンサーの役割はそう言うところにもあると考えられます。エンハンサーにまずエンハンサー認識タンパク質が結合する。そこへアセチル化酵素が結合して、周辺のヌクレオソーム構造をどんどん緩めて行く。それによって、プロモーターを含めた転写開始部位のDNAが露出するようになる（図5-10）。そう考えると、エンハンサーが向きが逆であろうが転写開始部位の前にあろうが後ろにあろうが、多少の違い

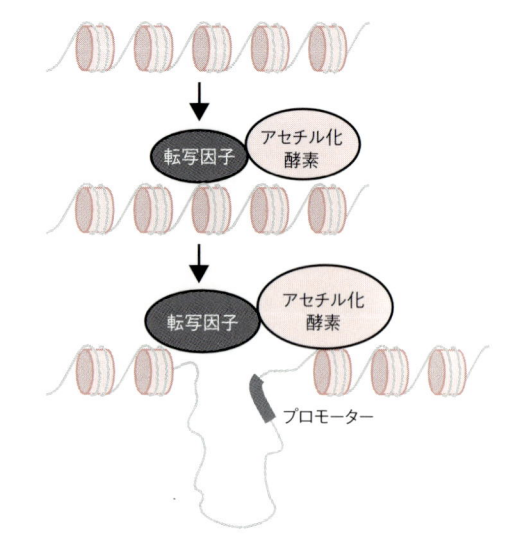

図5-10 転写因子がヌクレオソーム構造を緩める

は問題にならないことが理解できます。ただ、塩基配列は重要です。どのような認識タンパク質がそこに結合できるかの特異性を決めるからね。

DNAが露出したプロモーター部位へ、さらに転写を促進するさまざまなタンパク質がやって来て、特定の塩基配列を認識して結合する。そういう場ができると、やがてプロモーターにRNAポリメラーゼが結合して転写が始まる。すなわち、**ヌクレオソーム構造を緩める、あるいはDNAを裸にすることによって、転写活性化タンパク質やRNAポリメラーゼがDNAに接近することを容易にし、転写活性をあげることになります。**特定の遺伝子部分を狙い撃ちしてヒストンをアセチル化するファインチューニングのしくみだね。

ヒストンアセチル化酵素やヒストン脱アセチル化酵素に対する阻害剤が発見されたことも、このようなしくみがあることを明らかにする要因でした。実際、これらの阻害剤を細胞に与えると、いろいろな遺伝子の発現に影響が現れます。

f アセチル化だけではない

> ヒストンのファインチューニングはアセチル化だけなのですか？

アセチル化だけでなく、メチル化もされます。アミノ基がメチル化される。アセチル化の場合と効果はほ

ぼ同じだね。ヒストンの塩基性は低下する。メチル化酵素も、アセチル化酵素と同様に、エンハンサー認識タンパク質と結合する例が知られています。メチル化酵素は、H3ヒストンの何番目のリジンあるいはアルギニンをメチル化するかが決まっている、といった高度の特異性があるらしい。これによって、もっと高度なファインチューニングができるのかもしれない。ヒストンがリン酸化されたり脱リン酸化される場合もあります。リン酸化されればヒストンの塩基性が低下し、DNAとの結合が緩みます。特に、H3ヒストンのリン酸化は、転写活性を高めることがわかっています。この場合もアセチル化と同様に、どのように特定の遺伝子部分を狙い撃ちしてリン酸化あるいは脱リン酸化するか、というしくみを明らかにすることが重要です。

実際、転写の盛んなDNAの領域はDNaseに非常に感受性が高い、つまり切断されやすいことがわかっています。DNAが裸の状態に近いということだね。逆に、緩んでいたヌクレオソームにヒストン脱アセチル化、脱メチル化、脱リン酸化酵素が働くと、ヒストンは再び強い塩基性を取り戻し、DNAをきつく巻き付けて転写活性を下げることになります。これらのことは、ヒストンの修飾が、特定の遺伝子の発現を調節する発現調節タンパク質とともに働いて、遺伝子発現のファインチューニングに大きな役割を果たしていることを示しています。

9 核マトリックスと転写調節

前に、核マトリックスという核内の骨格構造があって、DNAを核内に規則的におさめる役割をしているだけでなく、DNA複製やRNA合成に関係するのではないか、という話をしました。核マトリックスに結合するDNAの塩基配列（MAR：matrix associating region）がわかっています。エンハンサー周辺にはしばしばMARがあります。この配列を除去すると、エンハンサー配列にタンパク質複合体が結合するところまでは変わらないのですが、エンハンサーによる転写の活性化が起きなくなる。すべてのエンハンサー周辺がそのような構造をもっているわけではないとしても、核マトリックスとの結合が転写調節に重要な役割を持つことへのヒントではあります。要するに、転写の調節というのは、細胞機能にとって非常に重要なことで

あり、さまざまな役者がそれぞれのやりかたで、発現すべき遺伝子が発現するための厳密な調節の役割を担っている、ということであろうと思います。

h 転写調節タンパク質はどうやって特定塩基配列を見つけるのか

転写調節タンパク質は、一般に量の多いタンパク質ではありません。核内に少ししかない。それが必要に応じて、特定の塩基配列を探してそこに結合するというのは、実に信じられないことです。核のなかのDNAは約6×10^9bpあって、その中から探すわけですよ。その中から、たった1ヶ所か数カ所の10塩基程度の特定塩基配列をどうやって捜せると思いますか。細胞に増殖因子を与えると、c-fosという遺伝子が活性化されて、c-fosのmRNA量は30分くらいでピークに達します。量が数分でピークに達するのは、転写活性化は増殖因子添加後、数分以内ですでに起きているからです。細胞膜から核への信号の伝達に必要な時間も考えると、転写活性化因子はほとんど瞬時に結合部位を探しているとしか考えられません。実験として試験管内でやっているような、DNAと大量の転写活性化タンパク質を含む水溶液なら、自由な衝突の結果、短時間で相手にぶつかるチャンスもあるでしょうが、核の中は、非常に濃厚なクロマチン糸がつまっていて、タンパク質の自由拡散は相当に妨げられているんです。何かきっとうまいしくみがあるに違いないのですが、現状では、これに対する答えを私は知りません。わからないことだらけだね。君たちの活躍の場はどっさり残っている。

i 転写因子はどのように塩基配列を認識できるのか

DNAの二重らせんモデルを見ていると、糖とリン酸が外側にあって、塩基対は内側に覆い隠されているという印象を持つ学生がいます。転写因子などのタンパク質が、どうやって内側の塩基配列を認識できるか不思議だ。もっとも『結合する』と教えられれば『そういうものか』と思うだけで、何の不思議も感じない学生も多いけど。実は、DNAの断面（輪切り）を見ると、塩基は外側から容易に近づくことができ、塩基の持つ基とアミノ酸側鎖とは、直接に相互作用しやすくできている（図5-11）。

たくさんの転写調節因子は、構造的に似たいくつかのグループに分類されます（表5-1）。で、helix-turn-helix型、leucine zipper型、zinc finger型などさまざまな因子が塩基配列を認識して結合できるのです（図5-12）。

遺伝子発現のシグナル伝達

さて、転写調節の一般論としてはこう言った概要です。

> 外からの刺激によって特定の遺伝子が発現する、というのも同じ原理なのですか？

例えば、あるホルモンが細胞にやってきた。その結果、ある遺伝子（群）の転写が活性化されて、特定のタンパク質が合成されるようになった、という説明にはこれだけでは不十分です。どのようにして、特定の遺伝子だけが活性化、あるいは抑制されるのか。

ホルモンやサイトカインが細胞にやってくると、多くの場合、細胞にある受容体に結合します。その結果、

表5-1 転写調節因子の構造モチーフ

モチーフ名	構造・機能・存在
ヘリックスターンヘリックス	3本のヘリックスをもち、3番目のヘリックスでDNAの主溝にはまり込む．ホメオドメインタンパク質など
ロイシンジッパー（b-Zip構造）	α-ヘリックス中、7残基に1回の割合でロイシンが出現し、2本のヘリックスがジッパー状に結合して二量体を形成する．塩基性領域でDNAに結合する．GCN4、C/EBP、CREB、c-Junなど
ヘリックスループヘリックス（bHLH）	ヘリックス部分は二量体形成に関与し、塩基性部分でDNAと結合する．MyoDやc-Mycなど
POUドメイン	Pit-1、Oct-2、unc-86に共通にみられるDNA結合ドメイン
Znフィンガー	CysやHisがZn原子をキレートして生ずるループによりDNAと結合する．Cys2-His2タイプ（TFⅢAやSp1）とCys 2- Cys 2タイプ（核内受容体ファミリー）がある
鞍型構造	分子内βシートを中心とする繰り返し構造をもち、TATAボックスに結合する．結合によりDNAを90°近く曲げる．TBPにみられる
HMGボックス	結合によりDNAを大きく曲げる．polⅠの転写因子UBFに6個繰り返してみられる

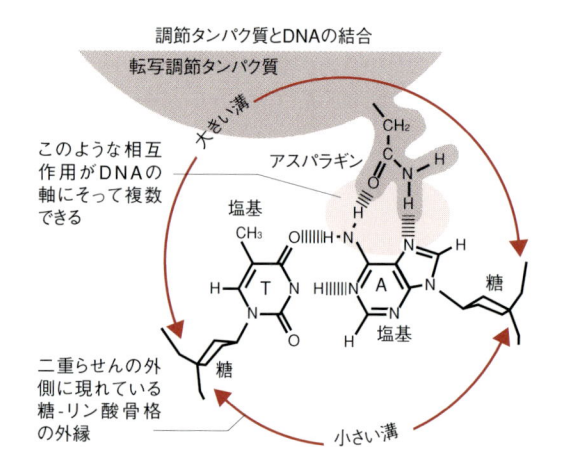

図5-11 転写調節タンパク質とDNA塩基との相互作用

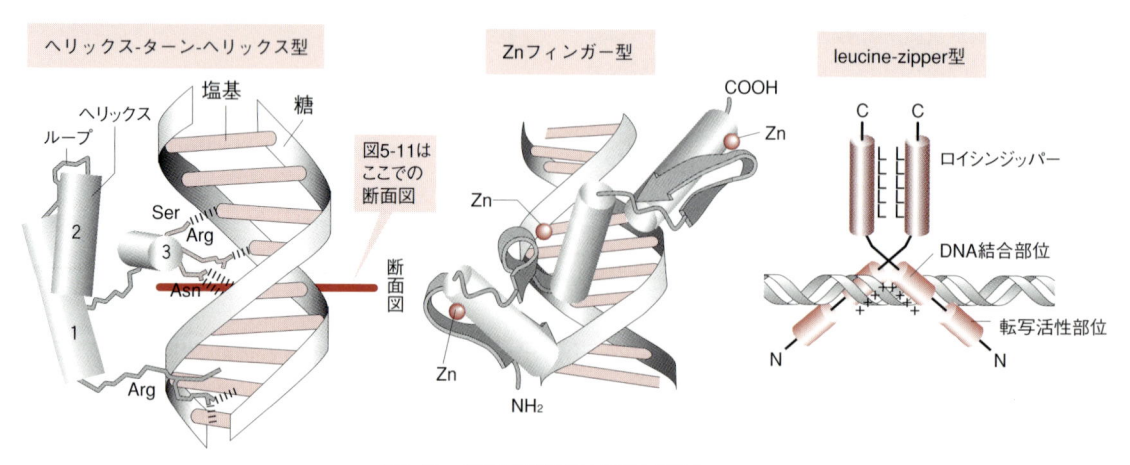

図5-12 転写調節因子とDNAの結合

受容体タンパク質の構造が変化して、受容体の細胞内部分にある酵素活性が上がったり、他のタンパク質と会合したりして、信号を細胞内に伝えます。このあたりは、シグナル伝達系の話として、詳しいことは別の講義でやるはずです。で、多くの場合、タンパク質リン酸化酵素が活性化されて、別のリン酸化酵素を活性化し、という**リン酸化のカスケード**が動きます。カスケードというのは、連続した小滝のことだね。反応が次々に起こって、いろいろなタンパク質がリン酸化される。で、やがて、特定の転写調節因子がリン酸化される。これが核内に移行して、特定のエンハンサーに結合して、特定の遺伝子が活性化される。やってくるホルモンやサイトカインの種類に応じて、あるいは同じサイトカインでも細胞の種類に応じて、異なったシグナル伝達系が働き、異なったカスケードが活性化され、結果として、異なる転写活性化タンパク質が活性化される。その結果、それぞれに特有の遺伝子の活性化が引き起こされるわけです。

このあたりのシグナル伝達系は現在研究が進行中のところで、実にたくさんの種類のタンパク質因子やリン酸化酵素がかかわっていることがすでにわかっているだけでなく、現在もなお新たに発見されています。**ステロイドホルモンの場合には、ホルモンが細胞内あるいは核内まではいって、受容体タンパク質に結合します。**これ自身がDNAに結合する転写因子であったり、あるいは転写因子を活性化したりします。

増殖因子が細胞にやってくると、今まで言ったようなシグナル伝達が細胞質で起き、やがて核ではc-fos、c-myc、c-junそのほか数十にも及ぶ遺伝子の発現が起きます。例にあげたこの3つの遺伝子はいずれも転写活性化因子の遺伝子なんですね。ですから、このタンパク質がつくられると、これらがさらに別の遺伝子を活性化する。そう言う連鎖反応が起き、タンパク質レベルでもいろいろな変化が起きて、増殖の準備を整えて行くわけです。

シグナル伝達もカスケードだったけれども、**遺伝子発現に関してもカスケードみたいな反応があって、細胞全体のなかみが、増殖開始・DNA合成開始へむかって進行するわけです。**当たり前だけれど、遺伝子発現だけわかれば、細胞の反応がわかるってわけじゃない。細胞内で何が起きるかはもっと複雑なんです。

6 転写後調節

ここまでは、mRNAの合成が開始されるまでの転写調節の話でした。遺伝子の発現が、タンパク質がつくられて働くことであるとすれば、**RNAが転写された後のさまざまな段階でも調節があり得ます。**スプライシングを含めたmRNAのプロセシング、核から細胞質への輸送、タンパク質合成レベルでの調節、タンパク質の修飾と活性化、分解速度など、実際にこれらが関係する例が知られていますが、すでにRNA合成やタンパク質合成のところでお話しました。

7 転写調節の実験系

転写調節について、いくつかの実験系をちょっと詳しく紹介しておきます。

a レポーターアッセイ

ある遺伝子の上流数kbpがクローニングできたとする。どうやってとるかはここでは省略して、とにかく取れて、塩基配列もわかったとする。このなかのエンハンサーやサイレンサー配列をどのように見つけるかはレポーターアッセイ（reporter assay）で調べます。上流配列をさまざまに切断して、これをレポーター遺伝子につないだDNAを何種類もつくる。これを適当な細胞に導入して、細胞内での発現を見る。強い発現をもたらすような配列部分には、エンハンサー配列が含まれる可能性がある。簡単に言えばそういうことです。

b レポーター

実験の話をするとつい長くなるんだけど、多少の説明は必要だね。レポーターというのは、発現を検出する遺伝子で、CAT遺伝子、ルシフェラーゼ遺伝子、GFP遺伝子などがある。CATはchloramphenicol acetyltransferaseで、抗生物質であるクロラムフェニコールをアセチル化するバクテリアの遺伝子です。CATを発現した細胞の抽出液に、^{14}Cで標識したクロラムフェニコールと酢酸を加えると、CATの発現量に応じてアセチル化されたクロラムフェニコールができる。これを薄層クロマトグラフィーで展開し、X線フィル

ムをあてでオートラジオグラフィーし、産物の量を測る。CAT assay とも言います。放射性基質を使ったりオートラジオグラフィーをとったり、面倒だし時間もかかる。

ルシフェラーゼは、ホタルのお尻を光らせる酵素だね。ルシフェラーゼ遺伝子を発現した細胞の抽出液に、ATP を加えて発光量を測ります。目で見てはわからないくらい弱い光ですから、感度のよい測定器で測る。

GFP は green fluorescence protein で、タンパク質自身が蛍光を発します。前の 2 つは細胞をすりつぶして、酵素液として測定しますが、GFP はタンパク質自身が発光するので、顕微鏡で細胞を観察するだけで結果がわかるという手軽さがあるだけでなく、どの細胞が光るかまでわかる。これは非常に大きな利点です。GFP はもともと発光クラゲからクローニングされた遺伝子です。現在ではこの遺伝子をさまざまに改良したものが利用されている。もとの遺伝子は海にいるクラゲに由来するので、できるタンパク質は、哺乳類細胞を培養する 37℃では不安定である。そこで、37℃でも安定であるように改良した。発光する波長が顕微鏡観察に不便なので、観察しやすい波長の光を出すように改良した。さらに、いろいろな色を出すような遺伝子に改良した。目的によって、タンパク質の分解が早い（遺伝子発現がとまるとすぐに消滅する）ものや遅いもの（遺伝子発現がとまっても長い間存在して光る）が使えるように改良した。GFP 遺伝子の塩基配列を変化させて、できるタンパク質の性質を変化させたわけです。このような遺伝子をレポーター遺伝子として使います。

c 上流領域をレポーターにつなげる

数 kbp にわたる上流調節領域の DNA を適当な制限酵素で切ります。制限酵素の説明はもう要らないね。全体の塩基配列がわかっていれば、上流の方から適当な大きさで切断できるような制限酵素を選択して切るわけだね。例えば、図5-13 のように切ることを計画します。

切った DNA は電気泳動して、目的サイズの DNA を取り出して精製する。レポーター遺伝子を組込んだベクター DNA をあらかじめ用意しておく。レポーター遺伝子の上流に、目的 DNA を組込む。つないだ DNA を大腸菌に導入して菌を増やし、それからプラスミド DNA を精製して、目的 DNA をとる。とれたものが、目的どおりの構築であるかどうかを確認する。

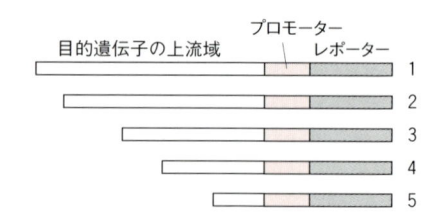

図5-13 さまざまな長さの上流転写調節領域を用意する

d 細胞に導入して発現を見る

以上は実験の準備です。で、これを適当な培養細胞に導入する。細胞に DNA を食わせて導入する方法をトランスフェクションといいます。いろいろな方法がありますが、要するに、できるだけたくさんの細胞に DNA を導入させる。全体の 1% くらいの細胞にしか導入されなかったら、結果が怪しいからね。

さて、導入した細胞を 2〜4 日培養して、導入した遺伝子がどの程度発現したかをみます。はじめに言ったように、この実験の目的は、ある遺伝子の上流部分のどこに発現を促進したり抑制したりする塩基配列があるかを調べるために、長さの違うさまざまな上流部分を含む DNA を調節領域として、レポーター遺伝子の発現を比較するわけだね。発現を比較するのは、レポーター遺伝子の産物であるタンパク質の量を測る。タンパク質の量をみる指標として、酵素活性や発光を測るわけです。

細胞をすりつぶして酵素活性を測る方法だと、活性が低い時にいくつかの可能性を区別できない。例えば、導入された細胞では高発現しているが、トランスフェクションの効率が悪くて一部の細胞でしか発現していないので、活性が低くみえるのか、あるいは、多くの細胞に導入されているが、それぞれの細胞での発現が低いために活性が低かったのか、わからない。前者なら、レポーター遺伝子は強く発現している、と結論すべきだし、後者なら、低い。各実験でトランスフェクションの効率を一定にすることはなかなか難しいので、別の方法で補正する必用があります。GFP をレポーター遺伝子に使った時は、発光量を定量することもでき

るし、個々の光る細胞を観察することもできる。細胞個々で観察できれば、前者なら一部の細胞が強く光るだろうし、後者なら多くの細胞が弱く光るだろう。

このような条件下では、導入したDNAは核まで到達してはいますが、細胞DNAに組込まれる以前の状態でレポーター遺伝子が転写され、タンパク質が合成されるのを観察していることになります。**一時的な発現(transient expression)** と言います。1週間もすれば導入したDNAのほとんどは消化され消失します。通常は、トランスフェクション後1〜3日くらいの間でタンパク質が一番蓄積することが多い。

e 結果をどう見る

例えば、こんな結果になったとします（図5-14）。1と2では発現が高いが、3では低い。4まで短くするとまた上がって、5ではうんと下がる。単純に考えると、1と2にあって3にないB領域にエンハンサーがある可能性がある。3にあって4にないC領域にサイレンサーの可能性がある。あらためて、サイレンサーを含む可能性ある部分だけを削ったDNAをつくってレポーター遺伝子につなぐと、発現が非常に上がる。エンハンサーを含む可能性ある部分だけをレポーター遺伝子につなぐと（プロモーターは付けておきますが）、発現が非常に上がる。簡単に言えば、と言っても実験としてはかなりの労力だけどね、こういうことを繰り返せば、調節部位の範囲をかなり狭めることができます。

ただ、発現調節というのは、何らかの刺激に対して特定の遺伝子が反応するわけですね。ですから、本当は、そのような刺激がきた時に反応する領域を探すことが重要なんです。例えば、ホルモンが来たときなどに反応して転写活性をあげる役割をもつのはどの領域か。その場合には、対象とするホルモンに反応する細胞にこれらのDNAを導入します。シグナル伝達系が働かない細胞ではアッセイできないからね。で、ホルモンで刺激した時としない時とを比べて、ホルモンで刺激した時に特にレポーター遺伝子の発現を高める領域を特定していきます。原理的には同じ事ですね。

f フットプリントアッセイ

転写調節領域が、数百bpのかなり狭い範囲に絞られたとします。それが確かに細胞内で働いているなら、その領域には、トランスエレメントのタンパク質因子が結合する部分があるはずです。ホルモンで刺激した細胞と刺激していない細胞とから、それぞれ核をとり、核から適当な条件（至適な条件がはじめからわかるはずはないが）でタンパク質を抽出します。これを、数百bpに狭められたDNA（末端を^{32}Pで標識しておく）とインキュベートし、DNaseで軽く処理します。タンパク質と結合した部分はDNaseで切断されませんが、結合していなかった部分はあちこちで切断されます。で、このDNAを電気泳動してオートラジオグラフィーをとると、DNAのラダーが得られますが、タンパク質と結合していた部分は、ラダーが出ません。**タンパク質が結合していた部分の足跡（フットプリント）**がわかるわけですね（footprint assay）。ホルモンで刺激した細胞の核抽出液にはこのような部分がみられるが、刺激しなかった細胞の核抽出液にはこのような部分が見られないとすれば、ホルモンで刺激した細胞の核には、DNAに結合するタンパク質が存在していたこと、そしてその結合していたDNA上の位置と塩基配列がわかるわけです。

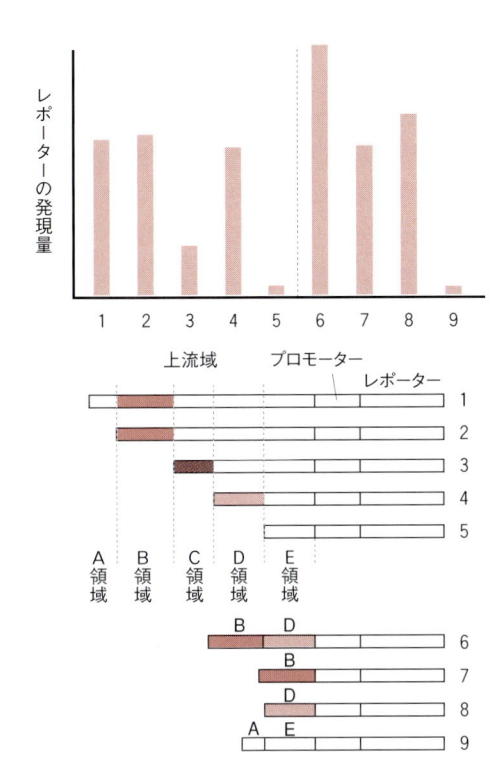

図5-14 レポーターアッセイの結果

9 ゲルシフトアッセイ

こうして、あるホルモンが細胞に働いた時に転写活性をあげるために働いている転写調節領域が、かなり狭い範囲の塩基配列に可能性が絞られたとします。それが確かに細胞内で働いているなら、その領域に**結合するタンパク質因子、トランスエレメントがあるはず**です。それを確認するのがゲルシフトアッセイ（gel shift assay）です。対象とする領域、すなわちシスエレメントの候補となる領域の二本鎖DNA配列を合成して、^{32}Pで放射性標識しておきます。ホルモンで刺激した細胞と刺激していない細胞とから、それぞれ核をとり、核からタンパク質を抽出します。^{32}Pで標識したDNAと、核抽出液をまぜて適当な条件（至適な条件がはじめからわかるはずはないが）でインキュベートして、そのあと、アガロースあるいはポリアクリルアミドゲルのなかで電気泳動します。^{32}P標識DNAの位置をオートラジオグラフィーで検出します。

典型的には、図5-15のような結果が出ます。

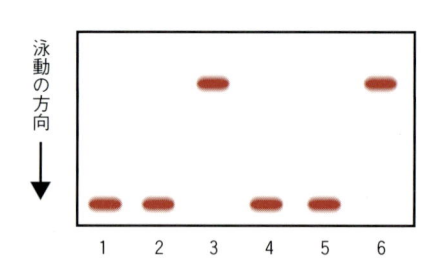

図5-15　ゲルシフトアッセイの結果

1は、DNAだけを流したコントロール。DNAのサイズは小さいので、先端の方まで移動する。これに対して3は、ホルモンを処理した細胞核の抽出液の中に結合タンパク質があって、DNAとタンパク質が複合体を形成し、これはDNA単独よりはるかに大きいために移動度が小さい。つまり、ゲル電気泳動上でDNAの移動度がシフトするので、**ゲルシフトアッセイ**あるいは**モビリティ（移動度）シフトアッセイ**といいます。実際にはこのほかに、2のように、ホルモンを与えなかった細胞の核にはこのような働きがないことを示すコントロールが必要です。他にも最低いくつかの対照実験が必要です。核抽出液あるいはDNAと混ぜた後でタンパク質分解酵素処理するとシフトが起きないことの証明（4）。インキュベーションの際に、対象とした塩基配列をもつ非標識DNAを加えていくと、ゲルシフトが見られなくなることの証明（5）。競合実験だね。DNAならなんでも結合するようなものでなく、塩基配列特異的に結合することを示す必要があるわけだね。同様の目的で、ランダムな配列をもつ非標識DNAをいくら加えても、ゲルシフトには影響がないことの証明（6）。このような実験が、思った通りに出れば、めざした塩基配列がある種のシスエレメントであり、これに結合して働くトランスエレメントがあるものと推測されます。

重要と思われる塩基配列に1つづつ変異を入れたDNAを合成してゲルシフトアッセイを行うと、タンパク質の結合が失われます。その塩基は、タンパク質の結合になくてはならない重要な塩基であることがわかります。こういう重要な部分は、通常10塩基前後の範囲です。

これはあくまでも出発点ですね。これで**DNAアフィニティークロマトグラフィー**によって、結合タンパク質を精製することが可能な場合もあります。シスエレメントとしては、ほかのシスエレメントとの機能的な相関関係を知らなければなりません。トランスエレメントについては、**どのようなタンパク質であるかを調べる**ことが第1ですが、このタンパク質は単独でDNAに結合するのか、ほかのタンパク質と会合して働くのか、さらに、増殖因子が細胞膜の受容体に結合してから、このトランスエレメントが活性化されてDNAに結合できるようになるまでの、細胞内シグナル伝達系はどのようなものかなど、明らかにすべきことがたくさん待っているわけです。

今日のまとめ

多細胞動物が多細胞動物として生きていくためには、持っている遺伝子を必要に応じて発現調節しなければならない。そのために、遺伝子自身の変化を含めて、マクロチューニングからファインチューニングまでさまざまなしくみで調節しています。ただ、ここでは総論的に述べただけで、具体的にある細胞にある刺激が来たとき、どのようなタンパク質とDNA領域が働いて、どの遺伝子を発現させるか、といった各論には触れませんでした。膨大な各論的研究が現在進行中です。

今日の講義は...
6日目 多様性を支える有性生殖

遺伝子の働きを調べる遺伝学という分野がありますが、真核生物では、遺伝的形質が有性生殖で子孫にどのように伝わるかを調べます。で、遺伝学をやる前に有性生殖について話をしておきます。

有性生殖というのは、異なった個体どうしの間で遺伝子を混ぜ合わせ、遺伝子の多様性を生み出すうえで重要な役割を持っています。動物の大部分は、体細胞が2倍体です。これは有性生殖の成立と深い関係があると私は思います。2倍体である個体があって、減数分裂によって1倍体の生殖細胞ができ、精子と卵子が受精して2倍体の子孫をつくる。今さら言うまでもない程のことですが、これが通常の感覚で言う有性生殖のあり方ですね。細かいことは後にまわして、有性生殖の重要なプロセスである『生殖細胞をつくる』というところから話を始めます。『生殖細胞の合体』から『発生』のプロセスも重要ではありますが、ここではやりません。基本的な体のつくりが2倍体である動物では、減数分裂が起きて1倍体の生殖細胞ができます。2倍体である動物は、とわざわざ断ったのは、植物界には、普通にみられる個体が1倍体であるケースもあるからです。これについても触れておくことにします。ここではまずヒトを含めた哺乳類の場合を念頭に紹介します。

1 哺乳類の有性生殖

a 生殖細胞と体細胞は初期に分かれる

生殖細胞を作る細胞は、発生の初期から、体細胞になる細胞とは区別された始原生殖細胞として丁寧に保存されるのが普通です。動物によって、例えば昆虫では、受精卵のどの領域が生殖細胞になるかが予め決まっていて、卵割が進んだ時、その位置に由来する細胞が始原生殖細胞になります。この場合には、受精卵の内部が初めから不均一なんだね。将来生殖細胞になるはずの場所には特別な物質が局在している。哺乳類では、受精卵は比較的均質で、卵割していった時にはじめて各細胞の間に不均一性が生じて、始原生殖細胞が後から決められます。

発生のごく初期、まだ着床前の胚盤胞と呼ばれる時期には、将来の胎盤になる胚体外細胞（トロフォブラスト）に囲まれて、将来の胚になる細胞は内部細胞塊（inner mass）として数十個の細胞が集合しています（図6-1）。これは桑実胚に相当する時期ですが、やがて胞胚に進みます。マウスの場合、受精後5日くらいすると胞胚期になりますが、将来の胚になる初期外胚葉（ectoderm）と、胎盤になる胚体外初期外胚葉（胚体外ectoderm）がさらに分化しています。胚になる細胞のうちで、胎盤になる細胞と接している部分の細胞だけが、始原生殖細胞（primodal germ cell）へ運命づけられます（図6-2）。これには、胎盤になる細胞から分泌される分化因子が働いて、始原生殖細胞への変化を促すからです。で、6日目くらいのはもう運命が決まる。これが10日目くらいまでに、別の場所でできつつある生殖隆起（genitai ridge）という将来の生殖器官へ向かって遊走し、そこにおさまる。生殖細胞系列の細胞には、そこでだけ発現するOct4のような遺伝子の群があることがわかってきました。生物の間で保存された構造を持った遺伝子です。これらは、生殖細胞と体細胞を機能的に分けている遺伝子群と考えられます。このあたりのプロセスで働く遺伝子とその機能に関する研究は、現在急速に進んでいるところです。

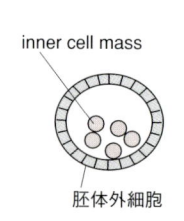

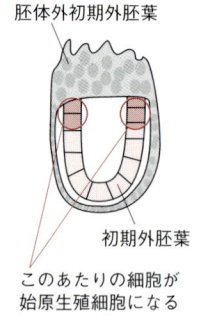

図6-1　胚盤胞

図6-2　胞胚

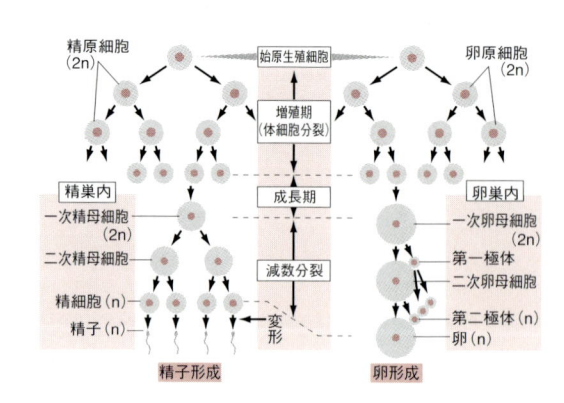

図6-3　動物の生殖細胞の形成

b 生殖細胞が運命づけられる過程での分化全能性とDNAメチル化の変化

　生殖細胞と体細胞が別れるあたりの出来事として重要なことを2つ言っておきます。1つは細胞の全能性についてです。胚盤胞のinner massの細胞は、胚性幹細胞（embryonic stem cell）であり、将来すべての細胞になる能力を持った全能性幹細胞（totipotent stem cell）である。これが、体細胞になる細胞と分かれて始原生殖細胞として運命づけられると、そのあと生殖細胞にしかなれない、という意味で、全能性を失う。いわば、単能性幹細胞（unipotent stem cell）になる。で、やがて成熟して減数分裂し、生殖細胞になる。生殖細胞は、その異常としての胚性癌細胞が発生することがあり、これはさまざまな細胞に分化することから、再び全能性を獲得している可能性がある。生殖細胞が受精卵になって発生を始めると、まともな全能性を獲得するわけだね。

　もう1つは、DNAのメチル化にかかわることです。前に、生殖細胞ができる過程でゲノムインプリンティング（genome imprinting）のやり直しが起きると言いました。具体的には、始原生殖細胞ができて生殖隆起へ向かって遊走するあたりで解消されます。実際、インプリンティングされていたDNAのメチル化が消失する。その後、減数分裂までの過程で再びインプリンティングされ直され、生殖細胞ができた時には卵子あるいは精子由来の染色体としての性質を取り戻します。つまり、卵子の染色体がおばあさん由来であるかおじいさん由来であるかのインプリンティングに関する性質は一度解消されて、あらためて母親由来である性質が卵子に植え付けられる。わかるかな。実は、体細胞におけるX染色体のLyonizationも同様の時期に解消します。不活性化されていたX染色体DNAのメチル化が消失するわけだね。ただ、再びLyonizationが起きるのは、もう少し発生が進んで始原生殖細胞と体細胞が分かれてからのことで、体細胞のなかでだけ起きます。

c 減数分裂で4つの配偶子をつくる

　成熟すると、始原生殖細胞からできた**精原細胞**あるいは**卵原細胞**は分裂を繰り返して、**精母細胞**あるいは**卵母細胞**を用意します。生殖系列の細胞ではあっても、ここまでは普通の体細胞分裂で増殖するわけです（図6-3）。

　精母細胞あるいは卵母細胞から生殖細胞ができるプロセスで減数分裂が起きます。普通の体細胞分裂では、2倍体細胞がDNAを複製して4倍体になり、これが細胞分裂して、2倍体の細胞が2つできるわけだね。

　減数分裂では、2倍体の精母細胞あるいは卵母細胞がDNAを複製して4倍体になります。ここまでは体細胞分裂と変わりません。この後、細胞分裂を2回続けて行います。分裂と分裂の間にDNA合成がありません。その結果、1倍体の生殖細胞が4つできます。これが減数分裂の特徴です。**精子の場合はこうして同等な生殖細胞が4つできるわけです。**

　　卵子でも同じことが起きているのですね？

　卵子の場合はちょっと違います。卵子というのは、子供が生まれるまでの栄養分を貯えているので、大き

いんです。哺乳類の場合には、後でお母さんから栄養をもらって大きくなりますから、そんなにたくさんの栄養分を貯えていないのですが、哺乳類以外では大きいね。栄養分をたくさん抱えている。ニワトリの卵の黄身は1つの卵子なんです。これを最初に知ったのは手塚治虫のマンガだった。彼は医学部出身なんだね。カエルの卵、魚の卵、昆虫の卵、みんな眼で見える程大きい。で、哺乳類の場合でも、**卵子の場合は1回目の分裂が不等分裂で、非常に小さい極体という細胞と、大きな第2次卵母細胞になります**。第2次卵母細胞は、もう一度不等分裂を行って二次極体を出して、卵細胞になります。ここで受精を待つ動物もありますし、2回目の分裂は受精直後に起きる動物もあります。ヒトの場合は、2回目の分裂の中期でとまっていて、ここで受精を待ちます。

d 染色体対合

通常の体細胞分裂では、DNAを複製して4倍体になった細胞は、分裂期に進むと2本の染色分体から成る染色体を構成します。ヒトでは23対、合計46本の染色体になるわけですが、それぞれの染色体は別々に赤道板に並びます。これに対して、減数分裂では、**DNAを複製して4倍体になった細胞は、1回目の分裂に際して相同染色体の対合が起きます**。2本の相同染色体が一緒に束ねられる、つまり、4本の染色分体が一緒に束ねられる。これは体細胞分裂では見られない、減数分裂に特徴的なことです（図6-4）。

通常の体細胞の場合でも、2本の染色分体が1つの染色体を形成するのは、その前のDNA複製の結果できる2本のDNA鎖（もちろん、それぞれが二本鎖ですが）がペアになるわけだから、まあ理解しやすい。しかし、2本の相同染色体が対合して4本の染色分体が束ねられるのは簡単とは思えない。なぜ、1番染色体と3番染色体が対合するような間違いが起きないのだろうか。細胞は苦もなくやっていますが、細胞になったつもりで仕組みを考えてみよう、と言われるとエライことだねえ。思い付かないだろう。私も知らない。

e 染色体対合とテロメアの役割

相同染色体の対合には、テロメアが大きな役割を果たしているらしい。**分裂酵母では、減数分裂をする前に、すべての染色体のテロメア部分が1個所に集められ、DNAはループになります**。それで、テロメア部分を先頭にして、細胞内を縦横無尽に走り回る。これを horse tail movement と言うんだそうです。馬がしっぽをばっさばっさと動かすのに似ていなくもない。番号の違う染色体は長さが違いますが、同じ番号の相同染色体は長さが同じです。テロメア部分を束ねて走り回るうちに、相同染色体はお互いに寄り添うようになるのはもっともな気がする。端を持ってばっさばっさ振れば、同じひもどうしは寄り添いそうだ。これが相同染色体の対合に大きな役割を果たしている。走り回るには、運動する器官というか仕掛けが要るに違いないんですが、どうなってるんだろうね。

テロメアと減数分裂の関係を示すもう1つの実験があります。テロメアを維持する遺伝子に変異を起こした酵母は、増殖を続けるとともにテロメアが短縮し、ついにテロメアを失った酵母は染色体の安定性が保てず、大部分は死滅します。ところが、ごく一部の細胞は、**それぞれの染色体DNAが末端どうしを結合させて環状DNAを形成し、増殖を継続できるようになります**。原核生物のような環状DNA、テロメアのないDNAを持って生き続けるわけです。真核生物が環状DNAを持っても、生存には特に支障がない。どうして真核生物は直鎖状DNAを持つのだ。意味のない偶然なのか。と

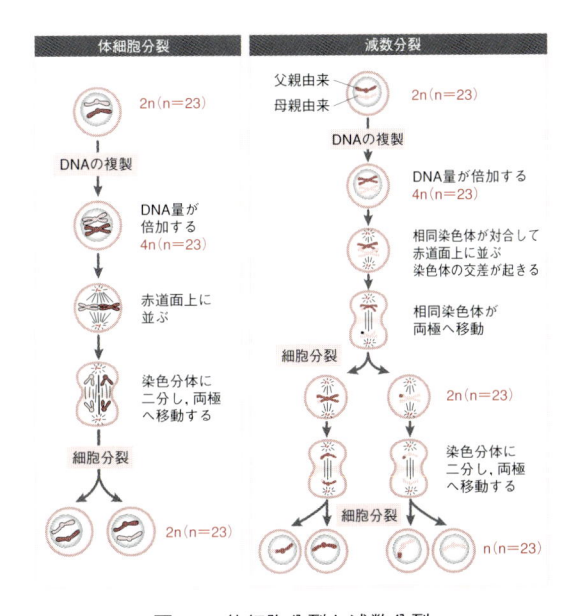

図6-4　体細胞分裂と減数分裂

ころがこの酵母は、有性生殖ができないことがわかった。減数分裂ができないからです。

テロメアは直鎖状の染色体を安定に維持するだけでなく、減数分裂という真核生物にとってきわめて重要な機能にも絡んでいる。真核生物、有性生殖、テロメアは三位一体としてある、のかもしれない。これは東京工業大学の石川冬木さんたちの発見で、発見されるまで予想もできなかったことです。原核生物と真核生物の多様化に対する決定的違いが有性生殖の有無にあるとすれば、その根源的な違いはDNAが環状か直鎖状かの違いにあったのかもしれない。すごい発見だねえ。

f 哺乳類細胞ではよくわかっていない

哺乳類でも、減数分裂の前段階では通常の細胞と異なって、テロメアがいくつかの集合体を作って核膜の内側に固定されるらしいことがわかっています。テロメアに結合して束ねる特殊なタンパク質があるらしい。ただ、分裂酵母以外の真核生物では、減数分裂の際にテロメアで束ねられたDNAが走り回ることはなく、テロメアが重要な役割を果たしていることを示す直接の証拠はありません。たくさんの染色体を持つ哺乳類細胞は、テロメアを失ったときに自らの末端を見つけて環状DNAになるチャンスはほとんどないので、死滅せざるをえない。環状DNAをもつ細胞が仮にできたとしても、減数分裂できるかどうかを検証することはできないだろう。というわけで、酵母以外の真核生物では減数分裂に果たすテロメアの役割はよくわかっていせん。

実際に染色体の対合が起き、その後染色分体が分離して細胞分裂が進行するためには、染色体どうしの対合にかかわる複数のタンパク質があり、分裂の進行とともにそれが外れる機構があることがわかってきています。このあたりは調べれば調べるほど精巧なもので、何気なく自然に進行しているように見えますが、プロセスの1ステップごとに進行状況が検証され、『check and go』方式のきめ細かい反応が進行しているのです。

g 母と父の遺伝子は似ているが同じではない

ところで、ヒトがヒトである以上、すべてのヒトがもつ遺伝子DNAには高い共通性があります。仮に、ヒトの染色体の一本について、端から端までどういう遺伝子が乗っているかをほかのヒトと比べたとすると、大きな違いはほとんど見られません。もちろん、一部のヒトでは、ある遺伝子部分が欠失や重複、あるいは転座などの大きな変化があることが遺伝病として知られていますが、全体の中では希なことです。

逆に、1塩基の違いによる多型（SNP：single nucleotide polymorphysm）まで考えれば、実は非常にたくさんの違いがあると現在考えられています。多めな推定では、各人の間で数十万〜数百万の1塩基の違いがある可能性があります。これらの違いの大部分は、タンパク質に読み取られない部分の配列ですが、タンパク質に読み取られる遺伝子部分にも相当あります。タンパク質の情報をもつエクソン部分に1塩基の違いがあったとき、どんな結果が考えられるか。同じアミノ酸の暗号である場合には、アミノ酸に変化がないわけですから、これはあまり影響がでませんね。でも、全然影響がないとは限らない。同じアミノ酸の暗号であっても、めったに使われない暗号である場合には、それに対するtRNAの量が少なかったりする。そうすると、そのタンパク質の合成量が不十分になり、表現型に影響が出る可能性は皆無ではないのです。アミノ酸の置換が起きる場合は、タンパク質の機能にほとんど影響がない場合から、大きな影響が出る場合までの幅があります。塩基置換がアミノ酸の暗号を終止暗号に変えた場合には、多くの場合、短いペプチドしかできないので、機能が失われることが多い。遺伝子発現の調節部位に塩基置換がある時には、発現調節に大きな影響が出る場合から、全く正常と変わらない場合まで大きな幅がありうる。スプライシングにかかわる塩基配列に置換があった場合も同様です。機能的に大きな影響が出る場合は多型とは言いませんが、これについては後で言います。

とにかく、母と父の遺伝子は大体は同じだが、細部では相当な違いがある。同じところも違うところも含めて、遺伝する。

h ひとりのヒトのもつ生殖細胞には、1千万近い染色体の組合せがある

全く同じ遺伝子を持つ人がいる確率はどれくらいなんですか？

減数分裂して生殖細胞ができた時、どのような染色体構成を持つか考えてみよう。染色体は、性染色体を含めて全部で23対あったね。普通の2倍体細胞では、母親に由来するDNAと父親に由来するDNAの2セットを持っているわけだけれども、生殖細胞は1倍体で、例えば1番染色体に相当するDNAは、母親譲りか父親譲りのどちらかの染色分体1本しか持っていないわけです。2番以下の染色体も同様。性染色体なら、X染色体かY染色体どちらかの染色分体のDNAしか持っていないわけです。で、1番染色体DNAについて母か父かの2つに1つ、2番染色体のDNAについても同様、と考えると、生殖細胞がもつDNAの組合せは、2の23乗、ということは約1千万近い可能性があるということです。で、卵子の方で約1千万、精子の方で約1千万という可能性の中からできる子供の遺伝子の組合せは、10^{14}近くになるわけだね。実にたくさんの遺伝子の組合せが可能なんです。人の遺伝子は大体は同じだが、細部では相当違う。もちろん、母親の遺伝子と父親の遺伝子も、大体は同じだが、細部では相当違うわけだったね。だから、兄弟姉妹がお互いに同じ遺伝子をもつ可能性なんて、まず絶対にない。一卵性双生児を除けばね。

染色体交叉によってもっとたくさんの組合せができる

減数分裂の際、相同染色体がお互いに束になります。例えば1番染色体の4本の染色分体が一緒に束ねられる。2番も同様に4本が束ねられる。体細胞分裂の時の染色体は、2本の染色分体が合わさっていますが、動原体のところはくっついていても他の部分は離れている。減数分裂の時は、4本の染色分体のほぼ全体がくっつきます。染色分体どうしの間をつなぐタンパク質がはしご状にならんで、相互を結合させている。これも体細胞とは違う点だね。もちろん、やがて染色分体が別れる時には、このタンパク質による結合が外れる。この過程では、タイミングを合わせたタンパク質のリン酸化、脱リン酸化がかかわっています。いかにして、このようなことが可能であるか、そのしくみは実に神秘的です。互いを束ねるタンパク質は、間違って他の染色分体を束ねるってことは起きない。

で、4本の染色分体が束ねられた時に、染色分体の間で組換えが高頻度で起きます。組換えは1回目の分

Column: おばあさんとおじいさんの遺伝子を平等に受け継いではいない

ここで問題ですが、あなたは、母方のおばあさん、おじいさんの遺伝子と、父方のおばあさん、おじいさんの遺伝子を、どのくらいの頻度で受け継いでいるんだろう。もちろん、単純にはそれぞれから4分の1ずつ、という可能性が高いと思うかも知れません。実際、お母さんの卵母細胞に入っている23対の染色体は、半分がおばあさん由来、半分がおじいさん由来なんですから。ただ、注意してもらいたいのは、染色分体がどのようにお母さんの生殖細胞に入るかを考えれば、極端な場合には全部おばあさんから来ていて、おじいさんの染色分体は含まれない卵子だってあるわけです。いいかい。あなたの遺伝子は、お母さんとお父さんからは2分の1ずつなんです。それは確かだ。でも、おじいさん、おばあさんからは4分の1とは限らないんです。

1番染色体だけを考えてみよう。お父さんの精母細胞がDNA合成して減数分裂に入る。1番染色体の4本の染色分体のうち2本はおじいさん由来、2本はおばあさん由来だ。で、細胞分裂を二回やって4つの精子ができる。このとき、1番染色体の4本の染色分体は1本ずつ4つの精子に振り分けられる。つまり、精子それぞれが、1番染色体について言えば、おじいさん由来あるいはおばあさん由来の染色分体1本だけを持っている。2番染色体以下ついても同様です。だから、極端な場合には、ある1匹の精子の持っている染色分体は、23本全部がおばあさんから来ている場合もあるってことです。卵子の場合も同様です。ここのところは、不思議な気がするかも知れませんが、わかるかな。だから、あるヒトが、母方のおじいさんに非常によく似ている、おばあさんの血を引いている、『隔世遺伝』だなんて言う言い方をよくしますが、これは理論的にもありうることなんだね。実際には、似ているとか似ていないとか言うのは、全体の形質の中の特定の形質に注目しているわけだから、実際の遺伝子の混ざり具合とは同じではないとしてもね。同意が得られて調べる気になれば、家族の血液をほんの一部採取して、血球からゲノムDNAをとり、遺伝子多型の様子を調べればわかると思います。

裂で起きます。実際に起きていることはDNAの組換えですが、**染色体の交叉**と呼びます。交差している形を**キアズマ**ともいいます。これは光学顕微鏡で観察できるため、ずいぶん古くから知られていた現象です（図6-5）。平均して染色体1本に1つくらいの組換えが起きると言われます。これは積極的にそうしている、と思えるくらいに高頻度です。母親由来の染色分体と父親由来の染色分体との間で組換えが起きる。

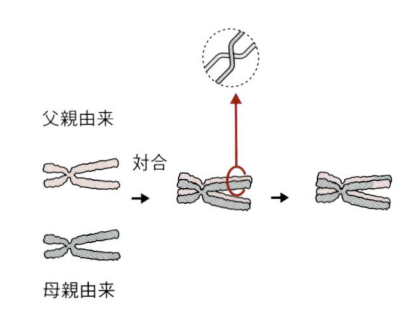

図6-5　染色体交叉

　組換えの際、裸のDNAどうしが組換えを起こすような模式図で表すことが多いんだけど、実際に起きていることは、DNAはヒストンに巻き付いてヌクレオソームを形成し、ヌクレオソームはさらにらせん状にコンパクトに凝集したクロマチンの糸になり、さらにそれが何段階か凝集して染色体を形成しているわけだね。その染色体どうしのDNAが互いに組換えを起こすわけだから、話は簡単ではないはずなんです。細かいことはわからないんだけどね。

　で、組換えの結果、1番染色体だけについても、母親由来の染色分体の部分と、父親由来の染色分体の部分からなる染色分体を持つものができる。**組換えられた染色分体のDNAをもつ生殖細胞ができる**。組換えが染色体のどこで起きるかはランダムですから、1番染色体の組換えだけでも無数の可能性を生みます。これは、2番染色体でも、3番染色体でも同様です。従って、**生殖細胞が、父母のどのようなDNAの組合せを持つかは、まさに天文学的数字の可能性があることになります。**

相同組換えというもの

　染色分体の間の組換えは、いつも正しい位置で起きるのだろうか。正しい位置というのは、相互の遺伝子の塩基配列の同じ位置という意味です。こういう組換えが『**相同組換え**』です。大腸菌では相同組換えがよく起きます。形質転換、形質導入、接合などで入ってきたDNAと、細胞DNAの間で相同組換えが起きます。真核生物のモデルとして使われる酵母でも、相同組換えがよく起きます。相同組換えが起きるのは、相同組換えに働く酵素があるからですね。減数分裂時に起きる染色分体間の組換えは相同組換えであると考えられています。お互いに塩基配列が同じところで組換わるわけです。

　相同組換えは、哺乳類の体細胞では滅多に起きない。哺乳類の体細胞では、外来のDNAを導入した時、細胞DNAのどこかに組込まれますが、大部分は『**非相同組換え**』で、ランダムにあちこちに挿入されてしまうのです。体細胞にはそういう酵素しかない、ということなのでしょう。体細胞での相同組換えは、組換え全体のせいぜい1万分の1程度のものです。

　相同組換えの機能が高いと、外来遺伝子によって、特定の細胞遺伝子を人工的に置き換えることが可能です。こういうのを**ターゲットされた組換え**とも言います。特に、ある遺伝子の中に余計な配列を入れて、その遺伝子の機能を破壊したDNAを作っておき、これを導入すると、相同組換えによって細胞遺伝子を破壊された遺伝子で置き換えることができます。特定の遺伝子に狙いを定めて遺伝子を破壊することを**ターゲットされた遺伝子破壊**と呼び、遺伝子の機能を調べる実験に用います。これは後でやります。

非相同組換えは起きないのか

> おかしな組換えをした染色体は全くできないのでしょうか？

　高度繰り返し配列があちこちにあるので、局所的に見れば同じ塩基配列部分での相同組換えなんだが、実はずれた場所で組換えられている、なんてことはありうることです。ずれかたによっては、どちらの染色体DNAもおかしくなるよね。一方では遺伝子が足りなくなり、他方では重複して持つことになる。あるいは、組換えの起きた場所で遺伝子が壊れる。こういう間違えがどのくらいの頻度で起きているのか、よくわかりません。ただ、遺伝子重複や遺伝子のファミリーが生まれたのは、生殖細胞におけるこのような組換えの結

果と考えられます。

　もし大きな異常が起きてしまったら、あまりにもおかしいDNAを持った生殖細胞は受精能力がなかったり、受精しても発生過程での流産によって排除されると思われます。このあたりの選別のしくみはよくわかっていないのですが、異常なものを排除するかなり厳密な機構があると考えられています。自然に起きる早期の流産は、自覚しない場合を含めてかなりの頻度であると推定されています。胎児がかなり大きくなってからの流産も、自然の排除のしくみの結果である可能性があります。自然流産が起きそうになれば、それをおさえる処置をしますが、自然流産をおさえることがすべてよいことかどうかには、専門家の間でも疑問があるんです。

多様な遺伝子の組合せは有効に働いているか

　ところで、これだけ膨大な生殖細胞の組合せは、子孫にどう反映されるのだろうか。ヒトの精子は1度に2億個とか3億個が放出されるそうですが、卵子はそうはいかないね。ヒトでは、一生の間に成熟する卵子は500個にも満たない。しかも、実際にできる子どもの数は、日本の場合、昔だって平均10人には満たないし、現在では2人にも満たない。遺伝子の多様なまぜ合わせをやっても、できる子供の数が少ないのでは、多様な子孫の実現にはならないんだよね。そうでしょ。ヒトに限らず、哺乳類はみんな子供の数が少ない。だから、私には、遺伝子レベルでの混ぜ合わせ、組合せについては膨大な多様性を用意しているにもかかわらず、実際につくりうる子孫の数、多様性の実現との間には、哺乳類では大きな矛盾というか、壮大な無駄があるように思えてならないんです。多様な生殖細胞を用意することは、現在の哺乳類では、個体を多様化させることに対しては、あまり有効に機能していないのではあるまいか。有性生殖の基本的なしくみはおそらく10億年以上も前に確立したわけです。現在の哺乳類にとって十分有効であろうとなかろうと、そういうシステムの歴史を背負って生きているということなんですね。哺乳類はこれを補うような他の工夫をしているんだろうか。

体細胞に減数分裂を起こせるか

　酵母では、2倍体と1倍体を行き来することができ、遺伝子の機能を解析するうえで非常に有効でした。生物界全体を見渡せば、植物界では、減数分裂してできた細胞がそのまま増殖して、1倍体細胞として生物の体をつくることは珍しいことではありません。1倍体の個体は動物では稀だけれども、例がないわけではない。培養している動物細胞は2倍体ですが、これに減数分裂を起こさせて、1倍体細胞として維持することは不可能なんだろうか。

　大学院生か助手だった頃、ある学会で植物の減数分裂をやっている先生と会場で雑談する機会がありました。自分の専門と直接の関係はありませんでしたが、その先生の発表がおもしろかったので、会場でつかまえて話を伺ったのです。雑談のなかで、細胞を培養していたらカビが生えたので、オートクレーブして捨ててしまった、と言う。培養中にカビなどが混入することをコンタミ（contamination）と言います。オートクレーブしてしまってから、顕微鏡で観察したことを思い出すと、不思議なことに細胞がいっせいに分裂していたように思えてならない。それも、普通の細胞分裂ではなく、染色体の数が少なくて、減数分裂だったとしか思えない。

　これはエライことをした。コンタミしたことではなく、コンタミはオートクレーブするという日常的な手順で無意識的に処理してしまったことです。もしかしたら、このカビが減数分裂を誘起する因子を出していたかもしれない。千載一遇のチャンスを逸したのではないか。で、何とかしてそのカビをもう一度捕まえようと試みて一年以上も散々色々な実験をやったし、細胞の培養法も工夫してみたが、どうしてもだめだった。よいカビが生えてくれなかったんだね。

　ま、本当に減数分裂だったのかどうかはわかりませんが、ありえないことではない、という気はする。減数分裂開始の引き金を引く遺伝子があっても不思議はないし、そう言う遺伝子を発現させる特殊な物質があるかもしれない。カビがちょうど減数分裂する時で、そう言う因子を培地に出していたのかもしれない。見つかったら大発見です。誰かやってみないかね。ま、今からやるなら、あるかどうかわからない宝探しをやみくもにやるより、減数分裂の機構を詳しく解析し、減数分裂開始の引き金を引く遺伝子に働きかける物質をみつける、というのがオーソドックスな

179

行き方だとは思います。画期的な方法を思い付いたヒトは、ぜひとも試してみる価値があると思います。

2 哺乳類以外の生殖

a 生物の生活環と世代交代

　生物の増え方というのは、生物のあり方の根幹をなす性質の1つです。とにかく、増えなければ進化の歴史を生き残れないわけだからね。分類上あるいは系統進化を考えるうえでも重要なことで、実にいろいろな工夫をこらしているんです。受精卵から発生、成長して、やがて生殖する。生物がこのような繰り返しをしている。この繰り返しを『生活環』と言います。繰り返しが環になっているわけだね。高等動物や高等植物を見ていると、有性生殖だけが個体を増やす方法であると思いがちですが、生物全体ではそうでもないのです。これに関して、有性生殖の起源、有性生殖の意義とともに、核相交代（単相世代と複相世代）と世代交代（有性世代と無性世代）などについて、系統的に追いながらちょっと説明しておきます。

b 植物の増え方の方が動物より複雑

　コンブやアサクサノリなどの藻類や、カビやキノコの類から、コケ、シダ、樹木や草花を含めた植物界には、動物界とは異なる単純な面と複雑な面の両方、動物界と比べて特殊性と共通性の両方を持っていて、紹介したいことはたくさんあります。一般に、体のつくりは植物のほうが単純で、動物のような組織や器官の発達は乏しいことは誰でも知っている。しかし、見方をかえると植物のほうが遥かに複雑なんです。意外に思うだろうけどね。これも『視点をかえれば違った結論が得られる』例です。

　　どうして複雑なのですか？

　何が複雑かというと、『生活環』が複雑なんです。生物の増え方を含めた一生のあり方は、生殖細胞まで考えると子々孫々サイクルになっている。植物は、生活環のある時期には『胞子をたくさん作って無性生殖的

に増え』たり、別の機会には『精子と卵子で有性生殖』したりする（図6-6）。無性世代と有性世代が交代するのを『世代交代』と言います。その結果として、胞子が発芽してできる植物の体は遺伝子を1セット（n）しか持っていないのに対して、有性生殖で受精してできる植物の体は、精子から来たものと卵子から来たもので遺伝子を2セット（2n）持っている。1セットしか遺伝子を持たない時期を『単相（n）世代』、2セットの遺伝子をもつ時期を『複相（2n）世代』と言って、こういう生活環を『核相交代』と言います。同じ植物が、無性・有性の両方の増え方をしたり、単相・複相の両方の体を作ったりするんです。『核相交代』と『世代交代』はしばしば一緒に起きるので、まとめて世代交代ということもあります。世代交代は、菌類、藻類、コケ、シダまで広くみられることなんです。重要なことは、植物によって、増え方のバリエーション、生活環のバリエーションが相当広いことです。

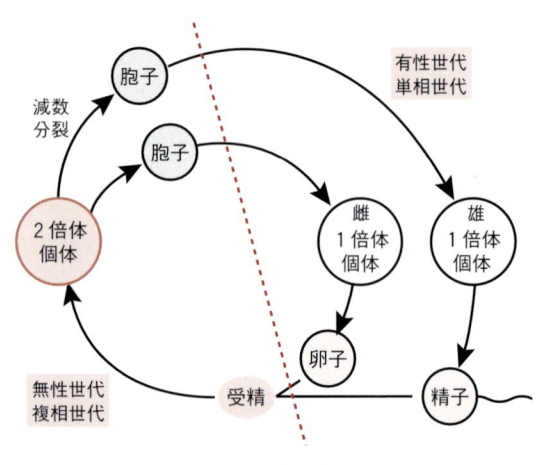

図6-6　世代交代

c 世代交代は植物の特徴

　実際、カビが胞子をまき散らすことはみんな知ってるよね。キノコの笠がひらいて、そこから胞子がこぼれ落ちるのを知っているヒトもいるでしょう。シダの葉の裏には胞子嚢が綺麗に並んでいる。こういう植物が胞子で増えることを知っていても、精子と卵子を作って有性生殖することは目に触れませんから、習わなければ知らなくても無理ありません。藻類や蘚苔類（コケの仲間）でも同様です。逆に、普段よく目にする

草花は、雄しべと雌しべがあって有性生殖することはよく知られています。ただ無性世代がないわけではなく、非常に短く小さくなっていると見なせる。こう考えると、藻類、菌類、蘚苔(コケ)類、羊歯(シダ)類から樹木や草花まで、核相交代し世代交代する生物群として、ほとんどすべての植物を1つのグループにすることは妥当に思われます。

これに対して動物は、原則として世代交代しないものとして1つのグループを構成する。動物と植物では、こういうところにも大きな違いがある。

d バクテリアの生殖

原核生物のバクテリアも藍藻も、原則的に無性的に分裂して増えます。大腸菌には雌雄があって、ときどき接合という生殖に似た行動を取りますが、接合をしなければ増殖できない、というわけではありません。ちょっと復習します。F因子(fertility factor)というプラスミドを持った大腸菌が雄で、プラスミド上の遺伝子によって性線毛という特殊な毛をつくり、F因子を持たない雌をつかまえる。接合すると雄のDNAは複製しながら、一本鎖のDNAを雌の方へ移動させる。DNAを送りだすほうが雄ということだね。そう定義されているらしい。いつも不思議に思うのですが、DNAを送りだすのはどういう駆動力を使ってるんだろうね。知りません。雄のDNAが全部移るには1時間かかりますが、必ずしも全部は移動できず、途中で接合が終わってしまうことも多い。複製しながら送りだすので、雄の方にもDNAが残ります。雌の方は、一本鎖のDNAが入ってくるので、相補鎖を合成します。で、部分的にせよ2倍体になります。で、雌の方では、雌のDNAと雄のDNAは組換えを起こして、雄から来たDNAの一部を持った雌のDNAをもつ菌になります。組換えで残った雄のDNAはやがて消化されます。大腸菌の復習に時間をとっていられない。

ポイントは、大腸菌にも雌雄の性があること、F因子をもつものが雄であること、接合によってDNAのまぜ合わせが起こりますが、接合しなければ増えられない、ということではありません。減数分裂もない。多くの高等動植物では、有性生殖することと個体を増やすことがほぼ不可分であることと比べて、大きな違いです。

e カビの類の生殖

カビというのは生物学的な分類名称でありません。子嚢菌について話します。酵母の場合、1倍体(単相)のままで増殖を続けることも、2倍体(複相)として増殖を続けることも可能です(図6-7)。1倍体の酵母が雌雄の間で接合すると2倍体の酵母になります。2倍体の酵母が減数分裂して1倍体の胞子4つをつくり、発芽すれば1倍体の酵母になります。これはこれで無性的に増殖する生活環をもちます。このような性質を利用して、遺伝学的な巧妙な実験をすることができます。変異を持った遺伝子と正常遺伝子をもった2倍体細胞で維持しておき、これを1倍体にして変異遺伝子だけを持った個体をとれば、直ちに変異表現型が現れる。**すべての植物に言える基本形は、胞子からできた細胞、それから生じる植物体に雄と雌があることです。**多細胞の場合には、雄では精子ができ、雌では卵子ができる。

同じ子嚢菌類であるアカパンカビは、はるかに複雑な生活環をもっています(図6-8)。減数分裂によって胞子ができ、まきちらされて発芽します。これが菌糸として延びていく。細胞が増えることで菌糸が伸びるわけだね。この菌糸のあちこちに、**分生子**あるいは**小胞子**という胞子ができて、これがまきちらされて発芽し、同じように菌糸を伸ばします。こうして無性的に

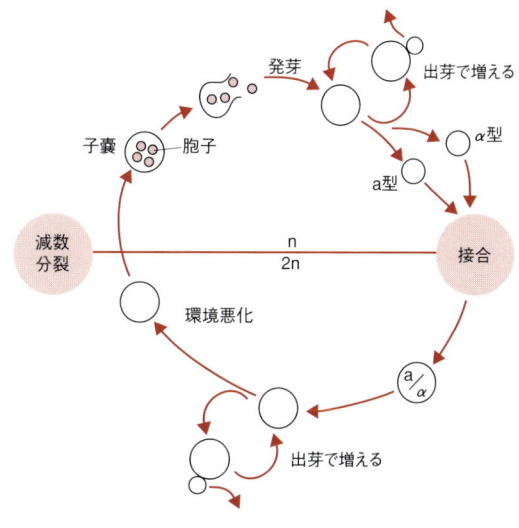

図6-7　酵母の生活環

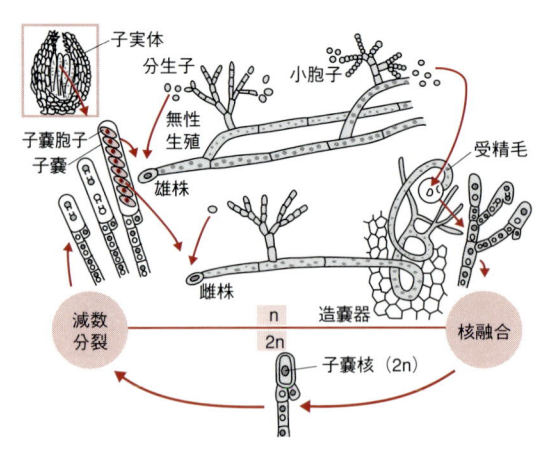

図6-8 アカパンカビ（子嚢菌）の生活環

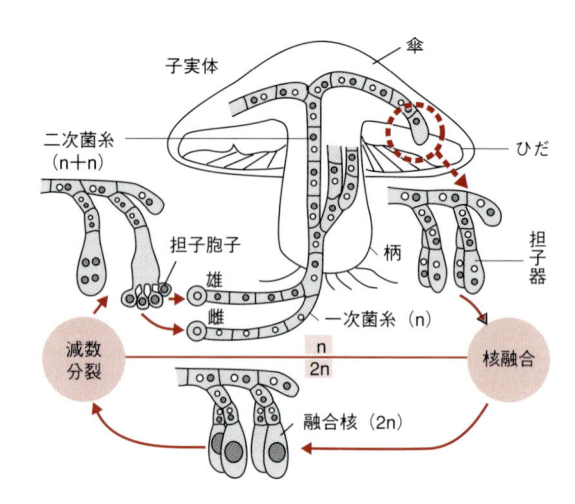

図6-9 マツタケの生活環

どんどん増えます。胞子も菌糸も単相体（n）だね。さっき、胞子には雄と雌があると言いましたが、雌の胞子からできた菌糸の一部で細胞が集まって卵巣のようなものを作り、そのなかに卵に相当する細胞を用意することがあります。ここに、雄の菌糸から出た胞子が来て受精すると、2核の細胞になり、菌糸を縦横に伸ばします。2核の細胞のままで増えて菌糸が伸びるんです。細胞としては2倍体みたいなものですが、核としては単相だ。こういうのも珍しいねえ。この菌糸の先の細胞で核融合が起きて2倍体の核をもつ細胞になり、これがすぐに減数分裂して胞子をつくり出します。従って、核が複相（2n）になるのは一生の間のほんの一瞬、減数分裂の直前だけなんだね。減数分裂するために2倍体になるようにさえ見える。

f キノコの類の生殖

キノコというのも生物学的な分類名称ではありません。主なものは担子菌類だね。マツタケやシイタケのような担子菌類は、傘の裏に胞子ができて、それがまき散らされて発芽すると、一次菌糸になります。細い糸のような菌糸だね。これが接合すると、細胞あたりに2つの核をもつ細胞になり、これが二次菌糸になって伸びます（図6-9）。二次菌糸が集合したものが子実体で、すなわちキノコになります。1つの細胞に核が2つあるけれども、ここまでの核はすべて単相なんだね。ふだん食べているキノコはそういうものなんです。で、キノコのひだの先端の細胞で核融合が起きると、2倍体の核ができます。これが減数分裂して胞子をつくる。2倍体（複相）の核はほんの一瞬しかできない。できた途端に減数分裂する。子嚢菌（アカパンカビ）と担子菌（マツタケ）はこういう点ではよく似ていることがわかります。動物ではこういうことはない。こういう生活環をもつことは、生きるうえでどういう意味があるんだろう、と生物学者は考える。

9 変形菌の類の生殖

変形菌は非常に不思議な生き物です。ムラサキホコリカビなど実験によく利用されるものもあります。小さなキノコのように見える子実体の頭に胞子嚢ができて、減数分裂して、単相（n）の胞子ができます。胞子が発芽すると、雄または雌の遊走子をつくり、接合して複相（2n）の接合子ができます。これはアメーバのように這い回り、増殖します（図6-10）。やがて、多数の接合子が融合して、共通の細胞質に数百、数千の核が浮遊した変形体になります。図に示したのは真性粘菌に属する例ですが、別の仲間の細胞性粘菌の例では、サイクリックAMPに対する走化性で細胞が集合します。サイクリックAMPは、ヒトを含めた高等動物細胞の細胞内情報伝達分子として有名ですし、大腸菌のラクトースオペロンの調節因子としても有名な物質だね。生物界に共通性の高い情報分子です。変形菌の種類にもよりますが、変形体の大きなものでは1メートルを

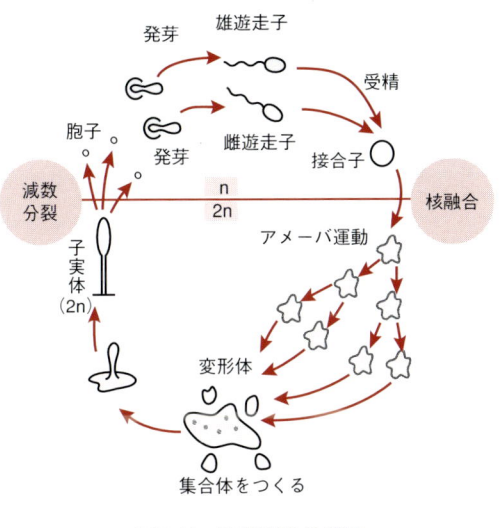

図6-10　変形菌の生活環

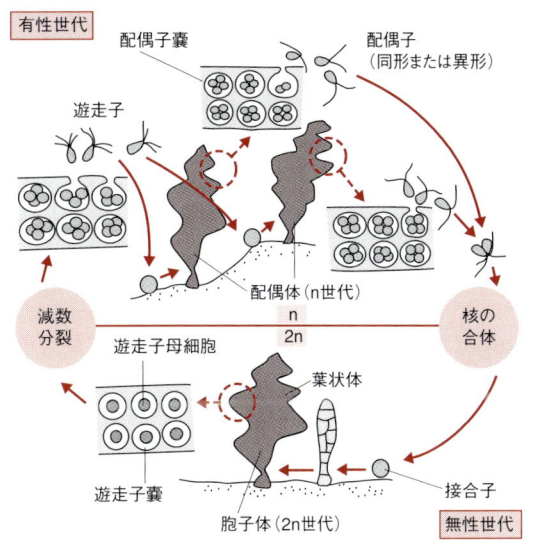

図6-11　アオサの生活環

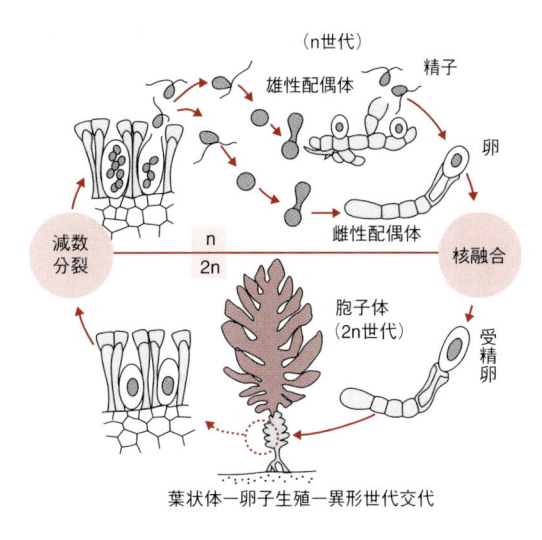

図6-12　ワカメの生活環（褐藻）

葉状体－卵子生殖－異形世代交代

超すものもあって、これが枯れ木や枯れ草の上を音もなく、非常にゆっくりとではありますが這い回るのは、なかなか壮観です。SF的です。ヒトが食われる心配はないし、ヒトが逃げられないほど早く動くわけではありませんから、恐くはないけどね。これが、あるとき急に動きを止めて、薄く広がっていた細胞体はどんどん集まって盛り上がり、ついにキノコのような子実体を作って、やがてその中に胞子嚢をつくるわけです。生活環の大部分は複相で、キノコの類と逆だね。

h　藻類の生殖

　藻類の場合、単相世代と複相世代がほとんど同じ形で、見たところ区別がつかないものがあります。緑藻類のアオサやアオノリがそうです（図6-11）。複相のアオサを胞子体といいますが、胞子体の周辺部に生殖母細胞ができて、減数分裂をして4つの遊走子をつくる。これは鞭毛を持っていて、海底の岩に付着して発芽し、単相のアオサになります。これを**配偶体**と言います。配偶体には雌雄がありますが、やがて周辺部に配偶子嚢ができて、ここに雄または雌の配偶子ができ、海中を遊走して接合し、また複相のアオサになります。**アオサには単相と複相の2種類がある**ってことだね。見た目に区別はつきませんが。

　褐藻類のワカメやコンブでは、生活環は基本的にア

オサと同様ですが、単相の配偶体が非常に小さくて見えません。普通にみられるものは複相体です（図6-12）。ワカメの味噌汁にせよコンブの佃煮にせよ、食べているのは複相の胞子体なんだね。紅藻類のアサクサノリはこれと完全に逆で、複相の胞子体は小さくて目立たず、食用にするのは単相の配偶体です。

i 蘚苔類の生殖

ゼニゴケ、スギゴケなどの蘚苔類は、みんな見たことあるだろうねえ。そのへんに生えているコケです。普通にみられる植物体は、単相の配偶体が多い（図6-13）。雄株と雌株があります。雄株には精子が、雌株には卵ができます。雨の日等に精子が卵まで泳いでいって受精すると、受精卵はその場で複相の胞子体をつくります。ただ、胞子体は小さいので、配偶体の一部にしか見えません。で、胞子体には胞子嚢ができて、胞子母細胞が減数分裂して、たくさんの胞子を作って周囲にまき散らします。胞子は発芽して、単相の配偶体すなわち普通のコケの植物体をつくります。目に見える普通の植物体は単相の配偶体、複相の胞子体は小さい。

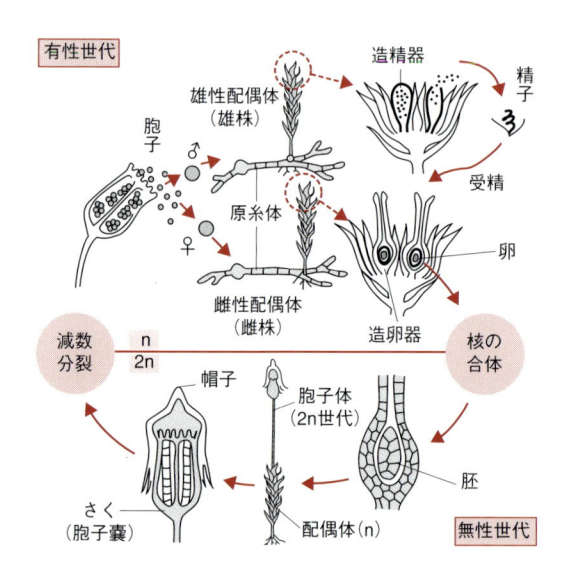

図6-13 コスギゴケの生活環

j 羊歯類の生殖

シダでは、普通にみえる植物体は、複相の胞子体です。ワラビやゼンマイを食べたことがあるよねえ。スギナも知ってるだろう。土筆（ツクシ）です。たいていのシダの葉の裏には、きれいに並んだ胞子嚢があります。これがなかなか美しいので、観葉植物になっているのもあるね。胞子嚢で胞子母細胞が減数分裂して、胞子を作って周囲にまき散らします。胞子が発芽すると、**前葉体**という単相の小さな葉のような体をつくる（図6-14）。ハート形をしています。中学や高校の参考書にも図があるんで、見たヒトは印象が残っていると思います。この前葉体に造精器と造卵器ができて、精子と卵をつくる。精子が泳いで卵に達すると受精し、

Column 想像してみて

ちょっと想像してもらいたいんですが、コケは小さいと言ったって、スギゴケの場合2〜3cmの高さはあって、小さな杉みたいなものです。でも、精子から見れば大木だ。このてっぺんで精子がつくられて、泳ぎ出す。もちろん、天気の日だったらたちまち干涸びてしまうから、雨の日をねらって飛び出すんだろうねえ。これが、雄の大木を泳ぎ下る。やがて地上を泳ぎながら、雌の大木を探すわけです。泳いでるうちに流されてしまうやつが多いだろうね。雌の木を見つけたらそこを必死に這い上がる。雨の日だったら、滝をよじ登るようなものだろう。大部分の精子は力尽きて、のたれ死にする。そんなにエネルギーの貯えがあるわけではないし、周辺には、累々と精子の屍が転がっているに違いないんです。夏草や…だね。運のいいやつは滅多に居ない。男は辛いよ。首尾よくてっぺんまでたどり着くことができれば、卵子と受精できる。

卵の方は動けないから精子が来るのをジッと待っているのかねえ。平安時代のお姫さまみたいなもんだ。男が訪ねてくるのをひたすら待っている。けど、ジッと待っているだけのように見えるのは見せ掛けだけです。卵自身あるいはその周辺の細胞、お姫さまおつきの侍女みたいなもんだね、これが精子を引き寄せる誘引物質を出して、男を、いや精子を誘う。涙を誘うような手紙を届けたりするようなものだね。待ち焦がれてますって。侍女だってお姫さまのために、手練手管とは言わないまでも必死に活躍するんです。ジッと待ってりゃいいってもんじゃない。で、精子はそれに引き寄せられて、運のよいやつが何とかたどりつく。運の悪いやつが引っ掛かるってこともあるかもしれないけど。

実際そう言うことが起きているんだよと知れば、地味なコケを見ても親しみが湧くだろうと思うんです。お前も結構苦労してるんなあ、ってね。地味な生き物にだって、その程度のドラマはあるんです。

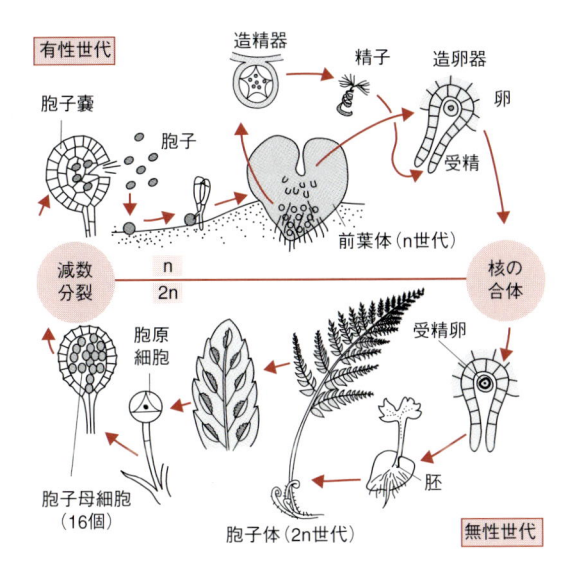

図6-14　イヌワラビの生活環

成長して複相の植物体になります。これが普通にみられるシダの植物体、胞子体ですね。単相の配偶体である前葉体は小さい。見えなくはないが目立たない。コケと逆なんです。

裸子植物綱の生殖

われわれの目に触れる大部分の植物は、裸子植物綱（マツやスギ）や被子植物綱（花の咲く植物）といった種（タネ）をつくる植物（種子植物門）でして、これは有性生殖してタネをつくります。植物体は複相の胞子体ということができます。で単相は生殖細胞だけのように見えます。事実上、単相世代をほとんど失っている。普段われわれの目に触れるほとんどの植物は種子植物ですから、植物はみんなそうである、だから動物と同じである、と思いがちです。

裸子植物は、イチョウ、ソテツ、マツ、スギなどの木だね。これらの植物は**雌雄異体**が多いね。それぞれの木に花が咲く（図6-15）。見たことはないかも知れませんが、花があるんです。雄では減数分裂して花粉ができます。花粉は単相で胞子に相当します。雌では胚嚢（胚乳）に卵ができます。胚嚢の細胞も卵も単相（n）で、あわせて雌の配偶体世代の植物に相当するわけだね。胞子は飛んでいって雌の花について、花粉管を伸ばします。スギの花粉が風で飛ぶのはいまや有名だね。春になると眼科と耳鼻科が儲かる。花粉管のなかで精子ができます。花粉そのものが精子になるのではなく、花粉が成長して花粉管をのばし、その中に精子をつくる。だから、小さいながらも花粉管は単相植物体の非常に簡単になったものと考えられます。花粉管や精細胞は、小さいけれども雄の配偶体に相当する。イチョウ、ソテツは泳ぐ精子ができますが、マツ、スギでは運動しない精細胞ができます。で、受精すると受精卵は発生を始めて小さな胚になります。ギンナンというのは、大部分の胚乳（これはn）と小さな胚（発生初期の植物体で2n）からなります。

Column　細胞内に細胞をつくる

図では小さくて見えにくいかもしれませんが、花粉管のなかに精子や精細胞があるのはオカシイよね。花粉管は、ひとつの細胞である花粉から伸びているんだから細胞のなかに別の細胞ができることになる。たしかに変だ。でもね、植物では下等・高等を問わず、こんなことはずいぶん見られるらしい。細胞の中に別の細胞が生まれるなんて、動物では滅多にないと思いますが、あってはならないことではない。おもしろいものだねえ。

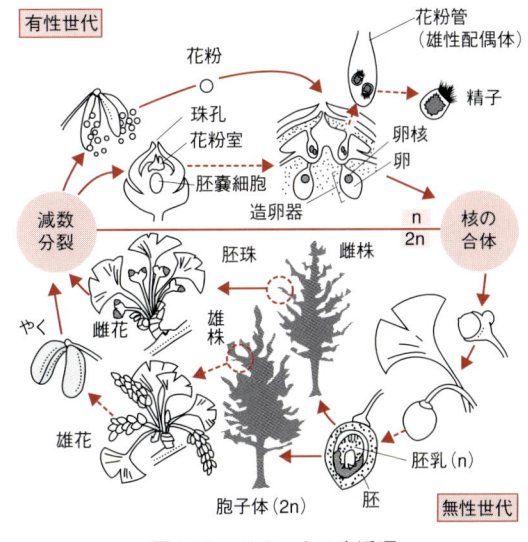

図6-15　イチョウの生活環

l 被子植物綱の生殖

　被子植物は花の咲く木や草花です。おしべの先で花粉ができる時に減数分裂し、4つの花粉（小胞子に相当する）ができます。花粉の核はnのままでもう1度分裂して、雄原核と花粉管核になります。これが雌しべの頭につくと花粉管を延ばします。トウモロコシのひげは花粉管であると聞いたことがあります。花粉管のなかの雄原核はさらに分裂して2つの精核になります。花粉管が延びて、そのなかに改めて精核を形成することは、胞子が発芽して前葉体ができ、そこに生殖細胞ができるという、世代交代の非常に退化したありさまと考えることができる。そう言う意味で、シダなどからの系統的な関連性は残っているんです。そして、2つの精核のうちの1つが卵と受精する。(図6-16)

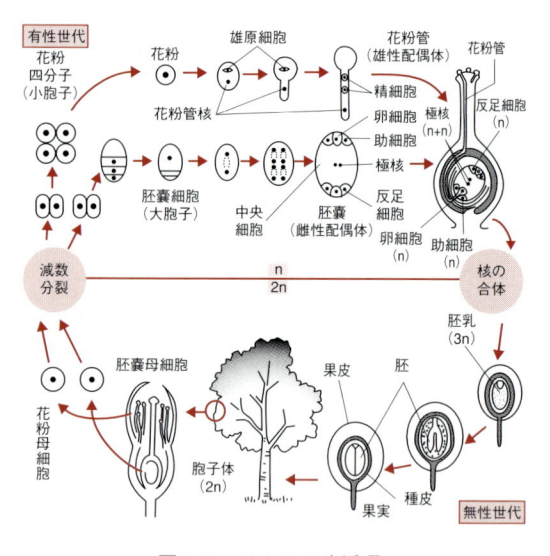

図6-16　サクラの生活環

　他方、めしべの根元では、減数分裂して4つの胚嚢細胞（大胞子に相当）ができますが、1つを残して3つは退化する。で、残った1つはnのままで3回分裂して、8つの核になります。その中の1つが卵細胞になり、2つの助細胞が卵に寄り添う。助細胞が、花粉管を伸ばす誘引物質を分泌することが最近発見された。お姫さまのために奔走する侍女の手紙だね。で、あと3つの細胞は反足細胞になり、残りの2つの核は極核といって、中央の大きな中央細胞に残ります。これらはみな1倍体の核を持っている細胞の集団で、集団としては小さいけれども配偶体に相当するわけで、シダの前葉体にあたると考えられる。小さいながらも単相の植物体なんだね。

　花粉管のなかに2つの精核ができ、このうちの1つが卵と受精しますが、もう1つはどうなるんだろう。これは中央細胞の2つの核と融合して、3倍体の胚乳細胞になります。受精が二重に起きるということで、**重複受精**と言います。3倍体の細胞は世の中で珍しいね。胚乳はタネの中にあって、胚が成長する時の栄養になる。もちろん、米や麦やトウモロコシの胚乳を食べることで、ヒトの栄養にもなるわけです。お酒やビールにもなる。裸子植物では重複受精が起きず、胚乳細胞は1倍体だったね。マツの実やギンナンは1倍体の胚乳、お米やトウモロコシは3倍体の胚乳を食べていることになる。今度食べる時は思い出して下さい。ま、知らなくたって困らないことだけど、植物も結構複雑でおもしろいだろう。

m 生活環についての動物と植物の大きな違い

　改めて整理しておきますが、植物界全体を通じて、**減数分裂は雌雄の生殖細胞をつくるのではなく、単相の遊走子をつくる**。鞭毛を持っているのは遊走子と呼びますが、鞭毛を持たず運動性がなければ、胞子と言います。胞子をつくるからだを**胞子体**と言うんです。胞子からできる体ではなく、胞子をつくる胞子体なんだね。要するに、減数分裂は胞子をつくる段階で起きるのであって、胞子（または遊走子）は発芽して、雌または雄の単相の個体をつくる。この個体は、雄または雌の配偶子をつくるので、**配偶体**と呼びます。配偶体は、減数分裂なしに精子や卵という配偶子をつくるんですね。複相の植物体から減数分裂で単相の胞子をつくって増えるのは無性的な増殖、単相の植物体から精子や卵ができて増えるのは有性的な増殖だね。減数分裂は、無性生殖で増える時に起きるわけです。『複相の胞子体は減数分裂して胞子をつくる』、『単相の配偶体は通常の分裂をして精子や卵をつくる』ことは、ほとんどすべての植物に共通なんです。菌類でもそうだったね。つまり、**単相世代と複相世代をくり返す『核相交代』と、無性生殖と有性生殖をくり返す『世代交代』があることは、『植物界・菌界を通して共通の性質』**なんです。子孫を増やすために、使える手

段を全部使っているように見える。

　これは動物とは非常に違う。動物はほとんどが複相体で、減数分裂して生殖細胞をつくる。**動物には『胞子に相当するところがなく』、『配偶体に相当するところもない』**んです。動物と植物で、なんでこれほど違うんですかね。動物では生活環がうんと省略されているんです。省略することが動物であることに必要なのか、動物にとってどういう意味があるのか、私は知りません。意味があるのか、偶然なのか、生物をやっているとしょっちゅう出くわす疑問です。発端は偶然であっても、それをうまく利用して、初めから目的を持ってそうしているかのように振る舞うこと、現状では意味があることは生き物にはよくみられることです。真核生物としては、動物になる細胞が基本形として先に成立して、植物になる細胞はその後で色素体の共存によって出現したとすれば、世代交代というしくみは、植物細胞が後から加えた工夫なのだろうか。植物特有の工夫だね。ただ、無性生殖のほうが原核生物時代からあった古いやり方で、そこに有性生殖が加わったとすれば、世代交代がある方が真核生物としては基本的な形で、動物はそれから無性世代を失ったと考える方が妥当であるように思います。

　いずれにしても、複雑化が高等であることなら、身体のつくりは植物のほうが単純だけれど、増え方に関しては動物のほうが単純であるわけで、増え方では多くの植物はヒトより高等だってことになる。植物と動物はどちらが複雑か、という漠然とした問は意味をなさない。何を比べるかで結論が違うからです。

生殖細胞のでき方についての植物と動物の大きな違い

　植物と動物の間には、生殖細胞の起源というか、できかたについて、大きな違いがあるように思います。動物では、**一般に発生の過程で将来生殖細胞になる細胞は丁寧に温存されて、体細胞とはハッキリ区別されている**。生殖細胞は生殖巣のなかに限定されて保存される。体細胞が途中から生殖細胞に変わるようなことはない。あるとしてもきわめて例外的です。

　これに対して、植物では、生殖細胞になる細胞は必要な時に体細胞からできるのが普通であるように見える。一生を通じて成長している成長点のような部分は、体細胞にも生殖細胞にも分化していない未分化な細胞であって、必要に応じて体細胞にも生殖細胞にもなる。それだけでなく、**植物の体細胞は全能性細胞としての機能がある**。いわゆる下等な植物だけでなく、被子植物でさえ、細胞1つ1つにして培養すると、うまくやれば1つの体細胞から植物体ができる。もちろん生殖細胞もできる。ニンジンやトマトの例は有名です。

　動物の体細胞と比べたとき、植物の体細胞は初期化しやすく、培養するだけで完全な初期化が起きる。植物の体細胞は、周囲の細胞があって、お前はこの役割であると指定されたときだけ分化した細胞として振る舞うのかもしれない。

　いずれにせよ、動物細胞より植物細胞のほうが、生殖細胞を生み出すことについてずっと柔軟であるように見えます。一部から全体を再生できるという性質と、体細胞から生殖細胞ができるという性質は不可分なのかもしれない。これは動物と植物の間でのきわめて大きな、基本的なありかたの違いであると思います。このような基本的な違いが、どのような遺伝子発現調節機構の違いに由来するのか、非常に興味あることです。そう思うでしょ。

植物の栄養生殖

　普段目にする植物には、栄養生殖による無性生殖のたくさんの例があるのは知ってるかな。竹や笹が地下茎をどんどん延ばして増える。竹やぶ1つが全部つながっている。地上の茎を延ばして次々に植物体を増やして行くのもありますね。オリヅルランとかイチゴもそうだね。オニユリでは、葉の付け根にむかごという体細胞の塊みたいなものができて、地上に落ちると根や茎が出て植物体になる。ジャガイモやサツマイモがイモで増える（図6-17）。茎と根の違いはあるけど。人工的には、挿し木や挿し葉で増やせる植物はたくさんあるよね。日本の夏ミカンのほとんどが、百年くらい前の先祖から、挿し木で増やしたものなんだって話を聞いたことがあります。こういう増え方は、遺伝子的に全く同一の個体を増やしているわけで、まさに『自然のクローン植物』なんだね。まあ、地質的年代から見れば無視できるほど短いとしても、他の個体との遺伝子の交雑をしないでも、相当の長期間、増え続けることができるわけです。

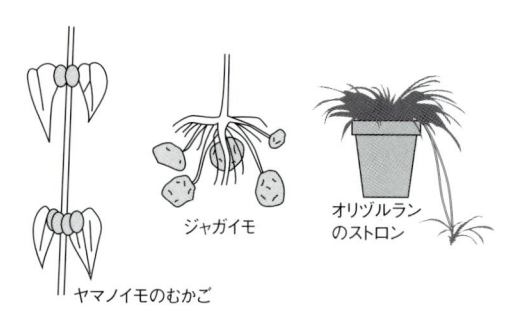

ヤマノイモのむかご　ジャガイモ　オリヅルランのストロン

図6-17

3 動物の無性生殖

a 動物の単相世代は生殖細胞だけ

植物に比べると、動物は全部まとめて生活環は単純です。有性生殖の世代しかなく、動物の身体は複相世代のものだけです。世代交代も核相交代もほとんど見られません。

> 動物には、無性生殖の世代を持つ世代は全くないのですか？

若干の例外はありますが、単相世代は生殖細胞だけです（図6-18）。実に多様性に乏しく、おもしろみに欠ける。増え方、という観点から動物界は全部互いによく似ているんで、まとめて一系統のグループにするのは納得できる。ただ、複相世代の中ではありますが、有性世代と無性世代を繰り返す世代交代の例はあります。動物が無性的に増える例を紹介します。

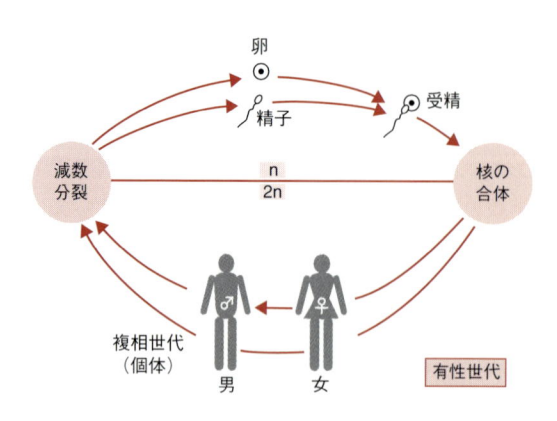

図6-18 動物では単相世代は生殖細胞だけ

b 栄養生殖

クラゲは普通に見る個体に生殖巣ができて、減数分裂して精子あるいは卵をつくる。精子が海中を泳いで受精すると、受精卵は岩などにくっついて成長し、触手のないイソギンチャクのような形の幼生をつくります。これをポリプと言います。ポプリじゃないよ。なんと、これにたくさんのくびれが横に入って、上から１つずつ外れる。無性的に個体が増える世代だね（図6-19）。これは１種の『栄養生殖』です。はずれたもの１つ１つがクラゲになって成長し、今度は有性的に増えるわけです。有性世代と無性世代の世代交代をする。

出芽も『栄養生殖』です。体細胞の集団として芽が出て、個体になる。植物じゃなくて動物の出芽だよ（図6-20）。海綿動物や腔腸動物の例は前にも話したけれども、扁形動物にもある。それだけではなく、なんと原索動物のホヤでもある。原索動物と言えば脊椎動物に一番近い親戚だから驚きます。動物全体を見渡せば、このような無性生殖は結構あるんです。

世代交代という現象のなかで、栄養生殖で無性的に増える段階では、できる子孫はすべて同じ遺伝子を持ったクローン生物ということができます。これは『自然のなかのクローン動物』だね。

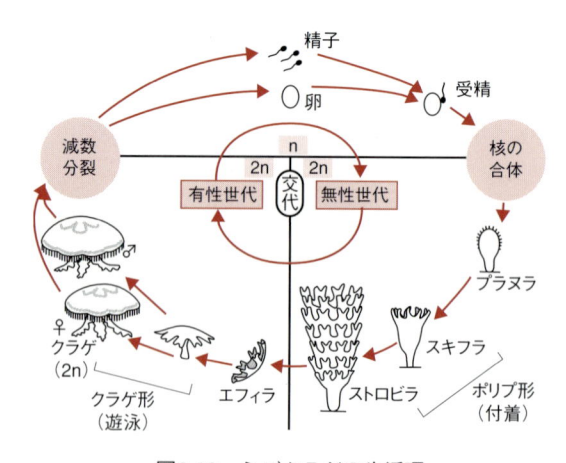

図6-19 ミズクラゲの生活環

図6-20 ヒドラの出芽

c 幹細胞というもの

出芽で新たな個体をつくれる動物は、体のなかに未分化な**全能性幹細胞**（totipotent stem cell）をたくさん持っているらしい。これは、細胞分裂し分化することによって、生殖細胞を含めたあらゆる細胞になる能力を持っている。受精卵から発生初期の細胞は、将来あらゆる種類の細胞になる能力を持つ全能性幹細胞です。これを**胚性幹細胞**（embryonic stem cell：ES細胞）と言います。ヒトでやるのは倫理的な問題がありますが、これを培養してさまざまな臓器をつくり出そうという研究が進められているのは知っているね。**再生医学、再生医療**と呼ばれる分野です。発生がだんだん進むにつれて、内胚葉や外胚葉といった分化が進み、さらにさまざまな組織や臓器を形成するようになり、将来どういう細胞になれるかの範囲がどんどん狭まってきます。つまり、多くの動物では発生とともに全能性幹細胞はなくなる。

全能性幹細胞は、多くの動物では発生初期をすぎるとなくなるんですが、出芽する動物や、プラナリアのように再生能力の大きな動物では大人になっても残っている。生殖細胞までつくれるんだね。これは動物界では稀な例です。脊椎動物のイモリだって四肢を切っても生えてくるって言うんだから再生力が旺盛だけれども、個体をまるごと再生したり生殖細胞までつくるわけではない。ヒトにだって生殖細胞以外に全能性幹細胞が1つも残っていないかどうかはわからないんですが、簡単にわかる程には存在しない。ところが、マウス骨髄にはES細胞同様の全能性幹細胞がある、という驚くべき報告が最近のNature誌に出ました。マウスにあるならヒトにもあって不思議はない。

d 単為生殖

アリマキは見たことあるよね。アリとアリマキの関係は聞いたことがあるだろう。アリマキは、環境がよいと雌だけしかできず、『**単為生殖**』でどんどん卵を産んで増えます。単為生殖というのは、雌の卵だけで発生して個体をつくることで、1倍体の個体が生まれそうですが、アリマキの場合は極体の核が残っていて核融合するので、結局、2倍体（複相）の子孫が生まれるんだね。生まれるのは雌です。環境がよければこれを繰り返す（図6-21）。環境が悪くなると雄ができて、有性生殖して増えるんだそうです。単為生殖と有性生殖の世代交代である。似たことは甲殻類のミジンコでも見られる。小さいけれどもエビ、カニの仲間だね。ふだんは単為生殖で雌の個体だけが生まれる。環境が悪くなると、雄を生んで有性生殖し、休眠のための胞子のようなものを生んで、環境が良くなるのを待つ。雄の役割はそれだけのものらしい。雄は髪結いの亭主どころか、普段は生んでさえもらえないというのは悲しい存在だね。節足動物間には結構見られる。ワムシも同様に2倍体で単為生殖する。

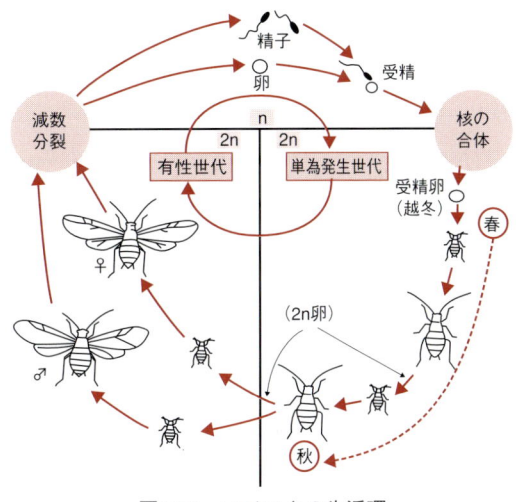

図6-21 アリマキの生活環

ミツバチの雄は、女王バチの未受精卵から『**単為生殖**』で生まれる『**1倍体**』です。単相の個体は、動物では非常に珍しいことです。この雄は減数分裂せずに精子をつくるわけで、植物ではよく見られましたが動物ではほとんど例がない。

ま、人工的に未受精卵から発生することは、下等動物だけでなく、魚類や両生類などの脊椎動物でも可能ですし、稀な間違えとしては自然界でも見られます。ただ、自然のなかでの通常の生活環のなかに単為生殖が含まれることは、動物では珍しい。

e 哺乳類では単為生殖は不可能

哺乳類では単為生殖は不可能と考えられます。それは、ゲノムインプリンティングのためです。常染色体上の遺伝子で、卵子由来の染色体でしか発現を許され

ない遺伝子、精子由来の染色体でしか発現を許されない数百の遺伝子がある。卵子についても精子についても同様です。つまり、卵子の染色体と精子の染色体がいっしょにならない限り、必要な発現遺伝子が不足するわけです。卵子と極体あるいは精子同士で2倍体細胞になったとしても、必要な発現遺伝子が不足していてはまともに発生することができない。

特に、ヒトでは雌性単為生殖で発生した胚は胎盤を作ることができないと考えられ、聖母マリアさんは、ヨハネのお母さんとともに、ご亭主をだましたしっかり者（？）に違いないというのが生物学の常識です。

f 幼生生殖

カンテツ（いわゆる肝臓ジストマ）が、生活環のなかで何回か『幼生生殖』をやってどんどん個体数を増やすという話を高校で聞いたときは、何という気持ちの悪い、なんてやなヤツなんだろうと思ったね（図6-22）。卵から孵ったミラキジウムという幼生（まあ、幼虫ですね）の段階で、ヒメモノアラガイのような中間宿主に寄生するわけですが、幼生生殖は、幼生の体内にたくさんの幼生（次世代というのかな）をつくり出すんです。無性的に増える。それが親（まだ幼生なんだけど）の体壁を破って出てくると、そいつがまた体内に次の幼生（孫世代）をつくる、ということを繰り返す。まあ残酷というか気持ち悪い事をやってどんどん増えるんで、こういうのに寄生された宿主は災難というほかはないよね。信じられるかい。個としての生活はないに等しく、子孫を増やすことに徹し切っているわけだ。やがてセルカリアという幼生になると中間宿主から出てきて、これが最終の宿主（例えばウシ）に寄生し、そこで親になって、有性生殖する。子どもを生む幼生はみんな2倍体です。『幼生生殖』で何段階も無性的に増えるが、最終的におとなになると有性生殖で増えるという世代交代だね。これも、カンテツが生き残りをかけた工夫の1つには違いありません。宿主はシュクシュと読みます。英語ではホスト、雌の宿主でもホステスとは言いません。

動物の場合にはいずれの世代交代も、ほとんどの場合、単相は生殖細胞だけで、それ以外は複相だね。動物全体を通じて、核相交代は稀にしか見られないんです。複相のなかで世代交代がある。しかし、動物では世代交代も例外的なものといえます。

4 2倍体、核相交代 そして有性生殖の意味

a 2倍体の意味

生物の示す性質に関して、いつも意義とか合目的性とか生きるうえでの有利さを考えるのは行き過ぎかもしれない。深い意味はないよ、と言われるかもしれない。しかし、ある性質の成り立ちは偶然そういう性質を背負ってしまって、その後そのように生きていますってことかも知れませんが、それが何千万年、何億年と継続した歴史を持っているとすれば、生存における意義はあるはずだと思うんです。

で、ほとんどの動物は2倍体である。体細胞が2倍体であることの意義。それは、『新しい試みをした遺伝子の保存』、『おかしな遺伝子の保存』と、その結果としての『生物の多様化』に果たす役割だと思います。2倍体の個体では、1セットの遺伝子がおかしくなっても、もう1セットの遺伝子が正常なら、大体正常な機能を持った正常表現型になります。つまり、おかしな遺伝子があっても、『直ちに排除されることなく集団の中でその遺伝子を温存』することができます。それは、長期的には新しい遺伝子を生み出し、多様化を生み出す原動力になる可能性を持っている。実際、多くの遺伝病の原因遺伝子は劣性形質なので、表現型とし

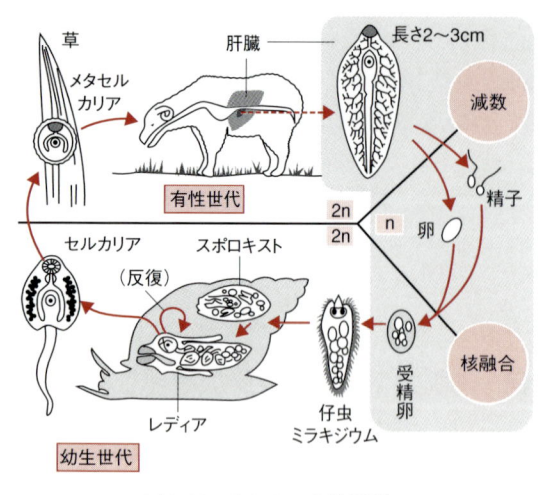

図6-22 カンテツの生活環

ては隠されていて、ヒトという集団の中で温存される。遺伝病の遺伝子が将来プラスに働く可能性は少ないけれども、病気として現れないような遺伝子変異はプラスに働くかもしれない。

　取りあえずは何の役にもたない遺伝子をたくさん抱えるうちに、たまたま1つの遺伝子が変化して機能をもつようになると、いずれは有益な機能が発揮できるようになる可能性がある。例えばね、遺伝子のホモロジーだけから探すと、細胞膜表面にある受容体タンパク質と似た遺伝子ファミリーがたくさんある。これらが実際に受容体として働いているのか、そこに結合するリガンドは何か、わかっていないものが多いんです。リガンドというのは、受容体に結合するホルモン、サイトカイン、増殖因子などの生理活性物質のことです。リガンドがあっても、受容体がなければリガンドは働けない。ちょっとした変異で、機能がないままに温存されていた偽受容体が、受容体として働けるようになったら、今までリガンドとして働いていなかった分子が新しい受容体に結合し、新しい受容体の下流で、既存のタンパク質が新しい組合せで新しいシグナル伝達系として働ける。このような、シグナル伝達経路のプロセスを埋める1つの新しい遺伝子が出現することで、新しい機能が生まれる可能性があるわけです。

b 核相交代の意味

　植物には、1倍体の世代が長いものがずいぶんありました。2倍体は、減数分裂前のホンの一瞬しか形成されないものまであった。1倍体の個体は、ある遺伝子がおかしくなれば、それが直ちに表現型として現れ、多くの場合、生存に不利になります。おかしな遺伝子を持った個体は、一般に生きるに不利で排除されやすいので、集団からおかしな遺伝子が排除されやすいことになります。すなわち、**遺伝子をなるべくもとのままに保とうとする圧力として働く**。生活環のなかで1倍体世代を経る場合、そのたびに『正しい遺伝子構成が検証される』ことになります。検証されて、集団からおかしな遺伝子を持つ個体が排除されるわけです。具合の悪い遺伝子を残さないという観点では、集団の遺伝子を健全に保つことで短期的には有利に働くだろうが、長期的には、多様化を生み出さない方向への圧力になります。だから、生活環のなかで核相交代をして1倍体世代を経由する生物は、なかなか多様化しにくい可能性があるのではないかと思われます。原核生物と似ている。それでも長い間には変化もするし、多様化もするでしょうが、1倍体の個体を経ない場合に比べれば、変わりがたいんだろうねえ。長期的には、植物は余り大きな多様性を発揮することができず、動物は多様に展開することができたという差になって現れているのかもしれない。

c 世代交代の意味

> 細胞あるいは個体が増える、子孫を残すことだけを考えたら、有性生殖より無性生殖のほうが圧倒的に有利だと思えますが？

　そのとおりだね。個体を増やすには無性生殖の方が圧倒的に有利です。有性生殖は、どうしても相手を見つけなければならないからね。相手が見つからなきゃ子孫を残せない。君たちだってそうでしょ。結婚しなくても子どもはつくれるけど、とにかく相手が居なきゃつくれない。個体レベルでもそうだし、生殖細胞レベルでもそうです。生物の特徴の1つは子孫をつくることである、と定義するなら、一匹の大腸菌は生物であるが『一匹のウサギは生物ではない』という意見もある。一匹のウサギでは子孫を残せないからね。もちろんウサギに限らない。多くの子孫を残すことが進化のうえで生き残る必要条件であるなら、無性生殖が断然有利である。ただ、それだと遺伝的に均一な個体ばかりになって、環境が変化したときに全滅する恐れがある。だから、環境が悪くなると、他の個体との間での有性生殖をして多様な子孫をつくる。2倍体の無性世代と有性世代を使いわける世代交代はうまいやり方だと思うんです。アリマキの例はまさにそうだね。でも動物界に広く普及していないのはなぜだろう。

d 有性生殖の意味

　有性生殖のもつ大きな利点は、異なった個体どうしの間で、遺伝子の混ざりあいをさせ、遺伝子構成の多様化をはかることである、とよく言われます。これが真核生物を多様化させる大きな要因であった。ここでもそのように紹介してきました。多様化が生物にとっ

て有利に働くとしても、主には進化という長い時間の上でのことです。少し短期的にも、環境変化とか、病原菌からの侵襲などへの対応として、多様であることは有利です。ただ、それはあくまで集団としての有利さであって、個々の生物が生きる期間内で有利であるわけではない。

もう1つの観点は、**有性生殖、特に減数分裂における組換えは、遺伝子の異常な部分を捨てて、よい部分だけを残した個体を作って残す意味がある**、とも言われます。相同染色体のうえに、1つずつ具合の悪い遺伝子を持っていたとする。これが組換えを起こして、1つの染色分体は具合の悪い遺伝子が2つともあり、もう1つの染色分体は具合の悪い遺伝子がゼロになるようにして、悪いところを2つ持った生殖細胞は排除する。そういううまいことが起きれば、確かに生きるうえで具合の悪い遺伝子を排除できる。そういう目的のために減数分裂をするとは思えませんが、結果としてそういう効果があることは否定できない。

e 遺伝子のまぜ合わせを有効にするために

ただ、有性生殖の有利さについて、小さな集団内での交配を続けるのでは目的を達しない。小さな集団では、遺伝子が均質化し多様性を生み出せなくなる。似た遺伝子を持つ者どうしでの交配では、遺伝子の混ざりによる多様化も、具合の悪い遺伝子の排除も期待できない。実際、小さな集落で比較的近親結婚を繰り返した集団中には、特定の遺伝病の遺伝子が蓄積し、発症する頻度が高いことはよく知られています。

むしろ、近い集団の内部での交配をさける、というしくみのほうが必要なのではないか。群れをなして暮らす哺乳類のかなりの例で、若い雄は群れを離れて他の集団の雌と交配することを強いられる。野生のウマとかサルでもそうらしい。ヒトでも、近親間での結婚はずいぶん古くから禁止されていることが多く、それは具合が悪いという経験的な背景に倫理的な意味づけを与えているんだと思います。サルの時代からの経験とまでは言えるかどうかわかりませんが。

5 あらためて性というもの

a 性の決定

ヒトの場合には染色体型はXYで、雌はXX、雄はXYだったね。哺乳類では大体共通なんですが、Y染色体上に性決定遺伝子があって、それが雄であることを決めます。Y染色体上のSryという遺伝子が働くことで生殖原基を精巣に分化させ、男性ホルモンであるテストステロンを分泌して全身の組織の雄性化を導きます。XXYやXXXYが男性になることも理解できるね。Y染色体上の遺伝子が働くという特別なことがなければ、基本形は雌なんです。従って、テストステロンが

Column: 種子植物の繁栄と地球温暖化の危機

ところで、いま、地上に繁栄している、目に触れる植物の大部分は種子植物です。種子植物、つまり樹木や草花のすべては、単相世代が痕跡程度にしか残っていないのです。種子植物は、新生代になって急に種が増えて繁栄し始め、今日に至っているわけですが、単相世代を事実上失ったことが遺伝子の多様化に有利に働いた可能性は先ほど言った通りです。そのうえで、新生代の環境によく適合して展開しているものと考えられる。特に、被子植物である草花の急速な展開は、ヒトと同じくらい新しい時代の出来事らしいんです。

ただ、多様化してはいても、多様化の範囲が現在の環境にあまりも適合した展開であれば、恐竜と同様に環境変化によって一気に絶滅しないとも限りません。環境変化で地上の草花やすべての農作物が、失われるようなことがあれば、まず草食動物が絶滅し、次いで肉食動物が絶滅します。食物原料のほとんどが失われれば、ヒトの生存への工夫も限度があります。大部分は餓えて死ぬ。地上の生物の90％くらいが絶滅するであろうことは想像にがたくありません。昆虫などを含めてそういうことになります。氷河期は、平均気温としてはわずか数度の低下に過ぎなかったそうです。下降にせよ上昇にせよ、平均気温が5℃も変わったら生物相が一変する。地球温暖化に対する危機感は、必ずしも大袈裟なものではないんですね。もちろん、すべての生物が失われることはなく少数の生存者は必ず残るでしょうが、大絶滅の可能性はある。

うまく出なかったり効かなかったら、Y染色体があっても雌の体になります。逆に、XXの染色体をもつ胎児でも、別の雄胎児からのテストステロンが過って入ると、Y染色体がなくても雄の体になるんです。

ショウジョウバエでは同じXY型なんですが、Y染色体には性決定遺伝子が乗っていません。X染色体と常染色体の量比で決まるらしい。Xが2本なら雌、1本なら雄。XXYでも雌だね。性を決定する中心的な遺伝子は、Sxlというスプライシング因子の遺伝子なんだそうです。雌ではこのスプライシング因子が発現して、雌雄の体を形つくるために必要なたくさんの遺伝子について、hnRNAからmRNAができる段階のスプライシングに働き、雌と雄とで異なったmRNAをつくる。その結果、雌と雄とで異なったタンパク質ができて、異なった体ができる。Sxlが発現しなければ、基本形は雄なんです。Sxl遺伝子を発現させる転写活性化因子の遺伝子がX染色体上にあり、抑制因子の遺伝子が常染色体にあるので、X染色体と常染色体の量比でSxl遺伝子の発現の有無が決まり、性が決まるわけです。実際にはもっと複雑ですが、基本はそんなところです。

「性の決定はかなりいい加減なのですね」

性の決定が、雌雄どちらかを決定する遺伝子があるわけではなくて、染色体の量比、遺伝子発現の量比で決まることや、スプライシングの違いで異なるmRNAができることのいずれも、性は決定論的にではなく、ずいぶん可塑的な変更可能な決め方をしているようで、これには驚きます。性の成立はおそらく単細胞真核生物の成立と同じくらい古く、従って、有性生殖はすべての真核生物に共通に存在する機構ですが、実際に雌の体をつくる雄の体をつくるという段階に関しては、ヒトとショウジョウバエでこんなにもしくみが違うことにも、ちょっと驚きます。それぞれの生き物がそれなりに工夫しているってことなんです。

b 性の転換

性染色体の構成として、XY型、XO型、ZW型、ZO型などいろいろありますが、いずれにせよ雌雄異体の雌雄では性染色体構成が違うのだから、性の区別は絶対的なものである、という印象もあるだろうが、生物界のなかでは否なんですね。性の転換も珍しいことではない。雄や雌が、環境条件によって性転換することがあるんです。不思議なものだねえ。哺乳類では起きないけれども、いわゆる下等動物だけではなく、脊椎動物の魚類、両生類、爬虫類でも、種によってはみられることです。本当に雌雄のからだが転換してしまって、生殖もする。環境ホルモンによる雌化ってのも騒がれているね。ヒトも危ないのかもしれないが、せいぜい二次性徴の変化までだろうね。ヒトの場合は、一次性徴までは変わらない、と思います。親としての性の転換ではありませんが、アリマキは単為生殖で雌を生むけれども、環境が悪くなると雄が生まれるというのも不思議です。

染色体との関係はどうなってるんだ、と思いますが、染色体と性決定の関係は絶対的なものではなく、かなり柔軟なものなんだね。まるでいい加減というわけではなく、それなりのルールはあるわけだけれども、それにしても柔軟というか、融通無碍という印象ではあります。「ジュラシックパーク」の中でもそんな場面があった。外へ出た恐竜が万が一にも勝手に繁殖しないように作ったはずだという主張に対して、いや、生き物はもっと柔軟なんだ、状況に応じて繁殖できるようになるはずだ、という主張がありました。私もそれに賛成です。生き物は驚く程の柔軟性がある。驚く程に保守的で、ちょっとした環境変化で絶滅する不器用なところもあるんですが。

c 雌雄同体も珍しくない

哺乳類では雌雄の個体が別であるのが当たり前なんで、それが生物の標準だと思うかもしれない。でも、生物界のなかでは必ずしもそうではないんだね。むしろ、生物界では雌雄同体は珍しくない。皆もよく知っていると思うけれど、高等植物では、1つの花に雄しべと雌しべがあるのは普通だね。もちろん、雌雄の株が別々のもあるけど、その方が珍しいんです。実は、動物でも雌雄同体は珍しいことではない。扁形動物、線形動物、環形動物、軟体動物、棘皮動物など、ほとんどあらゆる動物門にまたがっている。門の中の一部の種類であることが多いけどね。成熟の時期にずれがあって、他の個体との間で生殖するように工夫されている。時期と相手によって、雄として振る舞ったり、

193

雌として振る舞ったりするわけです。自分だけで済ませてしまうわけではない。それでなければ有性生殖の意味がないからね。

ただ、どうしても相手が見つからないという時には、自分で済ませることもある。雄と雌の両方の役割をする。**遺伝子の混ぜ合わせより、とりあえず子孫を残すことが優先するわけだね。生存にとって大事なことは何であるかは、状況によってかわる。状況に応じて大事なことを優先する。**納得できる選択です。生き物は柔軟だなあ、エライなあと感心します。コンピュータにもこういう状況判断ができるようになると、生き物的になるんだけどね。

d 性は2種類か

皆もよく知っている雌のマークはビーナスの鏡、雄のマークはマースの楯と剣をあらわしたものだそうです。普通は性は2種類だけれども、性は何種類あると思いますか？

> 2種類ではないのですか！？

大体において性の種類は雌雄の2種類なんですが、そうとは限らないらしい。変形菌が接合する時、接合相手については100を超える種類があるんだそうです。AはBに対しては雄である、BはAに対しては雌である。これはいい。しかし、BはCに対しては雄としてふるまう、CはBに対しては雌としてふるまう（図6-23）。AはCに対しても雄、CはAに対しても雌。CはDに対しては雄である、Dは………と言ったABCD…の関係が100を超えると言うのです。ここでも、**性は絶対的なものではなく、相対的なものであることがわかります。**ほとんどが雄としても雌としても振る舞える社会にあって、Aは雄としてしか振る舞えなくて可哀想な気がするけど、どうなんだろうねえ。

| A → B → C → D ·····> |
| :—: |
| → : 雄としてふるまう |
| → : 雌としてふるまう |

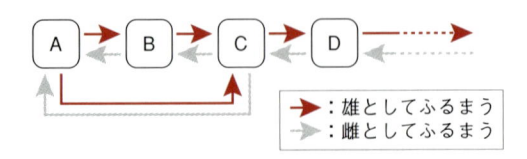

図6-23　性は2種類とは限らない

これらは、単に珍しい例というだけで紹介したのではないんです。性とは何か、性を決めるものは何かを追求するうえで、おもしろい材料だと思うんです。**特殊な例の解析をしていたつもりが思わぬ一般性につながった、ということは生物界の研究ではよくあること**なんですよ。スプライシングだって、初めはアデノウイルスだけの特殊な例と思われていたんだからね。テロメアだって、初めはテトラヒメナという原生動物の繊毛虫類だけの特殊な例と思われていたんです。それらが、真核生物一般にみられる普遍的な現象であることがわかった。同型配偶子が接合する場合に限らず、たくさんの性をもつ可能性はあるはずだけど、実際にはあまり例はないようです。ただねえ、厳密に調べられていないだけかもしれないんだよ。事実が目の前に転がっていたって、気がつくまでは見えないんだから。

e 性行動を支配する遺伝子

ヒトの性指向性、一般には異性を好きになるわけだけれども、稀に同性を好きになる場合がある。それが文化的、社会的影響を強く受けていることは明らかですが、生物学的、あるいは遺伝学的に根拠をもつものかどうかは、明らかではありませんでした。キイロショウジョウバエのたった1つの遺伝子の突然変異で、雄の性指向性が、野生型である異性愛、つまり雌を求める行動から、同性愛あるいは両性愛に転換する遺伝子 satori が早稲田大学の山元大輔さんたちによって発見されました。これはちょっとすごい発見です。たった1つの遺伝子の変化で、行動がすっかり変化する。遺伝子としては、それ以前に発見されていた雄の不妊変異 fruitless 遺伝子の変異の1つであることがわかりました。雄に対して不妊という表現は日本語では奇妙に思えるかも知れませんが、子孫をつくれない、という意味では雌に対しても雄に対しても同様に不妊という言葉を使います。この変異株の雄は、外部形態、生殖巣、生殖器などは正常の雄と変わらず、ほぼ行動だけが異常になっています。雌に対すると同様の性行動を雄に対してする、しかし相手が雄なので、この変異雄は生殖器官は正常であるにもかかわらず、子孫をつくれないわけです。この遺伝子は、**雄の脳でだけ発現して雄の性行動を支配するタンパク質をつくる。**これがなくなった雄は、意識としては雌なんですね。この

タンパク質ができないのが雌なんだから、自分は雌だと信じている。だから雄を追いかける。雌に関心を持たなくなったのは、悟りのためではないんだね。

この遺伝子は150kbと非常に大きいだけでなく、プロモーターが5つもあったり、最終エクソンが5種類もあるなど、複雑な構造をしています。遺伝子産物は、転写調節因子と考えられています。この遺伝子は、脳の一部でのみ発現しており、しかも、mRNAは雌雄で同じように発現しているのに、タンパク質は雄でだけしか発現しない。つまり、**転写調節ではなく、翻訳調節によって発現調節を受けている**という点でも非常に興味ある遺伝子です。この遺伝子の機能的な上位にある遺伝子産物によって、翻訳開始部位の調節が行われているんですね。脳で機能する遺伝子であり、性行動を支配する遺伝子である。ヒトでも同様のことがあるのだろうか。

……… 当たり前に見える現象を解析する

常識的な感覚としては、オチンチンがついていることと、男であるという意識とは不可分とは言えないまでも、非常に深い関係があると考えるのが当たり前でしょう。satori発見の意外性というかおもしろさの1つは、その2つが通常は深い関係にあるとしても、**別の遺伝子の支配を受けていることをハッキリ示したところ**にあります。以前、カイコの幼虫が桑の葉だけを食べるという当たり前の現象を解析して、幼虫が葉をかじる、咀嚼する、飲み込む、という一連の動作が、桑の葉に含まれるそれぞれ異なる物質によって引き起こされていることの発見物語を読んだことがあります。それぞれの物質を単独に含んだ食物を与えると、かじるけれども咀嚼しないし飲み込まない、と言ったことが起きるんですね。もちろん、それぞれの物質を感じ取る受容体分子があって、それぞれ別の神経を興奮させ、行動を指示しているに違いない。なんでもない当たり前のありふれた現象でも、解析してみれば、それを支える物質あるいは遺伝子によって巧妙に支配されていることがわかるってことです。

ヒトの場合はどうなんだろう

話はちょっと違いますが、男子学生に2日間同じシャツを着せて、それを女性に嗅がせて好感をもつかどうかを調べたという、これだけ聞くとかなりアブナイ話ですが、まじめな実験があるんだそうです。好感度と相関するマーカーとして何に着目して解析するかが、アブナイ実験になるか科学的な実験になるかの分かれ目だと思いますが、MHCとの関係を調べた。MHC (major histocompatibility antigen complex：**主要組織適合性抗原複合体**) はヒトの場合にはHLAと言います。よく知られているのは、臓器移植の際に他者として認識して移植臓器を排除するしくみに働くものです。この複合体の機能は抗原抗体反応に似ていますが、自己の組織が自己のものであることを示す目印になる。全体では何万種類もの組合せがあり、それぞれのヒトはそれぞれなりの特徴を持っています。血縁者の間ではHLAの特徴が比較的似ているので、臓器移植成功の可能性が高いことを聞いたことがあるでしょう。

で、**女性が好感を持ったのは、HLAが大きく異なる男性に対してであった**と言うのです。HLAが異なる異性に好感をもつということは、なるべく異なった遺伝子どうしを混ぜ合わせた子孫を残そうという観点からすれば、**進化の上からは合理的な選択**と言える。遺伝子を有効に混ぜ合わせるための、進化上で意味のある行動として納得できる。妊娠可能時にはその傾向が強いけれども、女性がピルを飲んだ時はその傾向が崩れることも、実にもっともらしいことだ。

実はその後2002年に別の研究者の論文が出て（これはNature Geneticsという超一流誌にでたものです）、一生をともにすることを考えて選べと指定したところ、女性が父親から受け継いだHLAと共通のHLAをもつ男性を頻度高く選んだ、ということです。**伴侶として選択するなら、全然違うHLAタイプではなく父親との共通性をもつ男性を選択する**というのも、これまたもっともらしい。本当かねえと思いますが。

9 どこがおもしろいか

この研究のどこがおもしろいかというと、どこがおもしろいかはヒトによって違っていいのですが、ヒトがそのようなしくみを密かに持っていた、ということが第1の素直な驚きですね。HLAという、嗅覚とは一見無関係な機能と何らかの相関があるということです。第2には、嗅覚という、人間では他の哺乳類に比べて

非常に退化したと思われていた感覚のなかに、こんな繊細な機能が残っていたという驚きです。実際、臭いを司る神経の集まりである臭球は、ヒトでは他の哺乳類に比べて非常に小さいんです。イヌなんかには全然かなわない。ま、ヒトの実際の行動としては、嗅覚だけに左右されているわけではないとしても、こういう事実があるとすれば、それは驚きです。昆虫などでよく知られているフェロモンと言えるかどうかわからないけれども、役割としては近いものである。フェロモン女優なんてのも本当にいるかもしれないね。

何らかの傾向があるようだな、という感じを持っていたヒトは今までにもいたかもしれないし、事実としては何百年も何千年も目の前の転がっていたわけです。HLAに着目するというところが具体的で斬新だった。科学的解析の対象になった。事実は目の前にあっても、具体的に着目して調べなければ事実にならないからね。そこが重要なところです。高額な機械設備や大プロジェクトチームが必要なわけではないってところもいいね。ま、HLAの解析には多少の道具が要りますが、たいしたことはない。ほとんど手づくりの仕事って感じです。おもしろいねえ。このことが確かなら、臭いの中のどのような成分が中心的役割を果たしているのか、それを受ける受容体はどんなものか、どんな信号が脳に行って、どんな神経細胞が反応し、神経細胞の中でどんな反応が起きるのかなどについて、分子生物学、細胞生物学の出番になるのでしょうが、この事実の前には（それが本当なら）、穴うめ的な仕事に思えてくるねえ。

今日のまとめ

今日の講義では、特に後半は植物のことをだいぶやりました。植物のことを知らなければヒトを理解できないとは思っていませんが、**生物界全体を見渡した時、有性生殖あるいは性というものがどの程度バラエティーに富んでいるかは、一応知っておいてもらいたい**と思います。**植物を含めた生き物全体のあり方を理解しておくことは、動物の特徴を理解し、ヒトを理解するうえでも大切である**と私は思っているからです。

Column 初めてのsex

小学校の時、担任の先生が古事記を読んでくれました。三銃士とか小公子とか、いろいろな本を読んでくれたなかの1つなんだけどね。いや、もちろん戦後の話だよ。1949年入学なんだから。その中に、イザナギノミコトとイザナミノミコトが日本の国を生む話がある。国生みだね。初めてのことで、どうやって子どもを作ったらいいかわからない。今じゃ小学生でも知ってるかもしれないけどね。で、イザナギノミコトが『あなたの体はどうなっているの』と尋ねた。イザナミノミコトが『成り成りて成り合わさらぬところあり』と答えた。でき上がっているけれど、まだ合わさっていないところがあります、ってことだね。そこでイザナギノミコトが、自分の方は『成り成りて成り余りたるところあり』と言って、『成り余りたるところで成り合わさらぬところを塞ぐ』のがいいのではないかということになって、日本の国が生まれるんだね。わかりやすい話だねえ。『鶺鴒（セキレイ）は一度教えて呆れはて』って言う江戸川柳をずっと後で知りましたが、これは日本書紀のこの場面にある。どうしたらいいかをセキレイに学んだことが背景になってるんだね。一度覚えりゃ後はいくらでもってわけで、セキレイが呆れている。

何ともおおらかな話しだねえ。今聞いたらほほ笑ましいんですが、当時としては、先生もずいぶん大胆なことをしたと思います。ついでに言うと、はじめは女性の神様のほうから声をかけたんですが、そうすると蛭子という骨のないような子どもが生まれた。驚いて天の神様におうかがいすると、女のほうから先に声をかけたのがいけないと言うんです。あらためて男の神様のほうから声をかけたら、ちゃんとした子どもが生まれたんだね。女性の方から誘ってはいけませんてことです。先生が苦笑しながらそういう注釈を付け加えていた。聞いた時は、意味がよくわからなかったんだけど。大学を出たばかりの若い女の先生だったんですが、いまでもお元気で、2001年の5月にクラス会があって、お会いしてきました。

7日目 表現型から遺伝子を解析する

今日の講義は...

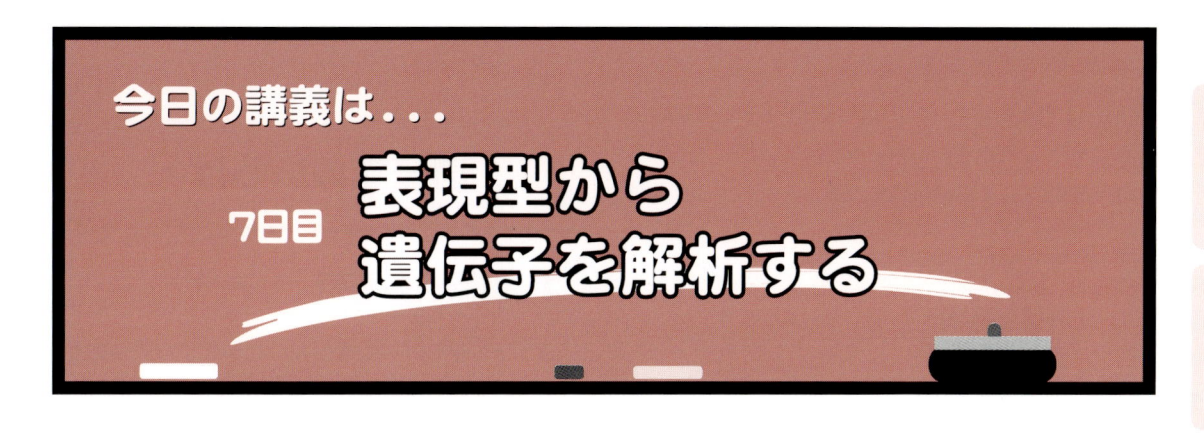

a ヒトの一生を支配する遺伝子

今まで何回も言ったことですが、ヒトの一生を考えた時、まず受精卵から始まって、発生・分化してしだいに形ができ、種々の臓器、器官ができ、やがて誕生する。それから成長して、成熟し、子孫を残し、やがて老化して寿命を迎える。このプロセスのすべてが遺伝子によって支配されていると考えられます。初期の段階ほど、あらかじめ決められたプロセスに従って進行する、つまり、遺伝子の支配を強く受けることは明らかです。どの遺伝子群がまず発現し、その結果、次にどの遺伝子群が発現する、といったプログラムが忠実に実行されて、正確な発生過程が進行します。ヒトの場合、約10カ月で受精卵から赤ちゃんの誕生に至るけれども、マウスではたった20日間で進行するんだからね。発生・分化と言いますが、発生というのは、体全体や臓器などの形や機能の変化に注目した表現、分化というのは、個々の細胞あるいは細胞集団で、細胞に特有の遺伝子が発現して特有の細胞に変化することに注目した表現です。

進化の過程で、子孫をちゃんと残すことはどうしても必要なことで、それがうまく行かなければ絶滅するかもしれない。その意味で、子孫をつくるまでのプロセスを正確に効率的に動かすことは、進化の圧力がかかっていると言われます。うまく働かなければ淘汰される。特に発生過程は短時間に正確な遺伝子発現のプログラムが働いている。これは、進化の過程で洗練されてきたプロセスである、と言えます。

一般には、成熟、老化、寿命など、後ろの段階ほど、それまでの生活からの影響、広い意味での外部環境からの影響を受ける、つまり、遺伝子支配の影響がわかりにくくなります（図7-1）。従って、個人差も大きくなる。ただ、長寿の家系があることや、一卵性双生児は老化のプロセスも比較的よく似ていること、遺伝的早老症という遺伝病があることなどを考えると、老化や寿命に至るまで、遺伝子の支配を受けていることは間違いないと思います。ヒトの一生は遺伝子の支配を受けている。もちろん、それだけじゃないことは言うまでもないけどね。

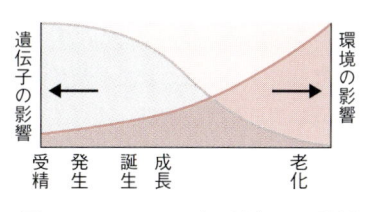

図7-1 ヒトの一生と遺伝子の影響

b 病気も遺伝子の影響を受ける

正常な、というか普通の一生については今言ったとおりですが、ヒトの病気あるいは異常の原因についてはどうだろうか。大雑把に、外部からの影響すなわち外因と、遺伝子による影響すなわち内因とに分けます（図7-2）。遺伝病というのは、特定の遺伝子の異常が特定の表現型に繋がっている。実際には同じ遺伝子の変異でも、遺伝子内の変異の位置や大きさによって表現型が異なる場合がありますが、だいたい1対1の対応がある。遺伝子の影響が一番大きい例です。これに対して、交通事故などはその逆で、ほぼ外からの原因に由来する。ま、遺伝子の働きによる結果として、運動神経が鋭いとか鈍いとかの影響もあるでしょうが、遺伝子の影響は限りなく小さい。感染症なんかはどうですかね。細菌やウイルスが原因であるという

点からは外因が大きいことは明らかですが、実際に発症するか、症状が重いか軽いか等の違いは、本人のもつ遺伝的背景による防衛機構の強さが影響する可能性は大です。

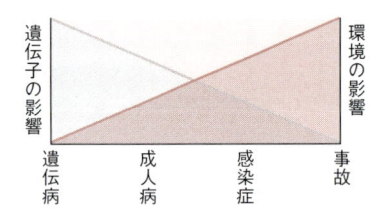

図7-2 病気と遺伝子の影響

最近の研究で重要なことは、**生活習慣病と遺伝子の関係**です。高血圧、肥満、糖尿病、癌などは従来、成人病と呼んでいましたが、最近は生活習慣病というようだね。それぞれの病気のなりやすさに関して、複数の遺伝子が関与していることが明らかになりつつあります。かかわる**遺伝子のちょっとした違いが、それぞれの病気になりやすいかどうかに影響する**んです。遺伝的には病気に成りやすい性質を持っていても、生活習慣によって、発病するかどうかには違いがある。ここにあげた生活習慣病は、先進国では死因のトップを占めるものなので、関係する遺伝子についての研究が進んでいますが、他の病気に関しても病気にかかりやすいか、発症しやすいか、発症しても重いか軽いか等の性質が、ひとり1人のもつ遺伝子の特徴に影響されている場合は多いのではないかと考えられます。

ヒトの病気のすべてを遺伝子が支配しているのでしょうか？

支配されていると言ったら言い過ぎでしょうが、影響がある、とは言える。**遺伝子がヒトのすべてを支配しているわけでは決してありませんが、基本的なプログラム**であることは明らかです。遺伝子が何をしているか、遺伝子の機能を調べるにはどうすればいいのだろうか。

1. 遺伝学のいろは

1 遺伝子の解析

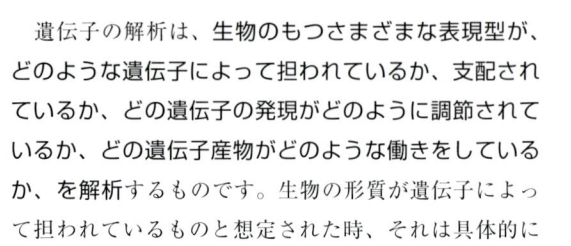

遺伝子の解析は、生物のもつさまざまな表現型が、どのような遺伝子によって担われているか、支配されているか、どの遺伝子の発現がどのように調節されているか、どの遺伝子産物がどのような働きをしているか、を解析するものです。生物の形質が遺伝子によって担われているものと想定された時、それは具体的にどのような遺伝子であるかについて知りたくなることは当然の方向でした。

a メンデルは偉い

ま、講義なんで、ごく簡単に遺伝学の歴史をやっておきます。まずはメンデルだね。内容は中学でもやったと思うので、繰り返しません。エンドウを使った遺伝の実験は1866年に発表されています。すごいことは、発見された事実と事実に基づく考え方について、現在でもほとんど修正される必要がないということです。種子の形や色、さやの形や色など7つの形質に注目して、形質が子孫にどう伝わるかを調べた。**優性の法則、分離の法則、独立の法則**と呼ばれる法則にまとめられる。1つの形質を決める優性と劣性の対立遺伝子があること、生殖細胞ができる時にそれぞれが分離すること、2つ以上の形質、例えば種子の色とさやの形についてもそれぞれ対立遺伝子があって、生殖細胞ができる時に独立に行動すること、などです。

何でもない当たり前のことと思うかも知れませんが、すごいことなんです。子どもはどことなく親に似ている、ということは常識であっても、形質を個別に分けて解析するという発想自体が、近代的です。個々の形質の遺伝を司る因子がある、という推測も群を抜いてすごいことです。ヒトはヒトであることも遺伝因子が決めている、という考えに繋がりそうです。このあたりは、神がヒトをつくったという牧師さんとしての立場とどのように折り合いをつけていたのか、私は知りません。遺伝子というものがわかった今となっては当たり前に見えるかもしれないけれども、実験そのもの

の近代性に驚くと同時に、得られた事実から背後にあるしくみを推定する合理性は、ほとんど想像を絶する素晴らしさなんです。ものすごく頭のいいヒトであるとしか思えない。

ただね、そのほかに、私にはほとんど信じられないくらいの驚きがもう2つあります。1つは、**選んだ7つの形質について、すべて表現型と遺伝子とが1対1に対応する**ことです。もし、ある形質が複数の遺伝子の支配を受けていて、表現型との対応が1対1でなかったら、綺麗なメンデル遺伝はでてきません。選んだ形質がそうなるかどうかは、調べてみなければわからない。もう1つの驚きは、**選んだ7つの形質について、それを支配している7つの遺伝子が、7対しかない染色体に丁度1つずつ乗っている**ことです。もし、2つの遺伝子が1本の染色体に乗っていたら、これを**連鎖**というんですが、こんなに綺麗な結果にならないんだよ。**分離の法則も独立の法則も、そういう遺伝子については成り立たないんです。**

偶然選んだ7つの形質とは到底思えない。ラッキーすぎる。だから、もっとたくさんの形質を初めは選んで散々実験していて、連鎖しないで綺麗な結果が出るものだけ7つを選んだのかなあ。牧師さんだけに神の御加護があったのかも知れませんが。

b その後の進展

メンデルのことは無視されていて、1900年になって**ド・フリース、コレンス、チェルマク**の3人が同様の発見をした時に、これは35年も前にメンデルが発見したことだと再発見された。染色体の上に遺伝子が乗っていることをきちんと示して、**染色体地図を作ったのは、モルガン**達の仕事です。1910～'20年代にかけての仕事だね。1926年にまとめた論文を発表した。**遺伝を司る因子があること、それが染色体上に一定の順番で乗っていること**がかなり確かになった。これは後から少し詳しくやります。さらに、ビードルらはアカパンカビを材料にして、形質として生化学的なマーカーを対象にして研究し、**1つの遺伝子が1つの酵素を決める**と提唱した。1940年代のことです。これも、今と変わらない結論だよね。遺伝する形質は遺伝子によって決められている、それは、広くすべての生物に共通しているといった、現在にも通用する理解がその当時にはできていたはずです。

しかし驚くべきことに、この時点でもまだ遺伝子がDNAであることがハッキリしていなかったんです。ハッキリする以前に、ずいぶんたくさんの遺伝学的な研究が進んでいたことに驚きます。そのあたりがわかってしまった今になって振り返ると、淡々と順調に進んだように思うかもしれないけれど、そうではないんです。

c 遺伝子の物質的本体がDNAであることがわかるまで

1928年には、**グリフィス**が、肺炎双球菌を使ってR型とS型の間で、今で言う**形質転換**が起きることを見つけたけれども、形質転換を起こすものが何かは物質としては不明だった。1944年になって、**アベリー**たちは、肺炎双球菌の**形質転換がDNAを介して起きる**ことを示した。この時点でもまだ、遺伝の形質を司るものがDNAであることは広く信じられるには至らなかった。

その背景には、遺伝子が染色体に乗っていることは、多くの遺伝的な実験から疑う余地がなくなっていたけれども、染色体上のタンパク質が遺伝子であるという考えが強かったと、いう状況がありました。DNAは高分子であることはわかっていたけれども、サイズもわからず、基本単位であるヌクレオチドの種類もたった4つでは、どうやって複雑な遺伝形質を担えるのか想像できなかったからね。DNAは染色体の骨組みに過ぎないと考えられていた。むしろ、タンパク質は非常にたくさんの種類があるらしいことがわかってきていたし、基本単位であるアミノ酸も20種類もあり、たくさんの形質を担当する遺伝子が物質として存在するとすれば、タンパク質のほうがもっともらしかった。タンパク質が遺伝子であると仮定しても、どのように遺伝情報を担えるかは想像を越えることではあったけれども、DNAが担うことはもっと想像できなかったということだね。だから、アベリーの実験はすぐには広く受け入れられる状況ではなかったんです。大勢を占める感覚にはそれなりの根拠もあったわけで、それを覆すのは大変なことなんだよ。

ハーシーとチェイスが1952年にバクテリオファージを使って、その頃の先端技術であった放射性の^{35}Sでタンパク質の殻を、^{32}PでDNAを標識し、これを大腸菌に感染させたところ、菌内に入るのは^{32}Pだけで、それ

をもとに子孫のファージが出てくることがわかった。このあたりから、アベリーの実験を含めて**遺伝子はDNAであること**が広く認められるようになってきた。

> DNAが認められたのは、かなり最近の話なのですね

d DNA 構造の発表

で、ワトソン、クリック、ウィルキンスの3人がDNAの構造を研究して、1953年にはじめて**二重らせん構造**を発表した。X線結晶解析をやれば精密な構造がわかるのは当然と思うかも知れませんが、そうではない。結晶というのは、基本的に同じ分子が規則的に並んでいるから、それを解析することで1つ1つの原子に至るまで位置を決めることができる。でも、DNAは塩基配列が異なるものの混ざりで、繊維としての結晶にすぎないから、実は精密なことはわからないんだね。解析手段も未熟だったけれども、低分子化合物やタンパク質の結晶解析とはわけが違うんです。ですから実際には、AとT、CとGが同じ量含まれているという**シャルガフの経験則**とか、二本鎖のらせんであることの推定とか、そう言う情報が必要だった。ワトソンもクリックも、模型を組んでみる以外には、自分で実験して結果を出すということをほとんどやっていない。すべて他人の出した情報をもとに未知の構造を決めた、と言えます。いずれにせよこれは画期的な発見であった。**分子生物学の夜明け**と言われます。たった2ページの論文でノーベル賞になった。そのころ僕は小学校で、そんな事は全然知らなかった。

しかしまだ、遺伝子というものが、DNA上のどういう形で遺伝情報を担っているのか、遺伝情報はどのように形質として発現するか、全然わかっていなかったんだね。遺伝暗号の発見、DNA・mRNA・タンパク質という遺伝情報の流れとしてのセントラルドグマ、ラクトースオペロンの遺伝子発現調節調節のしくみ等の画期的な発見が、これを契機にまさに怒濤の進撃、すごい勢いで進んできた。素晴らしい発見の連続があったわけです。僕の大学時代は、そういう生物学の大革命を同時並行的に学ぶ時代であった。

……… よい仕事とはなにか

簡単に歴史を振り返るだけでも、素晴らしい仕事が並んでいます。ここで紹介した研究の多くは、ノーベル賞に輝いたものです。省略したもののほうが多いけど。よい仕事とは何か。不思議に思われていたこと、疑問に思われていたことが一気に解消して、それがさらに画期的な次の展開、発見につながるような扇の要になるような仕事だね。DNAの構造の発見はそういう例です。あるいは、思いもかけぬしくみを生き物が持っていることが発見され、それによって広範囲の現象が理解できるようになる。抗体産生のしくみとしてのDNA組換はそうかもしれない。もう1つは、**画期的な技術の発見（発明）** です。それを利用することで革命的にたくさんのことがわかるようになった。遺伝子組換え技術やPCR法はそういう例だね。ノーベル賞の対象になった研究の多くは、そう言うものです。

2 遺伝子の地図といろいろな解析法

a 大腸菌の接合で遺伝子地図をつくる

さまざまな遺伝子を、ゲノムDNA上に位置づけることを、**遺伝子をマップする**、あるいは**遺伝子地図をつくる**、と言います。バクテリアの分子生物学のなかで、大腸菌の遺伝子をDNA上に位置づける方法についても学んだと思います。多くを繰り返しませんが、ちょっとだけ復習しておきます。

目で見える生物と違って、バクテリアでは形や色といった表現型は使えません。形質としては、栄養要求性が選ばれました。大腸菌は、ブドウ糖とアンモニウム塩と無機塩類という簡単な培地から、必要なあらゆる有機物を合成できます。大腸菌に突然変異誘起剤を与えてランダムに突然変異を起こし、そのなかから、特定の栄養素を添加しないと増殖できない大腸菌を選択しました。もとの株を**野生型**（wild type）、変異したものを**変異型**（mutant type）と言います。ロイシンを加えなければ増えられない大腸菌は、ロイシンを合成する酵素の遺伝子が突然変異のためにダメになっていると考えられる。このような栄養要求株をたくさ

ん選択しました。これが実験の準備過程です。

複数の栄養要求性を持つ大腸菌に対して、野生型の大腸菌を接合させることによって、栄養要求性の遺伝子が、どのような順序で、それぞれ相対的にどのくらい離れて並んでいるかを調べることができます（図7-3）。大腸菌の雄として、F因子が菌のDNAに組込まれた、Hfr（high frequency of recombination）株を使います。名前の通り、非常に接合頻度の高い、超雄とも言える株です。接合して、DNAが雌の方に移動する時、一本鎖DNAとしてF因子の部分を先頭にして進んで行きます。雌に入った一本鎖DNAは複製して二本鎖になる。接合の時間を変えて接合を中断し、雌だけが生える条件で、いろいろな培地に播きます。例えば、ロイシン、グルタミン、トリプトファン、ヒスチジンというアミノ酸を要求する雌の性質が、接合の進行とともに、この順番で、必要としない性質に変わったとします。これは雄から正常な遺伝子がこの順番で移行してきたためと考えるのが妥当です。

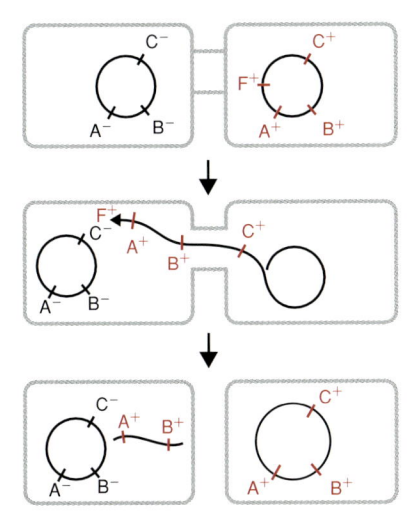

図7-3 大腸菌の接合による遺伝子マッピング

b 大腸菌の形質導入で遺伝子地図をつくる

接合は約60分で全DNAが移行しますから、1分あたり約50〜60個の遺伝子が入る計算に成ります。1分以内の接近して並んだ遺伝子の順番については、どちらが先かわからない。例えばファージによる普遍形質導入で推定する方法があります（図7-4）。ファージが野生型の大腸菌内で増えて、DNAがファージの皮をかぶる際に、誤って大腸菌DNAの断片が取り込まれた偽ファージができる。このファージが変異大腸菌に感染すると、近い遺伝子ほど一緒に形質導入される。ファージは小さいので、小さなDNA断片しか運べない。遺伝子AとB、BとCは一緒に偽ファージで形質導入されるが、AとCあるいはABCが一緒に導入されることは稀であるとすれば、この順番に並んでいたものと考えるのが妥当です。

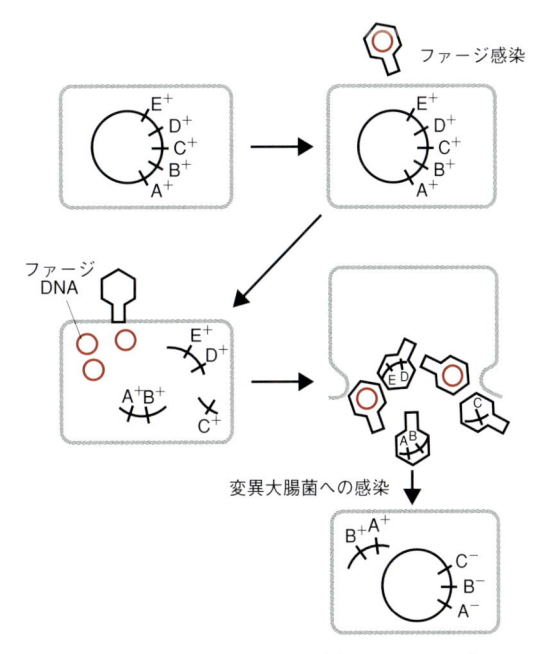

図7-4 形質導入による遺伝子マッピング

近い遺伝子ほど一緒に行動するであろうことは、当たり前と言えば当たり前のことなんで、バクテリオファージや大腸菌から、ショウジョウバエの遺伝子地図をつくる時にも、ヒトゲノム解析の際にも同様に適用された、非常に普遍的な考え方なんです。

c 相補性テスト

相補性テスト（complementation test）は、同じ変異表現型を持った変異株が、1つの遺伝子の変異に由来するのか複数の遺伝子なのかを調べるものです。大腸菌の例でもいいのですが、ファージの有名な例を示します。T4ファージのrⅡという変異があります。溶菌が早くて大きなプラークができる。この変異株を

たくさん取ってきて、2株のファージを同時に感染させると、野生型のプラークができるときと、変異型のプラークができるときがある。2株を同時に感染させたとき、変異形のプラークをつくるなら同じグループとする。野生型のプラークができれば2株は別のグループと考える。**野生型になるのは、機能が補われたわけですね**。いろいろ組合せてみると、2つのグループに分けられた。これは、同じ表現型をもたらす2つの遺伝子があるためと考えられる。rⅡAとrⅡBです。それぞれの遺伝子に変異をもつ2つのファージが同じ菌に感染すると、それぞれの健全な遺伝子から健全なタンパク質ができて、野生型のプラークができるわけだね。この場合、溶菌して生まれるのは、もとの2種類の変異ファージです。野生型ファージが生まれるわけではありません。**かかわる遺伝子が1つであれば、変異株どうしの相補は起こりえない**。

変異株がどれも相補しなかった場合には、得られた変異株はすべて1つの遺伝子の変異であった可能性と、**優性変異型（dominant negative）の可能性**があります。優性変異型の株は、野生型株との共感染でも変異型のプラークになるので、わかります。このような実験からわかる、**1つの遺伝子としての機能をもつ単位をシストロン（cistron）と呼び**、現在でも1つの遺伝子という意味で使われます。ポリシストロニックmRNAは複数のシストロン、つまり複数の遺伝子の情報を含むmRNAだね。

相補性テストは、もっと広い意味に使われており、2株の変異体が変異機能を補い合えば、相補した、と考えます。変異の種類によっては、共培養するだけで相補することだってある。どういう場合がありうるか考えつくかな？　哺乳類細胞では2つの変異株を細胞融合させ、融合細胞が野生型を示すか変異型を示すかで相補を見るのが普通です。

d 遺伝解析だけでどれほど細かいことまで突き止められるか

遺伝解析だけでどれほど細かいことまで突き止められるかという一例を紹介しておきます。rⅡA遺伝子の変異ファージ株をたくさん集めて、2株の変異ファージを同時に感染させる。もちろん、溶菌して生まれるのは、大部分はもとの2種類の変異ファージです。しかし、

大腸菌内で2種類のファージDNAが複製する間に、DNAどうしの相同組換えが起きると、2つの変異をあわせ持ったDNAと、正常なDNAとができる（図7-5）。およそ一万から百万匹に1匹くらいは野生型の子孫ファージが生まれます。この子孫を、野生型ファージだけが増えられる菌に感染させれば、野生型に復帰したファージの数を数えられる。この実験で、**2株の変異ファージの変異の位置が離れているほど、その間で組換えが起きるチャンスは大きく、野生型ファージを生む頻度が高い**。この原理から、たくさんの変異ファージのもつ変異の位置を、rⅡA遺伝子の中にマップできました。こうして得られた変異マップの精度は、1つ1つのヌクレオチドが判別できるほどのものであることが後にわかりました。一番近い2つの変異は、隣どうしのヌクレオチドであった。この論文は1961年に発表されたものですが、組換えによる解析だけで、これほど精密なマップづくりができることは、塩基配列の決定など夢であった当時としては、実に驚くべきことです。

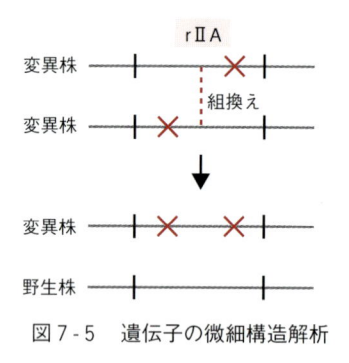

図7-5　遺伝子の微細構造解析

e ショウジョウバエの遺伝子地図

ショウジョウバエは、皆さんの周囲によくいる、体長1〜2mmの小さなハエです。よく見ると、赤い目をしていて実にかわいい。モルガンがショウジョウバエの**遺伝子地図**をつくり始めたのは1910年代という古い時代であり、抽象的な機能単位に過ぎなかった遺伝子が、物質としてはDNAなのかタンパク質なのか決着する以前であり、遺伝子が染色体上にならんでいることも想像に過ぎなかった時代です。遺伝子地図がつくられたことによって、遺伝子が染色体上に並んでいるこ

とが確実になったといえます。モルガンによるショウジョウバエでの遺伝子解析の成功が、ビードルによるアカパンカビの遺伝生化学へと展開して**1遺伝子1タンパク質**という考えを生み、さらに大腸菌やバクテリオファージによる分子遺伝学、DNA構造の二本鎖モデルなど、分子生物学の大きな花となって展開したという意味で、きわめて重要なものです。

遺伝学的解析には、稀に起きる事象を何世代にもわたって観察する必要があるので、世代時間が短いこと、多数の子孫が生まれること、多数の個体を取り扱えること、が必要です。もちろん、簡単に飼えること、コストが安いことも実際上は重要だね。エンドウやマウスに比べて、ショウジョウバエは圧倒的にこれらの条件に適合した生物でした。非常によい選択をしたわけです。ショウジョウバエの場合にも、一番始めに必要なことは、たくさんの変異株をとることです。ある形質に関する変異株は、その形質を支配している遺伝子が変異していると仮定する。例えば、野生型のショウジョウバエは赤い眼をしていますが、白い眼をもつ変異型があります。赤眼という形質が白眼という形質に変異する。後でわかったところでは、赤い色素をつくる酵素の遺伝子がだめになっていました。このような変異をたくさん集めます。実際には、これは意外に大変なことなんです。なぜか。その前に基本的な言葉と概念の説明をしておかねばなりません。

f 野生型と変異型

すでに言葉としては何度も出てきましたが、野生型というのは、自然界の中で多数を占める表現型です。実験的には、たまたま実験に採用されたある系統を野生型と決めておく、という場合もあります。キイロショウジョウバエの眼は赤い。赤い眼が野生型です。それに対して非常にわずかの頻度で見つかる表現型を変異型といいます。あるいは、野生型に変異誘起剤を与えて、野生型と異なる表現型を持ったものをつくれば、それも変異型です。これが基本です。ただ、ヒトの場合で考えると、黒い目もいれば、青い目もいます。黒い髪もあれば、茶髪、金髪そのほかいろいろあります。こういう場合には、どれが野生型でどれが変異型とも言いがたい。実は複数の遺伝子が関係している。これは別に考えることにします。まずは単純に、1つの遺伝子に注目して野生型が1つであるような形質を考えよう。

9 遺伝病

ヒトには、よく知られた遺伝病がたくさんあります。**遺伝病は、遺伝子の変化で起きる病気、すなわちヒトの変異型**である。一般に、大きな違いであれ、小さな違いであれ、塩基配列の違いが見られた時、機能に大きな影響が出れば生きるうえで不利な場合が多いので、そのような変化をもつ個体は希である。概略、集団の1％以下（通常はもっとずっと低い）しか見られず、表現型として異常がわかるような場合に、『遺伝病』と言います。このような個体は生物学的には『変異体』です。ヒトに使うのは違和感がありますが、ミュータントですね。染色体の観察からもわかるほどの大きな欠失をもつ遺伝病もあれば、わずか1塩基の違いが起こす遺伝病もある。後者の有名な例は、**鎌形赤血球貧血症**で、これはヘモグロビンβ鎖の6番目のバリンがイソロイシンに変わっている、たった1塩基の置換が原因です。1塩基の置換が1アミノ酸の置換を生み、ヘモグロビンの三次構造を変化させ、赤血球内で沈澱を作って、赤血球の形まで鎌形にかえて、毛細血管に詰まったり溶血を起こしやすくなり、貧血

Column: 遺伝病は状況によっては野生型でありうる

鎌形赤血球は正常の赤血球に対して明らかに機能的に不利です。ただ、マラリア病原虫は赤血球中で増えますが、鎌形赤血球はそれに抵抗するので、鎌形赤血球貧血症の患者はマラリアになりにくい。それで、アフリカではむしろ有利に働くため、患者の頻度は10％くらいと高い。マラリアがもっと蔓延する病気だったら、鎌形赤血球貧血症の方が人口の大多数を占めて、これが正常型というか野生型と認識され、現在正常と言われている方が、異常にマラリアにかかりやすい遺伝病をもつ少数派と認識されたかもしれない。野生型と変異型（遺伝病）とは絶対的な区別ではなく、条件によってひっくり返る可能性があるわけですね。

を起こすわけですね。1塩基置換の突然変異だからと言って、ばかにはできないんで、病気とわかる表現型が現れる。遺伝子変異と病気とが1対1の関係にある時、これは遺伝病だな、とわかることが多いわけです。

h 遺伝子多型

　機能に大きな影響がでない場合は、そういう変化をもつ個体が排除されないので、集団の中で保存される。集団の中で、ある塩基の変化が1％以上の頻度で含まれ、機能的に大きな違いがない場合、『遺伝子多型』といいます。特に、たった1つの塩基が異なる場合、SNP（single nucleotide polymorphism）といいます。極端な場合には、日本人の集団の中で約半数ずつのヒトに見られ、タンパク質の機能も大きくは変わらない場合、どちらが正常でどちらが変異かなんて言えない。

　　　変異イコール異常とは限らないのですね

　多型としか言いようがない。これは非常にたくさんあることがわかってきました。タンパク質の機能が大きくは変わらないと言っても、明らかに異常とわかるほどには変わらないというだけのことであって、糖尿病、高血圧、肥満、白内障、癌など、いろいろな成人病になりやすいかどうかの体質も同様に、複数の遺伝子における遺伝子多型の違い、それに基づくわずかずつの機能の違いが反映されていることがわかってきています。

i 優性、劣性、遺伝子型、表現型

　白眼であるというショウジョウバエの変異型を考えてみる。白眼になるのは、赤い色素をつくる酵素の遺伝子が変異して、機能を持った酵素ができなくなるためです。この場合、赤眼をつくる遺伝子も白眼をつくる遺伝子も、同じ位置にある遺伝子で、互いに対立遺伝子（アレル：allele）といいます。白眼をつくる遺伝子というのは、赤眼をつくれなくなった遺伝子ということだけどね。全然別の位置にも、眼の色を支配する複数の遺伝子がありますが、これは別の遺伝子であって、対立遺伝子とは言いません。野生型遺伝子と変異型遺伝子を1つずつもつ2倍体の個体では、野生型の遺伝子から正常なタンパク質ができますから、この個体は赤目になります。遺伝子として野生型と変異型とをもつ個体をヘテロ接合体（heterozygote）、遺伝子として野生型あるいは変異型の同じものを2つもつ個体をホモ接合体（homozygote）と言います。白眼の変異型は劣性です。劣性（recessive）というのは、2倍体のもつ対立遺伝子が両方とも変異型になったとき、つまり、ホモ接合体になった時にはじめて性質が表に現れます。それに対して優性（dominant）というのは、ヘテロ接合体において表に現れる性質を言います。もちろん、ホモ接合体でも現れる。優性というのは優れた性質である、ということではありません。ただ、野生型の遺伝子が持っていた機能、例えば酵素活性、が変異型では失われる場合が多いので、多くの場合、野生型が優性、変異型が劣性となります。ヒトの遺伝病も大部分は劣性です。

　野生型、変異型について、遺伝子型（genotype）と表現型（phenotype）の区別をする必要があります。外から見える赤眼という性質は表現型です。眼が赤い性質を与える野生遺伝子をW、眼が白い性質を与える変異遺伝子をwとすると、赤眼の表現型をもつ個体は、遺伝子型としては、野生型のホモ接合体W/Wである場合と、野生型と変異型の遺伝子をもつヘテロ接合体W/wである場合の、両方があるわけですね。これを遺伝子型と言います。白眼という表現型の遺伝子型はホモ接合体w/wしかありません。ちょっと面倒かもしれませんが、基本的なことですから、この程度の名前と概念は覚えておいてください。

j 変異優性もまれにはある

　まれではありますが、変異型が優性になる場合もあります。機能がなくなる方が優性というのは考えにくいかもしれませんが、例えば、産物であるタンパク質が会合して二量体（あるいは多量体）になって働くときにみられます。変異のために機能を失ったタンパク質と正常タンパク質との二量体が活性をもたないとすれば、正常どうしの二量体は少ししかできないため、変異型が優性となる可能性があります。これを優性変異（dominant negative）と言います。遺伝子発現を抑制するリプレッサータンパク質が、恒常的に発現調節部位に結合して離れなくなるような変異も変異優性

になります。同じ機構ではありませんが、ヒトでも、**家族性アミロイドーシスやハンチントン病**など、優性の遺伝病が知られています。

変異体を集めるのは大変なことである

　変異体、特に劣性の変異を起こした個体を集めるのは大変なことです。真核生物はだいたい2倍体だからです。1倍体生物なら、遺伝子の変異はすぐに表現型に現れる。だから変異体を取るのは簡単なんです。ショウジョウバエの生殖細胞の1つで、赤眼遺伝子に突然変異を起こして白眼遺伝子になったとする。子孫をつくるには別の個体と交配しなければなりませんが、別の個体の生殖細胞にも白眼遺伝子への突然変異がある可能性はほとんどゼロですから、子孫は必ずヘテロ接合体で赤眼です。白眼は取れない。この赤眼の集団の中には、突然変異を起こした遺伝子を持ったヘテロ接合体があるけれども、取れるまでは、あるかどうか保証の限りではない。ホモ接合体白眼の個体を得るには、変異体がいないかもしれない集団を交配し続けてみるほかない。これが大変であることはわかるでしょう。モルガンはどうやって取ったんだろう。

　今なら、変異体を取ろうとすれば、突然変異誘起剤を処理して変異の頻度を高めることもできますが、当時はその方法も概念も確立していなかった。で、モルガンは、ショウジョウバエを1年も延々と交配し続けて、自然突然変異による白眼の雄をたった1匹とることができたと言います。実はこの遺伝子はX染色体に乗っているので、雄に関しては1倍体なんです。だから、自然突然変異を期待しただけでも取れたのだろうと思います。常染色体上の変異体は、1倍体のとれる2乗の頻度なので、ほとんど取れない。1倍体の変異頻度が 10^{-6} なら、2倍体では 10^{-12} だからね。この白眼のハエを使って、性質がどのように伝わるかを調べた結果は省略しますが、これに力を得て、新たに85もの突然変異体を得ることに成功しました。ま、こんなわけで、とれた変異体の多くはX染色体上の遺伝子だったのですが、それでも大変なことですよ。

連鎖解析

　たくさんの変異型について、まず**連鎖解析**をします。

と言っても、はじめから連鎖という明確な概念があったわけではなく、実験結果の解析から出てきたことです。**連鎖解析**というのは、任意の2つの形質が、よく揃って子孫に伝わるか、別々になって伝わるか、といってもよい。2つの形質がそろって伝われば、よく連鎖しているわけです。同じ一本の染色体上に乗っている2つの遺伝子は、そのまま子孫に伝わるチャンスが大きいから連鎖していますが、別の染色体に乗っている2つの遺伝子は、一緒に子孫に伝わるとは限らないので、連鎖していない。このようにして、キイロショウジョウバエでは連鎖グループが4つあることがわかりました。染色体の観察から、常染色体（2番、3番、4番）が3対、性染色体（1番）がXとYで1対の合計4対あることと、ぴったり一致します。Yは非常に小さくて、遺伝子はほんの少ししかない。

　で、そのうえで、例えば1番染色体に乗っているであろうたくさんの遺伝子について、地図づくりをする。例えば、眼が白いという変異型、羽が小さいという変異型、剛毛が二股になっているという変異型に注目したとする。ショウジョウバエの体表には、ちょっと拡大してみると剛毛が生えているんです。

遺伝子地図の作成

　さて、眼の色、羽の大きさ、剛毛の形という3つの形質のそれぞれ1つの遺伝子が同じX染色体に乗っていることはわかっているものとします（**図7-6**）。これを利用した遺伝子地図の作り方を説明しよう。まず、野生個体の雌と、変異個体の雄を交配する。雌はX染色体が2本あるけれども、雄は1本しかないから、遺伝子型で書けば、雌はWMF/WMF、雄はwmfだね。で、それぞれからできる生殖細胞の遺伝子型は1種類ずつしかないから、できる子どもはいくらたくさんでも、子どもの遺伝子型は雌ではWMF/wmfしかない。子どもの代のことをF1世代と言います。Fはfilialです。F1の雄では、X染色体は雌からしか来ないから、WMFだけです。したがって、F1の表現型は雌も雄も全部野生型です。いいね。3つの遺伝子は一緒に行動している。連鎖しているわけだね。

野生個体の雌　変異個体の雄
WMF/WMF　wmf

表現型
雌：野生型
雄：変異型

WMF/wmf　WMF　F1世代
雌雄ともに野生型

交叉あり　交叉なし
Wmf　wMF　WMF
WMf　wmF　wmf
WmF　wMf　　　変異個体の雄
　　　　　卵子　wmf

戻し交配
F2世代
……Wmf/wmf　　Wmf……
雌雄ともに卵子の遺伝子型と一致

遺伝子間の交叉頻度を見る
↓
3つの遺伝子に関する相対的な位置関係がわかる
↓
遺伝子地図の作成

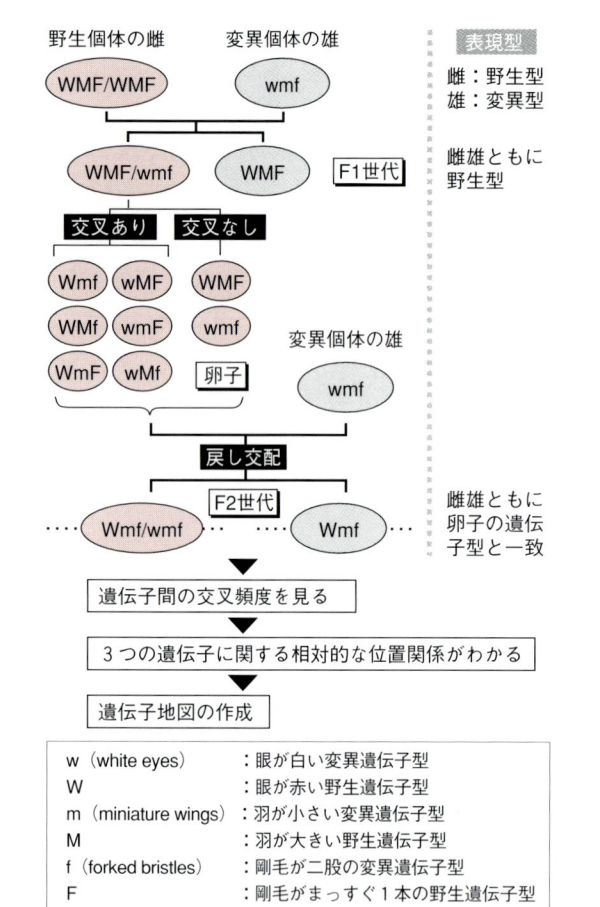

w (white eyes)　：眼が白い変異遺伝子型
W　　　　　　　：眼が赤い野生遺伝子型
m (miniature wings)：羽が小さい変異遺伝子型
M　　　　　　　：羽が大きい野生遺伝子型
f (forked bristles)：剛毛が二股の変異遺伝子型
F　　　　　　　：剛毛がまっすぐ1本の野生遺伝子型
変化していない遺伝子はここでは無視してよい

図7-6　ショウジョウバエの遺伝子地図づくり

　問題は、F1世代でどういう遺伝子型を持った生殖細胞ができるかです。ここでは雌だけに注目します。一番単純には、WMFという遺伝子をもつ卵子と、wmfという遺伝子をもつ卵子ができます。連鎖している遺伝子は、同じ染色体に乗っているんだから、あたりまえだね。しかし、**生殖細胞をつくる減数分裂では、相同染色体のあいだで交叉が起きる**ことを前に言いました。これがみそなんです。WMFとwmfをもつ相同染色体のあいだで交叉が起きたらどうなるか。頻度は低いけれども、Wmf、wMF、WMf、wmFの遺伝子型をもつ4種類の生殖細胞が生まれます。もっと頻度は低いけれども、さらに、WmFとwMfの2種類もできる。連鎖が完全ではないわけです。この場合、『**2つの遺伝子間の物理的距離が長いほど染色体交叉が起きる頻度**

が高い』と仮定するのは妥当でしょう。あるいは、距離の近い遺伝子ほど連鎖して遺伝する。

交叉の頻度を測る

でも、そんな遺伝子形をもった卵子が存在する割合を、どうやって測れるのですか？

　F1の雌と、変異型である雄との間で交配すれば、その子ども（F2世代）の表現型を見るだけで、F1世代の生殖細胞の遺伝子型がわかることになります。Wmfの卵子と、wmfの精子からできるF1は、Wmf/wmfなんだからね。F2の表現型はF1の卵子の遺伝子型と一致します。F1と変異型の親とを交配することを、『戻し交配』と言います。戻し交配によるF2世代の表現型がどのような頻度で現れるかを観察するだけで、遺伝子間の交叉の頻度を見ることができるわけだ。それによって、3つの遺伝子に関する相対的な位置関係がわかります。何十という変異体についてこれを繰り返すことで、『**2つの遺伝子間の物理的距離が長いほど組換えが起きる頻度が高い**』という仮定が妥当であることがわかり、遺伝子地図をつくることができました。これらの遺伝子は、私が高校のクラブでショウジョウバエで遺伝の実験をやってた時に使っていたもので、なつかしいんです。

　2つの遺伝子の間で、1回の減数分裂あたり1回の交叉が起きるとき、1モルガンといいます。遺伝子間の距離を表す単位です。ふつうは、その100分の1であるセンチモルガンを使います。1センチモルガンは、100回に1回、あるいは100匹に1匹交叉が起きる距離である。WとMの間は約34.6センチモルガン、MとFの間は約20.6センチモルガン、WとFの間は約55.2センチモルガンあることがわかりました。実際には、あまり距離が遠いとその間で何回も交差する可能性があるために不正確になりますから、実験としては数％くらいのところの遺伝子を使って調べる。

染色体との対応

　連鎖する遺伝子の群が染色体の数と同じであること、性染色体が雌ではXX、雄ではXYであって1番の連鎖群がX染色体に相当すること、染色体解析から顕微鏡的に欠失のみられる部分は遺伝子地図でも同様に欠失

がみられること等、染色体と遺伝子地図の対応がハッキリわかってきた。

> 雌ではX染色体の1本はLyonizationのために不活性だから、今までの説明はおかしいんじゃありませんか？

うーん、鋭い！ ショウジョウバエのX染色体はLyonizationを起こさず、雄のX染色体上の遺伝子が2倍量発現する。センチュウでもXXの各発現量はXOの半分でバランスを取るという。生き物は『多様』なんです。

後になって、遺伝学的に決められた遺伝子間の距離は、DNA上の物理的距離に比例することがわかりました。1センチモルガンはおよそ1Mbp（100万塩基対）に相当する距離です。ショウジョウバエの全ゲノム（ハプロイド）は約280センチモルガン、ひとゲノム全体（ハプロイド）の長さは、全部あわせると約3,300センチモルガンあります。ヒトでは、1つの染色体あたり、減数分裂ごとに約1回の組換えが起きることになります。ずいぶん高いものだと思いませんか。

II. 体細胞遺伝学

遺伝学というのは、遺伝子に支配されている形質が子孫にどのように伝わるかを解析して、遺伝子の働きを調べる分野です。ヒトでは遺伝学の実験は不可能です。実験はできない。家系を調べてある形質がどのように伝わるかを調べるかについてはかなり詳しい調査もあり、例えば血友病のあるものが伴性遺伝することなどが知られています。しかしこれには限界がある。だいたい、ヒトの遺伝病は非常にたくさん知られているんですが、原因遺伝子がどの染色体に乗っているかということさえ容易なことではわからない。

遺伝というのは、生殖細胞を介して子孫に形質が伝わることですが、かわりに体細胞を使って同じことができないか、というのが体細胞遺伝学です。大腸菌という単細胞で遺伝学ができるなら、培養体細胞という単細胞でできてもよかろう、ということですね。ここでは、使われる実験技術の解説を中心に紹介します。体細胞遺伝学ができるためには実験技術の進歩が必要

だからね。体細胞遺伝学に限らないけど。

1) まず、**細胞が培養できること**。大腸菌だって、培養できなければ話が始まらない。
2) **変異株がとれること**。ショウジョウバエでも大腸菌でも、遺伝学の出発は変異株を取ることからでした。もちろん、自然の変異株、遺伝病患者さんの細胞も対象になる。
3) **交配して、遺伝形質の子孫への伝わり方を調べられること**。ショウジョウバエでは当然できることですし、大腸菌でも雌雄の間での接合があります。体細胞では、2つの**細胞を融合**することによって、融合細胞にどのように遺伝形質が伝わるか、調べることができます。
4) **遺伝子導入ができる**。大腸菌でも、形質転換や形質導入によってDNAを細胞内に導入し、働きを調べることで、多くの重要な成果が得られました。

ということで、ここでは主に体細胞遺伝学で用いられる実験方法を中心に紹介します。これらの方法は体細胞遺伝学だけのために開発されたわけではなく、現在多くの研究分野で利用されているものです。

1 細胞の培養ができる

細胞を体外で培養し増殖させることについて、ごく単純に紹介しておきます。

原核生物や、単細胞の真核生物は、一般に、栄養や温度、水、酸素などの条件さえよければ、原則としていくらでも増殖できます。だから、培養も比較的簡単とも言えます。多細胞生物、特に哺乳類では内部環境の恒常性維持（ホメオスタシス）能力が高く、体内ではこれらの環境条件はほとんど最適条件にいつも保たれている。だから、バクテリアなどはいくらでも増えられるはずですが、やたらに増えないのは、免疫機構を含めた防御機構が働いているためです。しかし、こんなによい環境でも、身体の細胞はやたらには増えない。必要に応じてしか増殖しない。多細胞生物の体内細胞は、いつも増殖しているわけではなく、必要な時にだけ増殖するように調節されています。やたらに増えたら困る。

> 自己への免疫機構が働いているのでしょうか？

ここではちょっと違う。

a 増殖には増殖因子が必要

多細胞生物の細胞、特に哺乳類細胞が増殖するには、栄養や温度、酸素などの一般的な条件の他に、『増殖因子』が必要です。特定の細胞には特定の増殖因子が働く必要があります。多くの場合、1種類だけの増殖因子で増殖することは少なく、複数の増殖因子の協同作用によって増殖できるようになります。これまでに50種類を越える増殖因子が見つかっています。

ただ現在でも、培養して自由に増殖させられる細胞は限られた種類に過ぎず、ほとんどは培養系に移すと増殖できないか、あるいはせいぜい10回くらいしか分裂できません。その原因の1つは、『適切な増殖因子が見つかっていない』もう少し広く言えば『適切な培養条件が見つかっていない』ためと考えられます。

一般に癌細胞は培養できるものが多いのですが、その1つの理由は、自分で増殖因子を合成分泌するためです。これは、癌細胞が周囲の環境を無視して自立的増殖をする1つの理由と考えられます。

哺乳類細胞を培養する条件は、多くの単細胞生物にとっては願ってもない環境なので、うっかりすると空気中からバクテリアなどが混入して、どんどん増えます。カビや酵母も増えます。免疫機構を期待できないからね。従って、哺乳類細胞の培養には、厳密な無菌操作が要求されます。

b 細胞の接する環境

もう1つ重要なことは、細胞が外部と接触する環境です。多くの場合、シャーレにまいた細胞は、コラーゲンやフィブロネクチンなどの細胞外基質タンパク質を合成分泌し、その上に生えます。あらかじめ細胞外基質タンパク質をシャーレにコートしておくとよく接着し、増殖にも好都合な場合があります。多くの上皮系細胞は、体内でもこのような細胞外基質（基底膜）に接して存在するので、同じような環境が必要なのだろうと思います。基質に十分に接着できない細胞は、増殖因子が十分にあっても増殖できません。もう1つは、細胞どうしの接触です。細胞どうしが密に接触していると、増殖因子が十分にあっても増殖できません。傷をつけたり一部の細胞を剥がして細胞どうしの接触を外してやると、増殖するようになります。このような、細胞が接触する環境も増殖を調節する大きな要因です。

癌細胞が増殖しやすいもう1つの理由は、周囲の環境を無視して増殖することです。細胞どうしが接触していてもそれを感じないように変化している、感じるタンパク質の遺伝子が変異しているケースが多い。

c 線維芽細胞がよく用いられる

ヒトの正常細胞で培養の歴史が一番古く培養が容易なのは、線維芽細胞です。線維芽細胞は結合組織を構成する主要な細胞で、どの臓器にも必ず結合組織があるので、体内のさまざまな組織を培養に移した時、増えてくる細胞はたいてい線維芽細胞です。これにはいくつかの理由が考えられます。

1つは、線維芽細胞がもともと特定の組織あるいは臓器の形をつくらない細胞で、シャーレ表面のような環境でも困らないためと思われます。結合組織の細胞ですから、細胞外基質を自分で合成して自分の環境を整える能力も強い。

しかし何より大きいのは、血清が非常によい増殖因子であることです。血漿には増殖因子としての能力がありません。血清と血漿の違いはわかってるね。血液が凝固する時に血小板が壊れて、血小板が持っていたPDGF（platelet derived growth factor）という増殖因子が血清に出てくる。ただ、PDGFだけでは増殖させる能力はなく、血清中のEGF（epidermal growth factor）やIGF（insulin like growth factor）等の増殖因子も必要です。EGFやIGFは普段から血液の中にありますが、これだけでは線維芽細胞を増殖させる力はほとんどありません。出血が起きて血小板が壊れるとPDGFが出てきて、この3者が協力して周囲の線維芽細胞を増殖させて傷を修復する、と考えられます。これをシャーレの中で再現している。ただ、純粋の増殖因子3者を混合してもまだ血清には敵わないので、血清中にはまだ未知の因子があるだろうと考えられます。

線維芽細胞ほど簡単に培養して増殖できる細胞は他にはないので、現在でも正常細胞の代表としてしばしば使われます。もちろん、特定の分化した細胞機能な

どの解析には、それなりの細胞を使わなければなりませんが、これは現在でもそう簡単ではない。他の細胞では、培養系で増殖させることだけでも簡単ではないし、分化機能を維持することも容易ではありません。

2 変異株を取ることができる

遺伝子の解析をする時、その遺伝子が変異した変異株を取ることが出発になります。ほとんどの場合、突然変異の頻度をあげるために変異誘起剤（mutagen）を処理します。MNNG（N-methyl-N'-nitro-N-nitrosoguanidine）やEMS（ethylmethane sulfonate）等のDNA塩基を修飾する化学物質の他、紫外線やX線なども使われます。変異誘起剤はそれぞれ特有の変異をDNAに起こしますが、ここでは省略。経験的には、90～99％の細胞が死ぬくらいのきつい条件で、変異原を処理します。

初期の頃、哺乳類細胞では変異株は取れないのではないかと考えられていました。体細胞は2倍体なので、遺伝子の1つが変異しても、もう1つが正常のままであれば、表現型はほぼ正常に近いと予想される。変異誘起剤の濃度をあげればこの頻度をあげることはできるでしょうが、ほかの遺伝子にもランダムに変異が起きますから、せっかく変異株細胞を取っても、他の遺伝子もメタメタになってしまうほどでは何をとったかわからなくなる。ある遺伝子に変異が起きる確立が10^{-6}なら、その遺伝子が2つとも変異する確率は10^{-12}です。細胞1兆個あたり1つ、これでは実験にならない。

しかし実際にやってみると結構取れます。細胞によって、目標とする遺伝子によって結果は異なりますが、10^{-5}から10^{-6}の頻度で取れる場合が少なくありません。後になってわかったことは、X染色体上の遺伝子の変異が多かった。雄ではX染色体は一本しかないし、雌でも一本は機能的に不活性ですから、実質的に一倍体と同じなん

です。これはもっともらしい。そのほかの場合には、もう1つの遺伝子がたまたま不活性になっていたのかもしれない、と言った想像はされていますが、予想に比べて高頻度で取れる理由はわかっていません。いずれにせよ、ある程度はとれる。

a 変異株の選択とクローニング

変異株を取るためには、大部分の変異していない細胞集団の中から、わずかにしか含まれない変異細胞を取ってくる必要があります。単純な例として、Tk（thymidine kinase）遺伝子の変異株をとることを考えてみます。この遺伝子は、チミジンにリン酸をつけてTMP、TDP、TTPにする酵素です。TTPはDNAの材料です。通常は de novo 合成でUDPからTDP、TTPがつくられるので、必要のない酵素です。Tkが働くような経路をサルベージ経路と呼ぶことは習っているね（図 7-7）。この酵素がなくても細胞は増殖できる。さて、BrdU（5 ブロモデオキシウリジン）というチミジンのアナログを培地に加えておくと、細胞はTkを使ってリン酸化し、チミジンのかわりにDNAに取り込みます。BrdUを取り込んだDNAは光にあたると光分解して切断され、細胞は死にます。BrdUは選択剤になります。すなわち、細胞を変異剤で処理し、この細胞集団を適当な濃度のBrdU存在下で培養を続けると、野生型

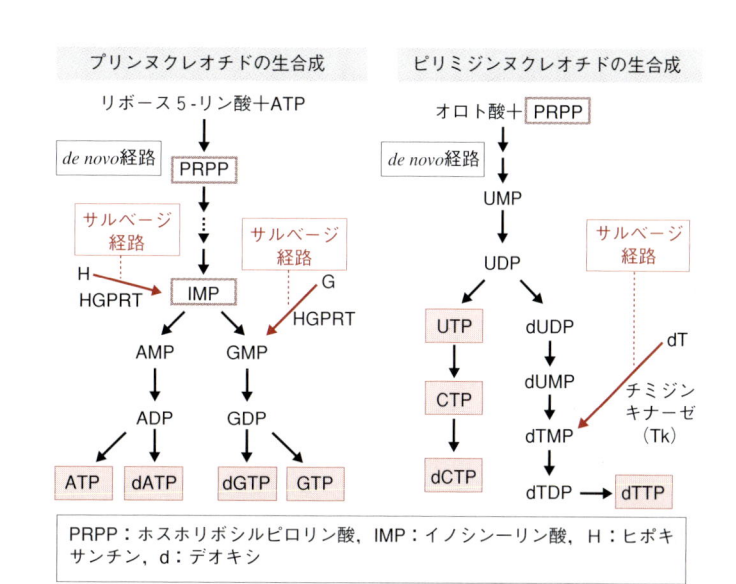

図 7-7 ヌクレオチドの生合成経路

の細胞はBrdUを取り込んで死ぬ。Tk遺伝子が変異したごく少数の細胞は、増殖してコロニーを形成するので、Tkの変異株がとれます（**図7-8**）。こういうコロニーはクローンですね。1つの細胞から出発した、同じ遺伝子背景をもつ細胞集団が、細胞クローンです。クローン細胞をとることをクローニングといいます。

　全く同様の考えで、HGPRT（hypoxanthine guanine phosphoribosyl transferase）遺伝子の変異株もとれます。この酵素は、ヒポキサンチンやグアニンなどの塩基にPRPP（ホスホリボシルピロリン酸）をつけてプリンヌクレオチドを合成する、サルベージ経路で働く酵素の遺伝子なので、なくても細胞は増殖できます。この場合には選択剤として6TG（6-thioguanine）や8AG（8-azaguanine）を使います。HGPRTをもつ正常細胞は、6TGあるいは8AGをDNAに取り込んで死にますが、変異細胞はこれを利用できないので増える。

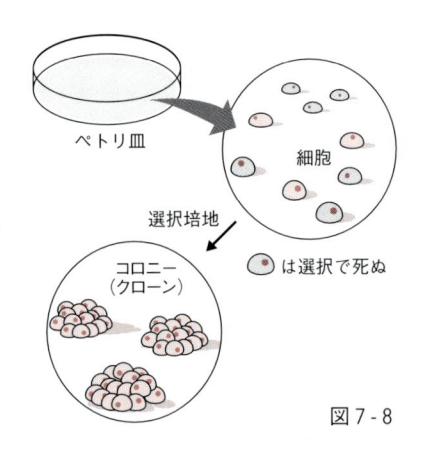

図7-8

選択方法の重要性

　選択は、変異株を取る時だけではない。とにかく**特定の細胞をとろうとする時には、いつも選択方法を工夫する必要**があります。Tkの欠損株にTkを導入して、導入された細胞だけを取ってきたいというときは、**HAT培地**を使います。これは、ヒポキサンチン、アミノプテリン、チミジンが入った培地です。アミノプテリンは、ヌクレオチドの de novo 合成を阻害します。従って、DNAもRNAも合成できず、細胞は死にます。ヒポキサンチンとチミジンを加えておくと、サルベージ経路を使ってプリンヌクレオチドもピリミジンヌクレオチドも供給され、細胞は増殖

できます。しかし、Tk欠損株はこの培地中ではチミジンを利用できず、ピリミジンヌクレオチド供給がないために死ぬ。Tk遺伝子が導入されて働く細胞だけが生き残って、増殖するコロニーを形成します。

　どういう細胞を取ろうとするかによって、選択方法を工夫しなければなりませんが、言い換えれば、**工夫しだいでおもしろい変異細胞をとることができる**わけです。増殖にかかわる表現型の変異で選択すれば増殖にかかわる遺伝子の変異株が取れる。分化、ホルモンに対する反応性、細胞接着、細胞運動、癌細胞の表現型などについても同様です。それを出発に、その表現型にかかわる遺伝子群の研究を進めることができるわけです。

b 条件変異株

　色々な遺伝子の働きを調べるために変異株を取りますが、増殖のために必須な遺伝子の変異はどうやったら取れるだろう。例えば、DNA合成にかかわるタンパク質の遺伝子を知るために、その変異株を取りたい。変異誘起剤を処理した100万個の細胞集団の中には、目的とする変異株がいるかもしれない。でも、増殖に必須の遺伝子が変異してしまえば、その細胞は増殖できなくなる。増殖できなければ、細胞を取ることも実験に使うことも不可能です。

　で、**ある条件では変異した表現型を示すが、別の条件では正常の表現型を示すようなものを取ればよい**。例えば、DNAポリメラーゼ遺伝子の変異株を取る時、34℃では正常の機能をもつが、39℃では機能を失うような変異株を取ればよい。こういう変異を**温度感受性変異**と言います。感受性というのは、それに対して弱いって言うことだね。薬剤感受性はその薬剤に弱いということだし、ウイルス感受性と言えばそのウイルスに感染してウイルスが増え、細胞が死ぬということです。美人感受性ってのは美人に弱い。その反対は、**耐性あるいは抵抗性**と言います。DNAポリメラーゼ酵素タンパク質に1つのアミノ酸置換が起きて、34℃では正常の高次構造を持って正常の機能を果たすが、39℃では高次構造が変化して機能が果たせなくなる、そのような変異を狙うわけです。具体的には、39℃では増殖できず、34℃では増殖できるという表現型を利用して、変異株を取ってきます。実際、大腸菌では長い間

DNAポリメラーゼIが複製酵素であると信じられてきましたが、DNAポリメラーゼIIIが複製に主たる役割を果たしていることがわかったのは、このような変異株の分離によります。

条件変異はなにも温度だけに限るわけではなく、ある種の薬剤を入れた時だけ変異表現型が現れるなど、さまざまな工夫が可能です。

3 細胞融合法

a 相補性テストによる遺伝子の解析

体細胞の相補性テストには細胞融合を使います。培養細胞からとった変異株でも、遺伝病の患者さんから得られた変異細胞でも、同じ表現型を示す変異株どうしを細胞融合させた時、同じ遺伝子が変異した株どうしであれば、融合細胞も変異型を示すはずです。しかし、よく似た表現型を示す2つの変異株が別の遺伝子の変異であれば、融合細胞は、いずれの遺伝子に関しても正常遺伝子がお互いから供給されますから、融合細胞の表現型は正常になるはずです。このように、**2つの変異株の遺伝子が補い合うかどうかを、相補性テスト**と呼びます。2つの変異株が相補すれば、異なる遺伝子の変異であったと考えます。

自分が変異株を何百個もクローニングした時、同じ遺伝子の変異株をダブって解析しても無駄ですから、まず相補性テストによって**相補群に分けることは一番最初にすること**です。5つの相補群に分けられたとすれば、5つの遺伝子の変異が取れたものと、一応考えます。増殖という表現型にかかわる遺伝子は何百もあるはずで、その中のどれが変異しても増殖に差し障りが出ることは当然ですから、相補群は多くても不思議はない。1つの酵素が、複数のタンパク質サブユニットの複合体として機能する時には、それぞれのサブユニットの変異株がとれる可能性がある。変異株を網羅的に取ってこられれば、注目する表現型にかかわる遺伝子が少なくともいくつあるか推定することができる。

b 細胞融合によって表現型の子孫への伝達を調べる

細胞融合の利用はそれだけではありません。遺伝学は、ある表現型が子孫にどのように伝わるかを解析することからスタートしました。その場合は、精子と卵子の細胞融合を介して子孫に伝わる形質を解析する。同様に、ある表現型を持った細胞を別の細胞と融合し、融合細胞が子孫細胞として増殖し、子孫細胞に表現型がどう伝わるかを調べられれば、体細胞による遺伝解析ができるわけです。

c 細胞融合の方法

体細胞遺伝学で利用されるようになった細胞融合法は、もともとウイルスが感染した時に細胞どうしが融合することが発端です。インフルエンザウイルスのように、表面に膜をもつウイルスの仲間のなかには、細胞膜を融合させる性質をもつ表面タンパク質があります。ウイルスが感染して増殖する時、ウイルスタンパク質を細胞膜表面につくるので、細胞は融合します（fusion from in）。あるいは、たくさんのウイルス粒子が細胞に付くだけでも細胞融合が起こります（fusion from out）。センダイウイルスはこの仲間ですが、これを鶏卵内で増殖させて採取し、殺してから細胞融合に使います。センダイウイルスによる細胞融合を体細胞遺伝学に利用できるようにしたのは、岡田善雄さんたちの仕事です。

殺したとはいってもウイルスでは何かと面倒なので、現在では、ポリエチレングリコールの溶液がよく使われます。ポリエチレングリコールは、自動車の不凍液に使われたり、アイスクリームやソフトクリームのしっとり感を出すのにも使われるそうだね。細胞が生えている上に50％くらいのポリエチレングリコール溶液をたらしたり、細胞の浮遊液を作っておいてポリエチレングリコールを加えるだけで融合が起きます。30秒とか1分程度ポリエチレングリコール液に接触させて、直ちに希釈して除去し、培養を続けます。ポリエチレングリコールで、どうして細胞膜融合が起きるかの機構は省略します。

もう1つ、**細胞浮遊液を小さなチャンバーに入れ、これに瞬間的に高電圧をかける方法**があります。電気ショックで、細胞融合が起こります。

これらの方法はそれぞれ一長一短があり、細胞の種類によっても著しく効率が違います。どの方法を使うのが効率よいかをあらかじめ知る方法は今のところありません。やってみないとわからない。

植物細胞では細胞壁があるのでそのままでは融合できませんが、細胞壁を酵素で消化して裸にすると、接触させただけで融合してしまう場合があるそうです。普段は壁で遮られているだけに、融合に対して細胞膜の抵抗がないということかね。このような細胞の表面構造は、動物細胞とは分子レベルで違いがあるんです。

d 融合した細胞をどうやって選択するか

融合したばかりの細胞は、2つあるいはそれ以上の核が、1つに融合した細胞質の中に存在します。**核が融合するのは、細胞が分裂期を通ってからと考えられます。**分裂期には全部の核が消失して染色体になり、分裂後に核が再生する時には、融合前の細胞に由来するゲノムDNAが1つの核に入ります。あまりたくさんの細胞が融合した場合には、分裂期をうまく通過できずに死滅します。

2種類の細胞を融合させた時、当然のことながら、融合しなかった細胞や、同じ種類どうしが融合した細胞もたくさんできるので、異なる種類が融合した融合細胞だけを選択する工夫が必要です。同じ種類どうしが融合した細胞を、ホモカリオン（homokaryon）細胞と言います。異なる種類の細胞が融合した細胞を、ヘテロカリオン（heterokaryon）細胞と言います。

融合しなかった細胞とホモカリオンを除去し、ヘテロカリオンだけを選択的に増殖させたい。初期の頃は、1つ1つの実験ごとに工夫をこらしてヘテロカリオンを選択しました。現在よく使われるのは、**融合しようとする細胞にあらかじめ薬剤耐性遺伝子を導入しておく方法**です。ネオマイシン耐性（neo^r）、ハイグロマイシン耐性（hyg^r）、ピューロマイシン耐性（pur^r）など、もともとはバクテリアの抗生物質耐性遺伝子ですが、これをあらかじめ融合したい細胞に導入して、耐性細胞をとっておきます。この細胞をもとにするわけです。例えば、neo^r 細胞と hyg^r 細胞を細胞融合して、ネオマイシンとハイグロマイシンの両方を含む培地で培養すると、それぞれの親細胞とホモカリオンとは死に絶えます。ヘテロカリオンだけが両方の薬剤に耐性になって増殖し、コロニーを形成するはずです。

e 細胞融合で遺伝子が乗っている染色体を決める

遺伝子解析の一歩として、ある遺伝子がどの染色体に乗っているかを決めることは容易ではありませんでした。細胞融合によって、ヒトの遺伝子がどの染色体に乗っているかを決めた例を紹介します。

マウス細胞からHGPRT変異細胞を取ります。取り方はさっき紹介したね。これとヒトの正常細胞を融合します。図7-9のような手順でHGPRTがX染色体上にあることを推定した後、6TGと8AGを加えた培地で培養し、ヒトのHGPRT遺伝子がX染色体に乗っていることがさらに確かめられました。ヒトの細胞はマウスの細胞と比べてもともとウアバイン感受性が高いとか、ヒト細胞とマウス細胞を融合すると、不思議なことにヒトの染色体だけが選択的に失われるなど、それまでに知られていた成果を利用しています。

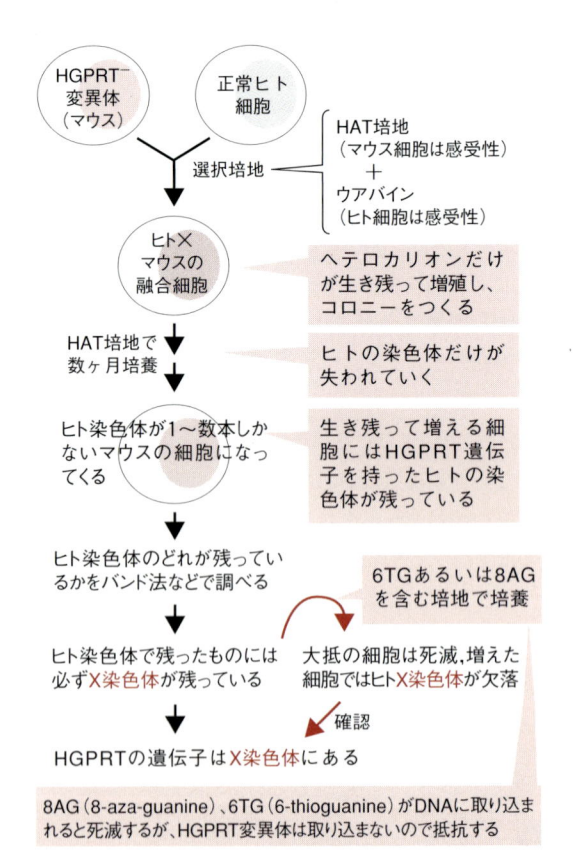

図7-9 ヒトHGPRT遺伝子がX染色体上にあることを決めた実験

癌細胞はしばしば劣性である

　形質がどのように子孫に伝わるかを解析する例として、細胞融合の実験から得られたちょっと意外な結果を紹介します。

　癌細胞は細胞の正常な遺伝子が変異して、癌遺伝子になってしまったものです。癌細胞は癌遺伝子を持っている。癌細胞と正常な細胞とを融合したら、誰が考えても癌細胞らしい細胞になってしまうと思うでしょう。癌の性質の方が強そうだもんね。正常な細胞には、増殖因子がやってきた時にはじめて活性化されて働く遺伝子がたくさんあります。このような**遺伝子に突然変異が起きて、増殖因子が来ないのにいつも活性があるように変化してしまったら、増殖の調節が効かなくなり、細胞は自律増殖への一歩を踏み出します**。実は、これが癌遺伝子なのです。このような遺伝子を取り出して正常細胞へ導入すると、正常細胞は自律増殖への一歩を踏み出します。癌遺伝子の多くは優性であるということだね。一歩を踏み出す、などと持って回った言い方をしたのは、1つの遺伝子の変化だけでは、自律増殖能を完全に獲得できるわけではなく、癌細胞そのものにまで変化するわけではないからです。このような変化がいくつか積み重ならないと本当の癌細胞にはならない。

　実際に癌細胞と正常細胞を融合した時、融合細胞が癌の形質を表すこともありますが、意外なことに、正常細胞の持っていた増殖調節を受ける性質が現れる場合が少なくないのです。癌細胞の表現型が優性とは限らないんです。しばらく培養を続けると、だんだんに染色体が欠落してくる。そうすると、癌らしい表現型を持った細胞がまた出てくる。

　それはいったい、どうしてなんでしょう？

　癌遺伝子からだけでは説明することができません。一番素直な考え方は、**正常細胞の染色体には癌の形質を抑制する遺伝子が存在する**、というものです。意外ではありますが、実際にそれは正しかったんです。

　正常な細胞は、簡単には増殖を開始ないように増殖にブレーキをかけている遺伝子があります。増殖因子がやってきて、細胞内で増殖への準備が進行すると、この遺伝子の産物であるタンパク質は機能を失って、細胞はやがて DNA 合成を開始します。この遺伝子が変異を起こして機能を失ったら、細胞はどうなるか。ブレーキを失った細胞は、わずかの増殖刺激でも増殖を開始するようになります。これも自律増殖への一歩です。このような遺伝子を癌抑制遺伝子と呼びます。よく知られているのは、p53 や Rb です。実際、癌細胞ではこれらが変異して機能を失っている場合が多い。

　ですから、癌細胞と正常細胞を融合した時、癌抑制遺伝子を失ったために自律増殖能を獲得している場合には、正常細胞から癌抑制遺伝子を供給されることで、増殖調節できるようになるわけです。もちろん、癌細胞では癌遺伝子の方も変異していますから、完全に正常の表現型になるわけではありませんが、正常細胞のような増殖調節機能の一部が復帰するわけです。

9 細胞老化は優性である

　もう1つ、意外な結果の例です。ヒトの正常な細胞は分裂回数に限界があって、いくらでも増えられるわけではありません。培養しているとしだいに増殖能力が落ちて行って、やがてほとんど全く増えなくなります。これはヒトの正常体細胞が持っている本質的な性質です。胎児からとった線維芽細胞でも、60〜80回分裂すると増殖できなくなります。こういう細胞を老化細胞と呼びます。どんな機械でも、使っているうちに段々痛んできてやがてダメになるのは当たり前のことなので、老化細胞というのは、増殖にかかわる機構にガタがきて働かなってしまった、と考えるのが妥当でしょう。

　では、若くて元気な細胞と融合して、新しい部品を供給してやったらよく増えるようになるのではないかと考えるのは、ごく当たり前です。誰だってそう思うだろ。ところがそうはならなかった。よく増える**若い細胞と、老化した細胞を細胞融合すると、増殖できなくなった**のです。融合したばかりの細胞は核が2つありますが、老化細胞の核で DNA 合成しないだけでなく、若い細胞の核でも DNA 合成しなくなったのです。老化細胞は強い。ジイさんが若い娘さんとつき合って若返ろうとしたら、娘さんの方がバアさんになってしまった。恐い話だね。老化細胞には、若い細胞核の DNA 合成まで抑制する何かがある。

現在ではこの理由はハッキリわかっていて、老化細胞では、先ほど述べた癌抑制遺伝子の仲間が非常に強く働いていて、増殖のブレーキが強くかかっているのです。融合して細胞質を共有した以上、抑制遺伝子からつくられたタンパク質は自由に両方の核へ行って働くことができる。そしてDNA合成を抑制しているのです。ではなぜ老化細胞では癌抑制遺伝子が強く発現してしまうのか、ヒト体細胞なぜ分裂可能回数が有限なのか、それについては、また別に話すことにします。

有限分裂寿命は優性である

続いてもう1つ。ヒトの正常な体細胞には分裂回数に限界があって、いくらでも増えられるわけではない。このことを、**ヒト正常細胞は有限分裂寿命である**と言います。これに対して、培養系でトランスフォームした細胞や癌組織から取り出した癌細胞は、分裂寿命がなくいくらでも増殖し続けます。これを**無限分裂寿命細胞**あるいは**不死化細胞**と言います。まあ、感覚的には、有限分裂寿命細胞は増殖継続のための何らかの制限を持っており、この制限を乗り越えられた細胞だけが不死化すると考えられますから、不死化という性質の方が強いに違いない。それが普通の感覚でしょう。

ところが、**不死化細胞と有限分裂寿命細胞を融合すると、融合細胞は必ず有限分裂寿命になる**ことがわかりました。不死化細胞どうしを細胞融合した場合でも、組合せによって有限分裂寿命が現れることがわかりました。有限分裂寿命が優勢の性質で、無限分裂寿命が劣性の性質であることは明らかです。有限分裂寿命を正常表現型、これにかかわる遺伝子に変異が起きたものが不死化細胞になる、と考えると、まさにこれは相補性テストをやっていることになります。不死化という性質に変わった変異株どうしを融合すると、別の遺伝子の変異どうしであれば正常の表現型があらわれる、ということですね。こうして4つの相補群があることがわかりました。

単純には、**有限分裂寿命にかかわる遺伝子が少なくとも4つある、そのどれかが変異すると不死化するもの**と理解できる。ただ、4つの遺伝子のどれが変異しても不死化するなら、不死化はかなり起きやすい現象のはずだ。しかし実際には、不死化させることは非常に難しく、できたとしても非常に頻度の低い現象です。

不思議なんです。このあたりの分子機構はまだ十分にはわかっていない。

モノクローナル抗体

細胞融合の非常に大きな応用として、**モノクローナル抗体**の産生があります。通常、抗体をつくるときどうするか。例えばウサギの皮下などに、精製したタンパク質を注射します。このタンパク質がウサギにとって異物であった場合、ウサギは抗原として認識し、これに対する抗体をつくります。通常は血清に含まれる抗体を実験に使います。

問題がいくつかあります。抗原として、十分量の抗原を精製することは一般に困難です。精製の不十分な抗原を使うと、まざり物に対する抗体もできてしまう。抗体ができてしまってから、目的の抗体だけを分ける方法がない。そのような抗体を使ったら、どの抗原と反応しているのかわけのわからない、特異性の低い結果しか得られない。注射したのは完全に精製された1種類の精製タンパク質であっても、高分子であるタンパク質のあちこちを抗原として認識し、何種類もの抗体をつくります。できた抗体によっては別のタンパク質の似た構造部分と結合するかもしれない。特異性が下がる。それと、ウサギで作った抗体は、そのウサギが歳をとったらもう取れない。いろいろと不便なんです。しかし、**不純な抗原からでも、たった1種類の抗体をつくる夢のような方法**が開発されました。

抗体はリンパ球がつくります。前にお話したように、ヒトがつくりだせる抗体は何万あるいは何十万種類と言われますが、1つのリンパ球は1種類の抗体しかつくれない。で、抗原をマウスに注射しておいて、抗体をつくり出したことがわかったら、脾臓を取り出します。脾臓には抗体をつくるリンパ球があります。これに、いくらでも増殖するミエローマという癌細胞を細胞融合します。うまくいけば、リンパ球からは抗体をつくるという性質、癌細胞からはいくらでも増えるという性質を貰い受けた、抗体をつくりながらいくらでも増える細胞が得られます。融合した細胞を1つずつ、96個の小さな窪みのある培養器にうえて、培地を入れて培養します。こういう培養器を10枚擁すればおよそ1,000個の融合細胞を扱えます。細胞は増えてクローンを形成します。で、それぞれの培地を、目的とする抗

原と反応する抗体を含むかどうか検定します。1つの細胞クローンは1種類の抗体しかつくりませんから、こうして得られた抗体をモノクローナル抗体と言います。それに対して、ウサギなどで作った抗体をポリクローナル抗体と言います。

この方法を使えば、抗原を精製するどころか、組織や細胞を丸ごと抗原として使って、多くの種類のモノクローナル抗体をつくることさえ可能です。こうしてつくられるモノクローナル抗体を取ってきて、蛍光抗体法によって細胞を染色してみると、細胞内の思わぬところに思わぬタンパク質が新たに発見される、などということさえあるのです。抗体が先に用意できて、それを使って解析することで、新しいタンパク質が発見される。それが細胞内でどのような役割を果たしているかは、次の仕事です。

4 DNA導入による遺伝子解析

DNAを細胞に導入することができるようになって、変異細胞の表現型を正常に戻すDNAをクローニングすることが、原理的には可能になった。うまくいけば、変異した表現型の原因になっている正常遺伝子のクローニングができる。ある表現型に注目して、その表現型の原因となる正常遺伝子をつかまえること、すなわち表現型から遺伝子へという方向は、遺伝学のオーソドックスな進め方です。これが体細胞を使ってできる。

a 真核生物へのDNA導入はトランスフェクションという

大腸菌にDNAを導入することをトランスフォーメーション（形質転換）、ウイルスを介してDNAを導入することをトランスダクション（形質導入）と言ったことは覚えているかな。いずれも、導入されたDNAが働けば大腸菌の形質が変化することを表しています。

問題なのは、培養哺乳類細胞で発癌実験をしていたグループは、培養系の細胞が癌化することをトランスフォーメーションと呼んでいたことです。正常の表現型が癌という表現型に変わるわけで、形質転換には違いない。DNA導入とは無関係です。研究者の交流がなかった時には問題は起きませんでしたが、癌の研究者が遺伝子を扱うようになると、同じ言葉が別の意味を表すことは混乱を招きます。とは言え、どちらにも歴史があることで、今更変えようがない。

で、少なくとも真核生物を扱う限り、遺伝子DNAを導入することをトランスフェクション（transfection）という新しい言葉をつくることにして切り抜けました。哺乳類細胞でトランスフォーメーションと言えば、癌化へ向かう変化のことです。間違えないように。

b トランスフェクションの方法

トランスフェクションには、さまざまな方法が工夫されています。いかに効率良くDNAを細胞内へ導入するか。それぞれの方法には特徴があるので、実験の目的と細胞の種類に応じて、方法を選んで用います。

リン酸カルシウム法は、DNAにリン酸カルシウムの微細沈殿をからませて培地に添加します。細胞はこの沈殿を貪食します。方法的には簡単で、細胞によっては効率よく導入されます。ポリアミン等の塩基性化合物とDNAの複合体を作って細胞に食わせるなどの工夫もあります。

リポフェクションは、脂質膜からつくったリポソーム（liposome）という小顆粒にDNAを閉じ込めて、培地に添加します。細胞はこの小顆粒を貪食したり、リポソーム脂質膜と細胞膜のあいだで膜融合が起きて、中味のDNAが細胞質に入ります。リポソーム脂質膜をつくる際に、細胞融合を促進するウイルスタンパク質を組込ませることで、細胞膜との融合を促進する工夫もあります。

エレクトロポレーションは、シャーレから細胞をはがして浮遊細胞にし、これにDNAを加えて、きわめて短時間強い電場をかける方法です。電気ショックで細胞膜に穴があきDNAが細胞内に入ります、と言っても目で見えるわけじゃありません。電気穿孔法なんて言う訳語がつくられたけど定着しなかった。

いろいろな細胞に感染するウイルスを利用して、中味のウイルス遺伝子を、導入したいDNAに置き換えた偽ウイルスをつくって感染させる方法もあります。ウイルスベクターと言います。アデノウイルスやレトロウイルスの系があります。大腸菌の場合のトランスダクションと似ていますが、あらかじめウイルスのコートタンパク質を生産する細胞を用意しておき、ウイルスベクターに組込んだDNAをトランスフェクトして、

偽ウイルスとして生産させるわけです。偽ウイルスは、細胞への感染効率を著しく高め、ほとんど100％の効率で遺伝子を導入できる場合さえあります。アデノウイルスやレトロウイルスの系が実験系として使われるだけでなく、遺伝子治療のベクターとしても使われています。

マイクロインジェクションと言って、ガラスの非常に細いピペットを作って、顕微鏡下で細胞に直接注射する方法もあります。これだと核内に直接DNAを注入できるので確実ではあるのですが、たくさんの細胞をこなすのが難しい。

金の微粒子にDNAをまぶして、空気銃で撃ち込む方法もあります。細胞壁のある植物細胞や、動物臓器に対しても使える。

いずれの方法でも細胞との相性が問題で、遺伝子導入効率の非常によい細胞から非常に悪い細胞まであります。どの細胞はどの方法が適しているかあらかじめはわかりませんし、どの方法によってもうまく行かない細胞もあります。このような違いが、細胞のどんな性質で支配されているかわかっていません。

C 導入されたDNAの運命

食作用で細胞内に入るということは、消化されてしまわないのですか？

細胞質に入ったDNAの多くは、核へ移行する前に消化されると考えられます。DNAが核まで移行する機構はよくわかっていません。余計なDNAが核内に入ることは、細胞にとって危険なことであることを考えると、積極的な核膜輸送があるとは思えないし、簡単に核膜孔を通ることはできないのではないかと想像します。よく増殖している細胞の方が増殖していない細胞に比べてうまくいく場合が多い理由の1つは、細胞分裂期を経過する時に核膜が消失するので、導入したDNAがクロマチンに接近しやすくなるからと考えられます。

核内に入ったDNAは、消化されてなくなるまで、数日から1週間位は存在します。この間に、導入されたDNAからmRNAが転写され、タンパク質合成が起きます。これは、導入したDNAが存在する間だけ一時的に発現するので、一時的発現（transient expression）といいます。この間に、導入したDNAの一部は細胞DNAに組込まれる。増殖している細胞のほうが効率が

よいもう1つの理由として、DNA複製の際にはクロマチンがほぐれるので、導入したDNAが細胞DNAに接近しやすくなることが考えられます。組込まれたDNAは細胞DNAとして行動し、永久的に発現することができます。これを永久的発現（permanent expression）と言います。

細胞によって効率は違いますが、効率のよい細胞を使って効率のよい方法で遺伝子導入した場合、80％以上の細胞で一時的発現が見られます。永久的発現についても20〜30％の頻度で導入細胞が得られる場合があります。通常は、一時的発現は20〜30％、永久的発現は数％といったところがよい方と言えます。ただ、実験上どうしてもこの細胞でやる必要がある、という時もあります。そんな時は導入効率が 10^{-6} でもやるほかはないんだよね。辛いけど。

こういった効率を高いとみるか低いとみるかは、ヒトによって違う感想があるでしょうが、外来DNAが細胞DNAに組込まれることを断固拒否する、という態度でないことにちょっとした驚きと不安を感じます。細胞は案外いい加減というか、防衛能力が低いものなんですかね。

5 遺伝子導入細胞の選択・クローニング

a 薬剤耐性遺伝子の導入による選択

ある遺伝子を細胞に導入する時、その遺伝子が入った細胞は生きて増殖するが、入らなかった細胞は死ぬという培地で培養できれば、遺伝子が入った細胞だけを選択するのは簡単です。ただ、いつもそのようなうまい手が使えるわけではありません。こういう場合、一緒に薬剤耐性遺伝子のDNAをまぜて導入したり、導入したい遺伝子とつないだDNAを構築して導入するのが普通です。導入した後、薬剤入りの培地で培養すると、耐性遺伝子が導入されなかった細胞は薬剤のために死に絶え、導入された細胞は耐性遺伝子の発現のために元気に増殖します。問題は、こうして選択されたクローンは、薬剤耐性遺伝子が導入された細胞であることは確実ですが、いっしょに目的遺伝子も導入されるという保証がないことです。目的遺伝子が入った細

を効率よく選択するために、いろいろな工夫があります。

b 薬剤耐性遺伝子を一緒にトランスフェクトする

導入したい遺伝子のDNAと、薬剤耐性遺伝子のDNAをまぜて導入する方法をco-transfectionといいます。薬剤耐性遺伝子が入った細胞には、必ず目的の遺伝子も入っているようにするために、通常は目的遺伝子DNAの方を10倍くらい多く使います。でも、必ずしもうまくいくとは限らない。薬剤耐性クローンをいくら拾っても目的遺伝子が入っていない場合があります。

c 薬剤耐性遺伝子をつないでトランスフェクトする

別々のプロモーターの下流につないだ、導入したい遺伝子のDNAと薬剤耐性遺伝子のDNAを連結させて導入する方が、目的遺伝子をより確実に導入できることはわかりますね。確かにそう言う結果になります。ただ、**導入したDNAが細胞DNAに組込まれるとき、どこで切れて細胞DNAに入るかはほとんどランダム**です。せっかくつないで入れたのに、組込まれる段階で、薬剤耐性遺伝子は全部の領域が組込まれるけれども、目的遺伝子の途中で切断が起きている、ということが起き得ます。目的遺伝子が壊れてしまえば、ちゃんとしたタンパク質ができません。実際に導入細胞を薬剤耐性によってクローニングしたとき、100%のクローンが薬剤耐性であるけれども、目的遺伝子の入った細胞は10%もない、ということがしばしば見られます。

d 必ず選択できる方法

これを防ぐために、**目的遺伝子と薬剤耐性遺伝子をIRES（internal ribosome entry sequence）という特殊な塩基配列でつなぐ方法**があります。プロモーター、目的遺伝子、IRES配列、薬剤耐性遺伝子と繋がった1本のmRNAが合成されるようにしておく。普通なら、真核生物ではポリシストロニックmRNAは最初の目的遺伝子のタンパク質は合成されても、2番目の遺伝子である薬剤耐性タンパク質は合成されない。1番目のタンパク質が合成された後、リボソームが外れてしまうからだね。しかし、IRES配列は、ここにもう一度リボソームを結合させることによって、後ろにある薬剤耐性タンパク質を合成できる。そういう形のDNAを構築して細胞に導入して薬剤選択したらどうなるか。増える細胞は、目的遺伝子上流のプロモーターが働いて薬剤耐性タンパク質が合成されているはずで、中間にある目的遺伝子が失われているはずはない。うまい方法です。実際、こうして薬剤耐性細胞が得られると、ほぼ100%目的遺伝子も導入されています。

6 遺伝子をクローニングする

a トランスフェクションによる遺伝子のクローニング

先ほどの例に習って、マウスのTk遺伝子の変異細胞をとったとします。これを使って、ヒトの正常Tk遺伝子をクローニングすることができます。ごく単純には、この変異細胞に、ヒトのDNAを導入して、表現型が正常になった細胞を選択する。この細胞から導入したヒトDNAを回収すればよい。まあ、話は単純なんですが、実際にはかなり難しい。**図7-10**で実際のクローニング方法を紹介します。

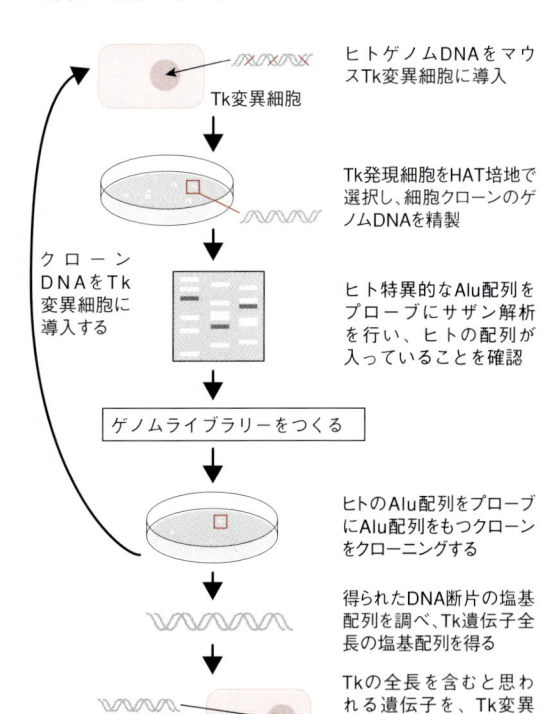

図7-10 ヒトTk遺伝子のクローニング

この場合、使った変異株細胞が自然に正常細胞に復帰する頻度がきわめて低いこと、変異細胞が十分にトランスフェクション効率が高いこと、転写調節領域と構造遺伝子の両方を含むDNA断片があまり長くないこと、このDNA断片中にAlu配列を含むことなど、多くの条件が必要になりますが、それはあらかじめわかることとは限りません。実験がうまくいかないとき、その理由は山ほどあります。

b ゲノムライブラリー

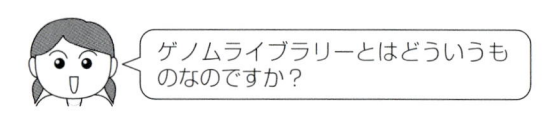

> ゲノムライブラリーとはどういうものなのですか？

ヒト細胞や組織からゲノムDNAを精製し、これを適当な制限酵素で切断し、適当なベクターに組込み、プラスミドDNAをつくります。このプラスミドDNAを大腸菌にトランスフォームして、寒天培地の上にうすく播きます。一晩培養すると、大腸菌は増殖して、1匹の大腸菌から出発したコロニーがたくさんできます。各コロニーの大腸菌はクローンである。1匹の大腸菌から出発した、同じ遺伝子をもつ大腸菌だからね。各コロニー、すなわち各クローンの大腸菌は、ヒトゲノムDNA断片のどれか1つをプラスミドとして持っている。全部のコロニーをあわせれば、ヒトゲノムの全配列が揃うはずです。そこで、このコロニー全体を、ヒトゲノムライブラリーと言います（図7-11）。ゲノムDNAの図書館だね。はじめにつくるゲノムDNA断片を別の制限酵素で切断してライブラリーをつくれば、それぞれの大腸菌コロニーは、違った位置で切れたヒトDNA断片をもっているはずですね。全体としてはヒトゲノムライブラリーという意味では同等です。

癌遺伝子rasのクローニング

さて、実際にこのような原理で、ヒトの癌遺伝子がはじめてクローニングされました。1982年のことです。構造遺伝子だけで全長100kbpにも達する大きなものです。原理的には、正常な表現型をもつマウスの細胞に、ヒトの膀胱癌からとったゲノムDNAを導入して、癌の表現型に変化した細胞をクローニングし、そこからヒトのDNAを回収しました。ヒトDNAを回収する方法にはさ

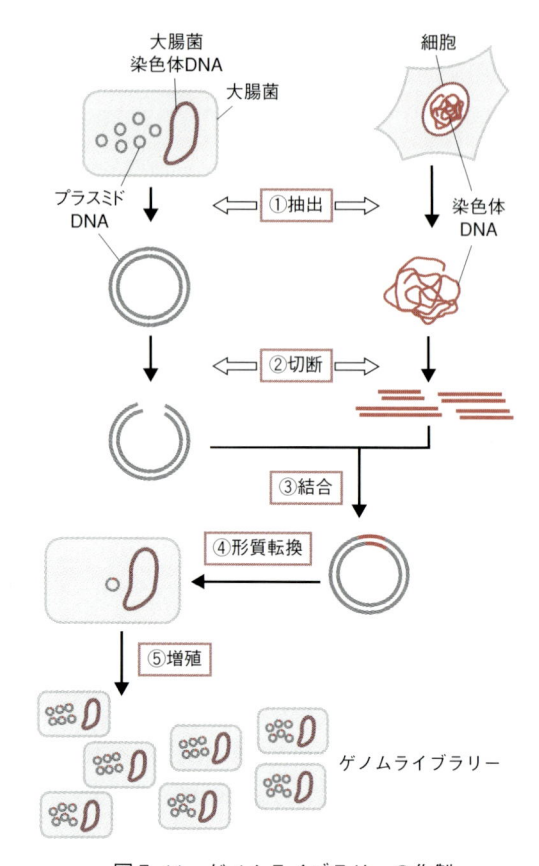

図7-11 ゲノムライブラリーの作製

まざまな工夫をこらしましたが、結果として得られた遺伝子はrasという遺伝子で、ヒトの癌から取られた初めての癌遺伝子です。ヒトの癌細胞が、他の正常細胞をも癌化させる癌遺伝子を確かに持っていることを初めて示した、画期的な実験でした。

c cDNAライブラリー

cDNAライブラリーも紹介しておきます。ヒトのある組織、あるいは細胞から、mRNAを精製します。全RNAからポリAを利用してmRNAを精製する方法は前に紹介したね。完全な精製はできませんが、濃縮はできる。で、これを鋳型にして、オリゴTをプライマーとして逆転写酵素で相補的なDNAを合成します。これを、mRNAに相補的なDNAとして、cDNA（complementary DNA）と言います。その後mRNAを分解して、今度はDNA合成酵素を使ってこれに相補的な

DNA鎖を合成します。このときのプライマーをどうするかは問題で、何をプライマーにすればいいか、考えてみるとちょっと難しいだろう。色々な工夫がありますが細部は省略する。で、とにかく二本鎖DNAをつくります。これもcDNAと呼ぶ。

で、このcDNAを発現させたい時は、適当なプロモーターを持ったベクターを用意して、プロモーターの下流にこのcDNAをつなぎます。こういうベクターを**発現ベクター**と言います。発現させるのが目的でなければ、プロモーターがついていなくてもよい。最近では、たくさんの種類のこのようなプラスミドが市販されています。で、これを大腸菌にトランスフォームします。ゲノムライブラリーのときと同様に大腸菌のコロニーをつくらせれば、各コロニーの大腸菌はヒトcDNAのどれか1つをプラスミドとして持っていて、**全部のコロニーをあわせれば、ヒトのcDNA全部が揃う**はずです。そこで、このコロニー全体を、ヒトの**cDNAライブラリー**と言います。プロモーターがついていて発現する形のものを、**発現ライブラリー**と言います。ヒトcDNAの全部を含んだ図書館です。

d cDNAによる遺伝子クローニング

ゲノムDNAはイントロンとエクソンを含むので、一般には非常に大きい。DNAが大きい程、それを細胞に導入して、大きいDNAのままで細胞DNAに組込ませ、発現させるのは、一般に難しく頻度の低いことです。原理的には、**cDNAライブラリーを作って、これを導入する方が、はるかに小さなDNAを扱うことになるので、成功の可能性が高いものと考えられ**ます。実際、さまざまな表現型をもつ変異細胞株にヒトcDNAライブラリーを導入し、正常表現型に戻った細胞を分離し、これから導入したcDNAを分離することに成功した例がたくさんあります。

cDNAを導入した時、導入された細胞から導入したcDNAを回収する方法は、ゲノムライブラリーの場合に比べるとずっと簡単な方法が使えます。細胞DNAに組込まれてちゃんと発現しているということは、cDNAの途中で切れているはずはなく、cDNAの前後にあるベクターDNAのどこかで切れて、細胞DNAに組込まれているはずだ。だから、cDNAの両側のベクター部分の塩基配列をもつプライマーDNAを合成し、これではさむようにして、細胞DNAを鋳型としてPCRをかければ、cDNA部分だけがいくらでも増幅して回収できるはずです。PCRで増幅できるDNAのサイズには限りがありますが、ゲノムDNAでは無理でも、cDNAは短いから成功する可能性が高い。

cDNAのクローニングに成功したとき、しばしば遺伝子のクローニングに成功したと言います。これは正確には誤りです。イントロンがないからね。背景には、遺伝子としての重要な機能は、その情報をもとにタンパク質をつくることで、cDNAがクローニングされればタンパク質としての情報は入っているわけですから、本質的に同じ事である、という感覚があるからですね。

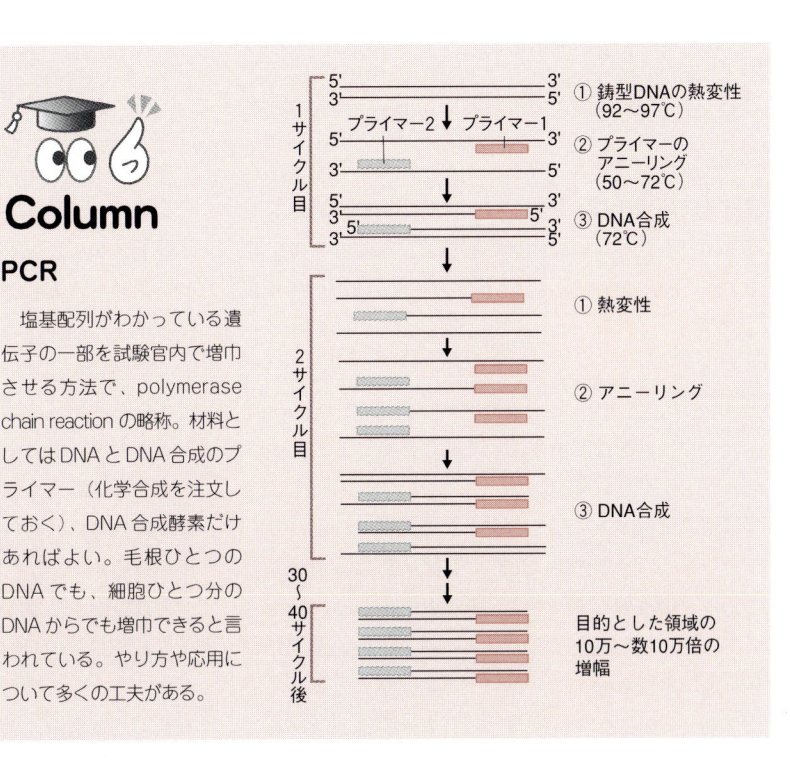

Column

PCR

塩基配列がわかっている遺伝子の一部を試験官内で増巾させる方法で、polymerase chain reactionの略称。材料としてはDNAとDNA合成のプライマー（化学合成を注文しておく）、DNA合成酵素だけあればよい。毛根ひとつのDNAでも、細胞ひとつ分のDNAからでも増巾できると言われている。やり方や応用について多くの工夫がある。

1サイクル目:
① 鋳型DNAの熱変性（92〜97℃）
② プライマーのアニーリング（50〜72℃）
③ DNA合成（72℃）

2サイクル目:
① 熱変性
② アニーリング
③ DNA合成

30〜40サイクル後: 目的とした領域の10万〜数10万倍の増幅

219

ゲノムライブラリーでは成功したのに、cDNAでは成功しなかった例も実にたくさんあります。これはちょっと意外かもしれないけど、考えられる理由はあるんです。現在でも、**全長配列を持ったcDNAライブラリーを作るのは相当に難しい**。多くのcDNAライブラリーは、mRNAの5′末端部分が欠損したcDNAなんです。cDNAをつくる際にmRNAの3′側から合成するので、5′末端まで完全に合成されない。5′末端が不完全だったら、細胞に導入してもちゃんとしたタンパク質ができないので、正常表現型の細胞が取れない。これがうまくいかない一番の理由と思われます。もう1つの問題は、**プロモーターの強さ**です。発現してくれないと困るので、発現の強いプロモーターを使って細胞に導入することが多いのですが、細胞にとってどんなに必要な遺伝子であっても、異常に多く発現すると細胞機能が異常になって死ぬことが少なくありません。これでは導入細胞が取れないよね。この細胞にとって、この遺伝子を発現させる場合に、どのくらいの強さのプロモーターを使うのが妥当であるかはあらかじめわかることではないのです。うまくいかない時には、この他にもさまざまな理由があり得ます。

り ヒトの遺伝子地図：マッピング

a ヒトの遺伝子地図づくりは容易でない

大腸菌の場合でもショウジョウバエの場合でも、遺伝子地図をつくるに際しての**基本は、突然変異体をたくさんとること、変異体を交配して、性質が子孫にどのように伝わるかを調べること**、の2点が重要でした。

> ヒトではどちらも試せないですよね？どうすればよいのですか？

確かに、自由に変異体をつくることも、交配して子孫への伝わり方を調べることも、ヒトでは不可能です。体細胞遺伝学が1つの手です。ただ、個々の人についての情報は、どの動物に比べても**ヒトでは詳細な医学的データの蓄積**があります。その結果として、ヒトでは実にたくさんの遺伝病の例が知られています。しかし、遺伝病の原因遺伝子が何であるかはもとより、それが染色体のどこに位置づけられるかさえ、調べることは容易ではありませんでした。

b 遺伝病遺伝子の染色体への位置づけ

ヒトの遺伝病の原因遺伝子をクローニングする以前の問題として、原因遺伝子がどの染色体上にあるかも簡単にはわかりません。染色体を染め分けて、ある遺伝病患者さんでは、いつでも染色体のある共通バンドが欠失していることがわかれば、位置を推定できる場合があります。ただ、顕微鏡で染色体を観察してわかるような欠失は、非常に大きな欠失です。遺伝病の患者さんは、いつもこのような大きな欠失があるとは限りません。むしろ希なケースです。染色体上の位置がわかったとしても、大きな欠失の範囲には非常に多くの遺伝子が含まれているはずで、原因遺伝子にまで到達することは、相当にラッキーな条件があってその上に相当な労力を費やさない限り困難です。

後で、非常にたくさんの**遺伝子多型**が、染色体上のどこに位置するかを明らかにすることができたことを紹介します。これを使えば、遺伝病がどの遺伝子多型と連鎖して遺伝しているかを、遺伝病の患者さんの家系について調べることによって、遺伝病の原因遺伝子が存在するであろう染色体上の位置をかなり狭めることができます。遺伝子多型の種類が豊富になり、その染色体上の位置がわかるにつれて、狭まることは明らかです。ただ、利用できる家系には限りがあり、必要なだけの血縁者からDNA検体を集めることはなかなか困難で、うまくつかめない場合も少なくない。

患者さんの培養細胞が利用でき、培養系で変異した性質を調べることができる場合には、**正常な細胞から染色体を一本ずつ導入して、変異した性質が野生型に戻るかどうかを見ることで、該当する遺伝子が乗っている染色体を同定できる**ことがあります。正常ヒト染色体を一本だけ導入するには大きな準備が必要なんです。今となっては古典的方法ですが、現在でもこれしかやれない場合もある。結構大変なんだよ、という1つの例を紹介します（図7-12）。図の第1段階である、ヒト染色体1番から性染色体までの1本ずつを含むマウス細胞は、鳥取大学の押村光雄さんたちが長年かかってすでにつくりあげています。

で、こうして得られた正常なヒトの1番染色体を導入された細胞が、遺伝病の性質を残しているか、それ

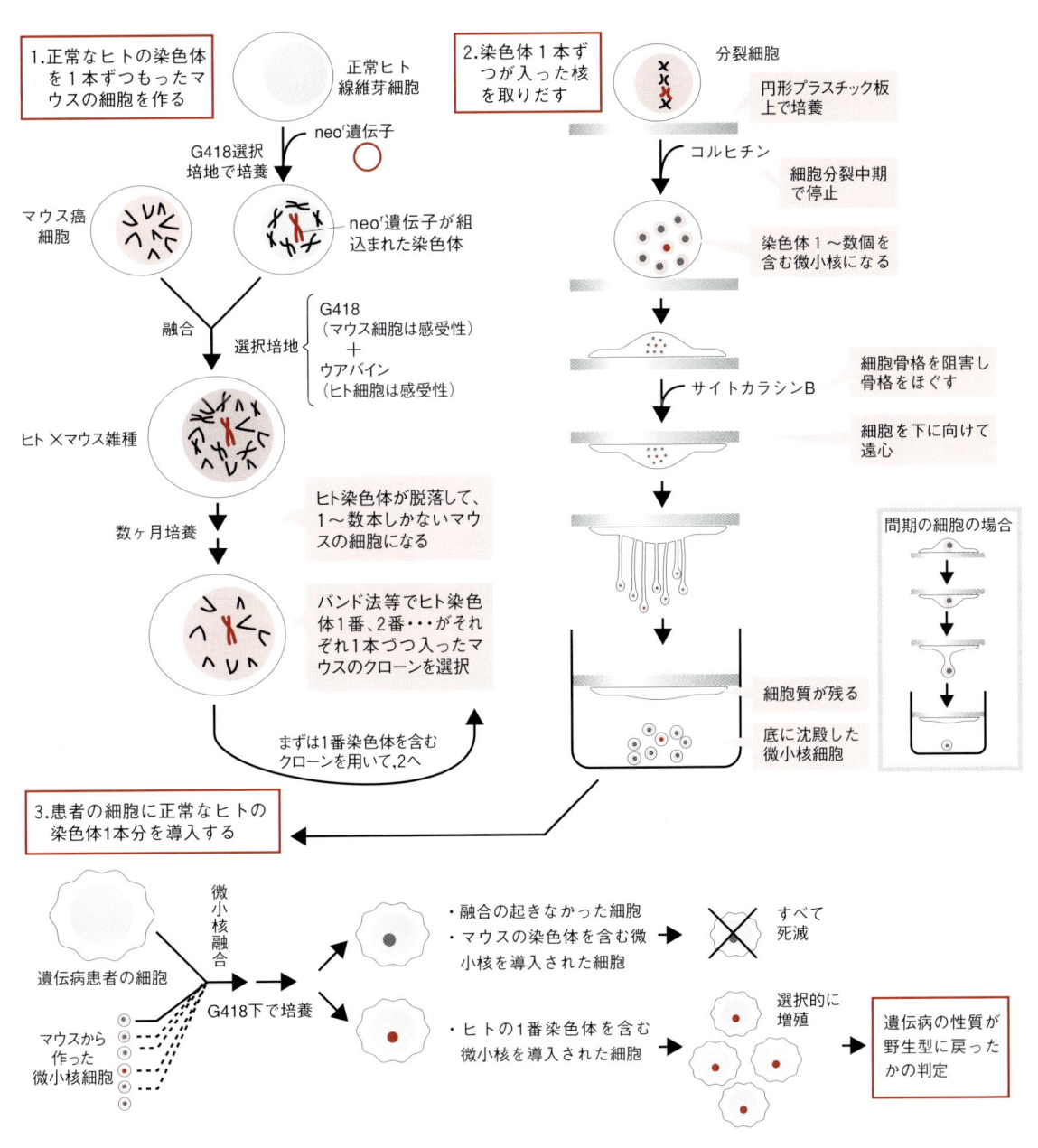

図7-12 遺伝病原因遺伝子の野生型が乗っているヒト染色体を決める

とも野生型に復帰しているかを検定します。元の遺伝病細胞が、X線を当てると野生型に比べて死にやすいという性質（X線感受性）であったとすれば、1番染色体を導入された細胞が野生型のようにX線に抵抗するかどうかを調べるわけです。野生型に復帰していたとすれば、導入した正常なヒトの1番染色体の上に、遺伝病患者では欠けていた遺伝子が乗っていた可能性があ

ります。野生型に復帰せず、遺伝病の性質のままであれば、1番染色体には、遺伝病を戻す遺伝子が乗っていなかった可能性が高い。とすればさっき言った実験を、2番染色体、3番染色体…と繰り返すことになります。ラッキーなら、遺伝病を正常に復帰させる遺伝子が乗っている染色体を同定できます。一応、目的達成です。

……… うまくいくとは限らない

実際には、どの染色体を導入しても全部だめだった、ということもあります。うまく行かなかったときは、非常にたくさんの可能性が考えられます。逆に、3番と7番で有効であった、というような意外なケースもあります。どちらの場合でも、どうしてそうなるのか考えてみよ、次にどうするのがよいと思うか、というのは試験問題としてはちょっと高級ですが、悪くはない。でも難しいね。学部学生向きではなく、大学院問題です。

ずいぶん手間のかかる実験ですが、これでは遺伝病の原因遺伝子が乗っている染色体がわかるだけのことです。大変であろうと他に方法がなければ、やるしかない。これだけの実験技術を身につけて実施するのは相当に大変なことですが、成功すればめでたしだ。頑張った揚げ句に、どれを入れても全部だめだった、野生型に戻らなかったとなったら相当に疲れるだろうね。

c DNAの導入によるクローニングはできるか

先ほど、Tk遺伝子の変異株細胞があった時、Tk遺伝子をとった時のように、直接にDNAあるいはcDNAライブラリーを導入し、正常表現型に復帰した細胞をクローニングし、この細胞DNAから導入したDNAを回収することで、Tk遺伝子あるいはcDNAをクローニングする方法を紹介しました。遺伝病も変異細胞なんだから、同じ方法で原因遺伝子をつかめるのではないか、と思うかもしれません。残念ながら、ほとんどの場合これは不可能なんです。DNAあるいはcDNAライブラリーを導入することはできますが、ほとんどの遺伝病の場合、正常表現型に復帰した細胞だけを選択する方法がないんだね。そこが問題です。もとの変異細胞は死滅させ、正常に復帰した細胞だけを選択して増やすことができるなら、100万個に1個の細胞しか復帰細胞がなくてもクローニングできますが、選択できなければ手が出ません。ただ、全然手が出ないわけではない。せっかく染色体を決めたんだからね。染色体を決めたのは、その先の展望があるからなんです。

d 染色体上の位置を狭められるか

原因遺伝子が乗っている染色体がわかったとする。これは出発点になります。染色体の中で、原因遺伝子が乗っている位置をさらに狭めるにはさまざまな工夫があります。初期の頃は、高線量のX線を照射して染色体の切断や融合を起こし、目的遺伝子が乗っている染色体断片を導入して追いつめるなど、非常に大変な仕事でしたが、現在では、後で述べる遺伝子多型など位置のわかったマーカーがたくさん使えるようになり、原因遺伝子周辺が大きく欠失しているような場合には、その多型も同時に欠失していることから、原因遺伝子の染色体上の位置が推定できるようになりました。

e うまくいけばクローニングまでいける

原因遺伝子が乗っている染色体がわかっただけでも、小さな染色体なら、さらに先へ進める可能性はあります。これだけで、原因遺伝子が乗っているDNAを、ゲノム全体の約23分の1に限定することができたわけですね。で、この染色体1本の全DNAが、100クローンのYACライブラリーでカバーできるとする（図7-13）。YAC（yeast artificial chromosome）ライブラリーというのは、ヒトのゲノムDNAを数Mbp程度の大きさに切断し、それをYACベクターに組込んだライブラリーです。100クローン程度ならば、変異細胞にYACクローン1つずつを導入してもよい。100回やることになるけど、不可能ではない。この場合、YACクローンに薬剤選択マーカー、例えばneo耐性が付いていれば、YACが導入された細胞だけを選択することはできます。野生型に戻ったかどうかではなく、DNAが入ったものだけの選択ならできる。こういうクローン細胞をたくさんとります。たくさんとった細胞クローンを全部調べて、その中に野生型に戻ったものがあれば、そこで使ったYACクローンは原因遺伝子を含んでいた可能性が高い。それがわかれば、原因遺伝子が染色体1本の100分の1の範囲に限定されたことになる。実際にはYACクローンにはかなりの重複があるんで、20分の1くらいかもしれないけどね。

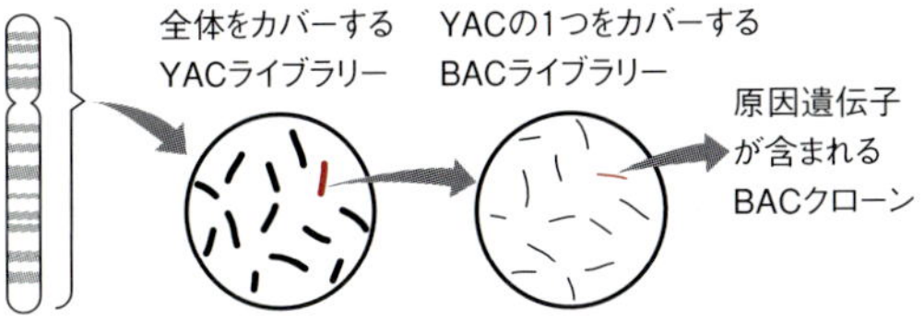

図7-13　YACライブラリーから目的遺伝子を追いつめる

　で、このYACクローン1つの全DNAが、100クローンのBACライブラリーでカバーできるとする。同じ事を繰り返して、原因遺伝子が特定のBACクローンに含まれることがわかれば、さらに20分の1くらいに限定される。実際にこのような繰り返しだけをするわけではありませんが、しだいに原因遺伝子のところへ近づくことはできそうだね。このあたりまでくれば、遺伝子として存在する部位を他の方法で探すことも有力です。EST（expression sequence tag）と言って、位置がわかっているたくさんの遺伝子のcDNAを利用して、mRNAとして読み取られる部位を探せる場合もあります。原理的にはそういうことなんですが、実際には実験経過のさまざまな段階で、なぜかわからないけれども、どうしても超えられない障害が見つかって、労力だけでは先に進めなくなることがある。そこまでで終わり、ご苦労様、と言うことになる。やらされていた大学院生は泣く。うまくいけば原因遺伝子にまでたどり着けるが、うまくいくかどうかは、やってみなければわからない。

　相当大変ではありますが、それぞれの遺伝病について工夫し、20以上のヒト遺伝病の原因遺伝子がクローニングされました。

III. ゲノムプロジェクト

a　ヒトゲノム計画とは

　体細胞遺伝学的な方法でこつこつと遺伝子を決める一方で、1996年にヒトゲノムの全塩基配列の決定に関する国際会議が開かれ、本格的なプロジェクトがスタートしました。ヒトの全遺伝子構造を決めてしまおうという方向性です。できてしまった今では、当たり前のコースに見えるかも知れませんが、当時は大変なことだったんです。もちろん、これ以前から、各国の研究者は独自の研究をスタートしていました。必ずしも歴史の順序には従いませんが、どのように可能になったかについて簡単に紹介します。

b　ゲノム上の目印づくり

　30億以上もある塩基の配列を端から順番に決めていくことは、現在でも不可能です。実際には、ゲノムDNAを何段階かに分けて短く切って、それぞれの断片について配列を決める。単純にはそういうことの繰り返しなんですが、各断片がゲノム全体のどの位置にあったかを知らなければ、各断片の配列情報をつなぎあわせることができません。各断片のお互いの位置を決めて並べることを『整列化』といいます。断片を整列化しなければならない。整列化するためには、それぞれの断片に何らかの目印が必要です。

c　目印としての遺伝子多型

　さて、前にも言いましたが、機能的に大きな不利益がなく、集団中の1％以上の頻度で見出されるような塩基配列の違いを、『遺伝子多型』といいます。遺伝子多型が意外にたくさんあることがわかってきて、ゲノム上の目印に使えることがわかりました。

　RFLP（restriction fragment length polymorphysm）という遺伝子多型があります。ゲノムDNAを制限酵素で消化した時、酵素の認識部位に多型があると、切れる場合と切れない場合を生じます。消化したゲノムDNAを電気泳動してサイズによって分け、^{32}Pで標識したプローブで検出します。検出されるバンドは、切れるものと切れないものの間に大小の違いとして検出できます。ヒトによって、どちらか一方だけをもつホモ接合体と両方をもつヘテロ接合体があります。異なる制限酵素を使ったり、異なる配列のプローブを使ったりして、異なるRFLPを見ることができます。

　ゲノム内には、ミニサテライト多型というのもあります。20～30塩基配列を単位とする繰り返しで、この繰り返しの数には、ヒトによる違いがあります。これもゲノム内のあちこちにあって、目印になります。

　また、2塩基配列を単位とする繰り返しがゲノム中にたくさんあります。この繰り返しの数にもヒトによ

る違いがあります。これを**マイクロサテライト多型**と言います。これらを合わせて、数千にも及ぶ目印として使えることがわかりました。

d 目印のゲノム上の位置の推定

> 目印にするにしても、それがどの染色体の上のどんな位置に乗っているかがわからないといけませんよね？

　目印の遺伝子地図を作るために、交配実験することができないのは自明です。で、自然の交配の結果とも言える、たくさんの家系を対象にしました。その家族の中で目印がどのように連鎖して遺伝するかを調べた（図7-14）。わずかずつ血液を採取させてもらい、血球細胞からゲノムDNAを精製し、これについて、たくさんの多型に関する連鎖解析をしました。ショウジョウバエの遺伝子地図をつくる時に使った、『距離の近い遺伝子ほど連鎖して遺伝する』という原理は、『距離の近い多型ほど連鎖して遺伝する』と言い換えることができるからです。

　これを実行するには、ハッキリとした家系図がわかっている大きな家族を対象とし、そういう家系をたくさん集め、家系内のできるだけ多くのヒトから試料を採取させてもらわなければならない。そのうえ、得られたDNAの分析には膨大な労力を必要とします。多型の種類が多いほど、ある多型と別の多型を組合せて連鎖を見るのに必要な実験は、膨大な数になります。気の遠くなるような大変な仕事ではありますが、こうして、たくさんの多型がゲノムのどこに位置するかを、ほとんどの染色体上に明らかにすることができました。

　およそ、1センチモルガンあたり1つの多型がマップされた時、先へ進むことに曙光が見えたと言えます。1センチモルガンは約1Mbpですから、ずいぶん粗い分布ではありますが、染色体の地図ができた、ということです。県庁所在地の位置が大体わかったから、日本地図の全貌がおぼろげながら見えた、ってことですね。もちろん、当初は非常に荒っぽいものでしかありませんでしたが、次第に多くの目印多型がマップされ市町村役場の位置くらいの目安になった。

e YACライブラリーの整列化

　YACライブラリーのコロニーが数千〜1万個あれば、それは全体としてヒトゲノムのすべての断片を含むはずです。すべてのゲノムDNAを含むと期待される図書館だから**YACゲノムライブラリー**だね。

　それぞれのゲノム断片に関して、先ほどの多型を含むかどうかを解析することによって、それぞれの断片が、何番染色体のどの位置に由来するかを知ることができます。このように、ライブラリー中のDNA断片を、染色体上の位置に従って並べることを、**ライブラリーの整列化**と言います（図7-15）。精密さの程度は別として、とにかく一応YACライブラリーの整列化ができれば、全ゲノムの解析への第1歩になります。これは1993年のことです。

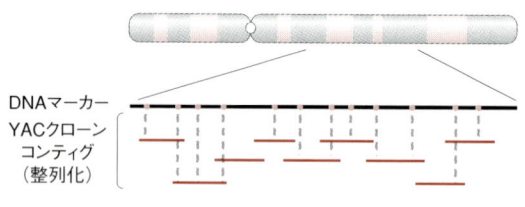

図7-15　YACライブラリーの整列化

1 塩基配列の決定

a 塩基配列を決める方法

　タンパク質のアミノ酸配列決定法は、核酸の塩基配列決定法よりずっと早く開発され、現在でも使われています。現在では自動化された機械もありますが、原理は、精製されたタンパク質を、アミノ末端から1つ

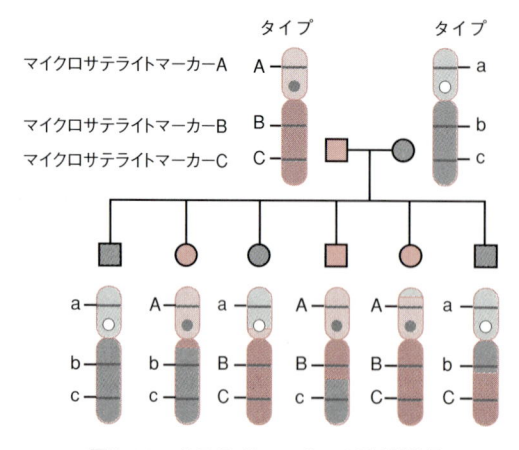

図7-14　サテライトマーカーの連鎖解析

切り離して、そのアミノ酸が何であるかを同定する、という操作を繰り返します。切り離しの反応は100％の効率では起きませんから、何段階か進むと、切り離されるアミノ酸は複数の種類が混ざったものになります。このために、アミノ末端から10を越えるとかなり怪しくなります。

DNAの塩基配列決法のすばらしいところは、一度に数百の塩基配列を決められる点です。やりかたもそう大変ではない。学生実習でもやっているくらいだからね。

現在ではあまり使われませんが、最初に考案されたのは、Maxam-Gilbert法（図7-16）です。この方法が開発された時、私はアメリカにいましたが、論文が出る前からあっという間にたくさんの研究者に知れ渡りました。初めて聞いた時は誰もが、そんなことができるはずはないという顔をし、やり方を聞いて唖然として、でもすぐに納得する、というきわめて画一的な反応をしました。

核酸の配列決定がタンパク質よりずっと遅れていたのは、よい方法がなかったからです。難しいと思われていた。それが、数百塩基も1度に決められる方法が考案されるとは、想像もつかないことだったからです。

b Dideoxy法

その後、DNA合成を用いる方法が開発されました。配列を決めようとするDNAを適当なベクターに組込んでおきます。ベクター部分の塩基配列をもつプライマーを用意しておき、ここから、配列を決めようとするDNAを鋳型にしてポリメラーゼでDNA合成させます。そのとき、4種類のデオキシヌクレオチドに加えて、1種類の2´,3´ジデオキシヌクレオチドを少量加えておきます。ここがみそです。塩基のGを例にとって図7-17で説明しよう。

他の3種のデオキシヌクレオチドも同様にすれば、塩基配列が決まります。一目でわかるって言うのは、すごい方法だねえ。

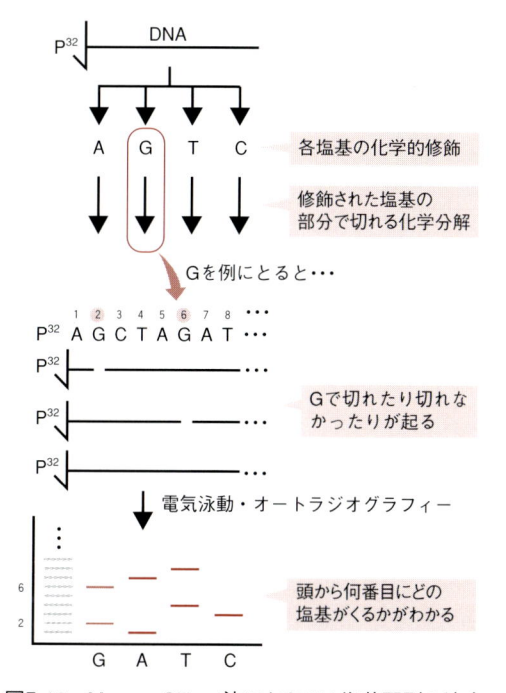

図7-16　Maxam-Gilbert法によるDNA塩基配列の決定

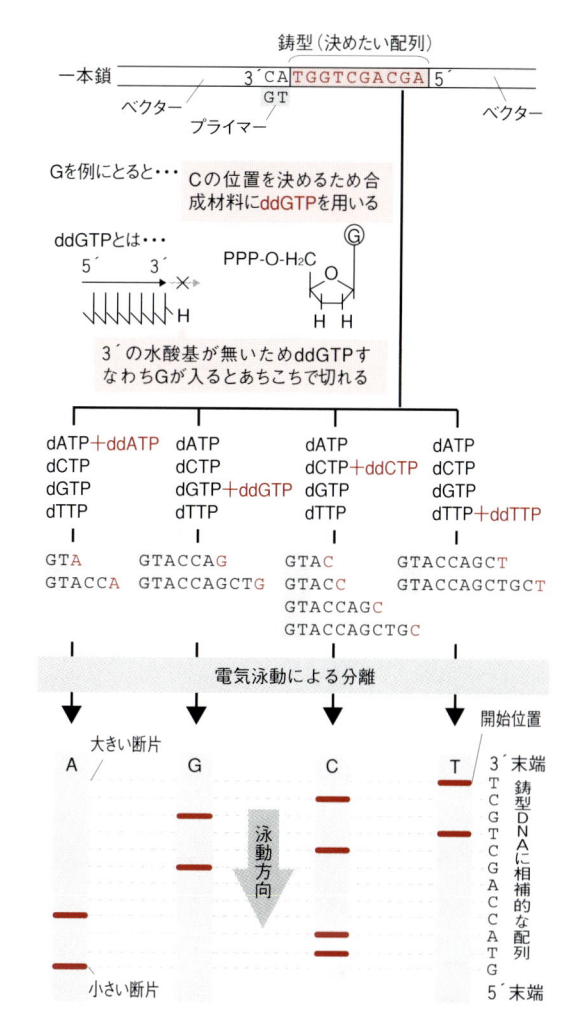

図7-17　Dideoxy法によるDNAの塩基配列決定

c ウイルスゲノムの全塩基配列

最初に全ゲノムの塩基配列決定が決定された、SV40という小型DNAウイルスのことをちょっと紹介しておきます。ウイルスはゲノムが小さいので、全塩基配列の決定が早くから進みました。小さいといっても、いきなり端から全配列を決めることはできないので、いくつかに断片化して、それぞれ均一な分子の集団を得ることがまず必要です。これができるようになったのは、**配列特異的な切断をする制限酵素が利用できるようになったことと、断片を分離する電気泳動法の進歩**が重要でした。制限酵素は、特定の塩基配列を認識して二本鎖DNAを切断する酵素だったね。断片の整列化には『**制限酵素マップ**』を使います（**図7-18**）。ウイルスDNAを制限酵素で切断して電気泳動する。制限酵素EcoRⅠとBglⅠで切ると2本、HincⅡとHindⅢで切ると13本の断片に切れる。制限酵素をいろいろ使って、各断片を別の断片とハイブリダイズさせて共通配列があるか見ることによって、ウイルスDNA全体の中で、制限酵素で切れる位置を示した地図ができます。制限酵素マップです。これを見れば、**酵素で切った時にどんな断片ができるかがわかるだけでなく、断片が整列化されるわけです。こうして断片化したものについて、それぞれの塩基配列を決定すれば、全体の配列が完成します**。ある程度小さなDNAなら、こういう方法も使えるということです。

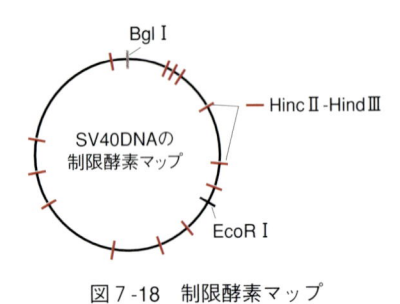

図7-18 制限酵素マップ

d ゲノム塩基配列の決定の考え方

全体の流れとして何をしているかというと、染色体上での位置のわかった、整列化したDNA断片を用意して、それぞれの断片の塩基配列を決めれば、それによって、全ゲノムの塩基配列がわかるはずだ、ということです。話は決して簡単ではないのですが、実際には、1つのYACベクター中のDNA断片をもとにして、さらに小さな断片にした、例えばBACライブラリーをつくり、これも整列化する。その中の1つずつをさらに小さくし、それぞれの断片の塩基配列を調べる。ただ、DNA断片が小さくなるほど、整列化するための目印の密度が高くならないといけないから、このやり方には限度があります。DNA断片が10分の1になれば、目印が少なくとも10倍必要だからね。染色体の全域にわたって10倍にするのは大変なことです。逆に、ある程度まで小さくなれば、制限酵素マップを使って整列化できるなど、など別の手も使えるわけですね。実際の例を全部紹介するつもりはありませんが、さまざまな手段が工夫され、用いられました。

e ショットガン法

あるいは、**ショットガン配列決定**という物騒な名前の方法もあります。これは、**かなりの大きさのDNAを、いくつかの方法で小さな断片にし、散弾銃のように全部の断片についてどんどん配列決定する**。決定した配列について、コンピュータ上で重なり合う配列を見つけて断片の並べ替えをして、全体の配列を決める。塩基配列を決めてから整列化する。繰返し配列の多いところは整列化ができないという欠点はありますが、これはかなり有力です。大きなDNAを対象にショットガンで整列化するためには、**大量の配列情報を処理する大型のコンピュータ**が必要になりますが、情報処理も平行して進歩することで、ゲノムプロジェクトを推進しました。映画「ジュラシックパーク」でもたくさんの大型コンピュータが動いていた画面があったね。

f 配列決定の自動化

塩基配列の決定自身についても、さまざまな技術の進歩が大きく貢献していますが、サンプルを入れれば、短時間で塩基配列が自動的に打ち出されてくる、**シークエンサー**の進歩には目を見張るものがあります。今では、たくさんのシークエンサーを並べて1日に1Mbp（100万塩基対）の配列を決定できるとも言われています。これならすぐにでも全配列が決定しそうですが、重複して調べる必要と、決定のしがたい配列があるな

どのために、平均してこの速度で解析できるわけではありません。

9 ヒトゲノムの配列決定完成

さまざまな工夫によって、1999年には22番染色体の大部分の塩基配列が、2000年には慶應義塾大学の清水信義さんを含めたグループによって21番染色体の大部分の塩基配列が決定されました。そして、2001年には『ヒトゲノムほとんどの塩基配列が決定された』、と報告されました。ただ実際には80％ちょっとというところで、重要な所はだいたいカバーしたといえるでしょうが、まだ全部が決定したわけではなく、繰り返し配列の多い所など困難な部分が残っています。完成は2003年が目処とされています。真核生物では、酵母、線虫、ショウジョウバエ、シロイヌナズナなどについて、ほぼ全配列がすでにわかっています。

ヒトゲノムの構造決定に目処がついた時、構造を明らかにするという1つの目標に関するゴールであったことは明らかですが、これでゴールだという声はほとんど聞かれませんでした。むしろ、これから遺伝子の働きを調べることこそ必要なことで、そのためのスタートとしての基盤整備ができたという評価であったと思います。DNAの二重らせん構造が明らかにされた時、遺伝学はあるいは生物学はこれで終わりだ、今後これ以上の発見はないだろうという声があったのとは対照的です。

2 ゲノムプロジェクトがもたらすもの

a 生物分野で初めての国際大型プロジェクト

素粒子分野などでは、大型の加速器を国際的な協力で建設し、国際プロジェクト研究を進めることはすでに以前から行われています。ヒトゲノムは、生物学分野ではめずらしい大型のプロジェクトとして、世界（とは言ってもごく一部ですが）が協力して1つのゴールに向けて研究を進め、誰もが予想していなかった短期間でなしとげられたことは、特筆されてよいと思います。この成果が今後の研究に与える影響は、予想以上に大きいのではないかと思います。むしろ、今から

この成果をどう使うかが工夫され、あらためてこの成果の大きさが認識される、といった場面が出てくると思います。この成功の波及効果の1つは、同じような網羅的発想で、発現するmRNAの全体像やタンパク質の全体像を見極めようとする研究がただちにスタートしたことで、これは次回やります。目標を定めてヒトもカネも注ぎ込んだマンハッタン計画やアポロ計画では、科学的な側面より技術的な波及効果が大きかったと思いますが、ヒトゲノムプロジェクトも同様に、基礎科学の面だけでなく応用面での波及効果も大きいと思います。

ただね、とても重要であることは少しも疑ってはおらず、高い評価をしてよいと思うのですが、研究とは、こういうやりかただけではないよね。「怪盗ジバコ」という北杜夫の小説があるんだけど、最後の行だけは、なかなかいいんです。ルパンも真っ青という大怪盗の話でね、財力も豊富になり、子分も世界中にいるようになって、世の中に盗めない物はないという状態になった。あるときレストランにいたら少女が来て、ジバコさんでしょと言う。誰にも見破れないはずの変装が見破られたのは、少女がジバコを好きだったからだと言うんです。少女が言うんだね、『最近何でもできるようになったジバコさんには昔の香りがなくなった』、『それが悲しい』って。で、自分でも納得するところがあったんで、『その夜ジバコは、やすり1本を持って、ひとりでエッフェル塔を盗みに出かけた』ってのが最後の行なんです。表現はこの通りじゃなかったかも知れませんが、研究もそういうものかな、という気がするんだよね。

b それで何がわかったか

> ところで、ゲノムの全配列がわかると、何がわかるのですか？

1つの画期的なことは、たびたび言ってますがヒトの遺伝子の数は3万くらい、多くても4万以下であろうという推定ができたことです。長いイントロンがあったり、長い転写調節領域があったり、スペーサーやわけのわからないDNA部分をたくさん含んだヒトDNAですから、どれが遺伝子であるかを推定することは実は容易ではありません。これまでに知られている

遺伝子の特徴をもとにして、遺伝子であることの特徴を抜き出し、それをもとに判定方法を工夫してコンピュータで解析させる。実際には複数の方法でサーチした結果です。これだと、現在まで遺伝子とわかっているものは確実に拾い出されており、そう大きな間違いはないだろうと考えられます。

> どんな遺伝子がどれくらいあるのかわかってきているのですか？

すでに知られている遺伝子が約14,000個、ショウジョウバエと相同性がある遺伝子が約10,000個、残りは相同性の低い遺伝子、ということはヒトに特徴的な遺伝子も含まれるだろう。全遺伝子の中で、機能が推定できるものは、現状ではわずか13,000個くらいしかないそうですが、その中では、代謝に関係するものが20～25％、転写や翻訳にかかわるものが約20％、情報伝達に関するものが約20％程度あります。ハウスキーピング遺伝子だけではないとしても、生存に基本的にかかわる遺伝子が多い。分化機能や発生にかかわる遺伝子は、半分にも満たないことになる。このような遺伝子は、機能が推定できない遺伝子の中にたくさんあるのかもしれません。まあ、そのあたりは、もっと解析が進めば明らかになることです。ショウジョウバエや線虫の遺伝子と比べた時、免疫系にかかわる遺伝子と脳神経にかかわる遺伝子が大いに増えていますが、これは当然予想されていたことで、なるほどという気がしますね。

配列がほぼ全部わかったら、遺伝病の遺伝子について、さっき紹介したような面倒なことをしなくても直ちに明らかになるかというと、そんなことはありません。ただ、解析が楽になる場合はある。味覚感覚に異常がある遺伝病について、大体の染色体上の位置まではわかっていた。で、この位置の付近で、Gタンパク質と称される一群のタンパク質に共通の構造をもつ遺伝子を探して、その候補を見つけ、実際にこれが舌の味蕾細胞で発現するものであることを確認し、原因遺伝

Column ── やすり一本でエッフェル塔を盗む心意気

やすり一本を持ってひとりでエッフェル塔を盗みに出かける、ってのはいいねえ。プロの自信と心意気です。そう思わないかい。その気持ちが、少女の言う香りでしょう。プロの研究者は、たいていそう言う気持ちを持っているんです。必要に応じて共同研究することはあるけど、基本は、自分ひとりでもやるぞって気持ちですね。研究とは、自分らしさの発揮である。このヒトらしい研究の進め方、個性の発揮ですね、と言うものが必ずある。そういう意味では、芸術家と同じである、と言う認識があると思います。『連帯を求めて孤立を恐れず』って言うのは知るヒトぞ知るコトバなんだけど、それと通ずるものがあります。大勢でやる時でも、『皆でやる』ってのと『皆がやる』とは違うんだよね。皆でやるって言うのは、ひとりではやれないが、みんなでワイワイやれば何とかなるだろうという意識の個人からなる集団。皆がやるって言うのは、自分ひとりでもとにかくやるぞと言う意識の個人からなる集団。職業としてのプロであろうとなかろうと、こういう違いはあるよね。研究に限らないけど、わかるね。

お金がないからいい研究ができないってことは確かにあるだろう。設備がないからできないという研究もあるだろう。ただ、DNAの塩基配列決定法の開発とか、PCR法の発見とか、何も大型の機器とか高価な機器が必要だったわけではない。たくさんの研究者を擁する大型プロジェクトでなければできなかったことでもない。やすり一本みたいなものです。それでも、大きな研究分野を展開推進させる基盤となる、文字どおりノーベル賞ものの技術を開発した。これは本当にアイデア1つと言う印象がある。しかも、後から見れば天才でなければ考え付かない、という程のことには見えない。誰にでも思いつきそうなことです。実現するにはそれなりの下地と努力があったとしてもね。こういう研究は実にスマートです。今のような大型研究の時代だって、アイデアと熱意さえあればノーベル賞クラスの研究ができるという証しに思えます。足りないのは研究費じゃなく、それも関係はしますが、アイデアなんですね。ちょっと昔のことですが、某製薬企業が、当時としては破格の素晴らしい研究所を建て、研究費も注ぎ込む方針を決めました。当時ささやかれたのは、『いい研究成果が出なかった時の言い訳がなくなってしまったな』ということでした。

えっ、どうやってやすり一本でエッフェル塔を盗めるかって？　そんなこと私にはわかりませんよ。私は泥棒じゃないんだから。わかるくらいなら転業するかもしれない。

子であることを突き止めた、という成功例があります。この場合、原因遺伝子の染色体上の位置がかなり狭い範囲にまですでに推定されており、異常を起こしているタンパク質がGタンパク質の仲間であろうということが推定されていたからできたことで、そこまでの蓄積がなければ、全塩基配列がわかったからと言って簡単に遺伝病の原因遺伝子がわかる、ということではありません。

ヒトの遺伝子にはあるが、線虫やショウジョウバエには似たものがなく、大腸菌に似たものがあるという意外な遺伝子が200個くらいも見つかりました。ひょっとすると**遺伝子の水平伝播かもしれない**という想像もされていますが、もっと多くの生物で調べてみないと結論は出せないと私は思います。

今、チンパンジーの全配列を決める計画が進んでいるそうです。これはおもしろいですねえ。ヒトとチンパンジーはきわめて近いとは言え、明らかに違います。雰囲気の似たヒトはいるかもしれませんが、違いはわかるよねえ。しかし、**遺伝子としては1％か2％くらいしか違わない**そうです。どこが顕著に違うかがわかれば、ヒトがヒトたる所以が、遺伝子レベルでわかるかもしれない。でも、そういう決定的な遺伝子があるのかなあ。ちょっとの違いの集積によるだけかもしれないよねえ。

いずれにせよ、どんな遺伝子がありそうかがわかったことは、今後の大きな出発点になることは間違いない。それぞれの遺伝子の機能、それらが組合わされた時の役割を、具体的に調べていくための基礎になるからです。

3 医学への応用

a SNP

ヒトゲノム解析を進めるところで、遺伝子多型について話しました。集団の中で、ある塩基の変化が1％以上の頻度で含まれ、機能的に大きな不利益がない場合、遺伝子多型という。たった1つの塩基が異なる遺伝子多型の場合、SNP（single nucleotide polymorphism）といいます。極端な場合には、人口の50％ずつが2種類のうちのどちらかの塩基配列を持っている。どちらかが変異体であるとは言えないこのような違いは、ヒトには百万くらいあるだろうと言われています。遺伝子あたり1つくらいは、塩基配列の多型がある。これはヒトゲノムの解析が進む中で、1人のヒトのゲノムを詳細に調べることと平行して、たくさんのヒトのゲノムを比較する解析を進めることでわかってきました。

遺伝子からできるタンパク質の機能が大きくは変わらないと言っても、明らかに異常とわかるほどには変わらないというだけのことであって、多かれ少なかれ、機能の違いはあるはずです。いろいろなタンパク質に関して、人によって少しずつの機能の違いがあるわけです。実際、お酒に強いか弱いかは、アルコールを代謝するアルコール脱水粗酵素の活性の強さが違うからで、それは、わずかの1塩基の違いの多型が原因と言われています。お酒に弱いことが異常であるとは言えません。たくさんの遺伝子についてのこのようなわずかずつの違いが、体質とか、個性、気質などに反映しているものと考えられます。もちろん後天的な影響はあるに違いないけど、ひょっとすると、頭がいいとか、運動神経がいいとか言うのも、神経細胞の機能にかかわる遺伝子多型の影響があるかもしれないんだね。それがわかれば改造できるかって話になると問題なんだけど。

b 成人病にかかわる遺伝子多型

糖尿病、高血圧、肥満、白内障、癌など、いろいろな成人病（いまは生活習慣病と言うんですね）になりやすいかどうかの体質も同様に、複数の遺伝子におけるわずかの違いが反映されている可能性があります。これらの疾患に複数の遺伝子が関係していることはすでにわかっており、いくつかの遺伝子の塩基配列のわずかな違いが、このような**病気になりやすいかどうか**に影響を与えている。現在、たくさんの疾患とそれにかかわる遺伝子、各遺伝子の多型との関係を調べようとする研究がスタートしています。明らかな相関関係がわかった時、生命保険の加入や結婚への影響など、実際面での問題が取りざたされていますが、まだどのように解決できるか、見通しの立つ状況にはない。自然科学の進歩と社会科学の進歩がアンバランスなんだね。

よく言われることですが、糖尿病になりやすいのは

動物としては正常で、糖尿病になりにくいヒトは自然のなかでは飢え死にしやすいかもしれない。どのような性質が正常と言えるかは、環境によると言えるわけだね。ヒトを含めた動物の歴史では、食料が豊富にあるという状況は滅多に期待できず、普段は餓死との戦いである。ライオンでさえ、いつも狩りに成功するとは限らないそうだからね。だから、血糖維持のためには、グルコースをけちけち使ってなんとか血糖を高めるようにできている。それが当たり前の動物である。日本ではここ30年くらいで食料豊富な時代になって、糖尿病が増えたのは当たり前である。ということだね。ペットも同様です。

c オーダーメイド医療

SNPと表現型との関係は、いま研究が進んでいるところで、どの遺伝子がどのようなSNPであれば、どのような病気にかかりやすく、従って、どのような対策を取れば病気にならないようにすることができる、ということがわかる可能性があるわけです。薬の効き方がひとり1人によって異なるのも、薬物代謝酵素などのSNPの違いによる可能性が高く、**遺伝子を調べることで、そのヒトに最も敵した薬物治療ができる**。副作用の強さを事前に知ることができるかもしれない。ひとり1人のヒトの遺伝子の特徴から、その人なりの最適な医療を施すことを、『**オーダーメイド医療**』と言います。洋服屋さんに寸法を取ってもらって自分に合った洋服をつくるように、自分の特徴にあわせた医療をしてもらう。そう言う方向への研究が進行しています。

d SNPの検出

たくさんの患者さんを相手に、SNPがあるかどうか塩基配列を調べるのは、それなりに大変な作業です。あるかどうかわからないSNPを遺伝子全体の中から探し出すのは今でも大変なことですが、すでにSNPがあることがわかっていて、多くの患者さんを相手にそれをスクリーニングするのは、容易なんです。

患者さんの血液を少量取り、血球細胞からDNAを精製する。一時間くらいでできる。あらかじめ見当がついているSNP部分をはさんでDNA合成のプライマーを用意しておき、PCRでこの部分のDNAを増幅する。増幅されたDNAを**SSCP電気泳動**して、各DNAの移動度を調べる。これだけです。みそはSSCP電気泳動だね。これは、single strand conformation polymorphismと言って、同じ分子量の一本鎖核酸を適当な条件で電気泳動した時、**塩基配列の違いがある**と分子内での二重鎖形成の状態が異なるため、全体の高次構造に違いを生じ、**電気泳動での移動度に差が出る**ことを利用するものです。たくさんの患者さんのSNPを検出するのに、簡便で優れた方法です。

一般的に言えば、移動度の違いがあれば塩基配列に違いがあると考えられますが、移動度に違いがなくても塩基に違いがなかったとは言い切れません。1塩基が違っても高次構造に大きな違いが表れない可能性があるからです。ただ、すでにわかった塩基配列内のわかったSNPに注目するなら、この点はすでに解決済みですから、問題ありません。

e 純系動物の利点と問題点

野生動物の集団は、遺伝子レベルで見ればいろいろな遺伝子に変異や多型があり、均質ではありません。もとが遺伝子構成がヘテロな集団であったら、掛け合わせの実験をしても何が起きるかわかりませんし、生化学的な実験でも、個体差が大きくて実験結果のバラツキが大きくなる可能性があります。できれば、**遺伝的に均質な集団で実験をしたい**。大腸菌のような場合には、1つの細胞から増殖して増えた集団は同じ遺伝子構成を持ったクローンを使える。動物は交配しないと増やせないので、クローンはできません。体細胞クローン動物を、実験動物として汎用するには至っていない。実験動物としてマウスやラットを使うときには、兄弟姉妹の間での交配を繰り返して、なるべく遺伝的に均一にした集団を作って使います。これを**純系動物**と言います。市販のマウスやラットは純系動物です。サラブレッドだね。純系動物は、理想的には、遺伝子の構成が均一な個体と期待される集団ですが、作製のプロセスから推測できるように、クローンほどに遺伝的に純粋とは言い切れません。

ヒトの場合には野生動物の集団と同じで、すべての遺伝子に関して野生型であるヒトはないと考えてよく、すべてのヒトは、どれかの遺伝子には変異や多型を持っている、とも言えるわけです。すべてのヒトが、どれかの遺伝子についての変異体である。

> だからSNPの解析が医療にも重要になってくるのですね

医学関係に限らず、ヒトのモデルとしての実験動物としてよく純系のマウスが用いられます。純系動物を実験に使えば、個体差をできるだけなくして、実験群ごとの個体のばらつきを減らし、精密で再現性のある実験結果を得ることができるという大きな利点があります。別の研究室で行った実験を互いに比較することもできます。ただ、このような純系を用いた実験からでは、たった1種類の遺伝的背景をもった場合のことしかわからない。例えば、思わぬ副作用を発見することが難しい可能性があります。SNPはヒトだけでなくマウスにもあるわけですが、これが薬の効きかたや副作用の大きさに違いをもたらす可能性がある。純系でなければ、稀ではあっても拾いあげることができたかもしれない副作用が、純系を使っていたために見つからないということがあり得ます。もちろん、もっと根本の問題として、ヒトとマウスでは種による違いがあるわけですが、それとは別の問題です。

今日のまとめ

ごく簡単ではありましたが、『表現型は遺伝子によって支配されている』という前提に立ち、表現型からそれを支配する遺伝子を突き止めるという『オーソドックスな遺伝学の進め方』の一端と、さらにその先の遺伝子の構造を決めることの1つのゴールである、『ヒトゲノムの塩基配列決定』について紹介しました。来週は逆に、遺伝子がわかった時、その働きを解析してどのように表現型を表すかを調べる、『遺伝子から表現型へ』の進め方についてお話します。

Column 遺伝子・ゲノム・染色体とは？-その3

ゲノムとは？

「細胞あたりの遺伝子（gene）全体をゲノム（genome）」といいます。また「細胞あたりの全DNAをゲノム」といいます。原核生物では「ゲノム＝全遺伝子＝全DNA」とするのはほぼ妥当ですが、真核生物では全遺伝子≪全DNAなのにね。ゲノムというのは、染色体の形や数を調べることをゲノム分析と称したように、「染色体＝ゲノム」とした古い言葉（概念）なんです。で、真核生物でも、全てのDNAは何らかの情報を子孫に伝えるものではあるので、「ゲノム＝全遺伝情報＝全DNA」と考えます。ヒトゲノム計画は、全DNAの塩基配列を決めるものでした。

ゲノムという言葉のゆらぎ

こういう歴史があるために、遺伝子機能を念頭においたときは遺伝子のセットという感覚、遺伝物質を念頭においたときはDNA全部という感覚があり、研究者によって、使われる場面によって、ニュアンスの違いがあります。2倍体細胞では「2倍体細胞の全DNAをゲノム」と呼ぶのが基本ですが、1倍体（半数体）あたりのDNAをゲノムと称することもあります。これも、物質としての対象（2倍体細胞の全DNA）が念頭にあるか、遺伝子機能としての単位（1倍体あたりのDNA）が念頭にあるか、感覚の違いが出るものと思います。

染色体ゲノムと染色体外ゲノム

原核細胞の持つプラスミドDNAや、真核細胞のミトコンドリアや葉緑体のDNAは「染色体外ゲノム」あるいは「染色体外DNA」として別扱いするのが普通です。ミトコンドリアゲノムとか葉緑体ゲノムともいう。細胞あたりに含まれる量が一定しておらず、起源として寄生体的な要素があるためです。これに対して、細胞本来の（と考える）ゲノムを「染色体ゲノム」あるいは「染色体DNA」と言います。染色体という言葉は、原核・真核を問わず使われる。真核生物では「核ゲノム」ということもあります。

大腸菌に染色体はあるの？

染色体という言葉は本来、真核細胞の有糸分裂期に現れる独特のクロマチン集合体構造を指します。原核生物にはクロマチン構造がなく、有糸分裂せず、染色体を形成しない。でも、プラスミドDNAが染色体ゲノムに組み込まれるとか、プラスミドDNAを染色体DNAから分離・精製するなど、大腸菌の染色体という言葉はしばしば用いられます。真核細胞の形態学分野で古くから使われていた染色体という言葉を、バクテリアの研究者が流用したのが混乱の原因でしょう。

今日の講義は...

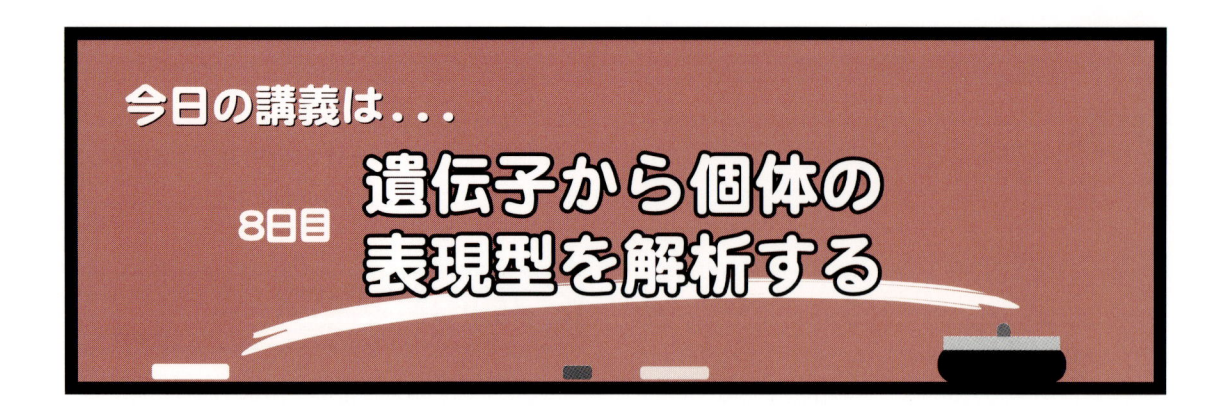

8日目 遺伝子から個体の表現型を解析する

1. 遺伝子がわかれば表現型が理解できるか

a 遺伝子の働きを調べるとはどういうことか

　遺伝子の働きを調べることは、表現型を司る遺伝子をつかむこと、その遺伝子の働きを調べて表現型が理解できることです。その遺伝子が関係している機能に関して、それが特定の反応に関係しているなら、そこにはどのようなタンパク質が関係して反応を成り立たせているのか、一連の反応の一部を担っているなら、その反応の経路や上流下流の関係などについて理解し、表現型の背後の機構が理解できるようにすることです。解析の道筋としては図8-1のような方法があります。全部を詳しく説明することはしませんが、後でかいつまんで話します。その前に全般的な背景を説明します。

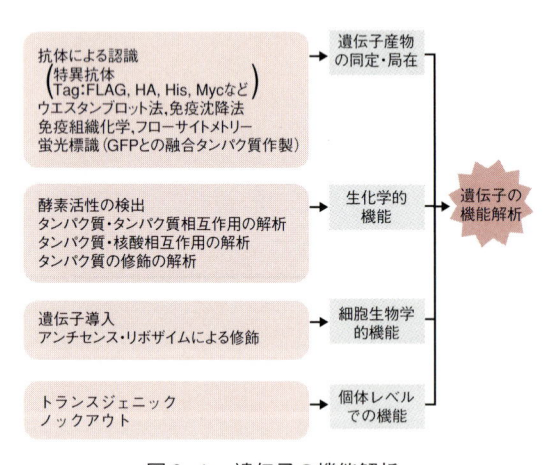

抗体による認識 (特異抗体 　Tag: FLAG, HA, His, Mycなど) ウエスタンブロット法，免疫沈降法 免疫組織化学，フローサイトメトリー 蛍光標識（GFPとの融合タンパク質作製）	→	遺伝子産物 の同定・局在	
酵素活性の検出 タンパク質・タンパク質相互作用の解析 タンパク質・核酸相互作用の解析 タンパク質の修飾の解析	→	生化学的 機能	遺伝子の 機能解析
遺伝子導入 アンチセンス・リボザイムによる修飾	→	細胞生物学 的機能	
トランスジェニック ノックアウト	→	個体レベル での機能	

図8-1　遺伝子の機能解析

b アミノ酸の合成経路

　大腸菌遺伝学の初期の頃、栄養要求性の変異株をたくさん取って、遺伝学的な解析をしたことを紹介しました。大腸菌が、あるアミノ酸合成するためにどのような経路があって、そこにはどのような遺伝子が関係していて、その遺伝子産物が何をしているかを調べたい。要求性株をたくさん取ってきて、相補性テストによって当該アミノ酸ができるまでに働く遺伝子の数を推定できる。それは話した。

　前駆体AからA→B→C→D→Eという経路で、あるアミノ酸Eができるとする。ただしこれはわかっていない。これから知りたいことです。C→Dを触媒する酵素の遺伝子が変異した大腸菌があったとする。この変異菌ではCを蓄積し培地に出す。Cが何であるかはわからなくても、この変異株を培養したCを含む培地のなかでは、A→BあるいはB→Cがダメになっている変異菌は増殖できる。C→Dがダメになっている菌も、D→Eがダメになっている菌も増えることができない。このようにして、得られた変異株が関係している酵素が、どの順番で働き、少なくとも何段階で最終産物のアミノ酸をつくるかが推定できます。反応経路に枝わかれがあっても、工夫すれば推定できる。

　ここではまだ、具体的な産物の実体（化合物）も遺伝子産物の実体（酵素タンパク質）もわかっていなくても、反応経路だけは推定できるわけです。それが遺伝学的手法の特徴の1つです。そのうえで、あるいは平行して化合物が何であるかを同定したり、他方では、菌をすりつぶしてAを基質にしてBに変換する酵素活性があるかを実証する方向に研究を進めることができます。こうして、ある変異株細胞が、どの酵素の変異

であったかがわかります。つまり遺伝子の機能を、具体的な酵素タンパク質の活性としてつかまえることができる。そして、あるアミノ酸が実際にどういう経路で細胞内で合成されるのかがわかる。

c 生化学的解析と遺伝学的手法

増殖因子が来ると、30分後にはc-mycという遺伝子の発現が上昇する。この間に直接関係する遺伝子産物は数十といったところでしょう。増殖因子は、細胞膜表面の受容体に結合する。受容体タンパク質の構造変化が起き、構造変化の結果、細胞質内にある別のタンパク質と会合する。会合した結果、そのタンパク質が活性化されて、さらに別のタンパク質をリン酸化させる。といった反応を順々に明らかにして行くのは重要なことです。これは**生化学的手法**によらざるをえない。この反応系列を順にたどって行けば、ずっと先の方で遺伝子の活性化が起きるのだろう。アミノ酸の合成経路より複雑ではあろうが、反応の系列をたどるという意味では基本的に似ている。

ただ、この経路をたどる中で、数十、数百としだいに多くのタンパク質の変化が起きるようになると、その変化の中のどれがc-mycの発現につながるのかわからなくなる。また、この方法では、思いもかけぬタンパク質がこの反応系列に関与することを見逃す可能性が高い。増殖因子が来てもc-mycの活性化が起きない変異株を解析することで、取りあえずは反応系列のどこの位置で働くかはわからないけれども、必須な機能をランドマーク的に大まかに理解することができる。その遺伝子がとれれば、増殖因子で刺激しなくても、その遺伝子を導入することでc-mycの発現を誘導できるかもしれない。そして、その前後の反応に生化学的な解析を広げることができる。生化学的手方と遺伝学的手法をうまく使うことによって研究が進展する。

ある増殖因子が来ると、30時間後にヒト細胞が分裂し始める。これは原因と結果の間があまりにも大きなブラックボックスです。この間の過程に関係する遺伝子はおそらく何百もあり、生化学的に端から順に追いかけるのではちょっと先が見えない。変異株をとって調べても、この間のプロセスを推定することは直接的には無理です。ただ、変異すれば分裂できなくなるような機能を担った遺伝子として同定することはできる。

それを足場にその前後の反応を解析することはできるでしょう。こういうことができるのも変異株を使った**遺伝学的手法**の特徴です。

d 遺伝子機能と表現型の関係が単純なとき

ロイシンを与えないと増殖できない大腸菌の変異株がある。これは、簡単な化合物からロイシンを合成する一連の酵素の遺伝子の変異であった。ショウジョウバエの眼は赤い。白眼の変異株がある。眼の赤い色素をつくる酵素の遺伝子が変異し赤い色素がつくれなかった。鎌状赤血球貧血症という遺伝病は、ヘモグロビンβ遺伝子の一塩基置換が原因で、その結果、アミノ酸置換によってヘモグロビンの高次構造が変化することが原因であった。これらの例はいずれも、遺伝子の機能と表現型の関係が単純でわかりやすい。

e 遺伝子がわかったとしても表現型までつなげるのは一般には大変

難しいとは言え、多くの変異株から遺伝子クローニングができるようになりました。**原因遺伝子がクローニングでき、その遺伝子産物の酵素活性までわかったとしても、表現型を説明できる場合のほうが少ないんです。**むしろ、例外的とも言える。遺伝病などの場合には、いまでも、酵素活性がわかったからといって、それがどのようにして表現型に関係するかを調べるのは難しい。

古くから知られていた遺伝病の1つに、**Lesch-Nyhan症候群**という病気があります。攻撃的な行動、知能の遅れ、痙攣性の脳性麻痺、自損行為等の表現型が現れます。自損行為の1つとして、噛み切れるところはみんな噛み切ってしまうため、唇がなくなってしまった患者さんの写真を見た時はショックでした。この遺伝病の原因遺伝子は、**HGPRT**であることが比較的早い時期に解明されました。これはプリンヌクレオチドのサルベージ経路に働く酵素です。ヌクレオチドは通常、簡単な化合物から合成されているので、必須栄養素として摂取する必要はなく、サルベージ経路が働かなくても困る事はない、と単純には考えられます。おそらくフィードバック調節がきかなくなる結果、尿酸の濃度が著しく高くなると言われます。でも、この酵素が欠損すると、どうしてこういう神経症状を含めた臨床的

な影響が出るのか、現在でも理解されてはいません。

　ウェルナー症候群という遺伝的早老症があります。思春期までは正常なのですが、20代くらいから老化の症状がではじめ、白髪、白内障、糖尿病、動脈硬化、骨粗鬆症、癌などを発症し、平均寿命は46歳と短い。どんな遺伝子の異常なのかはもちろん重大な関心事でした。1996年に遺伝子は取れました。そして、その遺伝子産物であるタンパク質は、二本鎖DNAを一本鎖にほどくヘリカーゼという酵素の活性を持っていた。これは大きな進歩です。ヘリカーゼ活性をもつ酵素はたくさんありますが、これは大腸菌で見つかったRecQと構造的に似ているので、RecQ型ヘリカーゼと呼ばれ、ヒトでは5種類も見つかっています。白内障、皮膚症状、骨肉腫の発生などを特徴とする**ロスムンド・トムソン症候群**や、低身長、発育不全、免疫不全、男性不妊、癌発生などを特徴とする**ブルーム症候群**といった遺伝病の原因遺伝子も、同じRecQ型ヘリカーゼでした。ただ、ヘリカーゼが異常になると、どうして早老症そのほかの表現型が出るのか、これは現在でもわからない。

　一番大きな原因は、このような例では、原因遺伝子の働きと、現れる表現型との間のブラックボックスが大きく、表現型に影響が出るまでの間には何十、何百という遺伝子産物が関与する、複雑な影響があるからと考えられます。原因遺伝子の同定は大きな進歩ではありますが、このブラックボックスが解明されない限りは、表現型まで説明することは一般に難しい。ブラックボックスすなわち細胞の中で起きていることについての背景理解があまりにも不足しているんですね。

遺伝子産物がマルチファンクションである場合

　表現型との関係を複雑にする一番大きな要因は、その間のブラックボックスが大きすぎるからですが、他にもあります。例えば、**遺伝子産物（タンパク質）の機能がマルチファンクションである場合**があります。SV40という癌ウイルスのもつT抗原という遺伝子からできるタンパク質は、複数の機能を持っています。これはDNA複製の開始に働きます。SV40DNAの複製を開始することが本来の役割と考えられますが、試験管内での細胞DNA合成の際にもこれを加えることで合成開始が起き、真核生物の複製機構の解析に役立っています。T抗原はさらに、感染後期にはSV40の初期遺伝子の転写を抑制し、後期遺伝子の転写を促進すると

Column: ビタミンの方が身近な例だね

　多彩な影響が出る例としては、ビタミンの方が身近かもしれないね。ビタミンCはオキシゲナーゼの補酵素です。ステロイドの水酸化にも必要で通常は副腎にもたくさん含まれている。欠乏すると、ステロイドホルモンの代謝に影響が出るはずです。ビタミンCの欠乏を壊血病と結びつけるのは、4日目にやったように丈夫なコラーゲンができないための歯茎の出血が外から見てわかりやすいからに過ぎません。

　ビタミンAの場合はもっと複雑で、カロチン（ニンジンの赤色だね）が切れてできるレチノールは、網膜の桿体細胞でオプシンというタンパク質と結合して、ロドプシンとして光を感じる働きをしている。不足は鳥目だね。レチノールが酸化されたレチナールは、タンパク質に糖鎖を結合する反応に必要だ。不足すると糖タンパク質ができなくなって粘膜が乾燥し、過剰では皮膚の粘膜化が起きるという。レチナールがもう一段酸化されたレチノイン酸は、核内の受容体に結合して、これが転写因子として働いて、細胞分化にかかわる。白血病細胞を分化させて癌を治す試みさえある。過剰症は奇形を生ずる、などと教科書に書いてあるのは、このあたりが関係するらしい。

　ビタミンB1は糖代謝に働く酵素の補酵素として働いている。しかし、教科書には、かっけとか神経炎などの神経への影響が書いてあります。どうして神経症状につながるんだろう。ビタミンB1が不足すれば全身の細胞でエネルギー不足が生じる可能性はあるけれども、神経では必要なエネルギーが膨大で、それを糖代謝によって得ているという特徴があるために、特に神経機能に大きな障害が出る、ということでしょう。全身の細胞が質的には同じような影響を受けるはずであっても、量的には影響が異なり、特定の組織にだけ影響があるように見える。遺伝子の変異でも同様なことがあるので、特定の組織や臓器に異常がみられる場合でも、そこでだけ働いている遺伝子であるとは限らないんだね。

　1つのものがいろいろな場面に影響を与える例も、逆に、全身で同じように働いていても特定の臓器に影響が出る例も、いくらでもある事が理解できると思います。

いう、転写調節因子としての働きもあります。ヒストンアセチラーゼとも結合することがわかっており、細胞遺伝子の転写に影響を与えている可能性があります。さらに、p53とかRbといった細胞周期にブレーキをかける癌抑制遺伝子の産物であるタンパク質と結合して働きを失わせ、その結果として細胞周期進行のブレーキをはずします。特定のDNA塩基配列と結合する性質と、特定のタンパク質と結合する性質の両方を持っているわけです。これら一連のT抗原の働きが、細胞の増殖調節をはずして、自立的増殖を開始させます。増殖開始させるだけでなく、細胞どうしが重なりあって増殖するようになるなどの、癌細胞らしい表現型も与える働きもあります。T抗原はウイルスの遺伝子であって細胞遺伝子ではありませんが、細胞遺伝子からつくられるタンパク質自身がT抗原のようにマルチファンクションである場合、その変異による表現型が複雑になる可能性があります。

p53は、DNA傷害の有無を監視するチェックポイント機構に働く転写因子でもあります。傷害が見つかると、p53の転写が上がってタンパク質が増加し、さらにリン酸化されて活性化され、p21のような細胞周期を止めるタンパク質の転写をあげてDNA合成開始を止め、その間に修復酵素系を上昇させて、修復を進めます。しかし、修復が難しい程に傷害が大きかった時は、同じp53の別の部位がリン酸化されることで別の機能を発揮し、細胞の自殺機構であるアポトーシスの経路を活性化させ、積極的に細胞を殺して排除します。同じp53というタンパク質が、細胞の危機に際して細胞を救助する方向と、細胞を殺す方向の両方に役割を果たすわけですね。いずれの場合も、個体レベルで考えれば個体を救う方向になります。同じタンパク質が、リン酸化される部位によって異なる、一見逆の機能を果たすと考えられています。

酵素は最初に活性が見つかったとき、その特徴で名前がつけられる。でも、その酵素にその活性がある、ということは確かでも、それだけの機能しかない、とは誰にもいえないんです。意外にマルチファンクションである場合がある。

9 機能は1つだが複数の場面で働く場合

酵素機能は1つでも、思いもかけぬ複数の場面で働く場合があります。DNAは常に障害の危機にさらされている。それに対応するために細胞は、障害を監視し検知する機構と修復する機構を、非常にたくさんの種類もっています。この機構のどこかがおかしくなると、少量の放射線によって障害されやすくなる。ある放射線感受性の変異株は、DNA障害のなかでも二本鎖DNA切断の修復にかかわるものでした。遺伝子産物は、DNA依存的なタンパク質リン酸化酵素複合体（DNA-PK）のサブユニットの1つであることがわかりました。ところが驚いたことに、これが後に免疫不全マウスの原因遺伝子と同じものであることがわかりました。抗体の遺伝子ができるとき、遺伝子の組換えで、二本鎖DNAの切断と結合が頻繁に起きる。修復に働く酵素が抗体遺伝子の組換えにも働いていたのです。働きを失えば、DNA障害としての二本鎖切断が修復できなくなって放射線感受性が高まると同時に、抗体遺伝子ができなくなり免疫不全マウスになるというわけです。同じ酵素が、同じ機能を一見全然別の場面で発揮しているわけですね。わかってしまえば話はスッキリしますが、わかるまでは、1つの遺伝子が、関係のない複数の表現型に影響する不思議な現象に見えるわけです。

紫外線は皮膚癌の原因として重要で、オゾンホールの拡大が世界的な問題になっている。フロンの禁止もその対策だね。紫外線によってDNAにできる損傷には、**除去修復**という修復系が働きますが、この系の酵素遺伝子のどれかに異常がある遺伝病が、**色素性乾皮症（XP：xeroderma pigmentosum）**です。DNAの除去修復にかかわる遺伝子としてクローニングされたXPBやXPDが、実はmRNA合成の際の正確な転写開始に働く基本的な転写因子である、TFⅡD複合体の成分でもあった。どちらもDNAヘリカーゼ活性があって、修復の時には障害DNAを開いて切り出しを助け、転写の時には鋳型を開いてRNA合成開始にかかわる。

このような例はシグナル伝達経路や転写調節因子、細胞内の高分子輸送や運搬にかかわる因子などさまざまな場面で見ることができ、同じタンパク質が同じ機能を持ってさまざまな経路にかかわっているんです。ですから、たった1つの遺伝子の変異が、細胞内のさまざまな機能にかかわり、さまざまな表現型の変化を生じることは不思議ではないのです。

h ハウスキーピング遺伝子の変異でも特定機能の変異のように見える

細胞周期の温度感受性変異細胞株があった。表現型としては細胞が増殖できないわけですが、詳しく調べると、細胞周期のS期、G2期、M期のいずれもほとんど阻害されず、G1期からS期への進行だけが進まない。G1期からS期への進行は、細胞増殖の最も重要な調節を司るところですから、新しい調節遺伝子が発見されるのではないかとの期待がもたれました。ところが、遺伝子がわかってみると、タンパク質合成系の延長因子の遺伝子だったのです。まさにハウスキーピング遺伝子だね。どうしてこのような表現型が出るんだろう。もちろん、タンパク質合成系に必須の遺伝子が欠損したり、遺伝子産物が完全に機能を失えば、個体レベルでも細胞レベルでも致死になる。実際には、1塩基置換による1アミノ酸置換くらいだと、タンパク質の高次構造が少し変わって機能が低下する程度で、生存できるものだった。

細胞周期のG1期からS期への進行は非常にタンパク質合成に敏感なところで、タンパク質合成が少し低下するだけで進行できなくなることは以前からわかっていました。その程度の合成低下では、細胞周期の他の期の進行だけでなく、他の細胞機能は全く影響されなかったのです。この変異株細胞は、増殖にかかわる温度感受性変異として得たものです。非許容温度（変異表現型があらわれる温度）では、延長因子の高次構造が少し変わって、働きが少しだけ低下する。そのためにタンパク質の合成速度が少しだけ低下する。その結果、タンパク合成低下に対して最も敏感なG1期からS期への進行だけが特異的に妨げられたというわけです。特異的に、ある機能だけが抑制されたからといって、その部分にだけ働く遺伝子とは限らない。1番感受性の高いところに最も大きな影響が出る、ということだね。わかってみれば当たり前のことです。

i 遺伝子産物の機能は1つでも全身で異なる影響を与える

同様のことは、個体レベルでもあることです。ハウスキーピング遺伝子は全身の細胞で発現する場合が多いので、全身の細胞で影響が出るけれども、その遺伝子機能の寄与が大きい臓器があるときは、特にそこに大きな障害として現われる。どの細胞でも同じ発現がみられる個体内でも、異なる臓器では表現型の現われ方が異なる、ということだね。特定の臓器だけが障害されるように見えても、その臓器にだけ発現している遺伝子の影響とは限らない。このことは、先程も例にあげたLesch-Nyhanやウェルナーなどの遺伝病についても全く同様のことが言えます。

j 細胞のどこを揺さぶっても至るところに影響が現れる

だいたい、細胞の中ではいろいろな機能が網の目のように関係を持っているので、どこかを揺さぶれば、多かれ少なかれ全体が変動するんです。

中間代謝のマップを見ると、本当に網目のようになっていますが、これは化合物が変化する経路を表しているだけです。網目がつながっていなくても、ある物質量の増減が、マップの別の経路を阻害したり促進したりすることはしばしば見られます。どこかを揺さぶれば全体が変動することは容易に想像できるでしょう。タンパク質の機能相関図もそうなんです。さっきも言ったように、シグナル伝達経路や転写調節因子、細胞内の高分子輸送や運搬にかかわる因子など、同じタンパク質がさまざまな経路にかかわっているんです。

1つの転写因子が活性化した時、どのくらいの種類の遺伝子が活性化されmRNAが合成されるか、調べはじめられています。1つの転写因子が活性化した時、たった数種類の遺伝子が活性化される場合もあるでしょうが、大抵は50とか100種類の遺伝子が活性になる。活性化された遺伝子の産物が転写因子であれば、これが二次的に別の遺伝子を活性化（あるいは抑制）する。こうして、たった1つの転写因子の活性化が膨大な変化を引き起こす可能性があるんです。

同様のことは、たった1種類のタンパク質リン酸化酵素（キナーゼ）を活性化させた時、細胞内では数種類のタンパク質がリン酸化されることもあれば、1度に50種類以上のタンパク質がリン酸化されることもある。こうしてリン酸化されたタンパク質の中には、リン酸化されたことで活性化されるキナーゼがあって、それが別のタンパク質グループをリン酸化させる、というような反応が進みます。こうして、たった1つの

キナーゼの活性化が、細胞内で膨大な変化を引き起こす可能性があるんです。細胞はそのようにできている、ということだね。

11. 細胞から個体表現型へ

細胞でわかる機能と個体でないとわからない機能

増殖機構、細胞内シグナル伝達、細胞間接着、細胞運動、細胞極性、分化機能など、培養系の細胞を使って解析できる機能はいろいろあります。遺伝子の働きは細胞を通じて発揮されるわけですから、培養細胞を用いた解析が重要である事は言うまでもありません。特に、細胞レベルで変異株をとった時には、細胞レベルでその遺伝子の機能を解析する意味はあります。

ただ、ヒトの遺伝病などでは、細胞レベルで調べると言っても、どの種類の細胞を使えばよいのかさえ問題になることがあります。簡単に手にはいる線維芽細胞を使ったのでは、注目する遺伝子が働いていないかもしれないのです。遺伝的早老症などという場合には、線維芽細胞で早老症の影響が出てるかどうかわからない。それを調べることの妥当性からまず問題になります。正常細胞と何らかの違いがあったとしても、その違いが、早老症という表現型に関係があるかどうかは簡単にはわかりません。

発生過程、動物の行動、全身の恒常性を保つホメオスタシスの機能、精神活動などにかかわる遺伝子機能は、培養細胞での解析はもちろん重要ですが、表現型との関係を考えるには個体レベルとの関係を念頭に置くことが必要です。機能がよくわかったつもりの遺伝子であってさえ、その遺伝子に変異を起こした場合、全身レベルでは思いもかけなかった表現型の変化として現れる可能性があるんです。前にもあげたLesch-Nyhan症候群ですが、変異した遺伝子はHGPRTで、

Column 遺伝子機能の解析だけでも大変

遺伝子産物の活性がわかっても表現型までつなげるのは容易ではないのですが、実際には、遺伝子がクローニングされても、遺伝子産物がどのような酵素活性をもつタンパク質なのかを知るだけでも容易ではないんです。実際にはどのような手段があるのだろうか。

遺伝子の塩基配列から推定されるアミノ酸配列が、すでに知られている酵素と似た部分がある時、その酵素と同様の活性があるかどうかを調べるのは当然だね。例えば、タンパク質をリン酸化するキナーゼに共通のアミノ酸配列があったとき、キナーゼの活性があるのではないかと予想して調べる。クローニングした遺伝子からタンパク質をつくらせ、酵素活性を測ります。活性があればよし、活性がなかったときは面倒です。使った基質が不適切であったかもしれない。酵素は基質を選びますが、適切な基質はどれであるかはあらかじめわかるはずはない。アッセイに使った基質が適切であった保障はないのです。アッセイに使ったバッファーが不適切だったのかもしれないし、必要な因子が不足していたかもしれない。うまく行かなかった理由は山ほどあります。もともとそんな活性はないのかもしれないし、悩むところだね。すでに知られているタンパク質と全く構造類似性がなければ、なお辛い。手がかりがない壁に立ち向かうようなものです。

あるいは、この遺伝子産物に対する抗体を作って、細胞内局在を調べて機能を推定する。細胞の状態を変えてやったら、局在が変わるかもしれない。核内にあるか、細胞膜にあるかで可能性はずいぶん異なります。細胞膜にあるなら、細胞外からの信号の伝達や、膜での物質輸送にかかわるかもしれない。隣の細胞との認識にかかわるかもしれない。核内にあるなら、転写因子かもしれないし、クロマチン構造に関係するかもしれない。あるいは、輸送に関係するかもしれない。DNAやRNAと結合するかもしれない。ありうる可能性の中から、表現型の変化と関係がありそうなところを突っつくことになる。抗体で免疫沈降させて、一緒に沈降するタンパク質を調べる。どういうタンパク質と会合しているかは、機能推定の助けになります。会合するタンパク質も未知のものばかりだったら、何がなんだかわからないかもしれないね。変異した時の表現形を考慮して、そちらからも解析を進める。

いずれにしてもかなり大変な作業で、そう簡単にはわからないのです。

遺伝子産物の酵素活性もその代謝上の役割もよくわかっている。しかし、全身レベルで現れる表現型は、思いもよらぬものである、ということだね。

1 遺伝子がいくらでも手にはいる時代になった

かつて、遺伝子を取る事は非常に難しい事でした。遺伝病や変異細胞の遺伝子をクローニングすることは、全ゲノム配列がほぼ解明された現在でも決して容易な事ではありません。しかし、特定の遺伝子はもとより、種類を問わなければ遺伝子はいくらでも手に入る時代になりました。

酵母、センチュウ、ショウジョウバエ、マウスなど、ほかの生き物ですでに遺伝子がクローニングされている場合、塩基配列の似たヒト遺伝子をクローニングすることはそれほど難しい事ではありません。

ある組織から作ったヒト cDNA ライブラリー中には、1 万を越える種類の cDNA が含まれるかもしれない。この cDNA の大部分は機能がわかっていません。遺伝子産物の機能も、どういう表現型に寄与するかも全くわからないものが大多数です。でも欲しければいくらでも手に入る。

a おもしろそうな遺伝子をどう選ぶか

遺伝子、実際には cDNA ならいくらでも手に入るけれども、1 万とか 2 万もの cDNA について片っ端から機能を調べるのだろうか。実際、膨大な資金と人力を投入して工場のようにそれをやろうとする試みもあるようです。ただ、1 つの遺伝子についてさえ相当な労力と時間がかかることですから、多くの研究者にとっては、価値のありそうな、おもしろそうな遺伝子から手掛けようとするのが当然でしょう。何がおもしろいかは主観的ではありますが、誰が見てもおもしろくて重要な遺伝子があるなら、それを先にやる意味はあるでしょう。あるいは、あらかじめ予想がつかなかったが、誰が見てもおもしろくて重要な遺伝子であることがわかった、という方がずっとやりがいがあるかもしれない。どう選ぶかは、個人のセンスとも言える。

b おもしろいことがわかっている遺伝子をホモロジーでとる

すでにセンチュウやショウジョウバエなどで重要な遺伝子であることがわかっている遺伝子あるいは cDNA をプローブにしてヒト cDNA ライブラリーをスクリーニングすることによってヒトのホモログ（相同遺伝子）を取って調べる。基本的に重要な遺伝子は、種を超えて保存されている可能性が大きいからね。この場合に得られたものは、もとの生物における遺伝子の機能の推定がついていれば、それを参考に調べる事ができます。ショウジョウバエの概日リズムの変異株からその原因遺伝子が取れた。そのヒトホモログを取って調べるというのは、誰にでも興味あるところでしょう。もちろん、発生とか脳の機能なども現在のトピックスですから、ショウジョウバエのおもしろそうなホモログは、ほとんど直ちにヒトでも取られるのが現状です。酵母のホモログでも同様です。早いが勝ちでこのあたりは競争が激しい。

c おもしろそうな cDNA を新しく見つける

誰にも重要とわかるものではなくて、重要なものを自分で見つけたいと思うのは、研究者なら当然ですね。クズを掴む可能性も高いけれども、やってみなければわからない。

例えば、ある細胞を分化誘導する。分化する過程で発現が高まる遺伝子を見つければ、分化機能発現に重要な鍵を握る遺伝子がわかるかもしれない。分化を始めた細胞でだけ発現した遺伝子の cDNA をハイブリダイゼーションの差で見つけようという、differential hybridization 法という方法があります（図 8-2）。

はじめから A 引く B という cDNA ライブラリーを作って調べる、subtraction（差し引き）cDNA library 法もあります（図 8-3）。

同様の目的で、発現の差で見る、図 8-4 のような differential expression 法もあります。分化の各段階を進行中の細胞 A〜E から mRNA を精製して cDNA をつくらせる。反対側のプライマーはランダムな塩基配列の混ざり物を使うと、1 種類の mRNA に対しても全体としては非常に長いものから短いものまで、さまざまなサイズの複数の PCR 産物ができる。A〜E それ

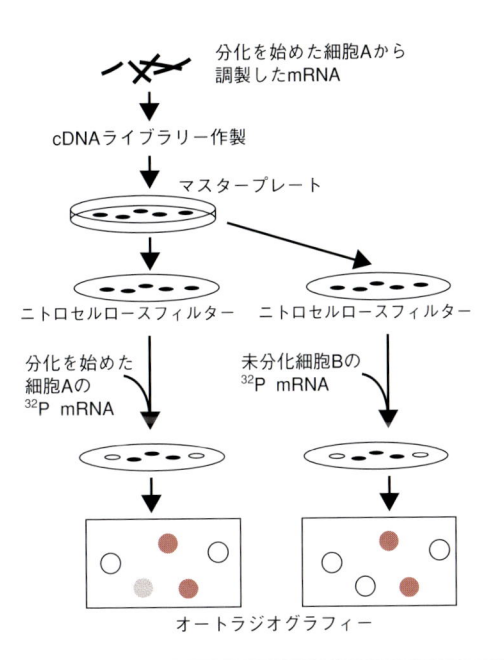

図8-2 ディファレンシャルハイブリダイゼーションで細胞分化にかかわるcDNAをとる

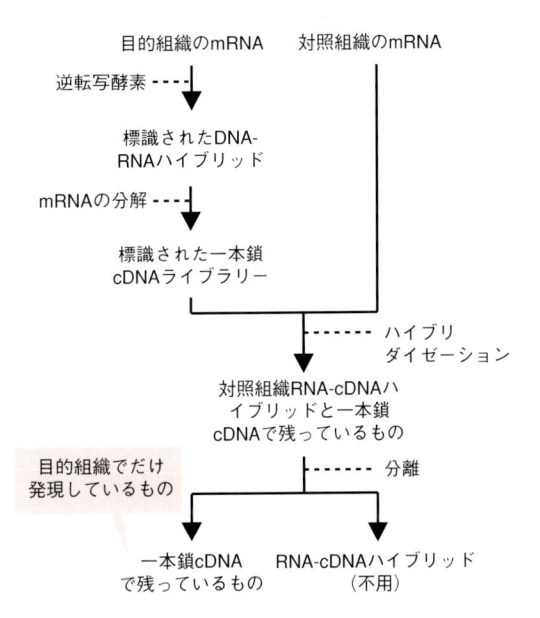

○ いずれのmRNAにも豊富には存在しない配列を含むクローン
● いずれのmRNAにも豊富に存在する配列を含むクローン
● 分化を始めた細胞のmRNAにのみ豊富に存在する配列を含むクローン（分化を始めた細胞でだけ発現した遺伝子のcDNAである可能性がある）

図8-3 サブトラクションで目的cDNAをとる

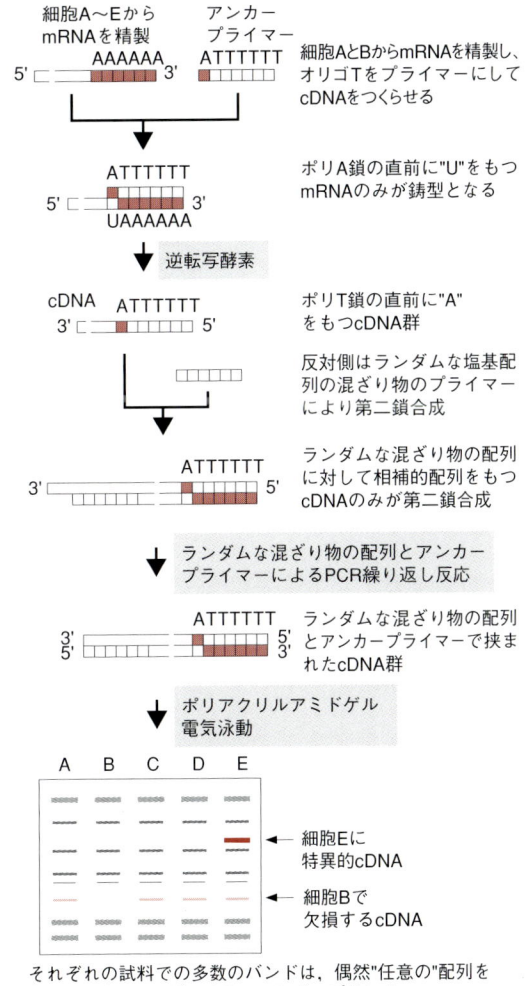

図8-4 Differential expressionで目的cDNAをとる

ぞれからのPCR産物を電気泳動すると、たくさんのバンドが出る。Eから作った産物には見えるが、Aから作った産物にはないバンドがあれば、Eにしかなかったm RNAをもとにしたPCR産物であろう。これをクローニングする。

もちろん、これだけではなく、重要そうな、意味のありそうなcDNAを捕まえて解析しようという目論見でさまざまな工夫がなされています。どのようにうまいターゲットcDNAを捕まえるかは、研究者のセンスにかかっている。運もありますが。

2 逆遺伝学とは

従来の遺伝学の方法は、まず表現型が変化した変異株を取る。あるいは遺伝病患者さんの細胞でもよい。これが出発です。で、それがどの染色体に乗っているか、どの遺伝子の変異によるものか、遺伝子を決め、遺伝子を取り、構造を決めることで、どういう遺伝子がこの表現型の責任を持っているかがわかる。**表現型から出発して、遺伝子を追い詰める**、という方向です。もちろん、取れたら終わりではなくて、新たな出発だね。取れた遺伝子の産物がどのような働きをしているかを調べることが必要ですが、とにかくまず遺伝子が取れなければ話が進まない。

他方、素性はわからないけれども、遺伝子（cDNA）を取るだけならどんどん取れてしまう時代になった。遺伝子は手に入るが、この遺伝子が何をしているか、どういう表現型に責任を追っているかわからない。表現型から遺伝子へという従来の遺伝学の方向と逆に、**手に入れた遺伝子から表現型へという研究方向を、逆遺伝学**と言います。

> でも、その機能はどうやって調べれば良いのでしょう？

遺伝子が手に入った時、その遺伝子がどのような表現型に責任を追っているかを調べるのに、単純には2つの考え方があります。1つは、**その遺伝子を強制的に発現させたら表現型にどのような変化があるかを見る**。もう1つは、逆に、**その遺伝子を破壊したら表現型にどのような変化があるかを見る**。わかった遺伝子をもとに、それを破壊した変異株をつくり、その表現型を調べるのは、変異株から出発した従来の遺伝学の逆で、取れた遺伝子をもとに変異株をとることになります。特に、**個体レベルで変異動物を作って解析する研究方法を、逆遺伝学**ということが多い。

遺伝子機能の壊しかたのおさらい

変異誘起剤を与えて変異株を取る従来の方法では、細胞レベルでも個体レベルでも、特定の遺伝子だけを狙って破壊することはできません。ランダムに起こした変異の中から、目的とする表現型を持った細胞あるいは個体を拾うものです。特定の遺伝子に狙いを定めて変異を導入することは困難です。

遺伝子をもとに、それを破壊した変異株をつくり、その表現型を調べる逆遺伝学の前にもう1つ、細胞レベルでの遺伝子機能の壊し方のおさらいをしておきます。

1つは、**ドミナントネガティブ遺伝子の導入**です。優性型の変異をドミナントネガティブと言いましたね。遺伝子機能が失われた性質が優性に出る。そのような変異遺伝子（実際にはcDNAを使いますが）をクローニングし、これを正常細胞に導入して発現させれば、遺伝子が破壊されたのと機能的には同じ結果を生んで、細胞の表現型は変異型になります。細胞遺伝子そのものは破壊されておらず、正常な遺伝子産物（タンパク質）はできるけれども、機能的には破壊したのと同じ結果になるわけですね。

2番目は、**アンチセンスRNA法**です。目的のmRNAに相補的な（アンチセンス）合成オリゴヌクレオチドを細胞に導入すると、mRNAと二本鎖を作るのでmRNAが働けず、目的のタンパク質ができなくなる。目的のmRNAに相補的なRNAを細胞内で合成するようにしたDNAを導入することでも目的を達する場合がある。

3番目は、最近発見されたRNAi（RNA interference）を使う方法です。目的のmRNAの配列を含む短い2本鎖RNAを作って、これを細胞に導入すると、その遺伝子の発現やタンパク質合成がなくなる。機構が十分に明らかではありませんが、通常の遺伝子発現調節機構としても働いている可能性があるなど、将来は効率良く使えるようになるかもしれない。

4番目は、相同組み替えを、**相同組換えを利用して目的遺伝子を破壊する方法**です。これについてはノックアウト動物をつくる過程で詳しくやります。ノックアウト動物をつくる目的だけでなく、細胞レベルでの遺伝子機能解析のために使えることは言うまでもありませんが、現状ではかなり面倒で、簡単には取れない。

3 ノックアウト動物

ある遺伝子を破壊した動物を**ノックアウト動物**（knockout animal）と言います。KO動物と書くこともある。哺乳類としてはマウスがよく用いられます。

要するに、変異細胞をつくるのと同じように、ある遺伝子を破壊した変異動物をつくるわけです。やみくもに遺伝子を壊してあらゆる遺伝子のノックアウト動物を網羅的に用意しようという大々的な計画もありますが、現在主に行われているのは、**特定の遺伝子に目標を定めて破壊『ターゲット破壊』**してつくるものです。

これは非常に画期的なことです。センチュウやショウジョウバエで、発生にかかわる遺伝子がクローニングされて、これと似た遺伝子が哺乳類でもクローニングされます。このような遺伝子が、実際に発生過程で働いているかは、その遺伝子を破壊したマウスがどのように発生するかを見ることが重要な過程です。これができるようになった。脳で特異的に発現しているけれども、機能がわからないままにクローニングされた遺伝子もたくさんあります。遺伝子を破壊したマウスがどのような異常を脳機能に示すかは、関心の的です。学習や行動に影響が出るかもしれない。よくわかった既知の遺伝子でも、思いもかけぬ働きをもつことがわかった例もたくさんあります。成体の調節に働くものと思われていた増殖因子の遺伝子を破壊すると、発生過程が異常になることがわかり、特定の臓器を形成する過程に重要な役割を果たしていることがわかった例もたくさんあります。このような例は枚挙に暇がありません。ノックアウトマウスによる逆遺伝学は、遺伝子の働きを調べ、それによって生体の成り立ち、生体の機能を個体レベルで解析するうえで、実に有力な手段なのです。

ノックアウトマウスをつくるには、大別して三のステップがありますが、まず、キメラ動物作製の話をしておく必要がある。

ⓐ キメラ動物の作製 ― 胚工学

キメラというのは、ギリシャ神話に出てくる怪獣で頭がライオン、体が山羊、しっぽが蛇というものです。そんなものを自由につくれるとなればかなり恐ろしい話ですが、接木をした植物は、**体の部分によって違った遺伝子セットをもつ細胞が一緒になった個体なので、キメラ**です。動物の場合には、ラットの骨髄細胞を移植されたヌードマウスは、マウスとラットのキメラですね。定義からすれば、臓器移植されたヒトもキメラです。でも、ヒトに対してキメラというのは抵抗感がある。

脊椎動物でキメラをつくる場合、胚発生がかなり進行した後に肢芽などの組織を移植してつくる**キメラ胚**が鳥類などで研究に使われますが、多くの場合は、初期胚の段階で胚細胞の移植、または２つの初期胚を融合（集合）させることでつくります。哺乳類胚の場合は、桑実胚期までの初期胚をくっつけて集合させる場合（集合キメラ：aggregation chimaera）と、胚盤胞の割腔内への細胞注入によってつくる場合（注入キメラ：injection chimaera）があります（図8-5）。これを偽妊娠させた仮母親の子宮に戻して、マウスの誕生を待ちます。いずれにせよ、顕微鏡下で胚を操作する、**胚工学**の進歩によって可能になった技術です。

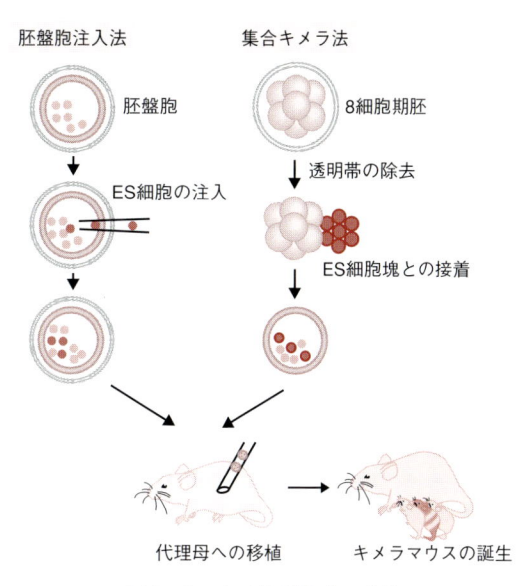

図8-5 キメラ動物をつくる

畜産の分野では、**始原生殖細胞キメラ**といって、発生途中で始原生殖細胞を移植する方法が開発されています。移植した始原生殖細胞は、キメラ動物の生殖系列に入りやすく、有用な動物の子孫を得るためのキメラとして有用だからです。

> 違った遺伝子セットを持っているのがキメラなら、両親から違う遺伝子セットをもらった私たちもキメラというのですか？

皆さんはお母さんとお父さんの生殖細胞に由来しますが、キメラではありません。受精卵の核が両者の遺伝子をもっていて、**体内のすべての細胞は同じ遺伝子**

セットを持っているはずです。これはキメラではなく雑種と言います。異なる遺伝子をもった両親に由来するから雑種なんだね。

b 胚性癌細胞と胚性幹細胞

胚性癌細胞（EC：embryonic carcinoma）というのは、発生のごく初期のまだ未分化な性質を残した癌細胞で、主に生殖巣から発生します。癌細胞として増殖中に、一部の細胞で分化が進んで、シャーレ内でも体内でも種々の組織や臓器に似たものをつくることがあります。癌組織の中に、ちゃんとした毛髪や歯がまざったりすることもあり、奇形腫と呼ばれることもあります。写真でしか見たことはありませんが、ちょっと恐いね。ヒトのお腹の中で成長するエイリアンみたいだ。

胚性幹細胞（ES：embryonic stem cell）というのは、発生のごく初期の、まだあらゆる細胞に分化しうる能力を持った幹細胞です。これは全能性幹細胞（totipotennt stem cell）だったね。初期胚に由来する胚性幹細胞は、分化能力からみれば全能性幹細胞の性質を持っている、ということです。発生・分化が進むにつれて、それぞれの細胞は特有の方向にしか分化できなくなります。胚性幹細胞を、機能を維持したまま培養して増殖させることは長い間困難でしたが、それに必要な増殖因子LIFなどの因子や、フィーダー細胞の利用などによって、まずマウスで可能になり、最近ヒトでも可能になりました。フィーダー細胞というのは、その上にまいた細胞の増殖や機能維持を助ける目的で、放射線照射などによって増殖できないようにして機能だけは保たせた細胞です。

ちなみに、成人の体内にも幹細胞はありますが、分化の方向は限られています。前にも言いましたが、骨髄にある血球幹細胞はすべての種類の血球に分化できますが、血球以外の細胞には分化することはまずできません。こういうのを多能性幹細胞（multipotent stem cell）と言います。腸の上皮の幹細胞は、腸の上皮を構成する細胞にしかなれないし、表皮の幹細胞は表皮を構成する細胞にしかなれません。体内では実際そうなので一応そう言いましたが、表皮の幹細胞を腸へ持っていったらどうなるか、腸の細胞になれるのかなれないのか、そういう実験があるかどうかを含めて私は知りません。

脳内には神経幹細胞があることや、骨髄には横紋筋、心筋、肝臓などの細胞に分化できる幹細胞があることなど、驚くべき発見が最近相次いでいます。成人の体内にそんなものがあるとは思われていなかったのですが、このような幹細胞が普段の生体内でも役割を果しているのか、再生医療への応用を含めて大きな注目を集めています。これは別の機会に話すことにします。

c 胚性癌細胞によるキメラマウス

さて、マウスのEC細胞を、マウスの胚盤胞の割腔内にマイクロインジェクションで入れて、それを偽妊娠させた仮親の子宮に戻しておくと、やがてマウスが生まれる。白マウス由来のEC細胞を黒マウスの初期胚にいれると、白と黒の縞模様のマウスが生まれたのです。毛色だけでなく、体内の細胞も両方の細胞に由来するものからなり立っていた。1970年代の終わりのことです。

これはキメラマウスの誕生です。この実験は、2つの点で画期的なことでした。1つは、外から入れた細胞が本来の胚盤胞と一緒になって正常に発生し、赤ちゃんマウスとして誕生したことです。もう1つは、EC細胞という癌細胞が、正常な胚の環境の中では正常細胞として振る舞ったことです。後者は、癌とはなにか、胚性癌細胞とは何かを考えるうえで重要であり、また、胚盤胞の環境は癌細胞を正常に戻すことができるのかなど、非常に重要な問題を含んでいるのですが、ここでは省略し、前者に注目します。

このキメラマウスでもう1つの重要なことは、EC細胞に由来する細胞が、生まれたマウスの体細胞になるだけでなく生殖細胞になることがある、という事実です。黒マウスの胚盤胞に白マウス由来のEC細胞を注入してできたキメラマウスの雄と雌から、通常の交配によって白いマウスが生まれることがある。

培養したEC細胞を使って、何らかの方法で特定の遺伝子をノックアウトし、その細胞を使ってキメラマウスを作れば、キメラマウスの少なくとも一部の細胞は、ノックアウトされた遺伝子をもつわけです。こうして、ノックアウトキメラマウスができる可能性が出ました。

ES細胞が使えるまではもっぱらEC細胞が使われましたが、最近はES細胞も使われるようになりました。何と言っても、癌細胞を使うより、正常細胞を使う方がいいからね。

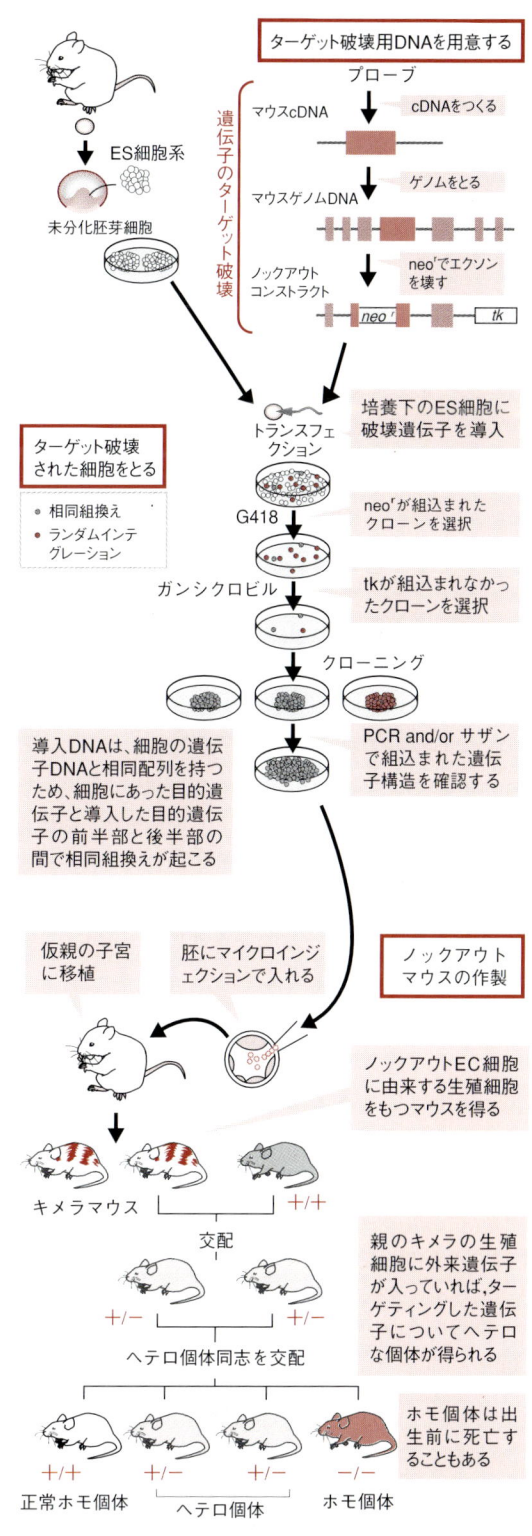

d ノックアウトマウスの作製

ノックアウトマウスは図8-6のようにターゲット破壊用DNAを用意します。neo^{r}によって目的遺伝子のエクソンが破壊されている。ヘルペスウイルスのtk遺伝子をつないだのは、neo^{r}とtkの間での相同組換えを期待し、G418耐性でガンシクロビル耐性（tkがあれば感受性になる）の細胞を選択するためです。このDNAをES細胞に導入して両薬剤に耐性の細胞をクローニングする。うまくいけば遺伝子をターゲット破壊されたノックアウトES細胞が得られます。ただ、2倍体細胞ですから、破壊されたのは1つの遺伝子だけで、もう一方は健全なままです。もう1つの遺伝子もノックアウトすることは、その方向への努力は続けられているものの残念ながら現状では不可能に近い。

ノックアウトESを使って、図8-6に示したようにノックアウトマウスをつくる。結構長いプロセスですが、方法の進歩は著しいので、以前に比べればずっと簡単にできるようになりました。ただ、必ず成功してノックアウトマウスが生まれるとは限らない。途中のいろいろな段階でつまずきはあり得ます。でも、やってみるだけの価値がある。

e 相同組換え頻度が高い真核細胞もある

ヒトでも、減数分裂の時は相同組換えが高頻度で起きる。従って、ヒトは相同組換えの機能を全く欠いているわけではありません。しかし、体細胞では非常に低い。EC細胞やES細胞でも低い。酵母や、ニワトリの白血病細胞であるDT40は、相同組換えの頻度が高い。これらの細胞ではターゲット破壊が比較的容易にできるので、遺伝子機能の解析によく使われます。ただ、当然のことですが、酵母の時には酵母の遺伝子を、DT40を利用する時にはニワトリの遺伝子をクローニングして使う必要があります。相同組換え頻度の違いはいったい何によるのだろうか。相同組換えに働く酵素が発現しているかどうかだけの問題なのか、よくわかっていません。

f 致死になる場合でも解析できる

ホモ接合体のノックアウトマウスがどうしても誕生

図8-6 ノックアウトマウスの作製

しないことがあります。発生の時期に働く遺伝子を破壊すれば、多くは胎生致死になって生まれてこないのは当然です。培養細胞レベルでは影響が見られないのに、発生過程に異常を起こして致死になる例は少なくありません。

> 生まれる前に死んでしまったら、解析はできなくなってしまうのではないですか？

胎生致死になる場合、どの段階までは正常であるか、どの段階でどのような異常が起きるかを調べることで、その遺伝子の機能を推定することができます。早い場合には、卵割初期の4細胞になったくらいで止まってしまうこともあるし、発生がかなり進むけれども、特定の臓器や組織にだけ異常が現れることもあります。前にもちょっと言いましたが、発生の初期には体軸をつくる遺伝子が働く、それから、体節をつくる遺伝子群が働く、それから、各体節で臓器や器官を形成する遺伝子が働く、といったプロセスが進行します。ここでは、どの遺伝子がどのような変化をもたらすことがわかったかという各論はしませんが、発生という実に不思議で巧妙なプロセスを支配している遺伝子の働きが、このようにしてどんどん明らかにされてきています。哺乳類の発生過程にかかわる遺伝子の解析は、ノックアウトマウスによる研究の独壇場とも言える。他に有効な方法はほとんど考えられない。

ホモ接合体が致死あるいは生後すぐに死ぬような場合は、ヘテロ接合体として維持しておいて、必要に応じて交配してホモ接合体マウスをつくればよい。胎性致死になるような遺伝子の研究ができることは、非常に大きな特徴だね。生まれてくる変異株を拾う方法では決して扱えない遺伝子の変異が解析できる。これによって、非常にたくさんの既知の遺伝子や新たに知られた遺伝子が発生にかかわる事がわかってきました。

9 ノックアウトマウスにしても表現型が変わらないこともある

ホモ接合体を作ってそれが誕生した時、遺伝子を壊したのに変化が出ない、大体思ったような変化が出る、ありふれた遺伝子が思いもよらぬ変化をもたらすなどさまざまな結果が得られています。新着の雑誌には、大抵1つくらいはノックアウトマウスの論文があるくらいです。

明らかに必須と思われる遺伝子なのにホモ接合体が何の異常も現さない場合があります。理由の1つは、**遺伝子ファミリーを含めて機能の似た遺伝子があって、1つを破壊してもほかの遺伝子が機能を補うためと想像されます**。大学院生がずっと実験してきて、卒業間近にようやくノックアウトマウスができて、やれやれ苦労が報いられると思ったら、表現型に何の変化も見られない、となったらがっかりするよねえ。でもしょうがないんです。逆に、よく似た遺伝子のファミリーがあるのに、その1つを破壊すると顕著な影響が出る場合があります。よく似た遺伝子に見えても、**機能の分担がある**ということでしょう。こういうことはやってみるまでわからない、予想がつかないんです。

他の遺伝子群バックグラウンドの影響

ヒト遺伝病の原因遺伝子がわかっている場合、同じ遺伝子を破壊したノックアウトマウスを作って解析しようと思っても、ヒトと同じ表現型が出ないことがあります。マウスには類似の機能を持つ遺伝子ファミリーがあるためだけとは限りません。ファミリーの有無を含めて、**遺伝的バックグラウンドの違いによる表現型の違い**によります。ヒトとネズミではゲノム全体ではよく似ているとはいっても、細かく見ればずいぶん違う。同じ遺伝子を破壊しても、表現型が出るまでにかかわっている遺伝子群に違いがあるので、効果が異なるということですね。どれか特定の遺伝子がヒトとマウスとでは違う、ということの結果である場合もあれば、多くの遺伝子の働きが総合されて、表現型の現れ方に違いが出ることだってある。

それだけでなく、ある系統のマウスで遺伝子を破壊すると明瞭な表現型が出るのに、別の系統のマウスで同じ遺伝子を破壊しても表現型が出ないことがある。ほとんど同一と言ってよいほどゲノムが似ているはずのマウスの系統どうしでさえ、このような違いが出るんです。ちょっとした遺伝的バックグラウンドの違いで、表現型への影響が異なるんですね。こんなこともノックアウト動物を使って初めてわかることです。もちろん、ヒトは純系ではありませんから、同じ遺伝子の変異があっても、現れる表現型には、ひとりひとりによってバラエティーがあっても当然なんですね。い

つもそうというわけではないが、そういう場合もある、ということです。

脳機能も調べられる

前に、全身で発現している種類の遺伝子の半分くらいは脳で発現している、脳で発現している遺伝子の種類は他の組織に比べて非常に多いと考えられていることを紹介しました。脳でだけ発現している遺伝子の種類が多いわけだね。これが、精神活動や行動を含めた、複雑な脳神経の機能を担っていると想像されています。こういう遺伝子について、ノックアウトマウスをつくり、マウスの行動や学習などにどのような影響が出るか調べることで、これまでになかった新たな観点から、脳の研究が進展する可能性があります。思いもよらなかった遺伝子や、遺伝子の働き方がわかるかもしれない。思いもよらぬ神経機能への影響が出るかもしれない。未知のワクワクがある分野だと思います。

ただ、機能のわからない、しかし脳でだけ発現している遺伝子の候補が千くらいもあった時、どれから手をつけますかね。1つの遺伝子についてノックアウトマウスをつくるのだけでも相当大変なんだからね。やれば、影響が見られないという結果を含めて何らかの結果は出るけれども、どうせやるなら、重要な働きをしている、おもしろい結果になりそうなものを選びたいよねえ。そこが問題。どう選ぶか。幅広い勉強、センス、運のどれもがかかわるね。

科学と商売と

今どきだと、**ベンチャー企業**などが豊富に資金とヒトを注ぎ込んで、全部一気にしらみつぶしにノックアウトマウスを使って調べるという手もあるんです。国際的な**ヒトゲノムプロジェクト**が動いている最中に、同じことを少しでも早く調べあげ、遺伝子特許にしようというベンチャーが現れたくらいですからね。詳しく調べた脳遺伝子はみんな**特許**を取ろうなんて狙うかもしれない。特許のことはよく知りませんが、そういうことが可能らしい。それでも科学の進歩であるには違いないし、科学の成果で商売してはいけないとも言えませんが、違和感がある。本来の科学のあり方と違うような気がする。

4 トランスジェニック動物

遺伝子を破壊するのではなく、遺伝子を導入してその遺伝子を発現させた動物を、**トランスジェニック動物**と言います。細胞に遺伝子を導入して、その遺伝子を発現させた時、細胞機能がどのように変化するかを調べる事によって、導入遺伝子の機能を解析することは、体細胞遺伝学でも盛んに使われましたし、現在でも遺伝子の機能を解析する常法の1つです。これと同じことを動物でやる。**受精卵に遺伝子を導入して、そのまま発生させる事ができれば、遺伝子の導入された個体ができます。**人工的に遺伝子を導入した動物個体ができる（図8-7）。

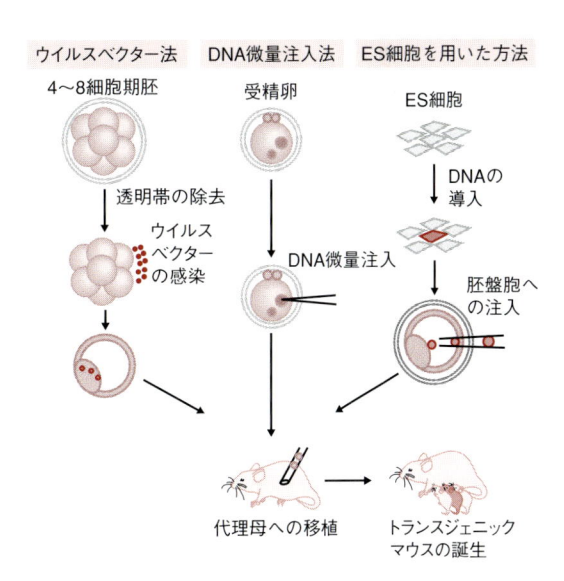

図8-7 トランスジェニックマウスをつくる

ショウジョウバエの卵をDNA溶液にちょっと漬けるだけでトランスジェニックショウジョウバエが実現するという驚くべき論文を見たのは30年も前の事です。マウスでできるようになってからまだ10年足らずです。**外来遺伝子を導入された動物をトランスジェニック動物**といいます。

成長ホルモンの遺伝子を導入されたトランスジェニックマウスが、ラットのように大きくなった写真は、それなりの驚きでした。成長ホルモンさえ与えれば、さしたる異常もなく体が何倍にも大きくなるというの

は一見当たり前のように思えるかも知れませんが、こんな単純なことだけで動物のサイズが決まることは私にはウソのような衝撃でした。動物のサイズは種によってだいたい一定していますから、多くの遺伝子によってもっと厳密にプログラムされたものであると思っていました。

ただ、細胞レベルでも個体レベルでも、導入遺伝子のプロモーターの強さは問題で、細胞にとって必要な遺伝子でも高発現させると死ぬことがあります。特定の細胞にとって適当な発現量がどれくらいかを知ることはなかなか難しく、プロモーターの強さを適当に調節することも困難です。だから、うまく行った時はいいとして、うまく導入細胞が取れないこともあり、細胞がとれてもトランスジェニック動物として生まれることができない場合も少なくありません。簡単なようでも、必ずしも簡単ではないのです。もう1つの問題は、導入遺伝子が組込まれた位置によっては、元々あった大切な遺伝子が破壊されます。これが動物の機能や表現型に、思わぬ影響を与える可能性がある。

a さまざまな工夫と応用

発生の過程では、特定の遺伝子が特定の時期に特定の細胞に発現するという厳密なプログラムがあります。このような遺伝子の候補がとれたとき、その遺伝子のプロモーター下流にGFP遺伝子をつないでトランスジェニックマウスを発生させると、**その遺伝子が本来どの時期にどの細胞に発現するか、あるいは消失するかを経時的に追跡する事ができます。**

「生きたままですか?!」

発現している時は、その細胞がピカピカ光るわけだからね。これはなかなかすごい。ほかの方法でこのような解析をすることは難しい。

特定の細胞でだけ導入遺伝子を発現させる工夫もあります。血清アルブミンは肝臓でしか発現しません。血清アルブミン遺伝子のプロモーターに目的遺伝子をつないで受精卵に導入すると、目的遺伝子はトランスジェニックマウスの全身の細胞に存在しますが、発現は肝臓でしか見られません。このプロモーターを働かせる転写因子が、肝臓にしかないからだね。その結果、肝臓の細胞にだけ影響を与えることができます。

遺伝子を導入した細胞内で、希望する時期に導入した遺伝子を抜いてしまいたい場合があります。こんな夢のような事ができるのです。これには、導入する遺伝子にあらかじめ工夫を加えておきます。プロモーターにつないだ遺伝子を用意したら、この両端にloxPという配列を挿入しておき、これを細胞に導入します。この細胞内では導入した遺伝子が発現します。これに、creという遺伝子を組込んだ偽ウイルスを感染させてcreタンパク質をつくらせると、これがloxPにはさまれた部分のDNAを切り出します（図8-8）。トランスジェニックマウスでも可能です。

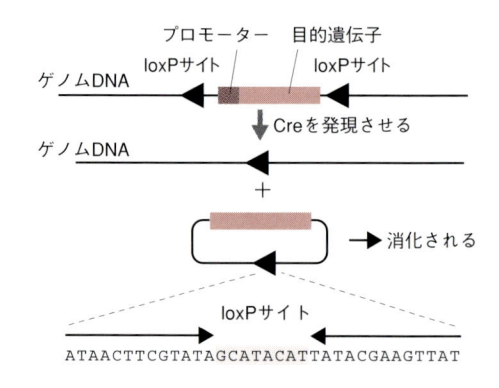

図8-8　導入した遺伝子を取り除く

逆に、希望する時期に導入遺伝子を発現させたい場合があります。この場合、導入する遺伝子のなかに、loxPではさまれた挿入配列を入れておきます。この遺伝子を導入された細胞内では、この遺伝子は余計な挿入配列のためにまともなタンパク質をつくれません。これに、cre遺伝子を組込んだ偽ウイルスを感染させると、loxPにはさまれた部分のDNAを切り出しますから、まともなタンパク質をつくれるようになります。あるいは、**薬剤に反応して転写があがるプロモーターに目的遺伝子をつないでおいてトランスジェニックマウスを作製すれば、この薬剤を投与することで導入遺伝子を発現させることができます。**薬剤を抜けば発現が止まる。

b 応用盛んなトランスジェニック生物

トランスジェニック生物は、基礎研究はもとよりですが応用研究が盛んです。ヒトの抗原性を提示する遺

伝子を導入したブタを作って、臓器移植に利用しようというベンチャービジネスがある。このブタの臓器はヒトのリンパ球の攻撃を受けにくく、**ヒトに対する免疫寛容な異種臓器移植ができる**というわけです。環境ホルモンに反応するプロモーターにGFP遺伝子をつないで、トランスジェニックメダカをつくって採水池に泳がせれば、**鋭敏な環境ホルモン検出**ができるなどという研究もあります。

特に農作物については、ウイルスに抵抗する遺伝子を導入して病気に強い作物をつくる、収穫量を増やす、甘みを強化した果物をつくるなどの遺伝子組換え作物はすでに実用化されています。ヒトに必要なタンパク質の遺伝子を導入して、作物につくらせようとする試みもあります。ヒトがつくりうる抗体のすべてをつくらせようという試みもある。このあたりは枚挙にいとまがない。

········組換え作物の安全性

ところで、組換え作物の安全性は慎重に見きわめなければいけません。日本でも組換え作物の表示を義務づけるとか、組換え作物を使っていない食品が宣伝されたりしています。これまでその作物が持っていなかった遺伝子を導入することは、自然の交配にはなかったことですから、危険が生じる可能性がないとは言えません。ヒトに危険なものが生まれないかどうかチェックは必要です。

ただ、いたずらに怖がるのは無意味に思えます。自然の交配だって品種改良だって、遺伝子の組合せとしては今までになかったものである可能性はあるんです。自然の組合せによって思わぬ代謝経路が出現して、予期せぬ毒性物質をつくるようになる可能性はないかと聞かれたら、ないと答えることはできません。ないと答えるには未知部分が多すぎるからです。でも、危険の可能性は小さいだろう、滅多にないだろうと考える。でもその理由は、概略的には、今までの歴史の中ではたいしたことがなかったから、と言う以外にはないんです。今後も大丈夫と言う根拠はないんです。自然のやることは安全で人工のものは危険だという信仰にもとづく主張なら、反論しようがありません。品種改良もダメ。信仰だからね。

100％の安全性が確認されない限り先へ進まない、というのは1つの選択ですが、それは何も新しいことはしな

いという選択です。100％の安全性が保証されることはありえないことだからね。講義室だって命の保証はないんだよ、ジェット機が空から落ちてくるかもしれないんだから、とこれまで冗談めかして言っていたけれど、故意にやるケースが本当にあるとは思っていなかった。可能な限り危険性を予測し、可能な検証をし、それで十分に危険が小さいと考えられるなら、それ以上に恐れることは意味がないと私は思います。どのくらいまでなら許容するかは、対象によって違いますがね。

III. 網羅的なアプローチ

ゲノムの全配列がわかって、仮に遺伝子が全部クローニングされても、その働きを調べて、何がどう働いて細胞という生き物、個体という生き物を生存させているかを理解するのは、まだまだ先の長い話です。結局、細胞内で働いている機能の大部分がまだブラックボックスだからです。その全体像がわからなければ細胞機能を理解できない。われわれが相手にしている細胞というものはそういうものなんだよ、ということですね。これは、細胞を個体と置き換えても同様であろうことは言うまでもないことです。より複雑だけどね。

このあたりは、ゲノムの全構造が明らかになった後の大きな研究対象として、ポストゲノム研究の1つの中心的課題です。

α ポストゲノム

遺伝子の構造解析について1つのゴールに達した後は何をやるか、ポストゲノムの研究対象は何か、ということですね。端的には、**構造はわかっても機能を調べることは全部残っている**。配列がわかったことは大きな進歩ですが、働きについてはほとんどブラックボックスです。ある遺伝子の産物（タンパク質）がどのような活性を持っているかはもちろん重要です。酵素活性をもつ、あるいは転写因子である、などがわかっても、それだけでは機能や役割の全体がわかったことにはなりません。

1つ1つの遺伝子の働きについて順番に調べることはもちろん必要なことですが、ゲノム研究がゲノムを

網羅的に調べ上げたように、遺伝子発現の影響の全貌をmRNAやタンパク質レベルで網羅的に調べ上げる研究が進んでいます（図8-9）。例えば、ある増殖因子による刺激で変化するmRNAやタンパク質、ホルモンによる刺激で変化するmRNAやタンパク質、ある遺伝子の導入によって変化するmRNAやタンパク質を、一気に攻めてしまおうという方向性です。**全体としてどのくらいの反応が動いているかを掴んで、全貌を理解し**ようというものです。さっき話したように、すべての遺伝子について、それぞれをノックアウトした動物を網羅的に用意しようとか、すべてのタンパク質に対する抗体を網羅的に用意しようという仕事もあります。網羅のオンパレードだね。

b トランスクリプトーム

細胞、組織あるいは個体のもつ**遺伝子（gene）**すべてのセットを**ゲノム（genome）**と称したように、細胞あるいは組織で**転写（transcription）**されるものすべてのセットを、**トランスクリプトーム（transcriptome）**といいます。造語です。例えばMycが活性化される前と後のトランスクリプトームを調べることで、Mycによって**活性化される遺伝子の全貌がわかります**。Mycが何をしているのか、細胞内で果たす役割について考えるうえでは、このような概観は意味があることです。それがわかったからと言って、mycの役割がわかったことにはなりませんが、その一歩ではある。

これができるようになったのは、実験方法の進歩が大きいです。スライドグラスの上に、発現する可能性のある何千あるいは何万種類ものcDNAを、1種類ずつ小さな点状にスポットしたものを用意します。例えば、1 cm四方に1万個あるいはそれ以上スポットする（図8-10）。これを『**DNAチップ**』あるいは『**マイクロアレイ**』と言います。コンピュータのチップみたいに情報が詰まっているわけだね。自分でつくるのは大変な作業ですが、すでに市販されているものもあります。値段は高いけど。これらのcDNAには、すでによく知られた遺伝子のcDNAもあれば、塩基配列はわかっているけれども遺伝子としては何をしているか全くわからないものまで含まれます。

細胞AからとったmRNA（そのcDNA）を赤の蛍光色素で標識し、細胞BからとったmRNA（そのcDNA）を緑の蛍光色素で標識し、これをチップのcDNAとハイブリダイズさせたとします。前後で量の変化しないmRNAは、緑と赤が同じ量ハイブリダイズするので、黄の点に見える。Aで発現の高い

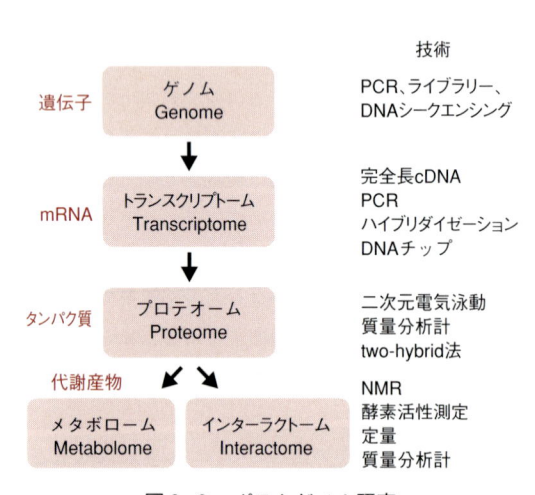

図8-9 ポストゲノム研究

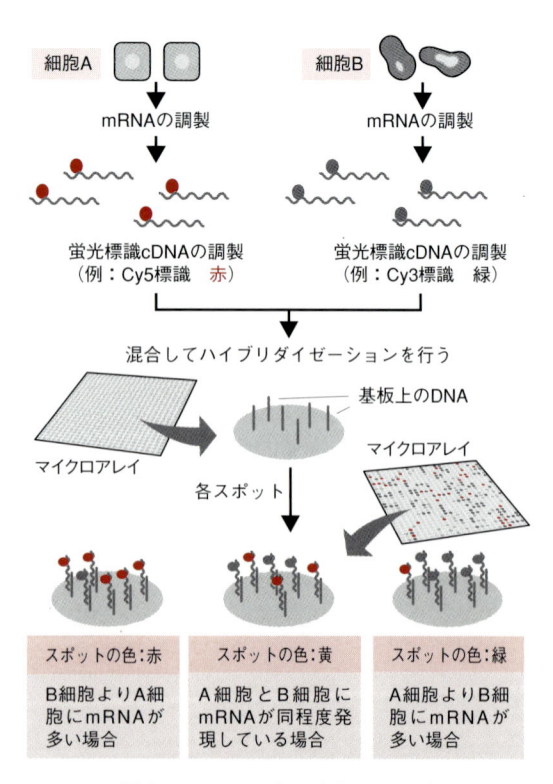

図8-10 cDNAのマイクロアレイ

mRNAは赤く、Bで発現の高いmRNAは黄く見えるはずです。もちろん、どちらでも発現していないmRNAは色がつかないので黒く見える。このような原理で、cDNAをつけたチップが用意できさえすれば、さまざまな解析に使えるわけです。**転写されるものを1つ1つではなく概括的に調べあげようとする、ポストゲノム研究の1つの流れ**です。そこで変化の見られた遺伝子（cDNA）が何をしているかを追いかけるのは、次の段階の仕事です。

　正常細胞が癌細胞になったとき、どのような遺伝子発現が変わるかを、パターン的に捉えることで、癌の特徴をつかむといった新しい見方もできる。これを生物のあらゆる現象に応用してみようという方向もある。これによって今まで見えていなかった何か全体的な捉え方が見えてくる可能性もあるとの期待もあります。

c プロテオーム

　同様に、細胞あるいは組織でつくられている**タンパク質（protein）のすべてのセットを、プロテオーム（proteome）**と言います。これも造語です。考え方はトランスクリプトームと同様に、**存在するタンパク質1つ1つではなく概括的に調べあげようとする、ポストゲノム研究の1つの流れ**です。**細胞機能が変化する時、タンパク質全体がどう変化するかを概括しよう**とするものです。

　ただ、実験方法としては現在のところDNAチップのようなうまいやり方がなく、細胞の全タンパク質、あるいは核タンパク質などを、**二次元電気泳動法で分離して、1つ1つのタンパク質のスポットの増減を解析**します。うまくいけば、1,000個くらいのスポットを1度に解析できる。細胞全体から見れば一部に過ぎませんがね。タンパク質の各スポットを切り出して質量分析装置にかけ、アミノ酸の部分配列を決めてタンパク質を同定する過程まで、ほとんど自動化される方向に進んでいます。遺伝子が働くということは、遺伝子産物であるタンパク質ができて働くことですから、プロテオーム解析が遺伝子の働きを調べるうえで重要であることは理解できると思います。

　スポットが濃くなるのは量が増えた可能性が高いとは言え、合成が高まったためか分解が抑制されたため

かはわかりません。それだけでなく、タンパク質は、リン酸化やアセチル化等の他、糖鎖や脂質の結合等の多くの**翻訳後修飾を受け、これがタンパク質の機能に大きく影響するのが普通**です。修飾を受けると二次元電気泳動上ではスポットの位置が変わるために、元のタンパク質が消失したのか、修飾を受けて位置が変わったのか、簡単にはわかりません。

> では、プロテオーム解析では、何を見ているのかわからなくならないのですか？

　ただ、ある条件で変化するタンパク質を捕まえることはできる。変化するタンパク質を網羅的に調べられる。ある刺激によってリン酸化が変化するタンパク質を一気に攻めてしまおうという**ホスホプロテオーム**の試みもあります。すべてのタンパク質に対する抗体をつくって、それをスポットしたチップをつくっておけば、cDNAチップと同様に全タンパク質の変化を調べられる。そういう方向も進んでいる。

d インターラクトーム

　多くのタンパク質は、会合して機能を果たしています。あるいは機能する際に会合します。さらに、局在の変化なども介したうえで、その先の**機能的なネットワークの関係がさらに解析を待っています**。これについてもすでに細胞内の全タンパク質がお互いにどのような会合をしうるかについて、網羅的に調べようという報告が出始めています。

　今までだと、1つのタンパク質について抗体をつくり、細胞を壊した抽出液に抗体を混ぜて複合体を作らせて沈殿させ、沈殿中に一緒に落ちてくるタンパク質を調べるといった個別的な方法（**免疫沈降法 IP：immno precipitation**）が1つ（図8-11）。

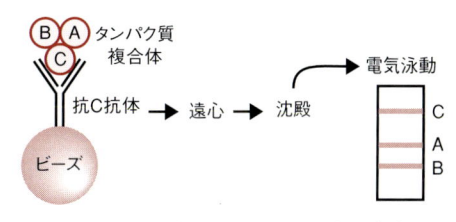

図8-11　免疫沈降によるタンパク質の会合解析

これだと意味ある会合か単なる共沈かわからない。もう1つは、機能的な方法で、two hybrid system というやり方があります（図8-12）。GAL4BDとタンパク質Xの融合タンパク質を酵母に発現させておき、GAL4ADと融合タンパク質ができるようなcDNAライブラリーをつくってトランスフェクトする。レポーターが発現した酵母は、タンパク質Xと会合するタンパク質Yがライブラリーから導入されていたと考える。Xのことを、Yを捕まえる餌（bait）といいます。ただ、いずれにしても、対象とするのは個別のタンパク質でしかありません。これを網羅的に一気にやってしまおうという試みとして、支持体に固定した何千種ものタンパク質に、細胞全タンパク質をくっつけて、1度に11,000種もの相互作用を調べたという報告が出ています。

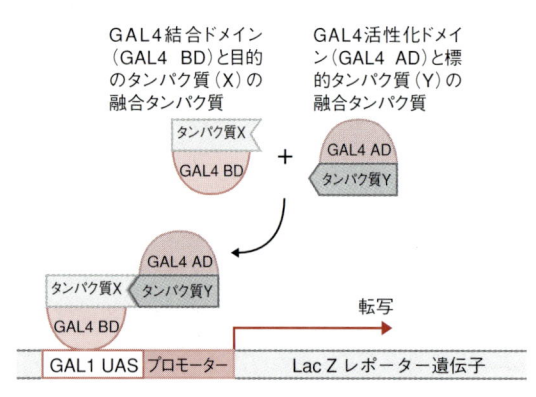

図8-12 Two hybrid systemによる機能的結合タンパク質の検出

e メタボローム

低分子のメタボライト（糖やアミノ酸の中間代謝物を含めて）の量的変化を、ある酵素の活性変化やホルモンが来たときなど、総括的に測定し、あるいは計算し尽くして細胞機能を理解するのが**メタボローム**です。

f 遺伝子の機能を知るということ

たった1つの遺伝子の発現変化が、数十の遺伝子発現を変化させる。1つのタンパク質リン酸化酵素の活性化が、数十のタンパク質をリン酸化させる。その結果発現変化した遺伝子1つが、さらに他の遺伝子発現を変化させる。活性化された1つの酵素タンパク質が、細胞内の基質を変化させる。そのような変化が連鎖的に次々に引き起こされる。お互いの間でクロストークもある、フィードバックもかかる。細胞内の何か1つが動けば、細胞内のすべてが多かれ少なかれ変動を受ける。あらゆる細胞内反応がそういうものでしょう。こういったことを網羅的に調べることができるようになったのは、技術の大きな進歩によるものであり、現に大きな成果が生まれつつある。遺伝子の機能が網羅的に明らかにされつつある。現在進行中の網羅的研究からは、短期間にさらに多くの成果が出てくると期待され、大工場のような研究がこれからしばらくは1つの流れになると思います。その成果がもたらすであろう**医療産業への大きな期待**もあって、膨大な研究費が投入され研究者がそこに集まっています。それが重要であることは全く否定しません。遺伝子の機能を知り、生命を理解する道筋の1つであることも確かでしょう。ただ、分野全体をリードする一部の先進的な研究あるいは研究者を除いて、研究というより生産工場における生産作業が求められ実行されつつあるという気がしなくはない。やすり1本でエッフェル塔を盗みに出かける、研究者としてのロマンを共有できるのだろうか。

9 生命とは何かを知るということ

細胞を理解するとはどういうことなのだろうか。何がどうわかれば、遺伝子の働きを理解したことになるのだろうか。何度も言うように1つの遺伝子の機能変化が、細胞内にあるさまざまなタンパク質や酵素の量や活性を変化させ、高分子や低分子化合物の量や種類を変化させ、細胞内に膨大な変化を引き起こす、その全体像を明らかにすることは、遺伝子の働きを理解し、細胞というもの、生命というものを理解するための1つの道である。今までにわかったことはたくさんあるし、新たな手法によってこれからわかろうとしていることもたくさんある。これらの膨大な細胞内反応のすべて、細胞内変化のすべてを調べて記載することは、細胞を理解するための必要なプロセスと思います。それは確かなことです。

> 細胞内の変化のすべては膨大すぎて、人間の頭ではカバーしきれないのではないですか？

これらの膨大な情報をコンピュータに入れて、細胞の全体像を完成すれば、どこを変化させれば全体がど

う変化するかをシミュレートすることができるはず、といった試みもすでに始まっています。コンピュータの情報処理技術の進歩とともに、今後このような研究分野も展開すると思います。このような情報処理分野と融合した分野をバイオインフォマティクスといいます。

ただ、詳細な日本地図が完成し、ヒトの移動や物の移動をコンピュータで計算できたからと言って日本がわかったとは言えないし、詳細な国語辞典や文法辞典ができたからと言って日本文学がわかったとは言えない。遺伝子が全部わかり、mRNAやタンパク質が全部わかり、インターラクトームやメタボロームが全部わかっても、それだけでは生物がわかったことになるのだろうか。極論すれば、あるヒトを構成するすべての分子について、構造、存在位置、速度を明確にしたら（ラプラスの悪魔だね）そのヒトを理解したことになるのだろうか。理解の1つの完成ではあるけれども、生物としての特性を理解したことにはならない。もちろん、個性ある個人の理解にはならない。どのレベルで理解するのかが問題なんです。問題はそこです。分子生物学のめざすところは何なのか。事象のすべてを記述することは必要なプロセスかもしれないけれども、細胞とは何であるか、生命とは何であるかがわかったと言うためには、さらに別の視点が必要であるように私には思われます。

現在進行中の研究から得られる膨大な成果が医療や生産への応用に対して大きな基盤財産になるであろうことは疑いないが、『生命とは何か』を理解する『知』への貢献としては、そういう網羅的な結果から、今まで考えもしなかった、『生命のもつ予想外のしくみ』の発見や、『生命に対する新しい見方、理解、コンセプト』が生まれることを期待したい。それが、生命を理解する新たな一歩を進めることであり、遺伝子の分子生物学はその過程の中にある、と私は思います。

今日のまとめ

遺伝子の働きを調べることについて最新の『逆遺伝学』や『ポストゲノム研究』までざっとお話しました。それでわかった個々の成果についてはほとんど省略し、研究の進め方や方法について少し詳しく話しました。何を調べるにも結構大変なものなのだ、ということをわかってもらえたかと思います。生物は，存在そのものが美しい。地球環境と進化の歴史と言う制限のもとにあるけれども、その範囲の中で自由に展開している。物質に還元すれば単なる物質の集合体に過ぎないが、生き物としてどのようなあり方を展開しているのか，生物としての特徴はどのようなあり方によるのかを理解したい。生き物は調べれば調べるほど、一筋縄ではいかない複雑なものであることも話したかったことです。生き物とは何か、生命とは何かについて、この講義を聞く前とは違った印象を持つことができただろうか。それをぜひ皆さんに聞いてみたいところだね。生命を知る、生命を理解するとはどういうことかは、皆さん一人ひとりに投げ掛けられた問題です。これで今学期の授業を終ります。また、後期の授業でお会いしましょう。

おまけの問題集
自分で調べて考えてみよう！

1 次の言葉を簡単に説明あるいは解説せよ
- (1) 核膜
- (2) 核小体
- (3) DNA合成のプライマー
- (4) ヌクレオソーム
- (5) レプリコン
- (6) 紡錘糸
- (7) 岡崎フラグメント
- (8) 古生菌（古細菌）
- (9) 二倍体
- (10) 染色分体、染色体、相同染色体
- (11) 核膜孔
- (12) ヌクレオソーム
- (13) 細胞周期
- (14) hnRNA
- (15) snRNA
- (16) cDNA
- (17) ポリソーム (polysome)
- (18) RNA合成酵素
- (19) コドン、アンチコドン
- (20) イントロン、エクソン
- (21) 遺伝子の上流側、下流側
- (22) 遺伝子発現調節シスエレメントとトランスエレメント
- (23) 核移行シグナル
- (24) 粗面小胞体
- (25) 2倍体と半数体
- (26) タンパク質のN末端，C末端
- (27) monocistronic mRNAとpolycistronic mRNA
- (28) プロモーター (promoter) とエンハンサー (enhancer)
- (29) 遺伝学的な優性と劣性
- (30) 遺伝子型と表現型
- (31) 全能性幹細胞と多能性幹細胞
- (32) transient expressionとstable (permanent) expression
- (33) SNP (single nucleotide polymorphism)
- (34) 配偶体と胞子体
- (35) YACライブラリー
- (36) EC (embryonic carcinoma) 細胞

2 大腸菌のもつDNA量に比べて、ヒト細胞のDNA量は約1,000倍も多いが、遺伝子の数としては10倍程度であろうと見積もられている。一見、多くの無駄をかかえた、効率の悪い真核生物が、進化の過程では繁栄を誇っているように見える。どのような合理的な解釈が可能だろうか

3 DNAは日常的に傷害を受け、修復される。しかし、修復しきれないミスあるいは修復の誤りによるミスは避けられない。これは、あらゆる遺伝子にほぼ等しく起きているはずである。その結果、進化の過程で最近別れた種の間（たとえばヒトとチンパンジー）では遺伝子の塩基配列の違いは小さく、古い時代に別れた種間（たとえばヒトとニワトリ）では塩基配列の違いが大きい、これを利用して、化石によらない進化の系統樹が描ける。ところが、さまざまな遺伝子について調べてみると、ヒストンでは他の遺伝子に比べて変化が少なく、ヒトとソラマメという遠く離れた種間でさえ、違いは非常に小さい。つまり、異種間でよく保存されている。ヒストン遺伝子では特に遺伝子が日常的なDNA傷害を受け難いとは考えられず、また、特にヒストン遺伝子における修復が完全である（ミスが起きない）、ということがな

いとすれば、なぜこのようによく保存されているかについては別の説明が必要である。どのような説明が考えられるか

4️⃣ 染色体が安定に存在するために必要な次のことについて、それが何であるかを説明し、染色体の維持にかかわる役割を述べよ

(1) 複製開始点
(2) セントロメア
(3) テロメア

5️⃣ 真核細胞のDNA複製調節機構に関して、次のことを簡単に説明せよ

(1) DNA合成の開始にかかわる正の調節について
(2) DNA合成の開始にかかわる負の調節について

6️⃣ 次の問いに答えよ。実験法については実験例ではなく原理を簡単に説明せよ

(1) タンパク質合成のことを翻訳（translation）というのはなぜか
(2) 細胞のDNA合成を調べるときに、放射性前駆体としてチミジンがよく使われるのはなぜか
(3) DNAのreassociation kinetics法（Cot分析）とはどのような方法か
(4) PCRとはどのような方法か
(5) ゲルシフトアッセイ（gel shift assay、gel retardation assay）とはどのような方法か
(6) レポーターアッセイ（reporter assay）とはどのような方法か

7️⃣ ヒトの常染色体は、大きい順に1番〜22番まで番号が付けられている。最近、ヒトの21番染色体の塩基配列が解読された。塩基配列から想定される遺伝子の数は、予想された数よりずっと少ないものであった。このことは、ヒトで発見されるトリソミー（特定の染色体が3本あること）のなかで、他の染色体トリソミーに比べて、21番トリソミーの例（ダウン症候群）が圧倒的に多いことを納得させるものである、と論文は述べている。細胞分裂の際のエラーでトリソミーが発生する確率は、どの染色体でもほぼ等しいと仮定すると、上記のことはどのように納得できるのであろうか。説明してみよ

8️⃣ 細胞の遺伝子に異常が起きたとき、そのような細胞が増えることは、体にとってさまざまな危機をもたらす。体細胞における遺伝子異常の成立・蓄積を防ぐための機構としてのG1チェックポイントについて説明しなさい

9️⃣ 細胞の外から導入された遺伝子DNAのたどる運命について、下記の言葉を参考にしながら、DNA自身がどうなるか、細胞機能がどうなるかに注目して述べなさい

DNAの分解、DNAの核移行、transientな発現、細胞ゲノムへの組み込み、非相同組換え、相同組換え、組み込み位置による細胞機能への影響の違い、permanentな発現

🔟 原核生物ではpolycistronic mRNAから複数種類のタンパク質を合成することができるが、真核生物ではできない。真核生物に感染したウイルスはまずpolycistronic mRNAを合成するが、どのようにウイルスタンパク質を合成するか

11 次のことを説明せよ

(1) 同じ親から生まれた子供は，互いに似てはいるが異なる表現型を持っている。もちろん後天的に生ずる違いもあるが，これは，一卵性双生児でない限り，兄弟姉妹の間でも遺伝子構成が異なるからである。どの子供の細胞も父母からの遺伝子を1セットずつ持っているはずなのに，遺伝子構成が異なるのはなぜだろうか。なぜ兄弟姉妹の間で遺伝子構成が異なるのか，ヒトは23対の染色体を持つこと，有性生殖（減数分裂をする）によって子孫ができることを背景にして，説明せよ

(2) どのようなヒトの間を比較しても，およそ数百万にのぼる遺伝子配列の違いがあるものと想定されている。これほどの違いがあることは，DNA診断によって個人を特定できることの根拠でもある。特に変異体であると認識されることなく，ほとんどの場合は普通に生きていける。これは不思議ではないことを説明せよ

12 真核生物が，変化に富む進化をとげることができたことに関して，以下のことがどのように寄与したと考えられるか，それぞれについて簡単に考察せよ

(1) 2倍体であること
(2) 有性生殖をする（減数分裂の過程がある）こと
(3) イントロン，エクソン構造をもつこと
(4) 細胞あたりのDNA量が多いこと
(5) 上記の全体を通じて引き出せる共通的な特徴

13 ある酵素の活性がないマウスの変異株細胞を2株取った。変異株Aを，酵素活性をもつ野生型細胞と細胞融合したところ，融合細胞では活性があらわれた。変異株Bを酵素活性をもつ野生型細胞と細胞融合したところ，融合細胞では活性があらわれなかった。変異株AおよびBは，それぞれどのような遺伝子変異があると考えられるか考察せよ

14 遺伝子の働きを調べるために、ホモ接合体（homozygote）のノックアウトマウスをつくる技術について、次の言葉を使って説明せよ

EC細胞、ES細胞、相同組換え、薬剤選択、初期胚、キメラマウス、ホモ接合体（homozygote）のKOマウス

15 トランスジェニック動物（transgenic animal）について答えよ

(1) トランスジェニック動物とは何か説明せよ
(2) トランスジェニック動物にはどのような応用が考えられるか。遺伝子の機能を解析する基礎的研究分野として、どのようなことを理解するために利用できるか
(3) トランスジェニック動物の、実用的・産業的な応用面として、どのような利用が考えられるか
(4) 将来あり得る倫理的な問題について考察せよ

16 重要な機能を果たしていると予想されるが、具体的な機能が不明な、或る遺伝子の機能が知りたかった。そこで、この遺伝子をノックアウトしたEC細胞（embryonic carcinoma cell）を作製し、これからノックアウトマウスをつくろうとした

(1) ノックアウトマウスが生まれてこなかった。実験は失敗だったのだろうか。操作上の技術的問題はなかったとすれば、どのようなことが考えられるか

(2) ノックアウトマウスが生まれた。しかし，表現型にはほとんど何の異常も認められなかった。この遺伝子は重要な機能を果たしているという前提に立つとすれば，この結果についてどのような解釈が可能であろうか。考察せよ

⑰ ヒトの体細胞の核を受精卵の核と置き換えて発生させて、発生初期のES細胞から組織や臓器をつくらせれば、体細胞を提供したヒトと免疫的に同一で、しかも若返ったものが得られる可能性がある。これを、怪我、疾患、老化などで失われ、あるいは劣化した組織、臓器と置換することは、医療技術の面からは不可能ではないと考えられる。このような医学研究を進めることについて、賛成者の立場または反対者の立場に立って、感情論ではない意見を述べよ

⑱ ヒトの全ゲノムの一次構造が解明された。その結果，多くの遺伝子ついての情報が得られるようになり，現在，一人一人のヒトが，遺伝子レベルでどのように異なるかについての研究が進みつつある。これによって，将来的には，一人一人のヒトに対して，適切な治療法あるいは投薬法を計画することができるようになるのではないかと言われる
(1) それはどのようなことか，解説あるいは説明せよ
(2) それが医療分野，社会全体にどのような影響が及ぶと考えられるか，プラス面，マイナス面両方の可能性について論ぜよ

⑲ ヒトの遺伝子解析が進み、肥満、糖尿病、高血圧、癌その他の生活習慣病のなり易さについて、遺伝子が関与することが明らかになりつつある。『体質』のようなあいまいな性質が、遺伝子上の特徴として捕らえられるようになるであろう。本人が希望すれば、自分の遺伝子に関するこのような遺伝子上の特徴を知ることができるようになる。このような状況下で、以下の事について意見を述べなさい
(1) 自分がそのような解析を受ける側（患者）として、期待すること、あるいは留意すべきこと
(2) 医療人あるいは解析する側の専門家として、期待すること、あるいは留意すべきこと

Index

欧文

数字

21番トリソミー	106
2倍体	103, 190
3´側スプライス位置	134
40Sサブユニット	128
5´側スプライス位置	134
60Sサブユニット	128

A～D

allele	204
alternative splicing	135
Alu 配列	96
anticodon	138
apoptosis	126
Barr 体	105
C-value paradox	88
Caenorhabditis elegans	37
CAT ボックス	131, 164
cDNA	114
cDNA ライブラリー	218
cell cycle	107
codon	138
complementary DNA	114
complementation test	201, 211
CpG アイランド	159
Dideoxy 法	225
differential hybridization 法	238
differential splicing	135
diploid	103
DNA	84
DNA 合成酵素	115
DNA の完全性 (integrity) のチェック	125
DNA の変成	98
DNA ポリメラーゼα	115
DNA ポリメラーゼδ	115
DNA 量	86
dominant	204
dominant negative	204
Drosophila melanogaster	40

E～H

EC細胞 (embryonic carcinoma)	242
eEF	140
eIF	140
endonuclease	119
Endoreduplication の禁止	123
eRF	140
ES 細胞 (embryonic stem cell)	189, 242
euchromatin	104
eukaryotic initiation factor	140
exonuclease	119
exson	92
FISH (fluorescent *in situ* hybridization) 法	110
form I	84
form II	84
form III	84
G1期 (gap 1 phase)	107
G1チェックポイント	125
G2期 (gap 2 phase)	107
G2チェックポイント	126
GC ボックス	131, 164
genotype	204
GFP	170
haploid	103
heterochromatin	104, 105, 158
heterokaryon	212
heterozygote	204
Hfr (high frequency of recombination) 株	201
hnRNA	129
homokaryon	212
homozygote	204
HOX 遺伝子	90
hybridization	98

I～N

intron	92
interphase	107
knockout animal	240
lagging strand	117
leadin strand	117
Lesch-Nyhan 症候群	233
license (ライセンス)	123
Lyonization	105, 160
Maxam-Gilbert 法	225
messenger RNA	129
mitotic phase (M期)	107
mRNA	129, 152
mRNA の分解	144
multireplicon	120
M期チェックポイント	126
nuclear envelope	103
nuclear matrix	111
nuclear pore	103
nucleolus	102, 105

O～R

Okazaki fragment	117
open reading frame	138
ORF	138
ori	101
p53	125
PCR	219
permanent expression	216
phenotype	204
polycistronic mRNA	152
polysome	141
posttranscriptional control	143
proteasome	148
proteome	249
Rb	125
reassociation (再会合)	98
recessive	204
replication	114
replicon	120
reporter assay	169
rER	144
reverse transcriptase	114
reverse transcription	114
RFLP (restriction fragment length polymorphysm)	223
ribosomal RNA	128
RNA replication	114
RNA の合成系	129
RNA 複製	114
RNA プライマー	117
RNA ポリメラーゼI	130
RNA ポリメラーゼII	130
RNA ワールド	77, 135
rRNA	128

S～Y

Saccharomyces cereviciae	22
Schzosaccharomices pombe	22
selfish (利己的) DNA	100

semiconservative replication 115	遺伝病 203	逆転写（reverse transcription） 114
sER 144	インターラクトーム 249	逆転写酵素（reverse transcriptase） 114
SNP（single nucleotide polymorphism） 229	イントロン（intron） 92	キャップ形成 132
snRNA-protein 129	ウイルス 78	キャップ構造 132
snRNP 129	ウイルスベクター 215	旧口動物 33
SRP 144	ウイロイド 80	共生 58
subtraction cDNA library 法 238	ウェルナー症候群 234	極限生物 57
S 期（synthetic phase） 107	永久的発現（permanent expression） 216	棘皮動物 41
TATA ボックス 131, 164	栄養核 24	菌界 21
template 115	栄養生殖 187, 188	組換え作物 247
transcription 114	エクソン（exson） 92	クモ綱 39
transcriptional control 143	エピジェネティックな変化 158	クローニング 217
transcriptome 248	エレクトロポレーション 215	クローン動物 161
transfection 215	延長因子 140	クロマチン糸 110
transfer RNA 129	エンハンサー 165	群体 26
transient expression 171, 216	オーダーメイド医療 230	形質導入 201
translation 114	岡崎フラグメント（Okazaki fragment） 117	形態形成（形づくり） 30
tRNA 129	オゾン層 78	系統樹 75
two hybrid system 250	オペロン 152	系統分類 15
YAC ベクター 102		ゲノムインプリンティング 160
	か行	ゲノムプロジェクト 227
	開始因子 140	ゲノムライブラリー 218
和 文	開始コドン 138	ゲルシフトアッセイ 172
	外胚葉 34	原核生物 18
あ行	海綿動物 29	原口 29
アザ C 159	化学進化 77	原索動物 42
当たり前に見える現象を解析する 195	カギムシ 43	減数分裂 174
熱いスープの時代 77	核（nucleus） 102	原生生物 24
アニーリング（焼き戻し） 98	核局在（移行）シグナル 145	原腸 29
アポトーシス（apoptosis） 126	核骨格（nuclear matrix） 111	原腸胚 29
アミノアシル tRNA 合成酵素 139	核小体 105	コーンバーグの酵素 115
アレル（allele） 204	核相交代 180, 191	甲殻綱 39
暗号（codon） 138	核の起源 60	後口動物 33
アンチコドン（anticodon） 138	核膜（nuclear envelope） 103	校正活性 119
鋳型（template） 115	核膜孔（nuclear pore） 103	構成的ヘテロクロマチン 105
異形配偶子 27	核マトリックス 167	後生動物 28
異質クロマチン（heterochromatin） 104	学名 17	腔腸動物 32
位置効果 162	化石 47	高度反復配列 96
一時的発現（transient expression） 171, 216	滑面小胞 144	酵母 21
遺伝学 198	下流 130	古細菌 57
遺伝学的手法 233	環形動物 37	古生代 51
遺伝子型（genotype） 204	幹細胞 36	個体の誕生 29
遺伝子多型 204, 223	間充織 32	コット（Cot）分析 98
遺伝子地図 205	カンブリア紀 53	ゴルジ体 147
遺伝子による系統樹 55	カンブリア紀の大爆発 53	昆虫綱 39
遺伝子の暗号 138	キイロショウジョウバエ（*Drosophila melanogaster*） 40	
遺伝子の水平伝播 61	偽遺伝子 99	**さ行**
遺伝子のメチル化 158	器官 34	再会合 98
遺伝子ファミリー 89, 95	キメラ 241	再生 36
	キメラマウス 242	再生医学 189
	逆遺伝学 240	再生医療 189
		細胞周期（cell cycle） 107

257

細胞分裂期（mitotic phase：M期）
　　　　　　　　　　　　　　　　107
細胞融合　　　　　　　　　　　211
サテライトDNA　　　　　　　　96
三畳紀　　　　　　　　　　　　51
三胚葉　　　　　　　　　　　　34
θ型（Cairns型）の複製　　　　118
シグナル認識粒子　　　　　　144
シグナルペプチド　　　　　　144
始原生殖細胞　　　　　　　　173
シスエレメント　　　　　　　163
自然分類　　　　　　　　　　　15
シャペロン　　　　　　　　　142
種　　　　　　　　　　　　　　17
終止因子　　　　　　　　　　140
終止コドン　　　　　　　　　138
出芽酵母（Saccharomyces
　　cereviciae）　　　　　　　　22
受精　　　　　　　　　　　　　27
ジュラ紀　　　　　　　　　　　51
純系動物　　　　　　　　　　230
小核　　　　　　　　　　　　156
常染色体　　　　　　　　　　108
上流　　　　　　　　　　　　130
初期化　　　　　　　　160, 161
植物界　　　　　　　　　19, 20
ショットガン法　　　　　　　226
人為分類　　　　　　　　　　　15
進化　　　　　　　　　　　　　15
真核生物　　　　　　　　　　　19
神経胚　　　　　　　　　　　　34
新口動物　　　　　　　　　　　33
真生クロマチン（euchromatin）　104
真正細菌　　　　　　　　　　　57
新生児黄疸　　　　　　　　　155
新生代　　　　　　　　　　　　49
随意ヘテロクロマチン　　　　106
スピンドル（紡錘体）チェックポイント
　　　　　　　　　　　　　　　126
スプライシング（splicing）　133
スペーサー　　　　　　　　　　98
生化学的解析　　　　　　　　233
生活環　　　　　　　　　　　180
生活習慣病　　　　　　　　　229
性行動を支配する遺伝子　　　194
生殖核　　　　　　　　　　　　24
性染色体　　　　　　　　　　108
性の決定　　　　　　　　　　192
精母細胞　　　　　　　　　　174
石炭紀　　　　　　　　　　　　52
脊椎動物　　　　　　　　　　　42
世代　　　　　　　　　　　　180
世代交代　　　　　　　　180, 191
節足動物　　　　　　　　　　　38

前カンブリア時代　　　　　　54
線形動物　　　　　　　　　　36
前口動物　　　　　　　　　　33
染色体　　　　　　　　　　　107
染色体対合　　　　　　　　　175
染色体の交叉　　　　　　　　178
染色分体　　　　　　　　　　109
センチモルガン　　　　　　　207
センチュウ（線虫：Caenorhabditis
　　elegans）　　　　　　　　　37
セントラルドグマ　　　　　　82
セントロメア　　　　　　101, 108
桑実胚　　　　　　　　　　　22
相同染色体　　　　　　　　　109
相同組換え　　　　　　　　　94
相補性テスト（complementation
　　test）　　　　　　　　201, 211
組織　　　　　　　　　　　　34
粗面小胞体　　　　　　　　　144

た行

大核　　　　　　　　　　　　156
体細胞クローン動物　　　　　160
第三紀　　　　　　　　　　　49
大絶滅　　　　　　　　　　　48
大腸菌の接合　　　　　　　　200
第四紀　　　　　　　　　　　49
対立遺伝子　　　　　　　　　204
ダウン症候群　　　　　　　　106
多細胞化　　　　　　　　　　29
多糸染色体　　　　　　　　　87
脱メチル化　　　　　　　　　161
単為生殖　　　　　　　　　　189
単相　　　　　　　　　　　　180
タンパク質合成系　　　　　　139
地質時代　　　　　　　　　　48
中生代　　　　　　　　　　　51
中度反復配列　　　　　　　　95
中胚葉　　　　　　　　　　　34
チュブリン　　　　　　　　　107
定向進化　　　　　　　　　　67
テイラーの実験　　　　　　　116
デボン紀　　　　　　　　　　52
テロセントリック染色体　　　108
テロメア　　　　　　　　101, 175
テロメラーゼ　　　　　　　　127
転移因子（トランスポゾン）　96
転写（transcription）　　114, 128
転写後調節　　　　　　　143, 169
転写調節（transcriptional control）
　　　　　　　　　　　　　　143
転写調節因子　　　　　　　　165
同形配偶子　　　　　　　　　25
動原体　　　　　　　　　　　108

頭足類　　　　　　　　　　　38
動物界　　　　　　　　　19, 22
トポイソメラーゼⅠ　　　　　85
トポイソメラーゼⅡ　　　85, 112
トランスエレメント　　　164, 165
トランスクリプトーム
　　（transcriptome）　　　　248
トランスジェニック動物　　　245
トランスフェクション
　　（transfection）　　　　　　215

な行

内胚葉　　　　　　　　　　　34
軟体動物　　　　　　　　　　38
二名法　　　　　　　　　　　17
ヌクレオソーム　　　　　110, 120
嚢胚　　　　　　　　　　　　28
ノックアウト動物
　　（knockout animal）　　　240

は行

配偶子接合　　　　　　　　　25
配偶体　　　　　　　　　　　186
倍数体　　　　　　　　　　　89
胚性幹細胞（ES：embryonic stem cell）
　　　　　　　　　　　　189, 242
胚性癌細胞（EC：embryonic carcinoma）
　　　　　　　　　　　　　　242
バイオインフォマティクス　　251
ハイブリダイゼーション　　　98
ハウスキーピング遺伝子　32, 151
白亜紀　　　　　　　　　　　51
バクテリア　　　　　　　　　18
発現調節領域　　　　　　　　93
半数体　　　　　　　　　　　103
バンディング法　　　　　　　109
バンド法　　　　　　　　　　109
反復配列　　　　　　　　　　94
半保存的複製　　　　　　115, 116
ヒストン　　　　　　　　　　110
ヒストンのアセチル化　　　　163
非相同組換え　　　　　　　　94
ヒトゲノム計画　　　　　　　223
表現型（phenotype）　　　　　204
不完全ウイルス　　　　　　　80
不均等な組換え　　　　　　　89
複製　　　　　　　　　　　　114
複製開始点　　　　　　　101, 117
複製開始のライセンス　　　　124
複製フォーク　　　　　　　　117
複相　　　　　　　　　　　　180
腹足類　　　　　　　　　　　38
斧足類　　　　　　　　　　　38
フットプリントアッセイ　　　171

不適正塩基修正酵素 ………… 119
プラナリア ……………………… 35
プリオン ………………………… 80
不連続複製 …………………… 117
プロセシング ………………… 131
プロテアソーム ……………… 148
プロテオーム（proteome） … 249
プロモーター ………………… 164
プロモーター領域 ……… 93, 130
分裂間期（interphase） …… 107
分裂酵母（Schzosaccharomices pombe） …………………… 22
閉環状二本鎖DNA …………… 84
平行進化 ………………………… 68
平衡密度勾配遠心法 ………… 116
ベクター ……………………… 102
ヘテロカリオン（heterokaryon） … 212
ヘテロクロマチ（heterochromatin）
…………………… 104, 105, 158
ヘテロ接合体（heterozygote） … 204
ヘモグロビン遺伝子 ………… 159
ペルム大絶滅 ………………… 52
変異型 ………………………… 203
扁形動物 ……………………… 35
胞子体 ………………………… 186
紡錘糸 ………………………… 107
胞胚 …………………………… 24
ポストゲノム研究 …………… 247
ホモカリオン（homokaryon） … 212
ホモ接合体（homozygote） … 204
ホモログ（相同遺伝子） …… 238
ポリAシグナル ……………… 133
ポリA付加 …………………… 133
ポリクローナル抗体 ………… 215

ポリシストロニック（polycistronic）mRNA ……………………… 152
ポリソーム（polysome） …… 141
ポリメラーゼⅢ ……………… 130
ボルボックス ………………… 27
翻訳 …………………………… 114

ま行

マイクロインジェクション … 216
マイコプラズマ ……………… 19
末端複製問題 ………………… 127
マッピング …………………… 220
マルチフォーク ……………… 123
マルチレプリコン …………… 120
ミクロスフェア ……………… 77
ミトコンドリアイブ ………… 69
ミトコンドリア局在シグナル … 146
ミトコンドリアの起源 …… 57, 58
メガカリオサイト（巨核球） … 87
メセルソンとスタール ……… 116
メタセントリック染色体 …… 108
メタボローム ………………… 250
モノクローナル抗体 ………… 214
モノシストロニックmRNA … 153

や行

野生型 ………………………… 203
ユークロマチン ……………… 158
有限分裂寿命 ………………… 128
優性（dominant） …………… 204
有性生殖 ……………………… 191
優性変異（dominant negative） … 204
輸送 …………………………… 137
ユニーク配列 ………………… 95

ユビキチン化 ………………… 148
幼生生殖 ……………………… 190
葉緑体の起源 ………………… 59

ら行

ライブラリーの整列化 ……… 224
ラギング鎖（leadin strand） 117
ラクシャリー（ぜいたくな）遺伝子 … 32
ラミナ ………………………… 103
ラミン ………………………… 103
卵割 …………………………… 22
卵割腔 ………………………… 24
藍藻 …………………………… 19
卵母細胞 ……………………… 174
リーダー配列 ………………… 144
リーディング鎖（lagging strand）
……………………………… 117
リボザイム …………………… 134
リボソームのサブユニット … 128
リポフェクション …………… 215
リン酸カルシウム法 ………… 215
ルシフェラーゼ ……………… 170
劣性（recessive） …………… 204
レトロウイルス ……………… 79
レトロトランスポゾン ……… 96
レプリコン（replication） … 120
レプリコン群 ………………… 122
レポーターアッセイ ………… 169
連鎖解析 ……………………… 205
ローリングサークル型 ……… 118
老化細胞 ……………………… 125

わ行

和名 …………………………… 18

分子生物学講義中継 他巻の掲載項目一覧

分子生物学講義中継 Part 2
細胞の増殖とシグナル伝達の細胞生物学を学ぼう

164頁，本体（3,700円＋税）

1日目　生き物らしさを支えるシグナル伝達

Ⅰ．シグナル伝達とは？
1. 刺激に対する応答は生物の特徴
2. 何が生物として特徴的なのだろう
3. 個体における刺激の受容とシグナル伝達
4. 細胞におけるシグナル伝達

Ⅱ．代表的な細胞内シグナル伝達系
1. チロシンキナーゼ型受容体
2. 7回膜貫通型受容体
3. イオンチャネル型受容体
4. 核内受容体

Ⅲ．視覚という1つの例
1. 桿体細胞と錐体細胞
2. 光受容体はロドプシン
3. 膜の興奮
4. 光からのシグナル伝達は普通と逆だ
5. 神経伝達過程での感度増幅
6. ヒトの眼はフォトンカウンターの感度をもつ
7. 細胞内シグナル伝達系というもの

2日目　細胞間のシグナルを伝達する因子

Ⅰ．細胞間のシグナルを伝達する因子はたくさんある

Ⅱ．サイトカインというもの
1. リガンドとしてのサイトカイン類
2. サイトカイン受容体とシグナル伝達
3. 増殖因子ファミリー

3日目　シグナル伝達の流れを細胞増殖を例に理解する

Ⅰ．ヒト体内細胞の増殖
1. 生理的再生系組織（physiologically renewal system）
2. 条件再生組織（conditionally renewal system）
3. 非再生系組織（non-renewal system）

Ⅱ．増殖因子受容体からの細胞内シグナル伝達
1. 受容体の活性化
2. Gタンパク質の活性化
3. MAPKカスケード
4. イノシトールリン脂質の変化
5. PI3Kの活性化
6. シグナルを負に制御するもの
7. 転写活性化
8. DNA合成までに起きること

ここまでのまとめ
1. 一通り筋書きを追いかけたけれども
2. 増殖因子は同じでも下流シグナルは同じとは限らない

4日目　細胞をとりまく環境　〜細胞接着と細胞骨格

Ⅰ．細胞接着
1. 多細胞生物では増殖抑制状態が基本
2. 体内の組織を分類する
3. 支持組織の特徴は細胞間基質が多いこと
4. 上皮組織の特徴はタイトに接着していること
5. 線維芽細胞だって基質の中でふわふわ浮いているわけではない
6. 基質分子の受容体インテグリンファミリー
7. 互いによく接着している細胞は増殖に抵抗する
8. 基質との接着は増殖調節に重要である
9. 細胞接着の制御とシグナル

Ⅱ．細胞骨格
1. 微小管
2. アクチン線維
3. 中間径線維

5日目　細胞周期を1廻りする

Ⅰ．細胞周期概論
1. 細胞周期とは
2. 細胞周期進行を司る分子群

Ⅱ．細胞周期の各期で起きること
1. G1期からS期への進行で起きること
2. S期で起きること
3. G2期からM期への進行で起きること
4. M期で起きること

6日目　細胞周期の制御と監視

Ⅰ．タンパク質分解の重要性
1. ユビキチンとユビキチン化酵素群
2. プロテアソーム

Ⅱ．細胞周期の監視点
1. G1期チェックポイント
2. S期チェックポイント
3. G2期チェックポイント
4. M期（スピンドル）チェックポイント
5. 細胞周期はドミノ倒しではなくcheck and goだ
6. G1期やG2期は必要なのだろうか

Ⅲ．細胞増殖制御の全体像と研究の進め方
1. 細部にわたって研究が進んでいるところ
2. 研究が進んでいないところ

分子生物学講義中継 Part 3

発生・分化や再生のしくみと癌，老化を
個体レベルで理解しよう

212頁，本体（3,900円＋税）

1日目　発生・分化・形態形成で何が起きるか
Ⅰ．発生初期ではどのようなことが起きるのか
1. ウニの初期発生　2. カエルの初期発生　3. ニワトリの初期発生／他
Ⅱ．発生のしくみ
1. 高校の復習　2. 発生が遺伝子の言葉で語られるようになった
Ⅲ．ボディープランをつかさどるもの
1. 動物には頭尾，背腹，左右の軸がある
2. ショウジョウバエの発生　3. 前後（頭尾）軸をつくるもの／他

2日目　エピジェネティクス
Ⅰ．エピジェネティクスとは
1. ジェネティクスとエピジェネティクス　2. エピジェネティクスの機構
Ⅱ．クロマチン構造の変化とエピジェネティクス
1. エピジェネティクスとDNAのメチル化　2. ヒストンコード　3. クロマチン構造に影響するものはまだある　4. エピジェネティック発現調節の異常と疾患
Ⅲ．その他の転写調節とエピジェネティクス
1. DNAのトポロジー変化　2. 遺伝子発現調節のタイプ　3. 非翻訳RNA

3日目　幹細胞と再生のメカニズム
Ⅰ．幹細胞と再生
1. ヒト組織の再生　2. 生理的再生系組織の再生　3. 条件再生系組織の再生　4. 非再生組織の再生／他
Ⅱ．幹細胞というもの
1. 幹細胞の種類　2. 骨髄の幹細胞　3. 幹細胞の可塑性　4. 幹細胞の階層性　5. 幹細胞の働きと制御　6. 成人にも全能性幹細胞はあるか／他
Ⅲ．プラナリアの再生
1. プラナリアほど再生できる動物は少ない　2. 再生のプロセス
3. プラナリアには幹細胞がたくさんいる　4. それは再生なんだろうか
Ⅳ．イモリの再生もたいしたものである
1. 再生芽から肢芽ができる　2. レンズも再生する　3. 何をどう再生するのか　4. 四肢再生の原理
Ⅴ．体性幹細胞を用いた再生医療
1. 多能性幹細胞のヒトへの応用は始まっている　2. 再生医療に応用される幹細胞　3. 各組織の再生医療　4. 胎児期の元気な幹細胞を凍結保存する／他
Ⅵ．胚性幹細胞を用いた再生医療
1. 再生医学分野で胚性幹細胞をどう使うのか　2. ES細胞の培養

4日目　癌の原因を探る
Ⅰ．癌とは何か
1. 言葉の整理　2. 癌は死因のトップ　3. 癌細胞の4つの特徴
Ⅱ．癌の原因
1. 癌の原因は癌遺伝子ができるため　2. 化学的原因　3. 物理的原因／他

5日目　遺伝子からみた癌
Ⅰ．癌遺伝子というもの
1. 癌遺伝子はどんな働きをする遺伝子なのか
2. RNA型癌ウイルスの癌遺伝子は癌の自律的増殖の原因である／他
Ⅱ．癌抑制遺伝子というもの
1. Rb遺伝子　2. p53遺伝子　3. ほかにもたくさんの癌抑制遺伝子が見つかっている　4. DNA型癌ウイルスの癌遺伝子の働き／他
Ⅲ．アポトーシスと癌
1. アポトーシスとは　2. bcl-2の働き　3. アポトーシスを抑制するほかの癌遺伝子　4. p53によるアポトーシス誘導
Ⅳ．p53変異の重要性
1. G1チェックポイントが働らかなくなる　2. アポトーシスが起きにくくなる　3. ミューテーターである／他
Ⅴ．エピジェネティックな変化
1. エピジェネティックな発現調節　2. 癌ではメチル化異常が広く見られる　3. 突然変異の原因としてのメチル化C
Ⅵ．細胞の不死化にかかわる遺伝子
1. 不死化しなければ癌組織になれない　2. ヒト正常体細胞は有限分裂寿命　3. テロメアというもの／他

6日目　癌細胞から癌組織への道のり
Ⅰ．癌化の過程を調べる
1. 培養細胞による発癌実験　2. 培養細胞のトランスフォーメーションで見られる変化　3. 動物（in vivo）でないとわからないこと
Ⅱ．社会性の喪失にかかわる遺伝子
1. 細胞の社会性　2. 癌細胞の社会性喪失
3. 細胞骨格アクチン線維の消失　4. 足場非依存性、造腫瘍性との関係
Ⅲ．転移にかかわる遺伝子
1. 浸潤と転移　2. プロテアーゼ　3. 異種細胞との接着の変化
4. 転移能にかかわる遺伝子と癌征圧
Ⅳ．免疫
1. 免疫力の低下と癌の発生　2. どうやって免疫機構が癌をやっつけるか
3. できてしまった癌に効くか　4. 免疫療法に期待する
Ⅴ．血管の進入
1. 血管新生とは　2. 血管新生の刺激　3. 血管内皮細胞は遊走する
4. 癌組織の中で血管の網目をつくる　5. 血管新生の抑制
Ⅵ．癌治療と基礎研究のつながり
1. 遺伝的な癌　2. 癌を治す　3. 癌を予防する

7日目　老化とは？～衰える機能と増殖能
Ⅰ．老化とは何か
1. 老化して死ぬのは当たり前か　2. 言葉の整理　3. 日本人の平均寿命は世界一　4. 老化のしくみ
Ⅱ．老化と生活習慣病
1. 横断的老化研究　2. 縦断的老化研究　3. 生活習慣病　4. 生活習慣病の各論
Ⅲ．生物界における老化と寿命
1. ここから何を学ぶか　2. 遺伝子レベルの共通性

8日目　老化のメカニズム
Ⅰ．傷はいつでもでき、修復は常に不完全である
1. ヒトの老化のしくみ　2. エラーの蓄積　3. 生体高分子に損傷を与えるもの　4. 老化を防止し寿命を延ばす／他
Ⅱ．老化プロセスへの遺伝子の関与
1. 最大寿命という遺伝的プログラム　2. 実験的長寿系　3. 遺伝的早老症　4. 実験的早老症モデルマウス　5. 老化遺伝子はあるのか
Ⅲ．ヒトの老化を司る老化時計はある
1. テロメア短縮と老化　2. 細胞老化はヒト老化の原因か　3. 細胞の機能的老化　4. 細胞の若返り　5. 不死化細胞の利用

分子生物学講義中継 他巻の掲載項目一覧

分子生物学講義中継 part ゼロ 上巻
細胞生物学と生化学の基礎から生物が成り立つしくみを知ろう

237頁，本体（3,600円＋税）

1日目　ヒトは何からできているのか
I．細かく元素から見ていこう
1.ヒトを構成する元素　2.細胞を構成する分子　3.水は生き物を構成する一番多い分子　4.細胞の内と外で働く無機イオン

II．生き物は有機物でできている
1.有機物、無機物とは　2.有機化合物には無限の可能性

III．生き物をつくりあげる化学結合
1.共有結合　2.静電的結合　3.疎水結合　4.水素結合　5.水素イオンは特別なイオンだ　6.弱い結合の大切さ

2日目　驚くべき細胞の世界
I．すべての生物は細胞からできている
1.生物は原核生物と真核生物に分けられる　2.真核生物には単細胞生物と多細胞生物がある　3.体内にはどんな細胞があるか

II．細胞内の小さな構造体、オルガネラ
1.原核生物の細胞内は構造に乏しい　2.オルガネラとは何か　3.模式図と実態の違い　4.こんなに混み合っていて機能できるのか

III．それぞれの細胞が特有の形態と機能をもつ
1.組織と器官　2.腎臓の例　3.肺の例　4.肝臓の例　5.胃の上皮の例　6.それぞれの細胞が特有の形態と機能をもつ

3日目　細胞内世界の広がり
I．オルガネラの起源
1.生命誕生の歴史から眺める　2.ミトコンドリアと葉緑体は共生によって生まれた　3.核の誕生が真核生物の多様性を生んだ

II．オルガネラの発見と機能解析
1.オルガネラはまず形態学的な観察で発見された　2.光学顕微鏡で見えるオルガネラがある　3.もっと細かいところは電子顕微鏡で見える　4.オルガネラの機能を解析する

III．サイトゾルというもの
1.細胞質は有機物が溶けた水溶液か　2.オルガネラより小さい高分子複合体は存在するか

IV．無秩序・秩序・ゆらぎ・生命
1.無秩序から秩序へ　2.精密さとゆらぎと　3.新しい生物学の夜明けである

4日目　生体を構成するタンパク質・脂質・糖質
I．アミノ酸とタンパク質
1.タンパク質の成分、アミノ酸　2.アミノ酸同士の結合　3.タンパク質の基本　4.タンパク質が働く形

II．脂質
1.脂質の性質　2.脂質を構成する脂肪酸　3.脂質の種類と働き　4.機能する脂質

III．糖
1.糖の構造　2.グリコシド結合　3.グリコバイオロジー

IV．細胞成分の分画
1.シュミット・タンホイザー法

5日目　細胞膜の構造と機能
I．細胞膜とは

II．膜の構造
1.膜の脂質　2.膜の流動性　3.膜の非対称性　4.脂質分布の不均一性

III．膜のタンパク質
1.タンパク質の膜の埋め込まれ方　2.膜タンパク質と他のタンパク質との結合のしかた

IV．細胞膜の機能
1.内外のしきり　2.情報の伝達

V．膜における物質の輸送
1.運搬体タンパク質を介した輸送　2.キャリアによる輸送　3.チャンネルによる輸送　4.膜電位と興奮伝達　5.細胞の極性と輸送　6.高分子の輸送

6日目　細胞内の膜トラフィック
I．オルガネラの動態
1.オルガネラは固定的なものではない　2.オルガネラはつくられ補給される　3.タンパク質は2つの場所で合成される

II．タンパク質の折りたたみと品質管理
1.タンパク質の折りたたみ　2.タンパク質の品質管理の必要性

III．小胞によるオルガネラ間の輸送
1.小胞をつくり各方面へ仕分けして輸送する　2.小胞を生み出す　3.小胞の行き先をどう決める　4.小胞はどう運ばれる

IV．ゴルジ体
1.ゴルジ体の姿　2.ゴルジ体の機能

V．細胞内外との物質のやりとり
1.細胞外へ分泌されるもの　2.細胞内外からの取り込みと消化　3.トランスサイトーシス

7日目　化学反応と酵素
I．化学反応を考えてみよう
1.化学反応をエネルギーから考える　2.反応はどう進む

II．酵素の働き
1.酵素は触媒である　2.酵素反応はかつてRNAが担っていた　3.吸熱反応を担う酵素　4.吸熱反応を担う高エネルギー化合物　5.酵素反応の基本　6.酵素反応の調節

分子生物学講義中継 part ゼロ 下巻

代謝と遺伝学の基礎を知り，生命を維持するしくみを学ぼう

254頁　定価（本体 3,600円＋税）

下巻へようこそ

8日目　代謝の全体像と糖の代謝

Ⅰ．代謝の全体像
1.体をつくり，維持するしくみ　2.中間代謝とは

Ⅱ．嫌気的な糖の利用
1.糖の分解と解糖系　2.グルコースを合成する糖新生系

Ⅲ．エネルギー源をつくるクエン酸回路の概要
1.まずピルビン酸からアセチルCoAへ　2.いよいよクエン酸回路　3.この代謝系全体を見渡して

Ⅳ．グリコーゲンの合成と分解
1.グリコーゲンの合成　2.グリコーゲンの分解　3.ホルモンによる調節

Ⅴ．その他の糖代謝
1.ペントースリン酸回路　2.複合糖質などの材料としての糖

9日目　脂質・アミノ酸の代謝

Ⅰ．脂質の代謝
1.脂質を分解する　2.脂肪酸からβ酸化でエネルギーを得る　3.脂肪酸を合成する　4.さまざまな脂質を合成する

Ⅱ．アミノ酸の代謝
1.アミノ酸代謝の特徴　2.アミノ酸はどう代謝されるのか　3.アミノ酸ごとに見てみると

Ⅲ．臓器・器官によって異なる代謝
1.臓器ごとに見てみると　2.糖尿病から代謝を見渡してみよう

10日目　生命の駆動力を生むエネルギー代謝

Ⅰ．エネルギー代謝を考える
1.エネルギーをどう得るか　2.糖・脂質代謝をふりかえってみよう

Ⅱ．エネルギーを生みだすしくみ
1.酸化・還元とエネルギーの関係　2.エネルギーを受け渡す電子伝達系　3.電子伝達系での電子の移動　4.ATPをつくる　5.酸化的リン酸化とその阻害　6.細胞質とミトコンドリアの関係　7.歴史あるエネルギー生産法

11日目　生命の情報を担う核酸とは

Ⅰ．核酸とは
1.核酸の基本構造　2.活躍する低分子核酸とその誘導体

Ⅱ．高分子核酸の特徴をおさえよう
1.高分子核酸の構造　2.高分子DNAの物理化学的な性質

12日目　核酸の代謝

Ⅰ．核酸を体内でつくりだす
1.核酸生合成経路のアウトライン　2.生合成を担う酵素反応の調節

Ⅱ．核酸の分解と再利用
1.核酸は分解されるのか　2.核酸の分解経路　3.核酸成分の再利用経路　4.合成・分解経路がわかってどうするか

Ⅲ．多彩な核酸分解酵素をみてみよう
1.古典的な核酸分解酵素　2.実験になくてはならない制限酵素

13日目　遺伝学・分子遺伝学の基礎

Ⅰ．遺伝学の歴史
1.遺伝学はメンデルに始まる　2.メンデルの実験を追ってみよう　3.それから後は駆け足で

Ⅱ．大腸菌による遺伝学の展開
1.大腸菌の遺伝子地図をつくる　2.近接した遺伝子の位置を決める　3.相補性テストで変異が1つの遺伝子のせいかわかる　4.遺伝子の超微細構造を決める

Ⅲ．遺伝子の働きを理解する
1.遺伝子とは何か　2.遺伝子の情報とは　3.遺伝子はどう複製されるか

14日目　遺伝子はどのように働くのか

Ⅰ．遺伝子の働きに必要なRNA合成：転写
1.RNA合成の基本　2.転写のしくみ　3.RNAも遺伝情報をもつ

Ⅱ．遺伝情報をタンパク質に換える翻訳
1.翻訳に必要な役者たち　2.翻訳のしくみ　3.原核生物独特のしくみ　4.突然変異が起こると

Ⅲ．遺伝子の働きはどう調節される
1.調節のしくみ　2.大腸菌の糖利用の場合　3.塩基配列から見た調節領域　4.オペロンによる調節　5.大腸菌がもつさまざまな調節機構

● **著者プロフィール** ●

井出　利憲（いでとしのり）　　広島大学大学院医歯薬学総合研究科長　教授

1943年東京の馬込で生まれた。小学校には，千葉先生という，もののない時代に工夫して多くの実験をさせ，ことの本質をつかませようとする優れた理科の先生がいた。中学のとき，系統分類学をキチンと完成させることが生物学の完成であると思っていた。1958年都立日比谷高校入学。中島雄次郎という生物の先生がいて，生物を系統発生の視点で理解することの重要性がよくわかった。生物クラブでのショウジョウバエの遺伝の実験がおもしろくてたまらなかった。1961年東京大学入学。薬学部の卒業実習ではモルモットのコラーゲン代謝を放射性標識アミノ酸で追いかけた。1965年東京大学大学院薬学研究科修士課程入学。実際には東京医科歯科大学で電子顕微鏡オートラジオグラフィーを習った。翌年取った放射線取扱主任者免状は今に至るも害をなしている。1967年大学院博士課程進学。同年結婚。ラットやマウスでカラゲニン肉芽腫をこしらえて，肉芽組織の細胞回転を追いかけた。1970年東京大学大学院薬学研究科博士課程修了（薬学博士）。同年東京大学医科学研究所ウイルス研究部助手。化学発癌やウイルス発癌の研究を始めた。1974年アメリカ合衆国フィラデルフィアのテンプル大学医学部へ留学。細胞周期や癌遺伝子産物の研究をした。雑用なしの天国だった。仕事もおもしろかったが，アメリカ人のほかにたくさんのヨーロッパ人のポスドクがいて，研究室には毎週のように訪問者があって，パーティーでいろいろな話をする（どうせみんな英語は片言だったし）のが楽しかった。しばしば，今まで会った日本人とは全然違うと言われた。ヨーロッパ人は経済やモノ以外の点ではアメリカを軽蔑していたけれども，お前はヨーロッパ的感覚だと言われ，アメリカ人にはアメリカ的だと言われた。自分ではちょっと古いタイプの日本人であるとの意識が強かった。1977年帰国，1978年広島大学医学部助教授。細胞老化の研究や，細胞周期変異株の分離を始めた。1988年同教授，現在に至る。仕事は延長線上をやっているが，今や研究や教育に専念できる時間は数パーセント程度で，いわゆる雑用が大部分になった。たまに違う分野の本を読んでは一息ついている。目を洗われるような思いをすることが多くて新鮮な感動があるが，今はその時間も乏しい。

【著書】「分子生物学講義中継Part 0 上巻・下巻，Part 2，Part 3，番外編」「無敵のバイオテクニカルシリーズ 改訂細胞培養入門ノート」

分子生物学講義中継 Part 1
教科書だけじゃ足りない絶対必要な生物学的背景から最新の分子生物学まで楽しく学べる名物講義

2002年 5月20日　第1刷発行		著　者	井出　利憲
2014年 3月10日　第13刷発行		発行人	一戸　裕子
		発行所	株式会社 羊 土 社
			〒101-0052
			東京都千代田区神田小川町2-5-1
			TEL　03（5282）1211
			FAX　03（5282）1212
			E-mail：eigyo@yodosha.co.jp
©Toshinori Ide, 2002. Printed in Japan			URL：http://www.yodosha.co.jp/
ISBN978-4-89706-280-8		印刷所	株式会社 シナノ

本書の複写にかかる複製，上映，譲渡，公衆送信（送信可能化を含む）の各権利は（株）羊土社が管理の委託を受けています．
本書を無断で複製する行為（コピー，スキャン，デジタルデータ化など）は，著作権法上での限られた例外（「私的使用のための複製」など）を除き禁じられています．研究活動，診療を含み業務上使用する目的で上記の行為を行うことは大学，病院，企業などにおける内部的な利用であっても，私的使用には該当せず，違法です．また私的使用のためであっても，代行業者等の第三者に依頼して上記の行為を行うことは違法となります．

JCOPY　<（社）出版者著作権管理機構　委託出版物>
本書の無断複写は著作権法上での例外を除き禁じられています．複写される場合は，そのつど事前に，（社）出版者著作権管理機構（TEL 03-3513-6969，FAX 03-3513-6979，e-mail：info@jcopy.or.jp）の許諾を得てください．